现 代 农 业 丛 书

新疆主要农作物营养套餐施肥技术

新疆慧尔农业科技股份有限公司 编著

中国农业科学技术出版社

图书在版编目（CIP）数据

新疆主要农作物营养套餐施肥技术 / 新疆慧尔农业科技股份有限公司编著 . — 北京 : 中国农业科学技术出版社 , 2014.6
ISBN 978-7-5116-1574-9

Ⅰ . ①新… Ⅱ . ①新… Ⅲ . ①作物 – 施肥 – 新疆
Ⅳ . ① S147.2

中国版本图书馆 CIP 数据核字 (2014) 第 055432 号

责任编辑　徐　毅　张志花
责任校对　贾晓红

出 版 者　中国农业科学技术出版社
　　　　　北京市中关村南大街 12 号　　　　邮编：100081
电　　话　（010）82106636（编辑室）（010）82109702（发行部）
　　　　　（010）82109709（读者服务部）
传　　真　（010）82106631
网　　址　http://www.castp.cn
经 销 者　各地新华书店
印 刷 者　北京富泰印刷有限责任公司
开　　本　889mm × 1 194mm　1/16
印　　张　15.875
字　　数　495 千字
版　　次　2014 年 6 月第 1 版　2014 年 6 月第 1 次印刷
定　　价　68.00 元

主要编著者简历

李保强，男，1973年3月出生，中国民主同盟盟员，清华大学EMBA学历，高级经济师，新疆昌吉州第十、第十一届政协委员，现任新疆慧尔农业科技股份有限公司董事长。多年来在化工生产、化肥研发及企业管理方面取得多项成果，研发的新产品荣获自治区优秀新产品二三等奖各一项，昌吉州新产品科学技术进步三等奖一项，承担国家、自治区、昌吉州课题10多项，申请国家专利9项。

陈绍荣，男，浙江绍兴人。1938年10月出生，1954年从江西吉安农校毕业，1958年从江西农学院毕业。毕业后分配到江西省余江县农业局，一直从事农业技术推广工作，现任农业推广研究员。

陈绍荣常年蹲点在农业生产第一线，多次被国家、省厅、市局评选为先进工作者、省科技扶贫先进个人、省、市政协为四化服务优秀委员、全国绿色证书培训先进工作者等；获得了鹰潭市劳动模范、江西省有突出贡献的专业技术人员等荣誉称号，国务院特殊津贴获得者。他的推广、研究成果有16项获国家科技进步奖，其中部省级二等奖4项，三等奖2项。陈绍荣曾在“土壤学报”等报刊杂志发表学术论著162篇，出版了《趣文集萃》《套餐施肥》等11本书籍，200余万字。

邵建华，男，1948年2月出生，大学毕业，江苏省农业科学院农业资源与环境研究所研究员，中国化工学会化肥专业委员会副理事长，专家组成员，“化肥工业”、“小氮肥”杂志编辑部编委，《中国肥料实用手册》编委，《中国主要农作物营养套餐施肥技术》副主编，《中微量元素肥料的生产及应用》主编，长期从事农副工业废弃资源在肥料中的应用，肥料的二次加工，新型肥料的开发，中微量元素的生产和应用研究，担任十多家国内著名肥料企业的技术顾问，为国内数十家肥料企业开发新型肥料，解决技术难题。发表相关论文100多篇，承担国家级、省级课题8项，申请国家专利20多项。

岳继生，男，1966年4月出生，大专学历，长期从事复合肥生产的研究与加工，现任新疆慧尔农业科技股份有限公司技术总监，多年来，在化肥生产管理及肥料产品的研发方面取得多项成果，先后组织开发出新型肥料、生物有机无机肥系列产品，承担国家级、自治区、昌吉州项目10多项，有6项国家专利技术。

董巨河，男，山西万荣人。1965年4月生，1986年山西农业大学毕业后一直从事农业技术推广工作。现任自治区土壤肥料工作站站长、推广研究员。

2001年末到土肥站工作以来，重点从事土肥水技术研究推广工作。董巨河长期工作在农业生产第一线，多次获得省部级、厅级“先进个人”，被自治区人民政府授予“自治区优秀专业技术工作者”一等奖、自治区粮食生产突出贡献农业科技人员等重大表彰，享受国务院特殊津贴。他的推广研究成果有5项获省部级科技进步奖，4项获全国农牧渔业丰收奖。

董巨河在“新疆农业科技”等报刊杂志发表学术论著20余篇，合作出版了《内陆棉花测土配方施肥技术－系列丛书》《测土配方施肥技术问答》《全球气候变化和低碳农业研究》等6本书籍。

编写委员会

主　　编　李保强　陈绍荣

副 主 编　邵建华　董巨河　岳继生

参编人员　邹文君　马文新　熊思健　李淑玲

吴金发　沈　静　孙玲丽　支金虎

赖　波　施红贵　蒋兆赫　吉丽丽

序

新疆（新疆维吾尔自治区，简称新疆。全书同）位于我国的西北部地区，土地等农业生产资源十分丰富。其干旱少雨、光照充足和昼夜温差大的气候特征，十分有利于棉花、瓜果等作物的生长。土壤肥料和水分是植物生长的基本要素，新疆特殊的地理位置和高山与盆地相间的地貌特征，产生了复杂多变的土壤结构类型。由于农业主要水源来自境内山脉融雪形成的大小河流，在自然水分高蒸发量的环境下，形成了以滴灌为主的作物生产灌溉系统。因此，建立针对新疆农业土壤和作物栽培技术特点的作物营养施肥技术体系，对合理利用新疆农业资源，提高农业生产力有重要意义。

新疆慧尔农业科技股份有限公司组织相关专家和技术人员，在总结新疆测土配方施肥技术经验与教训的基础上，通过引进和消化吸收国内外有关作物营养科学的最新科研成果，开展肥料效应实验、土壤养分测试、营养套餐肥配方等研究与应用技术推广工作，建立了集科技研究、产品生产、示范推广、连锁配送和技术服务等一体化的农作物营养套餐施肥技术应用与成果转化平台体系，在新疆地区的农业生产过程中发挥了重要的作用。

《新疆主要农作物营养套餐施肥技术》一书，在总结新疆慧尔农业科技股份有限公司多年工作经验的基础上，汇集了新疆农作物植物营养与施肥技术的最新应用成果，不仅阐述了新疆资源与农业概况、作物营养生理与诊断等背景知识和科学原理，还系统介绍了包括粮食作物、经济作物、蔬菜、瓜果、花卉和药材等十大类70多种作物生产的肥料营养套餐施肥技术和规程。全书内容丰富、通俗易懂、信息量大、实用性强。

我相信，本书的出版为新疆基层农业技术推广人员和农民同志提供了一本很好的植物营养与肥料应用技术工具书，对提高新疆农作物科学用肥水平和农作物生产效率，减少不合理施肥对环境的不良影响和降低农业生产成本有重要价值。

中国农业科学院研究员
中国工程院院士　吴孔明

2014年5月30日

前　言

《新疆主要农作物营养套餐施肥技术》一书是由新疆慧尔农业科技股份有限公司专家团队及其邀请中国化工学会化肥委员会专家组资深委员共同编写的一本现代农业区域专著。书中重点介绍的农作物营养套餐施肥技术是我国农作物科学施肥领域的重大科技创新。它是在测土配方施肥技术的基础上，在最小养分律、因子综合利用律等科学施肥理论指导下，通过引进和消化吸收国内外有关作物营养科学的最新研究成果，融土壤养分测试、肥料效应田间试验、营养套餐配方、加工、试验、示范、推广为一体的系统化的科学施肥工程。核心理念是实现农作物养分资源的科学配置及其高效综合利用，达到作物的养分需求与肥料养分的释放同步、养分资源高效利用与生态环境保护同步，是建设新疆现代农业的重大举措。

本书共分两篇十六章。第一篇是概论，在重点、扼要叙述新疆的资源和农业概况基础上，比较全面的论证了科学施肥与现代农业、农作物营养和施肥科学基本原理、矿质营养元素的生理作用及营养诊断、农作物营养套餐施肥的技术理念和营养套餐新型肥料产品的特点及其科学选择等五个专题。第二篇则根据新疆的一些主要农作物分粮食作物、油料作物、薯类作物、经济作物、瓜类及草莓作物、蔬菜作物、果树作物、药材作物、花卉作物及特用作物等十大类、七十多种作物，简要叙述其营养需求特点及营养套餐施肥技术规程，希望能让新疆和兵团的农民（工）消费者看得懂，能接受，希望可以为提高新疆农作物科学用肥水平、提高耕地的资源产出率提供一些有益的帮助。

在这里，我们还需要郑重说明三点：一是本书所列的主要农作物营养套餐施肥技术规程，是根据新疆地区的大体的生态环境、土壤特点制定的。由于新疆地域辽阔，农作物生长发育条件的区域差异很大，在组织实施过程中，必须根据当地的具体情况，因地制宜的选择使用，才能发挥更大的增产作用；二是技术规程中主要列举了新疆慧尔农业科技股份有限公司的新型肥料产品，并不是说不能使用其他品牌的新型肥料产品，农民消费者可以根据当地的农资市场，科学选择适合当地农作物的高效优化的好品牌的营养套餐肥产品；三是书中组装的农作物施肥技术规程，其中各种营养套餐肥的产品应用数量一般都是按照中等肥力土壤水平提出的，在田间实施时要根据当地的土壤养分测试数据进行施用量校正。例如，土壤供肥能力好的施肥量可减少，土壤供肥能力差的要适当增加施肥量。对土壤测试中有明显缺素的土壤，还要有针对性的选用相对应的缺素肥料（包括叶面肥），矫正缺素症。

本书的成功出版，还要真诚感谢中国农业科学院农业资源与农业区划研究所、新疆维吾尔自治区农业厅农业信息中心、新疆维吾尔自治区土壤肥料工作站有关专家、教授的指导与帮助。

由于我们水平有限，书中错漏在所难免，恳请同行专家和广大读者指评指正。

编写委员会

2014 年 1 月

目录

CONTENTS

第一篇　概论

第二篇

新疆主要农作物营养套餐施肥技术

第一篇　概　　论

第一章　新疆资源和农业概况

第一节　地理位置

新疆维吾尔自治区（全书简称新疆）地处欧亚大陆腹地，位于我国西北边陲，东经73°40′~96°23′和北纬34°22′~49°10′，土地总面积1.66×10^6 km^2，占全国国土面积的1/6。国内与西藏自治区、青海省、甘肃省接壤。周边与蒙古、俄罗斯、哈萨克斯坦、吉尔吉斯坦、塔吉克斯坦、巴基斯坦、印度、阿富汗8国接壤，边界线总长5 600多km，是我国面积最大、陆地边界线最长、毗邻国家最多的省区。

新疆中部有东西长约2 500km、南北宽250~300km的天山，把全疆分为北疆和南疆两个自然环境条件差异较大的生态区域。还有一个习惯称呼，把位于东部的吐鲁番盆地和哈密盆地称为东疆。

第二节　行政区划

2012年，新疆维吾尔自治区共有人口2 232.78万人，国民经济生产总值7 505.31亿元，其中，农林牧渔业生产总值2 275.67亿元。行政区划为地（市、自治州）14个，即乌鲁木齐市、克拉玛依市、吐鲁番市、哈密市、昌吉回族自治州、伊犁哈萨克自治州、（包括伊犁州直属县市和塔城地区、阿勒泰地区2个地级市）、博尔塔拉自治州、巴音郭楞自治州、阿克苏地区、克孜勒苏自治州、喀什地区、和田地区。地以下设县级区划（包括自治区－直辖市、地州辖市、市辖区、县、自治县）共计101个。县以下共有1 028个乡镇（包括民族乡和街道办事处）。

在新疆的行政区划设置中，必须涉及新疆生产建设兵团。新疆生产建设兵团从1954正式组建以来，已走过了60年的发展历程，是我国也是世界上唯一的党政军体合一的特殊建制。兵团现有14个师（垦区）、174个农牧团场，总人数245.36万人，占自治区人口的13.1%；拥有土地面积$745.42 \times 10^4 hm^2$，耕地面积$105.7 \times 10^4 hm^2$，占全疆耕地面积的26.5%，人均耕地面积1.55hm^2，远远高于新疆全区的人均水平（约0.16hm^2/人）及全国平均水平（约0.1hm^2/人）。

第三节　地形地貌

依据地形切割程度与海拔高度，全疆地形可分为高原、高山、低山丘陵、盆地4个大的地形单元。由于新疆远离海洋，东到太平洋约3 400km，西到大西洋约6 900km，南到印度洋约2 200km，北至北冰洋约3 400km。而且，周边有高山环绕，南有青藏高原、昆仑山、阿尔金山；东有祁连山等；西南有喀喇昆仑山；北面有阿尔泰山；中部还有天山横亘。天山北面形成了准噶尔盆地（古尔班通古特沙漠），南面形成了塔里木盆地（塔克拉玛干沙漠）。因此，新疆形成了著名的“三山夹两盆”的特殊地理格局。在这里，海拔最高的昆仑山戈里峰海拔高度8 611m，为世界第二高峰；吐鲁番盆地艾丁湖最低的海拔高度仅为−154m，是中国大陆地形最低点，境内高差高达8 765m。

第四节　气候资源

1 概述

新疆地处欧亚大陆中心，四周高山环绕，远离海洋，地形闭塞，除准噶尔盆地和阿尔泰山西南迎风坡可受到大西洋湿润气候的微弱影响外，其余地区很难受到海洋气候的影响。降水稀少，是一个典型的温带大陆性气候，蒸降比最高的可达 20~300，十分干旱，自然植被稀少，呈现出荒漠景观。由于地形差异，北疆为温带大陆性干旱、半干旱气候，南疆为暖温带大陆性干旱气候。

新疆水汽来源主要有两条途径：一是北冰洋南下的冷空气，带有大量的水汽，由北疆入侵该区，受高山和盆地的热力和动力作用，产生降水；另外一支是大西洋的水汽，经西风环流携带，进入新疆境内。由于天山对水汽的分割和拦截，大部分水汽经伊犁河谷和额尔齐斯河谷进入新疆北部地区，形成较多降水。而南疆区域，由海洋输送到南疆的水汽，经过长途跋涉和高山阻挡，到达水汽甚少，导致了南北疆降水的明显差异。因此，新疆地区的气候变化就呈现出了具有区域特征的变化单元，并且在荒漠生态环境上也显示出了区域变化的特点。

2 降水和水资源

新疆的气候特点之一就是降水量少，为内陆干旱气候，是我国降水量最少的地区，也是北半球同纬度降水最少的地区。全疆平均降水量 150mm：北疆较多，平均 222mm，阿尔泰、天山山地可达 600mm；南疆较少，平均 69.9mm，一些地区仅 10mm 左右，可见新疆年降水的地区变化，是由北向南逐渐减少。北疆在伊宁形成极大值中心（367.1mm），最大降水量出现在天山西部北坡中山带的积雪站，最大年降水量为 1 124.0mm，平均年降水量为 836.2mm；南疆最小的降水量出现在安德河，年平均降水量 23.7mm；极端最小降水量则在新疆的吐鲁番地区的托克逊站，年平均降水量为 7.5mm，年最小降水量为 0.5mm。

还要提及的是新疆不仅干旱少雨，而且蒸发强烈，年蒸发量为 2 000~2 390mm，蒸降比大。

关于新疆地区降水量的年度变化见图 1-1、图 1-2：

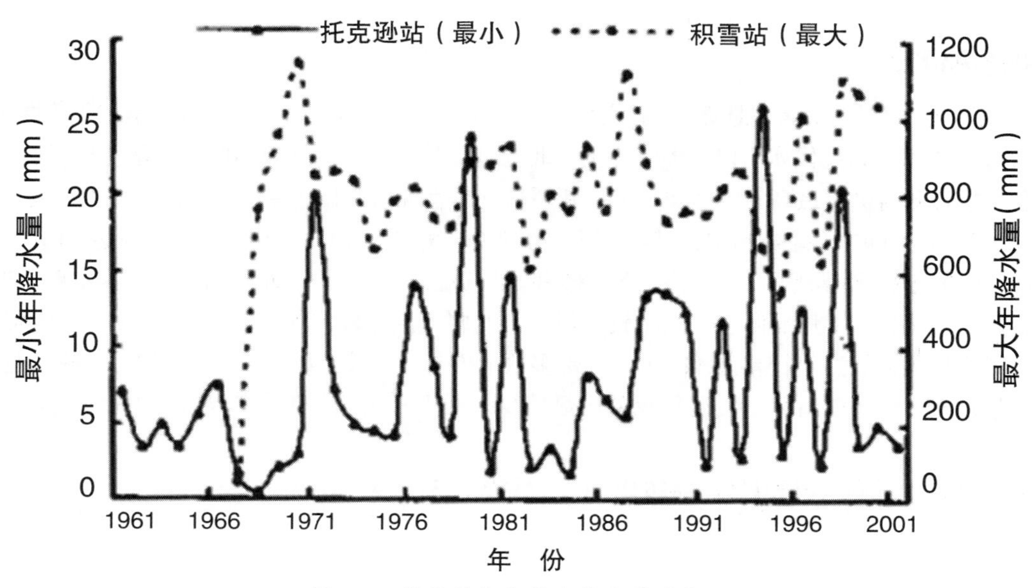

图 1-1　新疆最大和最小降水量的变化

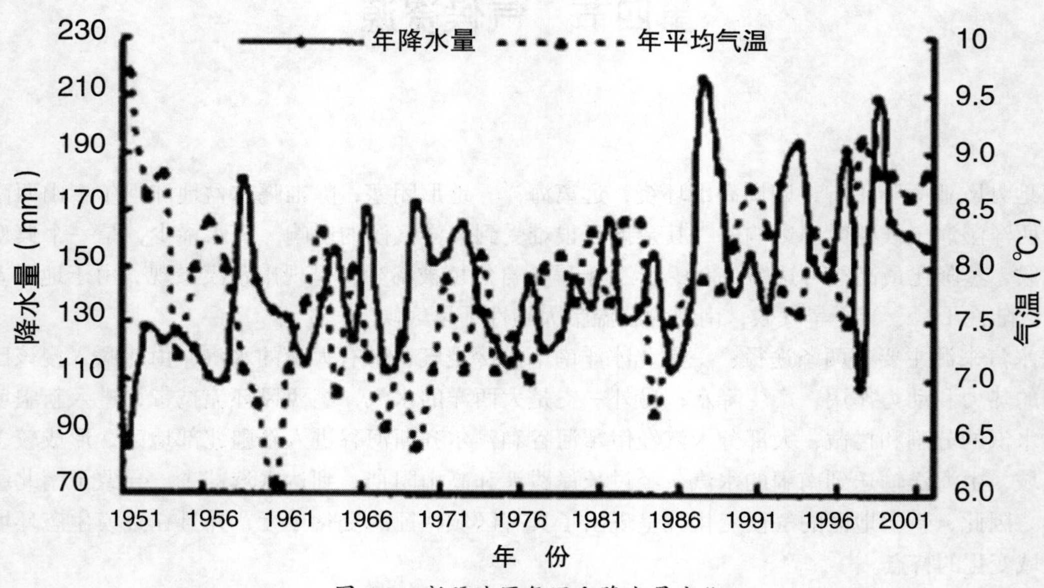

图 1-2 新疆地区气温和降水量变化

图 1-1、图 1-2 告诉我们，20 世纪 70 年代中期以来，新疆地区的年降水量普遍呈增加的趋势，尤其是 80 年代中期以来，不但增加的趋势明显，而且降水变率增大显著。据分析，新疆地区不仅山区和丘陵地区的降水增加，而且盆地和荒漠区的降水也呈增加趋势。

关于水资源。尽管新疆干旱少雨，但是境内山脉融雪形成大小河流 570 多条，其中，塔里木河、伊犁河、额尔齐斯河是新疆最大的 3 条河流。仅伊犁河、额尔齐斯河未开发利用每年流出境外的水量就有 230 多亿立方米，比黄河入海水量还大，加上冰川储量占全国 50%。全疆地表水年径流总量 $8.84\times10^{10}m^3$，地下水可开采量 $2.52\times10^{10}m^3$，水资源开发潜力巨大。其中，可利用水量 $6.25\times10^{10}m^3$，每公顷绿洲面积拥有量 $1.065\times10^4m^3$。新疆水资源时空分布不均，西北部与东南部水资源量相差十分悬殊，且年内分配不平衡，水量主要集中在夏季，6~8 月水量占全年的比重，北疆为 40%~50%，南疆为 60%~80%，从而形成了春旱、夏洪、秋枯和北多南少、西多东少的局面。

3 温度和光热资源

新疆地域辽阔，由于地形高差悬殊，气温变化幅度很大。平原、盆地与中、低山带冬季被季节性积雪覆盖，高山带覆盖有永久积雪和现代冰川以及多年冻土。北疆富蕴县可可托海气象站的极端最低气温达 −51.5℃，而在吐鲁番机场曾测得极端最高气温达 49.6℃，新疆的气温表现出明显寒冷和炎热的区域温度变化特征。

新疆平原地区年平均气温 4~14℃，其中，北疆 4~9℃，南疆 9~12℃，吐鲁番盆地高达 14℃。所以，北疆冬季寒冷，夏季炎热；而南疆则夏季酷暑，冬季暖和。从气温月变化看，南北疆的温度差异主要表现在冬季。月平均气温以 7 月最高，1 月最低。气温年较差很大。北疆气温年较差在 40℃左右，其中，最大出现在准噶尔盆地，如克拉玛依气温年较差为 44.1℃；南疆多数地方气温年较差在 31~35℃，如喀什的气温年较差为 32.0℃、若羌为 35.9℃。在山区，气温年较差明显减少，天山积雪站气温年较差为 23.3℃，大西沟站仅为 20.6℃。

至于新疆地区的最高气温和最低气温的年度变化见图 1-3：

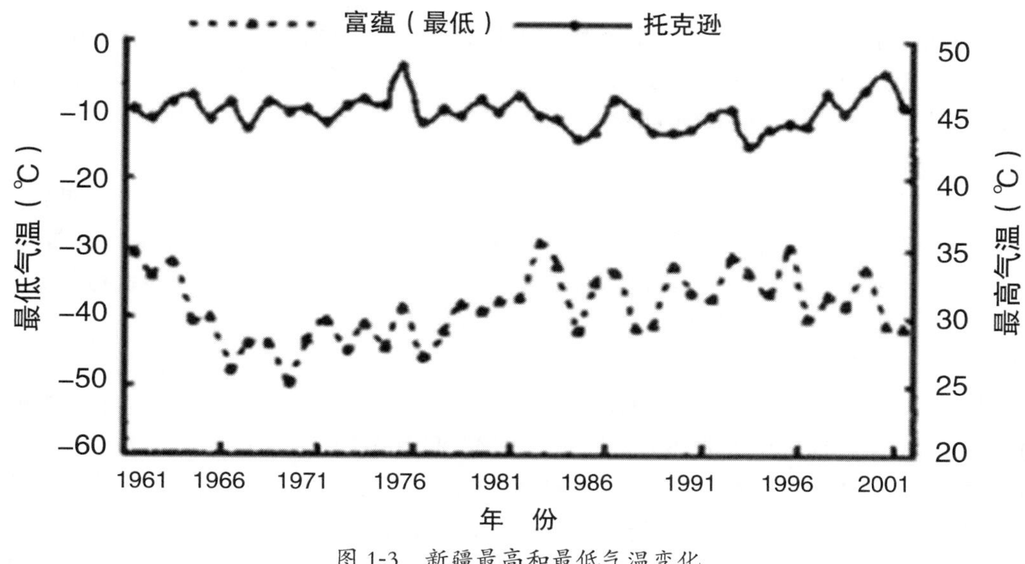

图 1-3 新疆最高和最低气温变化

由图 1-3 可知，自 20 世纪 70 年代以来，温度有明显的上升趋势，特别是 80 年代后期，升温幅度较大。在 1988–1998 年的 10 年间，温度升高了 0.9℃。分析认为，在近 15 年的气候变化过程中，温度的升高是导致新疆的生态环境恶化、自然灾害增加的主要原因之一，同时也反映出内陆干旱区气候变化的敏感反应区。关于光热资源，新疆地区的光热资源极丰富，太阳年总辐射量 5 000~6 000MJ/m^2，仅次于青藏高原，高于长江中下游和同纬度的东北、华北地区。光合有效辐射量全年为 3 000~2 400MJ/m^2，在全国主要农业区中居首位。新疆的日照时数较高，平均每年可达 2 500~3 360h，日照局分率变幅在 60%~80%。无霜期，平均 160d，最高 183d，最短 136d，北疆可达 150~180d，南疆 190~220d，吐鲁番地区可达 220d。新疆的积温也较丰富，平均气温≥ 10℃，年平均积温 3 416℃。北疆地区≥ 10℃，积温 2 500℃ ~3 500℃；南疆地区在 4 000℃以上，非常有利于棉花、瓜果等喜温作物的生长。

第五节 土地资源和土壤资源

1 概述

新疆土地资源十分丰富，土地总面积 1.66×10^6 km^2，农牧林可直接利用土地面积 6.85×10^7 hm^2，占全国的 1/10，星罗棋布分布于盆地周边的绿洲内部。其中，现有耕地 4.11. $\times10^6$ hm^2，人均 0.16hm^2，是全国人均耕地面积最多的省区之一。还有可开发利用宜农荒地资源 9.8×10^7hm^2，占全国宜农荒地资源的 27.6%。林地面积 6.76×10^6 hm^2，只占全国林业用地面积的 2.37%；牧草地面积达到 5.16×10^7 hm^2，占新疆土地面积的 30.9%，占全国草原面积的 1/4，是全国五大牧区之一。其中，天然草地 5.14×10^7hm^2，山地草原面积占全疆草地面积的 58%，可利用草地面积仅次于内蒙古自治区，西藏自治区，位居全国第三。土壤是土地资源的重要组成部分。由于新疆特殊的地理位置及高山与盆地相间的地貌特征，境内土壤具有明显的水平和垂直地带性分布规律，两大盆地在荒漠半荒漠气候影响下，由北向南形成了棕钙土、灰钙土、灰漠土、灰棕漠土、棕漠土等水平地带性分布。山区随海拔高度的不同，形成不同的土壤类型呈带状分布，只是由于山地所处地理位置不同，各山体土壤的垂直带谱不尽相同。

2 成土母质

新疆地质地理条件复杂，成土母质类型繁多。山区以残积物、坡积物分布最广，部分山地迎风坡常有黄土分布。平原地区成土母质主要为洪积物、冲积物、砂质风积物以及各种黄土状沉积物。在古老灌溉绿洲内，分布有灌溉淤积物。此外，常有湖积物，冰渍物等。

残积物是基岩就地风化的产物，多为砂质或粗骨质。残积层的厚度通常只有几十厘米，超过1m的不多。根据新疆境内的基岩残积物在矿物组成上的特点及其对土壤形成的影响，大致可分成以下四个类型：以酸性岩为主的结晶岩和变质岩残积物，广泛分布于山体中央核心部分；石灰岩、大岩及其他石灰质岩石残积物，主要分布于天山、昆仑山及准噶尔西部山地的中山带及低山残石上；砂岩及砂砾岩残积物主要分布在各山区的前山带；黄岩、泥岩和粉砂岩残积物多零星分布。

坡积物是在水流和重力的双重作用下形成的，在新疆比较湿润的山坡分布较为广泛，并常以混合型的坡积－残积物的形式存在，是淋溶土、半淋溶土的主要成土母质。在干旱的低山、丘陵；如嘎顺戈壁，虽然也有明显的坡积现象，但坡积层的厚度及分选程度要比湿润山坡少得多。

洪积物在新疆广大的山前平原、山间盆谷地和河流上游广泛分布，是棕钙土、灰棕漠土和棕漠土的主要成土母质。洪积物通常是厚度很大、分选程度很差、质地很粗、复杂而又不均一的洪水冲积物，并有明显的透镜体层理。由于沉积环境的不同，在展现和机械组成上有很大差别，以至于可据此分为粗粒和细粒的两种洪积相。

冲积物系由河流运积而成，主要特征是分选度高，并具有明显的冲积层理。冲积物不仅有广泛分布于新疆现代冲积平原上的较新沉积物，而且有大面积分布于古老的冲积平原上的古老冲积物。前者多发育成草甸土，而后者则大部分为砂丘所覆盖。由于新疆地域辽阔，河流水系众多，各河流的源流环境、沉积条件和沉积方式都有差异，因而也形成了各种岩性、岩相和颗粒成分互不相同的冲积物。例如，塔里木盆地、塔里木河、叶尔羌河等携带大量泥砂，沉积作用迅速，泛滥、改道频繁，整个冲积平原呈现着年轻的地貌，沉积物质大多比较粗。而由孔雀河运积而成的孔雀河三角洲、由阿克苏河运积而成的阿克苏河三角洲以及由喀什噶尔河运积而成的喀什冲积平原，其沉积物的质地则大多比较黏重，而且越向下游质地越细。

在新疆境内，特别是北疆，黄土或黄土状物质分布相当广泛，而南疆除分布面积较大的“昆仑黄土”外，黄土状物质分布较少。北疆黄土主要分布在迎风的天山北麓、伊犁谷地、塔城盆地及风力减弱的博尔塔拉谷地，是灰褐土、黑钙土、栗钙土的主要成土母质之一。而北疆的黄土状物质，在准噶尔盆地南部的奇台至博乐一带的洪积－冲积平原中下部，是灰漠土的主要成土母质；在伊犁地区，主要分布在伊犁、特克斯、巩乃斯等河谷的低阶地上，是灰钙土的主要成土母质；在塔城盆地，主要分布于额敏河的低阶地上。南疆“昆仑黄土”（黄土状砂壤土）分布于昆仑山北坡的前山（低山）和中山带，对分布地区及其以下绿洲的土壤形成具有特别重要的意义。这种黄土完全没有中、粗砂成分，细沙含量高达55%~60%，小于0.01mm的物理性黏粒占10%~15%。

砂质风积物广泛分布于塔里木盆地、准噶尔盆地和吐鲁番－哈密盆地的古老冲积、洪积平原上，在化学组成上 SiO_2 占75%或更高。湖相沉积物主要分布罗布湖、艾比湖、玛纳斯湖等较大的湖积平原上，大多质地比较黏重，是沼泽盐土、盐化沼泽土、泥炭沼泽土的主要成土母质。冰渍物主要在高山、谷地和山地的平坦面上，是新疆高山土、淋溶土、半淋溶土和钙层土的成土母质。

灌溉淤积物主要由灌溉水所携带的泥砂，通过长期灌溉淤积而成的，对新疆古老绿洲中灌淤土的形成起着决定性作用。北疆昌吉、玛纳斯一带和南疆喀什、阿克苏绿洲的灌溉淤积物，中、小粉粒和黏粒含量较高，质地多为中壤、重壤甚至黏土；昆仑山、阿尔泰山的各绿洲含物理性砂粒较多，多形成砂壤质或轻壤质的灌溉淤积土。

3 主要土壤类型

根据新疆第二次土壤普查结果，新疆的土壤可划分为11个土纲、32个土类、87个亚类。

不同类型的土壤的面积分布百分比：风沙土 22.7%；棕漠土 14.19%；棕钙土 8.63%；寒冻土 6.1%；石质土 5.02%；灰棕漠土 4.97%；冷钙土 4.94%；栗钙土 4.42%；盐土 3.84%；寒钙土 3.45%；草毡土 3.13%；草甸土 2.59%；黑毡土 1.67%；黑钙土 1.58%；寒漠土 1.43%；林灌草甸土 1.23%；灰漠土 1.12%。现将新疆三种面积最大的土壤类型分叙如下。

3.1 风沙土

3.1.1 地理分布

风沙土。面积 $3.72 \times 10^7 hm^2$，占全疆土地面积的 22.52%，是新疆分布面积最大的土类。主要分布在塔里木盆地的塔克拉玛干沙漠和准噶尔盆地的古尔班通古特沙漠。风沙土有机质含量一般在 0.2% ~0.6%（图 1-4）。

图 1-4　风沙土

3.1.2 成土条件与环境

风沙土分布地区多属于干旱、半干旱的大陆性气候，降水量少，蒸发量大，干燥多风，且大风日数持续时间长。在北方东部地区的干燥度 1.3~4.0，狼山 - 贺兰山以西则增为 4.0 以上，年均温 0~8℃，但气温变化大，年均温差达 30~50℃，日较差 10~20℃，夏季地表温可达 60~80℃，夜间 10℃以下。降水量东部地区 250~450mm，而西部多在 150mm 以下，有些地区不足 50mm。荒漠地区风沙日平均 50~100d，持续时间可长达 10d 以上；草原地区大风日数也都在 15~40d，特别是 3~5 月干旱季节，风沙日尤为频繁，真可谓“一年一场风，从春刮到冬”，为风沙土的形成和蔓延提供了动力。

3.1.3 剖面特征

风沙土剖面无明显的腐植质层和淋溶淀积层，一般由薄而淡的腐植质层和深厚的母质层组成，剖面构型为 A–C 或 C 型。流动阶段土壤剖面分异不明显，呈灰黄色或淡黄色，单粒状结构。固定和半固定阶段的土壤剖面层次有微弱的分化，腐植质层（A）厚 10 到 30cm，地表有厚 0.1mm 的褐色结皮层，棕色或灰棕色，弱块状结构。母质层（C）深厚，黄色。淡黄色或灰白色，单粒状结构。通体壤质砂土，无石灰反应。草甸风沙土的心、底上有锈纹锈蘼，并偶见石灰淀积现象（图 1-5）。

图 1-5　风沙土剖面

3.1.4 理化特征

（1）物理性状：风沙土质地均一，土壤颗粒组成中粒径 >0.02mm 的粗砂和细砂一般占 85%~90%，黏粒和粉砂含量很少，几乎无 >2mm 的石砾。

（2）化学性质：① 土体矿质全量。风沙土的全量化学组成以二氧化硅为主，其次是三氧化二铝和三氧化二铁。② 土壤腐植质组成。风沙土腐植质组成以富里酸为主。风沙土的可溶盐含量甚低。③ 养分含量：有机质平均含量 5.6~6g/kg，全氮 0.3g/kg，全磷 0.57g/kg，碱解氮 29 μg/g，速效磷 6 μg/g，速效钾 256 μg/g，铁 6.52 μg/g，铜 0.69 μg/g，锌 0.36 μg/g，锰 4.89 μg/g，硼 2.08 μg/g。

3.1.5 改良与利用

我国风沙土面积大，分布广，开发利用潜力很大，是宝贵的后备土壤资源。

长期以来，由于人们对风沙土的自然属性认识不足，不顾环境条件，滥垦，滥牧，乱樵，植被遭到严重破坏，沙漠化日益发展，甚至出现沙进人退的被动局面。迄今治理速度仍赶不上沙化速度。

风沙土的利用方向应以林牧为主，因地制宜地发展农业、果树和其他经济作物。在加强保护的前提下，根据水热条件，土壤类型和水资源情况，全面规划，分区治理。改造利用措施应以生物措施为主，生物、工程、农业措施相结合。

生物措施主要是封沙育草，恢复植被，种草种树，增加植被覆盖率；开辟水源绿洲农业，种植果树和经济价值较高的经济作物；建设农田防护林网和水、草、林、料配套草原。

工程措施主要是兴修水利工程，引水拉沙，引洪灌淤，平整土地，机械固沙。

农业技术措施主要是配置耐旱、抗风沙的草、树种和作物；合理耕作、施肥和发展绿肥：封闭风蚀沙化耕地，还林还牧。有条件的地方还可以利用风沙土资源发展旅游业。

3.2 棕漠土

3.2.1 地理分布

面积 2.26×10^7hm^2，占全疆土地面积的 13.67%。棕漠土过去曾称棕漠钙土和棕色荒漠土，是石膏盐层土中面积最大的类型。

广泛分布在新疆天山以南昆仑山和阿尔金山以北的塔里木盆地，新疆东部的吐鲁番、哈密盆地和噶顺戈壁地区最为集中。塔里木盆地周围山前的洪积戈壁，以及这些地区的部分干旱山地上也有分布。这里广大的土壤资源由于砾石太多，气候干旱，只能用来放牧非常耐旱的骆驼。唯吐鲁番的葡萄沟地区，积累了改造、利用棕漠土的丰富经验（图 1-6）。

图 1-6 棕漠土

3.2.2 成土条件及环境

大陆性气候最为显著，气温日较差和年较差都很大，这有利于土壤矿物的物理风化；降水量稀少，多数干旱土区年均降水量不足 250mm，且降水量变率巨大，同时地表蒸发强烈，年均干旱土区年均降水量高出数十倍甚至百倍，这样使得土壤矿物风化过程处于脱盐基阶段，且干旱土土体中常有易溶盐分聚集；太阳辐射强烈、多大风天气，极易造成干旱土层表层细粒物质被吹走，地表植被稀少，且以耐旱、根深和肉汁的灌木和小灌木为主。

3.2.3 剖面特征

棕漠土地表通常为成片的黑色砾幂，全剖面由砾石或碎石组成，剖面分化比较明显。形态特征是：表层是在干旱气候条件下形成的，有特征表土、片状层还有发育很弱的孔状结皮，特征表图具有粒幂、沙被、多边形裂隙或光板等形态；孔状节皮呈浅灰色或乳黄色，厚度小于 1cm；片状层是干旱表皮层的下部亚层，易含少量气泡孔隙，但呈片状或鳞片状结构。

在表层之下为红棕色或玫瑰红色的铁质染色层，细土粒增加，但无明显的结构，土层厚度只 3~8cm，其下即为石膏聚积层，其形状各异，含量不等，在最干旱而又低平的地区，石膏层以下往往出现黑灰色的坚硬盐盘，再下即过渡到砂砾层或破碎母岩，整个的剖面多不超过 50cm。结皮层极不稳定，通常在极稀少而短暂的暴雨后产生，但如遭风蚀而又被破坏，在无砂砾覆盖的地方，棕色层常裸露，石膏层接近地表，甚至也裸露地面，植被覆盖率一般只有 5% 左右（图 1-7）。

图 1-7　棕漠土剖面

3.2.4 理化特征

棕漠土的腐植质含量很低，干旱土层有机质含量仅 0.5% 左右，且腐植质中胡敏酸与富里酸比值小于 1.0，与矿质紧结合的物质占 60% 以上，铁、铝结合的胡敏酸多于钙结合的胡敏酸，而铁、铝结合的富里酸少于钙结合的富里酸，胡敏酸与富里酸的比值为 0.13。土壤一般呈现碱性，土壤 pH 值通常高于 8.0，土壤剖面通体具有石灰反应，土体中部常有易溶性盐分聚积，土壤阳离子及其矿物组成与母质类型有密切联系。棕漠土表层土壤有机质含量为 4.5g/kg，全氮 0.25g/kg，全磷 0.79g/kg，全钾 21.4g/kg，碱解氮 4.6μg/g，速效磷 4.4μg/g，速效钾 202μg/g。

3.2.5 改良与利用

开发的前提条件是灌溉，棕漠土只有在利用高山融水灌溉时才可以较好的利用，通过增施有机肥，可以将其转变为绿洲农业系统或优良牧场。由于土壤质地粗，多砾石，漏水严重，应采用滴灌等节水灌溉措施。农业生产应利用气候资源优势，种植经济瓜果和棉花，但要防止次生盐渍化。

3.3 棕钙土

3.3.1 地理分布

棕钙土是钙层土中最干旱的土壤之一，并是向沙漠地带过渡的一种土壤。在新疆，棕钙土主要分布在准噶尔盆地的北部，塔城盆地的外缘，中部天山北麓山前洪积扇的上部（图 1-8）。

图 1-8　棕钙土

3.3.2 成土条件及环境

棕钙土的形成是以草原土壤腐植质积累作用和钙积作用为主。

棕钙土地区的气候比栗钙土地区更干、更暖，大陆性特点更强。年平均气温 2~7℃，热量接近暖温带。年降水量 150~250（300）mm，没有灌溉就没有庄稼。草长得很不好，类型为草丛戈壁针茅、沙生针茅、小针茅和旱生小灌木组成的荒漠草原和草原化荒漠。覆盖度 15%~35%，草层高仅 5~15cm，亩产鲜草 50~100kg，是钙层土中产草量最低的。

3.3.3 剖面特征

腐植质的积累比栗钙土弱得多，腐植质层厚度一般仅 15（20）~30cm，有机质的含量为 0.6%~2.0%，是钙层土中最少的。腐植质的颜色以棕色为主，但程度不一样。向下，含量减少，渐由棕色降到淡棕色。腐植质向土层下边延伸比栗钙土更为短促整齐。

钙积层一般在土层 15（20）~30cm 深处，厚 20~30cm，碳酸钙含量 10%~40%，变化也是向下厚度变薄，含量减少，出现的部位变浅。

石膏出现的部位升高，在 35~70cm 深时就开始出现。底土层普遍有硫酸盐等盐分，含盐量东部不超过 0.2%，西部在 80~100cm，深处常达 0.5%~1.5%，碱化现象也较普遍。

3.3.4 理化特征

自然植被组成趋于旱化，生物量低，土壤腐植质积累作用弱，有机质含量低；钙积作用强，钙积层在剖面中位置较高；呈碱性至强碱性反应，pH 值 8.0~9.5，阳离子交换量较低，吸收性复合体为盐基所饱和，其中钠离子所占比例较高。质地较粗，多属砂砾质、砂质和砂壤质、轻壤质，土体中钙质有较明显移动。土壤地表有的还有不明显的龟裂状薄层结皮，上面附生着较多黑色低等植物地衣。有机质 16.2g/kg，全氮 1.01g/kg，全磷 0.84g/kg，全钾 21.0g/kg。

3.3.5 改良与利用

棕钙土地区以畜牧业为主，仅局部地区有灌溉农业。热量条件虽较好，部分地区且可进行复种，但水分条件较差，土壤沙性大，土层浅薄，矿质养分含量低；加之春季风大和侵蚀严重，需进行水利建设、营造防风林带，并采取种植绿肥、增施有机肥及矿质肥料等改良措施，才能进行农业生产。

畜牧业的持续发展，也有赖于地下水源的开发和建立小型分散的人工草料基地。

第六节　生物资源

新疆的生物资源种类繁多，物种丰富，品种奇特，特性优良。据统计，新疆地区的野生动植物资源达4 000余种，农作物地方品种及引入品种达1 000余种，其中，有许多物种品质优异。这里，我们重点叙述一些新疆的名特优稀的农业植物资源。

（1）新疆小麦：又称稻穗麦，是我国特有的小麦种。主要分布在南疆的乌什、阿克苏、墨玉等地。属六倍体类群。生长习性、种子形状与普通小麦相同，籽粒大、籽形长，蛋白质含量高达18.0%~21.8%。

（2）新疆长绒棉：集中产区为吐鲁番、鄯善县和南疆阿拉尔、库尔勒垦区。新疆长绒棉纤维长35~37mm，细度7 000~8 000m/g，单纤维强度4.3~4.99g，成熟系数1.8~2.1，品质可与世界著名的埃及长绒棉相媲美。

（3）哈密瓜：早熟抗逆味甘，地方品种74个，新选育品种21个，著名品种有黑眉毛密极甘，维语“卡拉尕西密极甘”、红心脆，维语“塔朗可口奇”、伽师瓜，维语“卡拉库赛”、红心脆、香梨黄、加格达、炮台红、网纹香、皇后、红甘露等。

（4）无核白葡萄：维语“阿克基什米什”。折光糖度20%~25%，晾成葡萄干后，含糖可达75%~80%，比美国葡萄干多4个百分点，含维生素C4~10mg/100g以上，而且含酸量低，品质位居全国之冠。

（5）加工番茄：新疆加工番茄个大、皮薄、肉厚、汁少、籽少、茄红素含量高（60mg/100g），且富含甲酸，品质好，加工成番茄酱酸甜适口，味道纯正鲜美。

（6）油料作物：新疆是我国油菜野生资源最丰富的地区，主要是芥菜型油菜，栽培品种资源196份，搜集野生油菜种子513份和芸苔族近缘植物标本207份，属十字花科的19个属32个种5个变种。在新疆野生油菜资源中，发现有芥酸含量较低（5.23%）、硫苷含量低达70mg/g和抗（耐）菌核病的优异抗源。还有红花、胡麻等。

（7）药用植物及其他：新疆野生药用植物资源有719种，其中储量在1.0×10^5t以上的有甘草、麻黄、罗布麻；1万吨以上的有锁阳、赤药、贝母、新疆独活、沙棘、新疆羌活、紫草、肉苁蓉、秦艽；1 000t以上的有牛蒡子、柴胡、款冬、车前子；10t以上的有菟丝子、刺糖、阿魏、延胡素等。香料植物以安息茴香为最，维吾尔语“孜然”。新疆是我国主要产区，主栽于吐鲁番及南疆各地。食用种子，籽粒饱满、大小均匀，色泽新鲜，风味浓烈，有特殊香味，是少数民族喜爱的调味品，烤羊肉必备之佐料。

（8）麦类野生近缘植物计400余种：分属于新麦草属、大麦属、赖草属、披碱草属、冰草属、旱麦草属、黑麦属、山羊草属、偃麦草属、鹅观草属、燕麦属等，其中，沙芦草、新麦草、窄颖赖草、诺谢维齐大麦4个种是国际遗传资源委员会宣布的优先收集的野生近缘植物。通过建圃观察发现了一批好的材料，如新麦草抗旱耐瘠薄、成熟早；摄威大麦草和高山大麦草耐湿耐盐碱抗寒冷；大赖草抗旱抗寒耐瘠薄，穗大花多丰产性好；赖草抗旱耐盐碱耐瘠薄花多；沙芦草、篦穗冰草抗旱耐瘠薄成熟早；沙生芦草、冰草抗旱耐瘠薄；旱麦草、毛穗旱麦草、东方旱麦草抗旱早熟；黑麦抗寒冷。其中，不乏新疆特有资源，如粗山羊草（*Aegilops tauschii Coss.*）是普通小麦（*Triticum aestivum L.*）D染色体组的供体，为越年生，在国内仅自然分布于新疆伊犁地区，国内其他省份为麦田杂草；杂草黑麦（*Secale cereale L.*）是我国仅分布于新疆的一种冬小麦田的杂草，抗逆性强、高抗3种锈病和白粉病；多年生小麦族野生植物，新疆有意个属，大麦属、籁蕈属、泳蕈属、谨麦覃属、新麦草属、披碱草属、鹅观草属、以礼草属等，以礼草属在新疆有16个种，主要分布于高寒地区，抗逆性强、抗病性也较好。

第七节　土地利用

根据全国及新疆地区20世纪90年代末期土地利用数据库，新疆未利用土地面积占其总面积的61.94%，其中，新疆沙地面积占新疆土地总面积的21.05%；戈壁面积占18.37%；裸岩石砾地面积占17.32%；沼泽地面积占0.30%；其他各大类所占比例见图1-9:

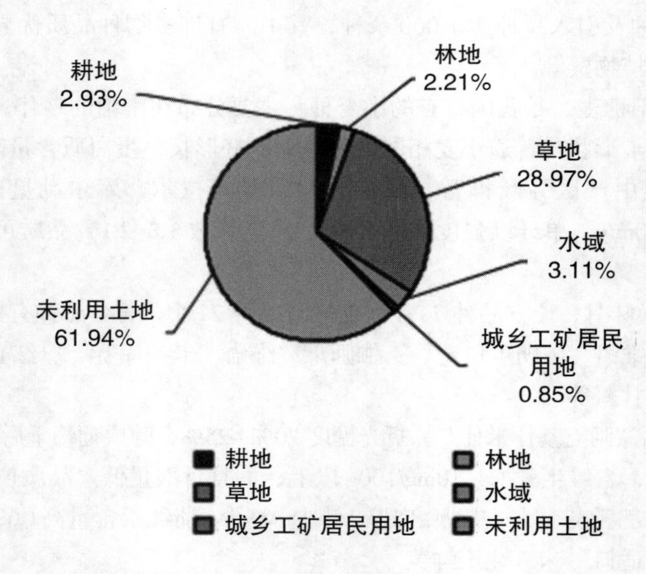

图1-9　新疆地区20世纪90年代末期土地利用结构图

新疆草地面积广大，拥有各类高、中、低覆盖度草地，占新疆总面积的28.97%。除了绿洲及水域附近的草地外，高、中、低覆盖度草地在海拔分布上有自高而下的趋势，大面积的草地资源使新疆成为全国重要的牧区之一，其中，盆地绿洲附近的草地又成为新疆土地开发利用的重要后备资源。

吴世新等提出，根据20世纪90年代末期土地利用数据与80年代末期土地利用数据相比较，新疆地区的土地利用动态变化净面积见表：

表　新疆地区近10年各类土地利用动态变化净面积（hm^2）

土地利用一级类型	变化净面积	土地利用二级类型	变化净面积
耕地	315 700.56	水田	12 692.31
		旱地	303 008.25
林地	18 772.55	有林地	−1 721.40
		灌木林地	4 876.35
		疏林地	4 419.98
		其他林地	11 197.62
草地	−672 921.35	高覆盖度草地	−26 374.39
		中覆盖度草地	−169 451.27
		低覆盖度草地	−477 095.69
水域	84 379.96	河渠	−236.70
		湖泊	32 227.53
		水库坑塘	35 244.75
		滩地	17 144.38

续表

土地利用一级类型	变化净面积	土地利用二级类型	变化净面积
城乡工矿居民用地	128 167.66	城镇用地	17 281.64
		农村居民点用地	17 281.64
		工交建设用地	58 884.72
未利用土地	15 900.62	沙地	84 500.79
		戈壁	−17 971.66
		盐碱地	35 155.96
		沼泽地	38 551.75
		裸土地	−11 536.06
		裸岩石地	−2 835.62
		其他	35.46

从表可知：

（1）耕地面积总量增加明显：新疆近10年来总的耕地面积净增加了 3.16×10^5 hm^2，其中，水田增加了 1.27×10^4 hm^2，旱地增加了 3.03×10^5 hm^2。耕地面积变化的原因主要是农田开垦利用，但也存在着耕地撂荒（转变为盐碱地 1.27×10^4 hm^2、沙地 2 074hm^2、沼泽地 1 681hm^2、其他林地 6 174hm^2）和转变为城镇工矿居民点用地的面积达 3.58×10^4 hm^2。

（2）林地面积总量增加：10年间新疆林地总面积增加了 $1.88\times10^4hm^2$，其中，灌木林地、疏林地、其他林地面积有所增加；林地面积的增加来自于各类草地、旱地和工交建设用地，但有林地面积也减少了 1 721hm^2。

（3）草地面积总量明显减少：各类草地总面积10年间减少了 6.73×10^5 hm^2。其中，高、中、低覆盖度草地减少了分别为 2.64×10^4 hm^2、1.70×10^5 hm^2、和 4.77×10^5 hm^2。草地总面积的动态变化也是近10年来新疆各类土地利用面积变化最大的一类。草地减少主要转变为：旱地（3.56×10^5 hm^2）、盐碱地（$7.66\times10^4hm^2$）、工矿建设用地（6.68×10^4 hm^2）和沙地（6.20×10^4 hm^2）。

（4）水域面积有所增加：总面积增加了 8.44×10^4 hm^2，其中，湖泊、水库坑塘及滩地面积分别增加了 3.22×10^4 hm^2、3.52×10^4 hm^2 和 1.71×10^4 hm^2。

（5）城乡工矿居民点用地显著增加：该大类总面积增加了 1.28×10^5 hm^2，城镇用地、农村居民点、公交建设用地分别增加了 $1.73\times10^4hm^2$、$5.20\times10^4hm^2$ 和 $5.89\times10^4hm^2$。

（6）未利用土地各类有增有减，沙地面积扩大：新疆未利用土地增加了 1.26×10^5 hm^2，其中，戈壁、裸土地、裸岩石砾地略有减少，分别为 1.80×10^4 hm^2、1.15×10^4 hm^2 和 2 836hm^2，未利用土地中的沙地面积增加较多为 8.45×10^4 hm^2。

第八节　作物结构

根据新疆统计年鉴，2012年农作物总播种面积为 5.14×10^6 hm^2，其中，粮食作物播种面积 2.31×10^6 hm^2，占总面积的40.94%，薯类作物播种面积 2.31×10^4 hm^2，占总面积的0.54%；棉花播种面积 1.72×10^6 hm^2，占33.50%；油料作物播种面积 2.42×10^5 hm^2，占4.72%；甜菜播种面积 8.26×10^4 hm^2，占1.61%；蔬菜瓜类播种面积 4.37×10^5 hm^2，占8.51%；其他农作物占总面积10.18%。

粮食作物是新疆地区的最大比重农作物。其中，小麦占21.05%；玉米占16.66%；水稻占1.35%；豆类占

1.34%；其他谷物占 0.55%。资料表明，粮食作物中小麦是主体，玉米是第二大粮食作物。小麦、玉米这两种主要粮食作物占新疆粮食作物播种面积的 92.09%。而从产量方面来看，2012 年小麦单产为 5 333kg/hm^2，玉米单产为 6 919kg/hm^2。

棉花，在新疆种植历史悠久，面积不断增加，单产不断提高，是我国乃至世界最大的商品棉生产基地和原棉出口基地。棉花整体生产水平，新疆已处于全国领先水平，而新疆生产建设兵团棉花生产水平则为世界领先水平。80 年代初，新疆棉花播种面积为 1.81×10^5 hm^2，仅占全国的 3.7%；2012 年发展到 1.72×10^6 hm^2，居全国第一位。棉花单产显著提高。80 年代初，新疆棉花皮棉单产仅为 436.5kg/hm^2，略低于全国水平；2012 年，新疆棉花皮棉单产提高到 2 057kg/hm^2，已连续 20 年居全国第一位。

由于新疆丰富多样的自然生态环境，蕴育了诸多独特的农作物资源，使新疆成为全国主要的具有区域特色的瓜类、果类、糖类、油料生产基地。新疆在国内外市场上具有很大竞争比较优势的特色优质农产品达 100 余种，尤其是新疆吐鲁番盆地的葡萄、哈密瓜，南疆的库尔勒香梨、阿克苏糖心苹果、红枣，北疆的加工番茄、加工辣椒、甜菜、油料等都名扬国内外。

第二章　科学施肥与现代农业

第一节　现代农业的基本特征

现代农业（modern agriculture）是在可持续发展的前提下，以现代农业技术和装备为支撑，以提高资源产出率、劳动生产率和农产品商品率为途径，并利用现代组织经营管理的社会化农业，应是国民经济中有较强竞争力的现代产业。与传统农业比较，现代农业具有以下特征。

1 实现农业科学技术的现代化和农业产业物质条件的现代化

现代农业是在改造旧的、落后的传统农业的基础上，广泛应用各种先进适用的农业科学技术。例如，建立优良的耕作制度，推广高产、质优、多抗的农作物良种，并应用与之相配套的优良栽培管理方法，集约化和高效率地投入生产要素（包括水、电、肥、药、膜、机械等物质投入和劳动力投入），做到高产、优质、低成本和高的经济效益，创造高的土地产出率和劳动生产率，使农业成为一个具有强大市场竞争力的现代支柱产业。

2 实现高度商业化和建设完善的农产品市场体系

现代农业主要为市场而生产，要求有极高的商品率，通过市场机制来配置资源。没有发达的市场体系，根本不可能有真正的现代农业。

3 实现土地、水、气候资源、生物资源的可持续利用，建设具有良好区域的生态和可持续发展的优良环境

4 实现农业生产的区域化、专业化、机械化、规模化

具体来说，现代农业理应包括以下几个方面的技术进步与现代管理体制内容。

第一，农业具有较高的综合生产率，包括较高的土地产出率和劳动生产率，成为一个有较高经济效益和市场竞争力的产业。这是衡量现代农业发展水平的最重要标志。

第二，农业成为可持续发展产业。农业发展本身是可持续的，应该具有良好的区域生态环境。必须采用生态农业、有机农业、绿色农业等生产技术和生产模式，实现农业资源的可持续利用，达到区域生态的良性循环，使农业本身成为一个良好的可循环的生态系统。

第三，农业成为高度商业化的产业。农业应该主要为市场而生产，要具有很高的商品率。商业化是以市场体系为基础的，现代农业要求建立非常完善的市场体系，包括农产品现代流通体系。农业现代化水平较高的国家，农产品商品率一般都在 90% 以上，有的产业商品率达到 100%。

第四，实现农业生产物质条件的现代化。以比较完善的生产条件、基础设施和现代化的物资装备为基础，集约化、高效率地使用各种现代生产投入要素，从而达到提高农业生产率的目的。

第五，实现农业科学技术的现代化。广泛应用先进适用的农业科学技术、生物技术和生产模式，改善农产品品质，降低生产成本，以适应市场对农产品的需求优质化、多样化、标准化的发展趋势。现代农业的发展过程，实质上是先进科学技术在农业领域广泛应用的过程，是用现代科技改造和武装传统农业的过程。

第六，实现管理方式的现代化。广泛采用先进的经营方式、管理技术和管理手段，使农业生产的产前、产中、产后形成比较完整的紧密联系和有机链接的产业链条，具有很高的组织化程度。有相对稳定、高效

的农产品销售和加工转化渠道，实现农超对接，有高效率的把分散的农民组织起来的组织体系和高效率的现代农业管理体系。

第七，实现农民素质的现代化。具有较高素质的农业经营管理人才和劳动力，是建设现代化农业的突出特征。要强化农业科学技术的普及、服务，实行专业技术培训、绿色证书培训，逐步普及中等农业专业教育，努力提高农民的科技文化素质，培养现代农民。

第八，通过实现农业生产经营的规模化、专业化、区域化，降低公共成本和流通成本，提高农业的效益和竞争力。

第九，建立与现代农业相适应的政府宏观调控机制。例如，建立完善的农业支持保护体系，包括法律体系和政策体系。

第二节　科学施肥与现代农业

1 现阶段我国科学施肥水平低制约着现代农业发展

1.1 农业科学用肥观念淡薄

1.1.1 过度依赖使用化肥，有机肥越来越少，带来诸多负面效应

由于新疆农民的科学用肥观念落后，传统有机肥料越用越少，化肥用量越来越多，造成农民在农业生产中过度依赖施用化肥，严重制约着新疆现代农业的发展。据我们 2013 年 11 月在北疆昌吉回族自治州呼图壁县五工台镇五工台村调查，这个村 410 户农户，1 053.33hm^2 耕地，主要种植棉花、玉米等作物。他们的底肥大都是二铵（375kg/hm^2），滴灌肥则是用尿素（600kg/hm^2），几乎完全不用有机肥。因此，他们的单位面积产量也就不高。以棉花来说，当地农民告诉我们其单产为 1 575kg/hm^2 左右，属于较低产量水平。还有，我们在南疆阿克苏地区温宿县调查，农民赵东宁种了 10hm^2 的水稻，用肥全部是传统氮磷化肥，平均每公顷施用二铵 375kg、尿素 750kg，其总产量 2011 年 110t（1.1×10^4 kg/hm^2）、2012 年 100t（1.0×10^4 kg/hm^2），2013 年下降到 80t（8 000kg/hm^2）。

1.1.2 注重速溶速效，养分利用率低

新疆农民在选择和使用肥料时存在许多误区，特别是过分注重肥料的水溶性和速效性，总认为水溶性好的、肥效来得快的就是好肥或者真肥。新疆农民爱用“老三样”（尿素、磷铵、氯化钾），尤其偏爱尿素，认为尿素速溶速散，肥效快，施下去作物几天就可以转青转旺。实质上尿素有效成分利用率很低，一般只有 30%。必须指出，肥料速溶，作物一时吸收利用不了，便会产生肥料有效成分的流失、浪费。这些溶解了的氮、磷等有效养分，在各种理化、生物作用下与土壤环境交换，大量被淋溶、渗漏或向大气挥发，造成对土壤、水源、大气等污染，危及环境安全和人体健康，带来破坏生态环境的严重后果。据王炳荣应用同位素示踪研究，由于尿素为全水溶性氮肥，施入土壤中 5d 后，氮挥发损失为 25%；施用 15d 后，淋溶损失为 27%。这就是说，尿素这种速溶肥料施入土壤中半个月，其有效氮成分就损失了 52%。

1.2 施肥方法不科学

施肥方法不科学，很少采用深施、条（穴）施等集中施肥、科学保肥等先进施肥技术，仍然习惯于撒施、面施等简单落后的施肥方法。因此，容易造成化肥有效成分利用率低。

2 施肥结构不合理，存在着“三重，三轻”误区

所谓施肥结构中的“三重，三轻”是指：重化肥，轻有机肥，重氮磷，轻钾肥，重大量元素，轻中微量元素。从而造成了诸多负面影响，制约着农业生产向“高产、优质、高效、生态、安全”战略目标的推进。

在“轻有机肥”方面，据湖南、山西的统计，20世纪60年代肥料投放中的有机成分为98.1%、82.6%，到1999年减少至13.26%（表2-1）（黄铁平，张藕珠.中国肥料指南，2006：159–165）。

表 2-1　我国不同年代肥料施用中有机养分占总养分的比例

年份	有机养分占总养分的比例（%）	
	湖南	山西
1960	98.1	82.6
1970	85.7	52.2
1980	60.5	36.1
1990	31.38	22.96
1999	13.26	–

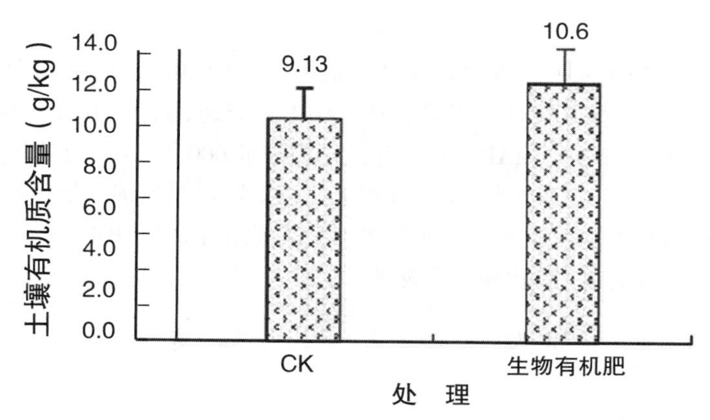

图 2-1　慧尔有机肥的棉地土壤有机质变化（昌吉二六工镇）

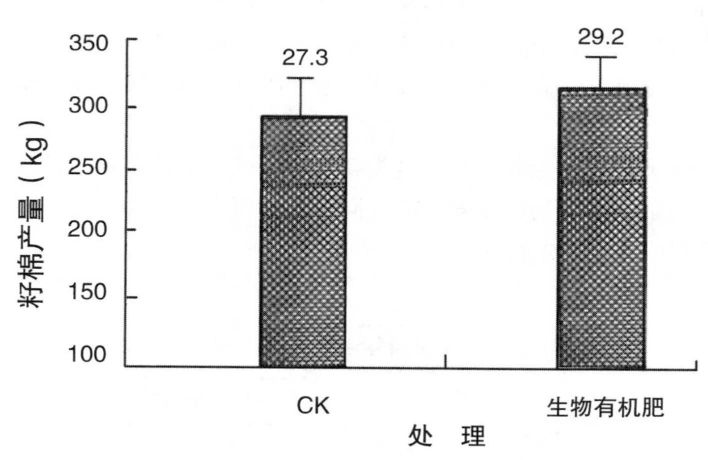

图 2-2　慧尔有机肥的棉花产量效应（昌吉二六工镇）

关于“重大量元素轻中微量元素”的问题也日益突显。在过去以有机肥为主的用肥时代，中微量元素的严重缺乏问题并不存在。当化肥在肥料使用中占主导地位时，中微量元素的自然循环被破坏，同时又很少能从施肥中得到补充，于是中微量元素的缺乏才日益显现出来。据分析测试的资料，我国目前耕地中缺镁的面积为26%，缺硫的面积为30%~40%，缺有效硼的面积为33.3%，缺有效锌的面积则占52%，即1/2耕地缺乏有效锌。要指出的是，农作物对某一种营养元素吸收过多，会引起作物的代谢紊乱。例如，偏施有机肥，使作物病害增加，容易引起Fe、Ca、Mg、K、S的缺乏而造成减产；磷过剩则引起Zn、Fe、Ca、Mg的缺乏，同样导致减产。据研究，新疆地区耕地土壤有效锌含量平均为0.996mg/kg（变幅0.109~10.06mg/kg），其中有效锌低于临界值（0.5mg/kg）的缺锌土壤占耕地面积59.7%；新疆东部含锰 < 7mg/kg的缺锰土壤占耕地面积的96%，西部含锰 < 7mg/kg的缺锰土壤占耕地面积94%，北部含锰 < 7mg/kg的缺锰土壤占耕地面积的78%。在这些缺锌、缺锰耕地上施用锌肥、锰肥有极好的增产效果。

关于“重氮磷，轻钾肥”问题。我国农民科学用肥观念淡薄，在习惯施肥中很注重氮磷肥的施用，对钾肥则认识不足，尤其是因为新疆耕地土壤中有效钾含量一般稍高，农民对施用钾肥很不重视，许多农民都不用或少用钾肥，缺钾成为增产制约因素。

3 肥料产业结构失调，新型肥料生产正在发展

3.1 化肥产能过剩，产品同质化严重

尿素：2006年，国内尿素产能为4.85×10^7 t，超过了我国全年的尿素消费量4.45×10^7 t，即有270多万吨产能过剩。2007年新增尿素产能为2.65×10^6 t，而2008年尿素产能再扩大到7 300多万吨，已出现严重的尿素产能过剩。

磷酸铵：据张永志分析，2006年底，我国DAP生产能力约为9×10^6 t，MAP约为1.0×10^7 t。2007年，云南三环、富瑞、贵州开磷三套6×10^5 t DAP装置投产，DAP产能超过1.1×10^7 t。2008年，云南三环、贵州开磷6×10^5 t装置投产。因此，DAP、MAP产能将超过国内需求600万~700万吨。

复合肥：我国复混（合）肥产能至少在3×10^8 t以上，而实际产量据国家统计局统计，农用氮磷钾复混肥产量仅5.31×10^7 t，说明复混肥企业开工率不到20%，产能闲置率在80%以上。而且，生产的复混肥产品都是用传统化肥（尿素、磷酸铵、氯化钾、硫酸钾）传统工艺生产，同质化严重，产品有效利用率低下。

3.2 新型肥料产业正在发展

3.2.1 什么是新型肥料

（1）新型肥料的本质特征是有效成分的高利用率。传统肥料一个最重要的缺陷就是有效成分利用率低，从而引发出施用量大、挥发淋失严重、污染土壤及影响食品安全等诸多负面效应。以尿素为例，尿素属于全水溶性氮肥，有效氮素利用率低，施入土壤中的挥发、淋失、渗漏等养分损失都比较严重。因此，新型肥料产品的第一个要求就应该是具有高的有效养分利用率，研发新型肥料品种必须从提高肥料的有效养分利用率入手。

目前，国内外都在大力开发控、缓释肥料。这类新型肥料的一个最重要的科技创新点就是通过控、缓释技术，实现肥料养分释放曲线与作物需要养分曲线同步，从而大大减少有效养分的淋失、挥发和渗漏，大大提高肥料有效成分的利用率（图2-3）：

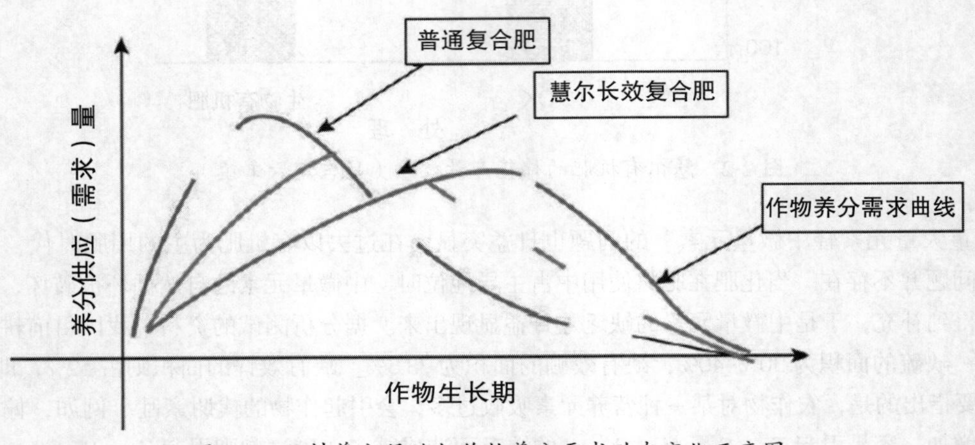

图2-3　肥料养分释放与作物养分需求动态变化示意图

新疆昌吉州呼图壁县农业技术推广站苏桂华研究，应用（24–14–8）控释肥 18kg/ 亩作基肥，应用尿素 20kg/ 亩作 2 次追肥，比施用常规肥（基施二铵 18kg/ 亩，追施 2 次尿素 20kg/ 亩）增产 14.35%，使收入增加（63.8 元 / 亩），资料列成表 2-2。

表 2-2　控释肥与常规肥的棉花籽棉产量比较（kg/ 亩）

处理	重复			平均	产量比较（%）
	1	2	3		
控释肥	302	297	293	297.3	114.35
常规肥	267	260	253	260	100

关于本次试验的生物统计：单次标准差 sd=3.56，均数标准差 sd=2.06，t=18.11，查表 $t_{0.05}$=4.303，$t_{0.01}$=9.225，t=18.11 ＞ t0.01，说明控释肥与常规肥的差异极显著，控释肥有极显著的增产效果。

山东农大张民等研究指出，控释氮肥对玉米的增产率比等量常规尿素高出 25.1%~37.5%，控释尿素减半用量的增产率 18.6%，而氮肥的当季利用率提高 12.8%~25.2%（表 2-3）：

表 2-3　控释氮肥与普通氮肥处理玉米产量及肥料氮素利用率

处理	产量（kg/ 亩）	与对照相比的增产率（%）	与等量尿素相比的增产率（%）	控释尿减半用量的增产率（%）	氮肥当季利用率（%）
控尿 10	590.5	70.7	37.5	18.6	55.6
控尿 20	623	80.1	25.1	–	37
普尿 10	429.5	24.1	–	–	30.4
普尿 20	498	43.9	–	–	24.6
对照	346	–	–	–	–

注：各处理均在亩施 $P_2O_5$6kg、K_2O7.5kg 条件下，施用控释尿素或普尿 10kg 或 20kg，对照不施氮

他们还利用控释复合肥作为缓释控释的载体，研究了不同供磷模式下，磷肥控释对马铃薯的增产效应及肥料磷素利用率（表 2-4）：

表 2–4　马铃薯产量及肥料利用率

处理	产量鲜量（kg/hm^2）		含磷量（g/hm^2）		吸收磷量（kg/hm^2）	吸收肥料量（kg/hm^2）	肥料磷素利用率（%）
	块茎	茎秆	块茎	茎秆			
对照 CK	25 493	10 290	2.05	4.00	45.92	–	–
低磷非控 CCF1	25 959	12 574	2.40	4.07	54.96	9.04	12.10
低磷控释 CCF1	29 295	13 777	3.14	4.02	79.12	33.20	44.30
高磷非控 CCF2	33 634	14 253	2.19	4.37	66.40	20.48	13.70
高磷控释 CCF2	37 927	12 424	3.71	5.21	119.04	73.12	48.80

注：1 各处理氮钾水平一致，低磷水平位 75kg/hm^2，高磷水平为 150kg/hm^2；2 对照 CK 为尿素硫酸钾缺磷非控释；低磷非控为普通复合肥 1；低磷控释为 18–9–18 包膜控释肥；高磷非控为普通复合肥 2；高磷控释为 15–15–15 包膜控释肥

试验结果表明，控释复合肥与普通速效化肥相比，控释复合肥施入土壤后磷的有效性较高，马铃薯植株的磷累计吸收量比普通化肥明显增加，当季磷肥利用率显著提高。低磷控释的处理当季磷肥利用率比非控释的处理增加了31%，达到了44.3%；高磷控释肥处理的当季磷肥利用率比高磷非控释的处理增加了35%，达到了48.8%，并且显著提高了马铃薯产量。

还值得提出的是，中微量营养元素的吸收利用率也十分重要。现在不少厂家在生产复合肥时都会添加中微量营养元素成分，其中大多是采用无机中微量元素。中微量元素在肥料加工复配过程中极易与 PO_4^{3-} 反应生成不溶于水的磷酸盐，从而失去其有效性。为了保护中微量元素的有效性，发达国家利用EDTA、柠檬酸等有机螯合剂把微量元素螯合起来，使之处于稳定的可溶于水的状态，即使pH值发生变化，也不会因此产生沉淀而失效。国内近年研发的氨基酸型中微肥、腐植酸型中微肥都是螯合态的，能使中微量元素保持较高的活性，可以大大提高其利用率。

（2）新型肥料必须是“绿色、环保”肥料。2006年9月，国家环保总局和国家统计局联合发布了《中国绿色国民经济预算研究报告2004》。绿色GDP预算是指从总传统GDP中扣除自然资源耗减成本和环境退化成本。通过绿色GDP预算体系，必将对各行各业包括肥料行业提出新的挑战，也是前所未有的机遇。笔者认为，研发新型肥料必须在“绿色、环保”上大做文章，做足文章。除了上面提及的缓控释肥料可减少化肥用量减轻负面影响外，属于“绿色、环保”范畴的尚有腐植酸肥料、生物有机肥、新型复混肥、有机无机复混肥料等。其共同属性都是有毒物质零排放，无面源污染，不破坏土壤结构，有利于建立良好生态，使农业可持续发展。

3.2.2 调整优化肥料产业结构，加速新型肥料产业发展

从我国国情出发，在调整优化肥料产业结构中，必须用政策调控尿素、磷酸铵等过剩产能，制定和落实新型肥料产业、有机－无机复混肥产业、肥料二次加工业发展的优惠政策，优化肥料产业布局。在复混肥产业结构优化调整中，大力发展掺混肥、中微肥、有益元素肥、腐植酸肥和有机无机复混肥。

4 农化服务滞后

改革开放以来，国家农技推广服务工作尤其是农村基层技术推广工作，不仅没有加强，而且被削弱，由于事业经费限制，“只能养兵，不能打仗”，县区农技人员难下基层，而乡镇一级的农技推广站大多名存实亡，网破线断，农技服务愈来愈少。可喜的是，党的“十七大”以来，这种局面正在改变，国家领导关注三农，政府大力组织测土配方施肥，引导农民科学用肥，农化服务正在强化。导致我国农化服务滞后的另一重要因素是肥料生产流通企业的农化服务不到位。

5 科学施肥技术亟待完善

测土配方施肥和营养套餐施肥等先进施肥技术必须不断完善提高，并且加大推广力度，才能更好地为现代农业服务。

第三节　现代农业中科学施肥的技术内涵

1 新疆农作物施肥技术的发展历程

新中国成立以来，新疆维吾尔自治区党委和政府对发展农业生产都很重视，除了大量的政策支持外，在继承传统作物有机培肥经验的基础上，逐步推广应用开了化学肥料，大力推行先进的施肥技术，不断提高科学施肥的水平，使农作物的产量和质量得到了持续提高，充分满足了人民对农产品不断增长的需求。下面试以经济作物棉花产业为例，说明新疆农作物施肥技术的发展历程。

1.1 传统农业生产的土壤有机培肥阶段

这一阶段是从中华人民共和国成立开始，一直延续到20世纪70年代中期。新疆的棉花产业在这一阶段得到一定的发展，特别是1954年新疆生产建设兵团组建以后，开始了大规模的垦荒植棉。到1960年，新疆垦荒扩大耕地面积累计达到了3.01×10^6hm^2。而在此以后的时期，棉花播种面积比重不断上升，并逐渐成为新疆农民种植的主导产业。由于大量的开垦荒漠土地，这种土地本来生物积累量就很少，加上有机质在干旱条件下极易迅速矿化流失。而此阶段新疆的棉农，由于生产条件的限制，肥料投入以依靠羊、牛粪这类有机肥为主，投入数量很有限，致使这一时期的棉花产量处于很低的水平，一般为150~180kg/hm^2。下面以石河子绿洲棉区为例，说明一下这一阶段的土壤培肥措施。为了提高棉花产量，从50年代末期到70年代中期，石河子绿洲棉区开始大力推广草田轮作制，将棉、粮作物与牧草（谷草、苏丹草、三叶草、苜蓿草）轮作，以培养提高土壤肥力，提高棉花单位面积产量。在党和政府的领导下，这一地区的牧草尤其是苜蓿种植的比例逐年上升。1966年，全区种植牧草2.06×10^4hm^2，占农作物播种总面积的19.6%，其中苜蓿面积达1.98×10^4hm^2，是历史上牧草种植比例最高的年份。由于牧草产业的发展，对当地畜牧业也极为有利，牧草种植的比重最高的那年，万亩草地载畜量曾一度高达4 500只羊单位。因此，有机肥的数量得以高速发展。1957年全区畜牧业积肥1.5×10^6kg；1975年则由于载畜量提高，畜牧业大发展积肥达到1.47×10^7kg，1979年达到更高的2.16×10^7kg。以后，有机肥的数量就逐年下降了。总之，在这一历史阶段，培肥地力的主要手段是以种植苜蓿等牧草和增施羊、牛有机肥为主的有机培肥阶段，或者叫生物养地阶段。由于投入少，棉花单产仍然处于缓慢上升阶段。据统计，1960年，新疆棉花播种面积扩展到1.6×10^5hm^2，单产为210kg/hm^2；1976年棉花面积稍有缩减，为1.5×10^5hm^2，单产上升到375kg/hm^2。

表2-5　有机肥对棉花的增产效果

试验地点	施肥处理	试验面积（hm^2）	籽棉产量（kg/hm^2）	产量比较（%）
89团1连	有机肥1.2t/hm^2	2	6 174.5	113.45
	复混肥0.45t/hm^2+新三腐铵0.45t/hm^2	2	5 442.5	100
89团12连	有机肥0.9t/hm^2	2	5 775.3	109.56
	新三腐铵1.05t/hm^2	2	5 271.2	100

（新疆生产建设兵团农5师农科所，2010）

注：有机肥的有机质含量≥30%，N+P+K ≥ 5.4

1.2 近代以推广非豆科绿肥和推广化肥为主的土壤培肥阶段

这一阶段从20世纪70年代中期开始一直延续到90年代初期。随着棉花播种面积的进一步扩大，苜蓿等养地作物的种植面积迅速减少，逐渐削弱了土壤培肥对苜蓿的依赖性。同时，万亩载畜量也随之下降，有机肥资源也减少了。在这种条件下，新疆不少棉区以油菜、油葵代替豆类作绿肥，由于这些作物鲜草产量大，肥效也佳，且成本低，也逐渐为棉农所接收，逐渐形成了小麦—向日葵—棉花的轮作方式，但是绿肥种植面积非常有限。此时期，开始了棉田培肥技术体系的一个崭新的阶段——化肥投入。早在20世纪60年代新疆就开始了从苏联少量进口化肥投入农业生产。新疆农民对化肥的认识是从不接受到逐步使用，最后发展到依赖。新疆大量施用化肥主要从1975年开始，且用量很快由少到多，急剧增加。特别是经过20世纪80年代以来测土配方施肥技术的推广，化肥的广泛使用成为棉花增产的主要推动力。张炎等报道，南北疆20多个点的棉花试验汇总资料表明，施用化肥增加的棉花产量占棉花单产的33.5%，最高占到单产的56.1%（图2-4）。

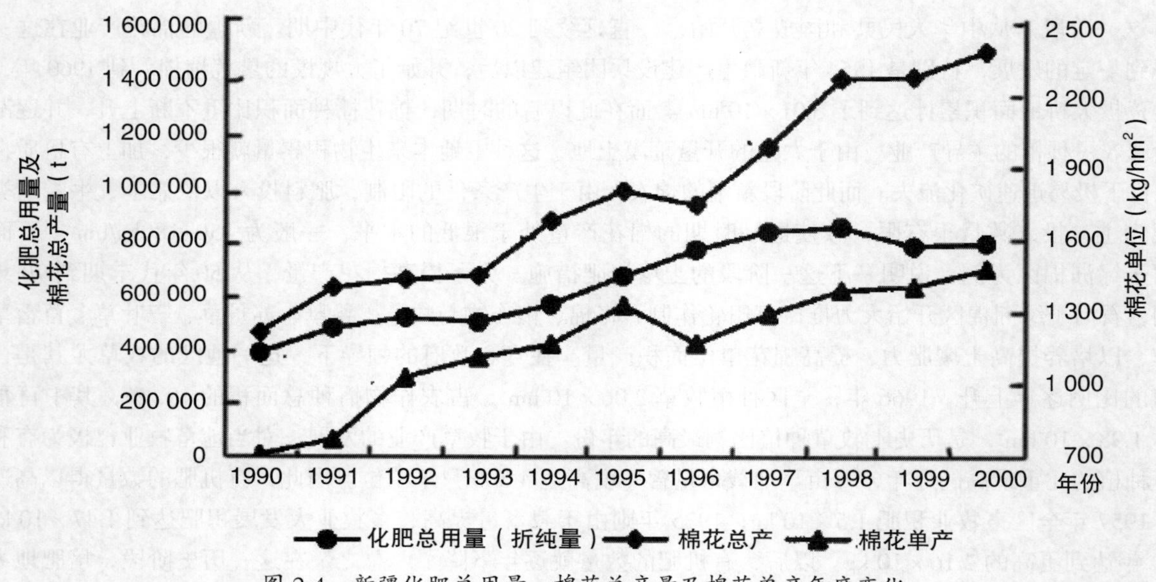

图 2-4　新疆化肥总用量、棉花总产量及棉花单产年度变化

图 2-4 是新疆化肥施肥量与新疆棉花总产和单产关系的变化曲线，从中可以看出两者成正比关系，充分说明了推广施用化肥是新疆棉花产量增加的重要因素。

1.3 现代科学施肥阶段

这一阶段，是从 20 世纪 90 年代中期，一直到今。这个阶段新疆棉花科学用肥技术实现了一个大的突破，这就是膜下滴灌施肥技术的推广普及。膜下滴灌施肥技术，是新疆这个干旱少雨地区棉农的一大技术创新，成功地解决了制约新疆棉花生产发展的水资源瓶颈问题，同时节省了用肥，极大地提高了植棉效益。膜下滴灌施肥技术可明显提高棉花单位面积产量 10%~30%，节约肥和水 30%~50%，植棉利润提高近 3 倍。2010 年，阿克苏市在哈拉塔勒镇搞了 8hm^2 棉花膜下滴灌施肥技术示范，每公顷基肥投入为有机肥 45m^3 、二铵 262.5kg、尿素 150kg、硫酸钾 75kg；追肥滴灌专用肥施了 8 次，共用滴灌专用肥 540kg，平均棉花产量达 3 324kg/hm^2。

2011 年，尉犁县大力示范推广棉花高标准滴灌施肥技术，推广面积达 2 666.67hm^2，平均亩产达到 5 250kg/hm^2，籽棉增产约 1 500kg/hm^2。迄今为止，全疆应用膜下滴灌施肥技术已经基本普及，有力地推动了棉花单位面积产量的稳定提高。在这一阶段，由于棉花产量的提高，产生的棉花秸秆越来越多，在推广膜下滴灌施肥技术的同时，秸秆翻压直接还田的培肥技术也得到推广应用。棉花秸秆，不仅含有大量的有机质和 N、P、K 等大量元素，还有 Zn、Mn 等微量元素。应用秸秆还田技术对于提高土壤质量、减少 N 素损失、增加棉花产量成为新疆棉田培肥增加土壤有机质的重要途径。据樊华等研究，棉花覆膜栽培比露地栽培可增产棉花 1 226.98kg/hm^2，秸秆还田比不还田可增产棉花 696.29kg/hm^2，覆膜与秸秆还田配合施用还可以增产 298.69kg/hm^2，增产效果极为显著。

2 农作物营养套餐施肥技术及特点

棉花营养套餐施肥技术是山东省烟台众德集团在全国首创的农作物营养套餐施肥技术体系中的一个重要组成部分。这种营养套餐施肥技术是在测土配方施肥的基础上，在最小养分律、因子综合作用律等施肥基本理论指导下，通过引进和消化吸收国内外有关作物营养科学的最新技术成果，融肥料效应田间试验、土壤养分测试、营养套餐配方、农用化学品加工、示范推广服务、效果校核评估为一体，组装技物结合连锁配送、技术服务到位的测土配方营养套餐系列化平台，逐步实现测土配方营养套餐技术的规范化、标准化。

努力建设以政府为领导、以科研为基础、以推广为纽带、以企业为主体、以农民生产者为对象的新的科学施肥体系。要精心组织实施，扎扎实实推进，提高农民科学用肥水平，引导农民转变施肥观念，加大推广普及力度，让这一新技术推广成为建设社会主义新农村的一项重要工作，为农业稳定增产和农民持续增收建设现代化农业作出贡献。

棉花营养套餐施肥技术与前面提及的测土配方施肥技术，最大的不同是施肥理念上的差异。我们认为，营养套餐施肥技术的核心理念，就是实现棉花多种养分资源的科学配置及其高效综合利用。它不仅仅是进行土壤养分测试，也不是单一的考虑棉花的营养需求，更加重要的是在充分研究挖掘当地自然资源潜力的同时，实施有机养分和无机养分的科学配置及合理投入，实现养分循环利用与棉花作物高产优质的有机结合，在培肥土壤、营养作物的过程中保护土壤资源，使生产、生态、环境得到协调发展。也就是说，这种营养套餐施肥技术是以科学施肥为主要调控手段，通过优化营养成分配置、肥料形态、补给时期、施用方法等措施，做到水稻养分需求与养分供应同步和养分资源高效利用与生态环境保护同步。因此，营养套餐施肥技术是我国棉花施肥领域的重大技术创新，是建设我国现代棉花产业的重大举措。

我们认为：棉花营养套餐施肥技术与农民的传统习惯施肥和现行的测土配方施肥技术相比较，有以下3个特点。

第一，在肥料的选择上，不是那种简单的大中微量营养元素组合，而是一个施肥系统工程，是在统筹考虑影响农产品生产的数量、质量、安全（包括控制产品的污染及土壤环境的污染）等综合因素，要求以最优的配置方式和最少的数量投入，达到单位面积内最高的产出，并且符合良性生态的标准要求。

第二，营养套餐施肥技术是一个不断发展的过程，也是一个优化的过程，它采用多种施肥方式，根际施肥与叶面追肥并重，控缓释肥与腐植酸肥有机结合。其作用机理是。

木桶效应——主攻棉花营养需求中的短板。例如，棉花对硼的需求量很大，我们底肥中加入了一定数量的有效硼，达到增产提质的效果。同时通过叶面吸收，快速补给棉花生长中的中微量营养有效成分，达到小肥生大效的目的。

互补效应——腐植酸肥料能对棉花的营养生长与生殖生长科学调控，而缓控释肥料能按照棉花对大、中微量营养元素的吸收做到同步供应，两类肥料实现了有机互补。大量研究资料证实，腐植酸肥料能促进作物对营养元素的吸收作用：日本按50mg/kg浓度向土壤施入腐植酸肥料后，用σ－萘乙酸氧化能力测定根系吸收能力，发现水稻提高了155%……；腐植酸肥料还能促进酶的活性，提高棉花的抗逆性；腐植酸肥料可以促进叶绿素的形成，提高光合作用效率。

第三，致力于服务绿色高效棉花产业，实现棉花生产的可持续发展，提高我国棉花产量的国际竞争力，真正实现“科技惠农、造福万家”。棉花营养套餐施肥技术中选用的农用化学品，纯属无公害的绿色生产资料。能生产出优质棉花，不污染生态环境。

3 科学选择高效优化的新型肥料产品

笔者认为，不论是哪一项先进的科学施肥技术，它都离不开高效优化的新型肥料产品。以作物养分资源综合管理技术为例，其最重要的一个环节就是通过肥料产业化来开发与生产大域作物专用肥配方（复合肥）及小域作物专用肥配方（BB肥）。这类作物专用肥就是适应我国农业和农民现状的一种有效的技术推广方式。笔者研发的营养套餐施肥技术更是一种技术物化的最佳形式。同样以棉花营养套餐施肥技术为例，它由施“三肥”（配方化底肥、配方化滴灌追肥、配方化叶面肥）实现“三促”（促根系生长、促蕾铃发育、促健康栽培）、“三省”（省工、省肥、省水）、“三抗”（抗病、抗旱、抗盐碱），达到增产、提质和生态、安全栽培的目标。根据现代农业的理念，必须集约化和高效率的投入各种生产要素，才能创造出高的土地产出率和劳动生产率。因此，肥料作为现代种植业最重要的生产要素，必须具有高效和优化两个基本特征。高效主要指养分资源的高利用率，而优化涵盖的就很广泛了。有针对某种作物养分需要特点的优化，有针对该地域土壤性状特点的优化，有针对某些特定灾害（如土传病害或气候灾害）的优化。总之，要求新型肥料产品能够适应当地作物、土壤以及增强抗御灾害的最优配置和最佳投入。

4 科学施用新型肥料的方法

调查表明，我国化肥有效成分利用率低跟农民的施用方法不正确有直接的关系。因此，笔者认为，新型肥料产品，必须有正确科学的施用方法，才能发挥最好的肥效。例如，穴施、条施、集中施、施后盖土等施肥方法都能很好地让作物吸收，可以减少养分的渗漏、挥发损失；叶面施肥，小肥生大效，可有效补充作物的大、中、微量营养；灌溉施肥、水肥一体化技术，更能提高肥料有效成分利用率；机械施肥则是现代农业发展的必然趋势。肥料的科学施用必须与其他的优良农业技术措施配合进行，才能最大限度地发挥肥料的增产提质潜力，从而加速传统农业向现代农业的转变。例如，优良的土壤耕作技术（包括免耕栽培、轮混套作等）、科学的灌溉排水技术、作物生长发育的生物调控、化学调控技术、病虫草鼠害的综合防治技术等，都和科学施肥有极为密切的关系。通过这些先进的栽培管理技术，可以彻底改变农民的传统习惯施肥观念，迅速提高农民劳动者的科学用肥水平，达到减肥增产的最佳施肥效果。因此，在新疆主要农作物营养套餐施肥技术规程设计中，我们十分强调应用科学的施肥方法，并密切配合其他多种优良的农业技术措施，才能收到最好的肥效。

第三章　农作物营养和科学施肥的基本原理

第一节　和农作物正常生长发育有关的化学元素

一切作物要进行正常的生长发育，都必须吸收一定的营养元素来建造自己的躯体和进行正常的新陈代谢，没有这些相关的营养元素，也就是通常所称的养分，哪怕只缺一二种，作物都会生长不良，甚至死亡。与作物生命活动有关的化学元素很多，但从其与作物正常生长发育的相关性来说，大致可分为3类。

1 必需营养元素

也称基本营养元素，总的有17种。其中，大量元素6种：碳、氢、氧、氮、磷、钾；前3种属于非矿质营养元素，主要从空气和水中取得；后3种主要从土壤中吸收。农业生产中施用量最多而且作物需要量也最大的是氮、磷、钾3种元素，因此，一般都把氮、磷、钾称为肥料的三要素。但是，当今科学界大多认定，水稻是喜硅作物，认为硅已成为与氮、磷、钾等大量元素同等重要的必需营养元素。所以，对水稻而言，有氮、磷、钾、硅四大必需营养元素；中量营养元素3种，分别为钙、镁、硫；微量营养元素8种，分别为铁、硼、锰、铜、锌、钼、氯和镍。

2 有益营养元素

一些对植物生长有促进作用或部分可以代替基本营养元素的一类矿质营养元素，有钴、钠、硒、镓、硅、钡、锶、铷、铍、钒和钛等。

3 有害化学元素

如重金属元素银、汞、铅、钨、锗、铝等，这些元素一般对农作物生长发育有不良影响，有一定程度的毒害作用。如铝会抑制植物生长，原因在于它可以在根区沉淀，从而干扰对铁、钙的吸收；同时，铝还对磷代谢有严重的干扰，可以使吸收的磷不能及时转化为有机磷，而以无机磷的形式在根系中累积，从而阻止磷的正常运输等。

第二节　作物营养元素的同等重要和不可替代律

作物生长必需的营养元素，不论其在作物体内的含量多少，对于作物的生长发育都是同等重要的，任何一种元素的特殊生理功能都不能被其他元素代替，这叫营养元素同等重要和不可替代律。例如，缺碳不能形成碳水化合物，缺氮不能形成蛋白质，缺硼表现为油菜“花而不实”，棉花“蕾而不实”，严重者幼苗出现死亡。所以，不管大量元素还是中微量元素其作用都是同等重要，相互不可代替，即氮不能代替磷，磷不能代替钾，钾不能代替钙，钙不能代替硼……只能靠针对性施肥解决。

第三节　最小养分律（木桶定律）和米氏学说

作物为了生长发育,需要吸收各种养分,但是决定作物产量的却是土壤中那个相对含量最少的有效养分。无视这个限制因素，即使继续增加其他营养成分，也难以提高作物的产量。此称最小养分律。最小养分律理论要求我们在施肥中注意以下几点。

（1）最小养分律不是指土壤中绝对含量最少的养分，而是指按作物对各种养分的需要而言，土壤中相对含量最少的那种养分。

（2）最小养分是影响作物增产在养分上的限制因素，要提高产量就必须补充这种养分。

（3）最小养分不是固定不变的，它是随着作物产量水平和肥料供应数量而变化的。一种最小养分通过施肥而得到满足后，另一种养分元素就可能成为新的最小养分。

（4）如果不补充最小养分，即使其他养分增加再多也不能提高产量，而只能造成肥料的浪费。最小养分律又叫做木桶定律，图 3-1 中最短木板就代表最小养分，它限制着水面的高低，也就是作物产量的高低。

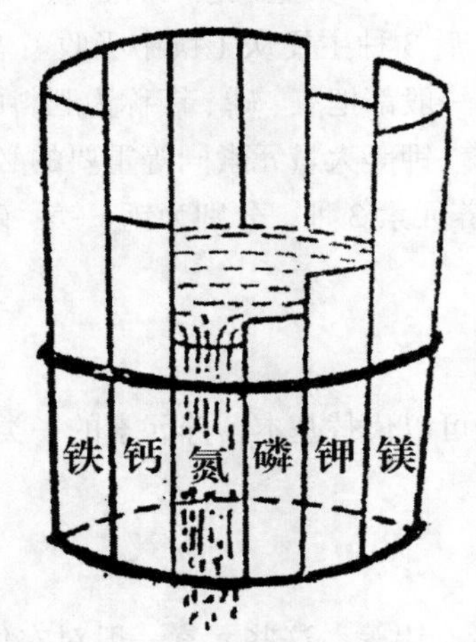

图 3-1　最小养分律（木桶定律）示意图

从我国施肥技术发展的历史可以看出，20 世纪 50 年代，土壤缺氮，氮素是最小养分，作物增施氮肥增产效果显著；60 年代，当氮素得到一定满足后，土壤缺磷，磷素就成为新的最小养分，氮磷配合的增产效果更加突出；70 年代，长江流域许多地区土壤缺钾，在这些地区钾就成了新的最小养分，在施氮磷肥的基础上增施钾肥肥效尤为显著。进入 20 世纪 90 年代以后，山东、北京等地的设施大棚则出现了微量元素成为新的最小养分的情况，微量元素的补充成为提高设施蔬菜产量与质量的新的亮点。所以，应用最小养分律的目的是解决农作物施肥的针对性问题，克服施肥的盲目性，提高肥料利用率，减少过量或不对路施肥的负面反应（图 3-2）。

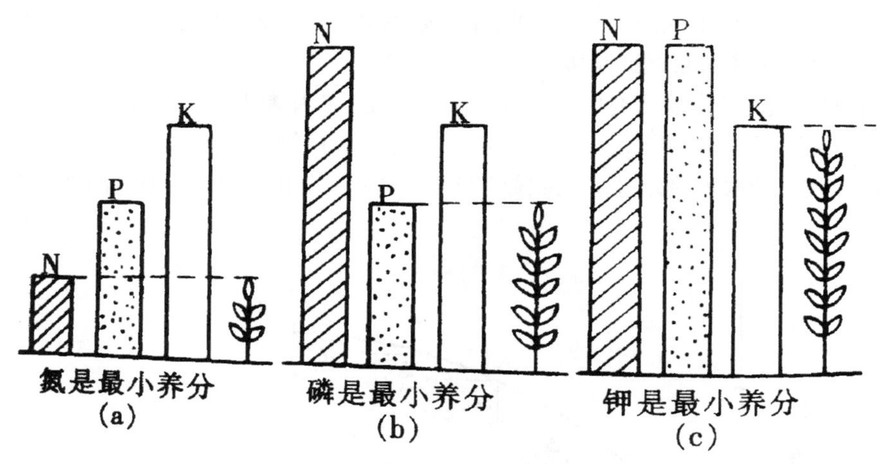

图 3-2　最小养分变化示意图

还有一个米氏学说（E.A.Mitscherlich 学说），是在最小养分律的基础上发展起来的。米氏认为，土壤中最缺养分的不断增加与产量的增加并非呈正比。在这个基础上，用数学公式可阐明植物养分与产量的关系。该定律可简述如下。

植物各生长因子如保持适量，仅有一个生长因子在改变（dx），此生长因子的增加所增加植物的产量（dY/dX），系与该生长因子增加至极限时所得到最高产量（A）与原有产量（Y）之差呈正比，即：

$dY/dx = C(A-Y)$

式中，C 是比例常数，又称效应常数。

积分后得以下公式：$\lg(A-Y) = \lg A - CX$

如种子和土壤中原含养分为 b，则：

$\lg(A-Y) = \lg A - C(X+b)$

A 与 C 可通过田间试验求得。现引用德国过去的试验资料，N、P_2O_5、K_2O 效应常数分别为 0.122、0.60 和 0.93，产量单位是 kg/hm^2。以下是氮肥和磷肥用量对于小麦和马铃薯的产量计算：

小麦：N：$\lg(89-Y) = \lg 89 - 0.122(X+1.11)$；$P_2O_5$：$\lg(31.2-Y) = \lg 31.2 - 0.60(X+1.06)$

马铃薯：N：$\lg(550-Y) = \lg 550 - 0.122(X+1.73)$；$P_2O_5$：$\lg(283-Y) = \lg 283 - 0.60(X+1.32)$

根据德国的研究报告，按上式施肥计算的产量与生产实际的产量比较接近，最大误差平均不超过 3%。米氏学说是有前提的，它只反映在其他技术条件相对稳定情况下，某一限制因素投入（施肥）和产出（产量）的关系。如果限制因子的施用量超过最适数量就会变成毒害因素，不仅不能使作物增加产量，而且还会使作物产量降低，这一点已被国内外许多田间试验所证实。因此，在施肥实践中，必须避免盲目性，提高利用率，发挥肥料的最大经济效益。

第四节　肥料报酬递减律

18 世纪后期，法国古典经济学家杜尔格（A.R.J.Turgot）在对大量科学实验进行归纳总结的基础上，提出了报酬递减律。其基本内容为："土地生产物的增加同费用对比起来，在其尚未达到最大限界的数额以前，土地生产物的增加总是随费用增加而增加，但若是超过这个最大限界，就会发生相反的现象，不断地减少下去。"

在杜尔格提出土地报酬递减律之后，围绕着报酬递减律是否存在这个问题，世界上很多科学家进行了大量的科学实验，实验的结果不仅证实了土地报酬递减律确实是一种客观规律，并且还推演出了对普通资源投入具有广泛指导意义的资源报酬递减律。

在证实土地报酬递减律的实验研究中，大量的实验研究是以肥料和作物产量为研究对象的，研究的结果不约而同地得出了肥料报酬递减律，即在技术和其他投入量不变的情况下，作物的产品增加量随着一种肥料投入量的不断增加，依次表现为递增、递减的变化，这种情况称为肥料报酬递减律（图 3-3）。

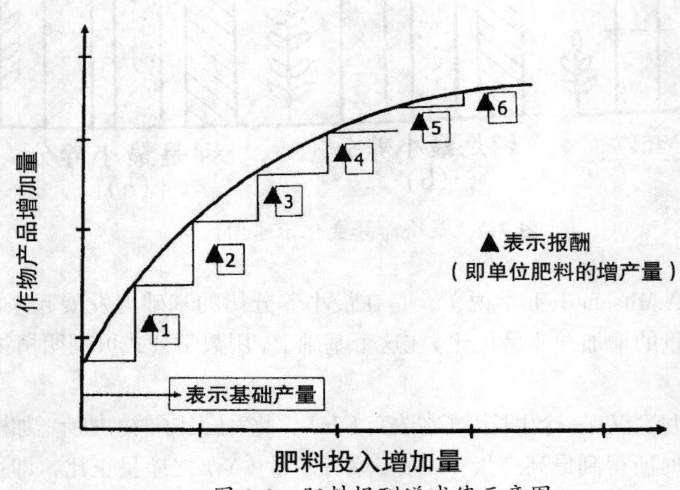

图 3-3　肥料报酬递减律示意图

肥料报酬递减律不仅为国际上的科学家实验所证实，也为我国的科学实验所证实。1987 年洛阳农业专科学校与洛阳农业经济学校联合进行的水稻产量与氮肥用量的试验也再次证实了肥料报酬递减律。试验结果如下表所示，从表中可以看出，随着碳酸氢铵用量的不断增加，水稻的边际产量（每千克碳酸氢铵获得的水稻产品增量）先是递增，继而递减，最后为负数，呈现典型的肥料报酬递减规律。

表　水稻产量与氮肥用量的关系

氮肥量 X（kg/hm^2）	75	150	225	300	375	450	525
水稻产量 Y（kg/hm^2）	388.5	795	1 209	1 629	2 016	2 385	2 717
边际产量（dy/dx）	5.33	5.5	5.53	5.4	5.13	4.79	4.13
氮肥量 X（kg/hm^2）	600	675	750	825	844	900	975
水稻产量 Y（kg/hm^2）	3 000	3 224	3 375	3 444	3 448	3 420	3 291
边际产量（dy/dx）	3.4	2.53	1.5	0.33	0	−0.1	−2.48

肥料报酬递减律对指导配方施肥、套餐施肥具有重要的意义。但是，在利用肥料报酬递减律指导配方施肥、套餐施肥时，必须在技术不变和包括另外肥料投入在内的其他资源投入保持在某个水平的前提下，如果技术进步了，并由此使其他资源投入改变了投入水平，且形成了新的协调关系，肥料的报酬必然提高。更何况，从历史的进程看，农业科学技术总是不断进步的，随着农业科学技术的进步，包括肥料在内的各种资源投入必然要达到新的水平，并使其关系更加协调，使肥料报酬能增加，这种情况已经为历史所证实，即随着农业科学技术的进步，肥料报酬也随之增加。

随着农业科学技术的进步，肥料报酬有增加的趋势，这与技术相对稳定，且其他资源投入量不变条件下的肥料报酬递减是不是矛盾呢？答案是否定的，即这两种规律是同时存在的。在农业生产过程中，既要努力推动农业科学技术的进步，提高肥料报酬水平，又要充分利用肥料报酬递减律指导科学施肥。尤其要认识到，在一定的时间内，农业科学技术水平总是相对稳定的，与农业科学技术水平相协调，包括其他肥料投入在内的多种资源投入总要保持在一个相对稳定的协调水平上。在这种情况下，就不能期望随着一种肥料投入量的增加，作物产量也无限制的增加，而应依据肥料报酬递减律，根据当时的技术水平和其他资源的可能投入量，确定能够获得最佳作物产量的某种肥料的投入量，实现肥料的最佳产投效果。肥料报酬是不以人的意志为转移的客观规律，是克服盲目施肥、过量施肥的“良药”。在作物生长过程中，肥料报酬会出现如下 3 种变化（图 3-4）。

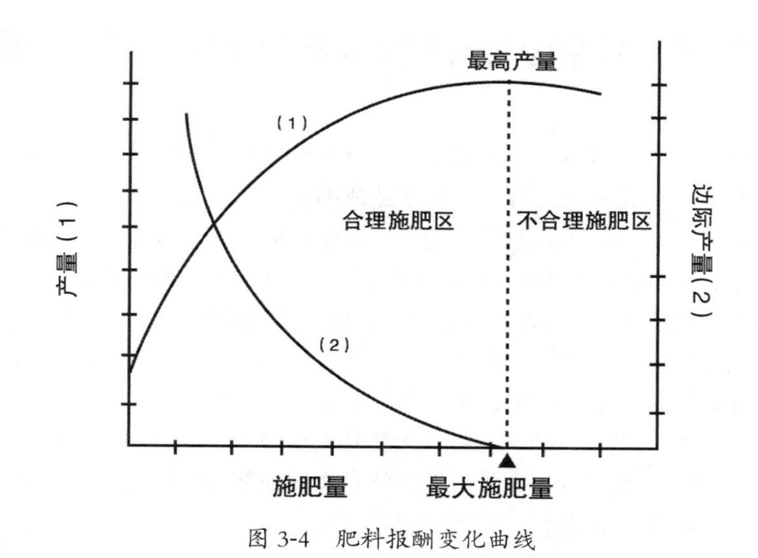

图 3-4　肥料报酬变化曲线

（1）在最高产量之前，肥料报酬虽是递减，但仍为正值，属合理施肥区。

（2）在最高产量之时，肥料报酬为 0，为施肥上限。

（3）在最高产量之后，肥料报酬出现负值，为不合理施肥区。

第五节　因子综合作用律

作物生长发育的状况以及产量、品质的高低优劣与作物田间栽培时的多种因素有关。气候因素、土壤因素、农业技术因素等，都会对作物的生长发育和产量、品质产生程度不同的影响。在农业生产过程中，为了使作物健壮地生长发育，而且获得高产优质高效益，就必须充分满足与之有关因素的需求，而且，还必须使这些因素之间有良好的协调关系。如果其中有一个因素供应不足或过量或其他因素关系不协调，就会使作物不能健壮生长发育而降低品质与产量。其原因就在于在作物生产过程中，各有关因素之间存在着因子综合作用律。

因子综合作用律概括来说就是：作物生长发育的好坏及产量、品质、效益的高低取决于全部生产因素的适当配合和综合作用，如果其中任何一个因素与其他因素失去平衡，就会阻碍作物的正常生长发育，最终将在产品及生产效益上表现出来。

因子综合作用律的要点。

（1）合理施肥是作物增产综合因子中的一个重要因子，对指导作物施肥具有重要的意义。施肥不能只注意养分的种类及其数量，还要考虑影响作物生长发育、形成产量及品质和发挥肥效的其他因素，只有充分考虑、合理利用各生产因素之间的综合作用，才能做到用最少的肥料投入获取最大的产出和最好的经济效益。

（2）施肥必须与其他的先进农业技术措施相配合，而且，养分之间应科学配合施用，才能充分发挥肥料的增产、提质作用，产生最大的经济效益。各个增产措施相互配合、相互促进，不仅有单独因子的效益，而且还有因子配合的交互效益。我们推广的农作物营养套餐施肥模式，根据就是因子综合作用律的交互效应观点，即1加1加1大于3，大于3的部分就是交互效应。

第六节　作物养分需求临界期和最大效率期

作物在生长发育过程中，总存在这样一个时期，在这一时期内，如果缺少某种肥料（养分），即使以后再充足供应，也会造成减产，即不能弥补由于缺素造成的损失，我们把这一时期叫作作物的养分需求临界期。同一作物，对不同营养成分来说，其临界期也不完全相同。大多数作物磷的临界期都在幼苗期。小粒种子更为明显，因为种子中贮藏的磷已近用完，而此时根系很小，和土壤的接触面小，吸收能力也比较弱；从磷素养分在土壤中转化的特点来看，有效磷通常含量不高且移动性差。所以，作物幼苗期需磷迫切。例如，棉花磷的临界期在出苗后10~20d，玉米则在出苗后7d左右（三叶期）。幼苗期正是由种子营养转向土壤营养的转折时期，用少量速效性磷肥作种肥常常能收到极其明显的效果。

作物氮营养的临界期则比磷稍后，通常在营养生长转向生殖生长的时期。例如，冬小麦在分蘖和幼穗分化期，此时如缺氮则分蘖少，花数少，生长后期补氮只能增加茎叶中氮素含量，对增加籽粒数和产量作用较小。玉米若在穗分化期缺氮，则穗小，花少，造成减产。

关于作物钾营养临界期问题，目前研究资料较少。因为钾在作物体内流动性大，再利用能力强，一般不易从形态上表现出来。

作物在生长过程中还存在一个时期，在这一时期内，作物不但对养分的吸收数量大，而且这时养分对产量形成的贡献大，肥效高，这一时期叫作作物养分的最大效率期。最大效率期一般处在作物生长发育的中期，如玉米的大喇叭口期、小麦的孕穗期、棉花的花期、大白菜的莲座期、萝卜的露肩期等，在这一时期施肥一般叫作追肥。因此，追肥一定要注意施在作物需肥的最大效率期。据研究，农作物各种营养元素的最大效率期并不一致，如甘薯生长初期氮素营养效果最好，而在块根膨大期，磷和钾特别是钾营养的效果极好。

农作物对养分的需求虽有其阶段性和关键期，但是仍然要强调作物吸收养分的连续性。任何一种作物，除了养分需求临界期和最大效率期外，在各个生育阶段中适当供给足够的养分都是十分必要的。忽视了作物吸收养分的连续性，同样会影响作物的正常生长发育及产量与品质。

在农作物营养套餐施肥技术中，我们十分重视作物施肥的最大效率期，尤其是在研究不同作物的底肥配置及追肥的施用时期、用量方面，充分考虑利用这一规律，实行“配方化底肥”、“配方化追肥”、“配方化叶面肥”有机结合，实现“1加1加1大于3”的最佳效应。

第四章　矿质营养元素在农作物生长发育中的生理作用及营养诊断

第一节　大量营养元素

1 氮素营养及其诊断

1.1 氮的生理功能

植物体内氮素含量并不多，约占干重 2%。但是，氮在植物生命活动中却有极为重要的作用。氮是作物体内许多有机化合物的组分，是一切有机体不可缺少的元素，通常被称为生命元素。例如，蛋白质、核酸、叶绿素、维生素、生物碱和激素等均含有氮素。氮的营养功能主要表现在 5 个方面。

（1）氮素是生命存在的基本物质，是蛋白质的主要组成成分。氮素是遗传物质的基础，在所有生物体内，蛋白质最为重要，它常处于代谢活动的中心地位。蛋白质是构成原生质的基础物质，也是生命存在的物质基础。蛋白态氮通常可占植株全氮的 80%~85%，蛋白质中平均含氮 16%~18%。在作物生长发育过程中，细胞的增长和分裂以及新细胞的形成都必须有蛋白质参与。高等植物缺氮时常因新细胞形成受阻而导致植物生长发育缓慢，甚至出现生长停滞。蛋白质的重要性还在于它是生物体生命存在的形式。一切动植物的生命都处于蛋白质不断合成和分解的过程之中，正是在这种不断合成和不断分解的动态变化中才有生命存在。

（2）氮素是核酸和核蛋白质的成分，核酸也是植物生长发育和生命活动的基础物质，核酸中含氮 15%~16%。无论是在核糖核酸（RNA）还是在脱氧核糖核酸（DNA）中都含有氮素。核酸在细胞内通常与蛋白质结合，以核蛋白的形式存在。核酸和核蛋白大量存在于细胞核和植物顶端分生组织中，在植物生活和遗传变异过程中有特殊作用。信息核糖核酸（mRNA）是合成蛋白质的模板，DNA 是决定作物生物学特性的遗传物质，DNA 和 RNA 是遗传信息的传递者。核酸和核蛋白在植物生活和遗传变异过程中有特殊作用。核酸态氮占植株全氮的 10% 左右。

（3）氮素是叶绿素的组成元素，叶绿素是植物进行光合作用、合成植物生长所需能量的场所，绿色植物依赖于叶绿素进行光合作用，而叶绿素 a 和叶绿素 b 中都含有氮素。据测定，叶绿体占叶片干重的 20%~30%，而叶绿体中含蛋白质 45%~60%。叶绿素的含量往往直接影响着光合作用的速率和光合产物的形成。当植物缺氮时，体内叶绿素含量下降，叶片黄化，光合作用强度减弱，光合产物减少，从而使作物产量明显降低。绿色植物生长和发育过程中没有氮素参与是不可想象的。

（4）氮素是许多酶的组成成分，酶是植物体内生化作用和代谢过程中高效率的生物催化剂。植物体内许多生物化学反应的方向和速度都是由酶系统控制的。一切矿质元素的吸收、体内物质的分解和合成以及养分的运转等都离不开酶。通常，各代谢过程中的生物化学反应都必须有一个或几个相应的酶参加。缺少相应的酶，代谢过程就很难顺利进行。酶本身是一种蛋白质，氮素常通过酶间接影响着植物的生长和发育，因此，氮素供应状况关系到作物体内各种物质及能量的转化过程。

（5）植物体内的维生素、生物碱、植物激素和细胞色素中都含有氮素。含氮的维生素如维生素 B_1、维生素 B_2、维生素 B_6、维生素 PP；含氮的生物碱如烟碱、茶碱、胆碱等；含氮的植物激素如细胞分裂素、赤霉素、玉米素等。这些含氮化合物在植物体内含量虽不多，但对于调节某些生理过程却很重要。例如，维生素PP，它包括烟酸、烟酸胺，都含有杂环氮的吡啶，吡啶是生物体内辅酶Ⅰ和辅酶Ⅱ的组分，而辅酶又是多种脱氢酶所必需的。又如细胞分裂素是种含氮的环状化合物，可促进植株侧芽发生和增加禾本科作物的分蘖，并能调节胚乳细胞的形成，有明显增加千粒重的作用；而增施氮肥则可促进细胞分裂素的合成。此外，细胞分裂素还可以促进蛋白质合成，防止叶绿素分解，长期保持绿色，延缓和防止植物器官衰老，延长蔬菜和水果的保鲜期。

总之，氮素对于促进植物生长发育及提高作物产量、改善作物品质等均有极其重要的作用。合理施用氮肥是作物获得高产的前提。

1.2 氮素营养失调诊断

作物缺氮症状：作物叶片出现淡绿色或黄色时即表示该作物有缺氮的可能性。作物缺氮时，由于蛋白质的合成受阻，蛋白质和酶的数量显著下降；又因叶绿体结构遭到破坏，叶绿素合成减少，导致作物失去绿色，植株生长矮小细弱，分枝少，叶色变淡，呈色泽均一的浅绿或黄绿色，尤其是基部叶片。蛋白质在植株体内不断合成和分解，因氮素易从较老组织运输到幼嫩组织中被再利用，首先从下部的老叶片开始均匀黄化，逐渐扩展到上部叶片，黄叶脱落提早；株型也发生改变，瘦小、直立，茎秆细瘦；根量少，细长而色白；侧芽呈休眠状态或枯萎；花和果实少，成熟期提早，产量、品质下降。除豆科作物外，一般作物对缺氮都有明显反应，谷类作物中的玉米，蔬菜作物中的叶菜类，果树中的桃、苹果和柑橘等尤为敏感。不同作物的缺氮症状有所区别，主要作物的缺氮症状如下。

禾本科作物无分蘖或少分蘖，穗小粒少。双子叶植物分枝或侧枝少。草本的茎基部常呈红黄色。豆科作物根瘤少，无效根瘤多。叶菜类蔬菜缺氮时，叶片小而薄，色淡绿或黄绿，含水量减少，纤维素增加，丧失柔嫩多汁的特色。结球类蔬菜叶球不充实，商品价值下降。块茎、块根作物的茎、蔓细瘦，薯块小，纤维素含量高，淀粉含量低。果树幼叶小而薄，色淡，果小皮硬，含糖量虽相对提高，但产量低、商品品质下降。

作物缺氮不仅影响产量，而且使产品品质也明显下降。供应氮素不足致使作物产品中的蛋白质含量减少，维生素和氨基酸的含量也相应减少。根据作物的外部症状可以初步判断作物是否缺氮及其缺氮程度。但是，单凭叶色及形态症状容易误诊。因此，可以结合植株和土壤的化学测试结果来作出准确的诊断。

供应充足而适量的氮素能促进植株生长发育，并获得高产。但是，氮素供应过多会使作物贪青晚熟。在某些无霜期短的地区，作物常因氮素过剩造成生长期延长，而遭受早霜的严重危害，这些影响都不应忽视。

植株氮营养过剩时，因细胞增长过大，导致作物营养生长叶盛，叶色浓绿，节间长，腋芽生长旺盛，开花坐果率低，易倒伏，贪青晚熟，对寒冷、干旱和病虫害的抵抗力差；氮营养过剩易造成果实膨大慢，落花、落果的现象严重，禾本科作物秕粒多，易倒伏，贪青晚熟；块根和块茎作物地上部大而多，地下部小而少。过量的氮素与碳水化合物形成蛋白质，剩下少量碳水化合物用作构成细胞壁的原料，导致细胞壁变薄，所以植株对寒冷、干旱和病虫害的抵抗力差。果实保鲜期短，果肉组织疏松，易遭受碰压损伤。可用控施氮肥，补施钾、磷肥来矫正氮素过剩症状。氮过剩有时也会引起其他营养元素的缺乏症。

2 磷素营养及其诊断

磷对植物生长的重要性并不亚于氮。磷是植物生长发育不可缺少的营养元素之一，它既是植物体内许多重要有机化合物的组分，同时又以多种方式参与植物体内各种代谢过程。磷对作物高产及保持品种的优良特性有明显的作用。

2.1 磷的生理功能

2.1.1 磷通过磷酸搭桥，把各种物质结构连接起来，形成一系列重要化合物

大分子物质的结构组分磷酸与其他基团的连接方式主要有3种。

① 通过羟基酯化与 C 键相连，形成简单的磷酸酯。

② 通过高能焦磷酸键与另一磷酸相连。

③ 以磷酸双酯的形式桥接，形成一个桥接基团，有较高的稳定性。在遗传物质 DNA 和 RNA 结构中，各核糖核苷和脱氧核糖核苷单元之间都是以磷酸盐作为桥键物质构成大分子的。作物遗传信息的储存和传递都与磷酸分不开，磷酸与核苷生成核苷酸，而核苷酸最后又生成核酸。核糖核酸和脱氧核糖核酸是生物重要生命遗传基因物质。

多种重要化合物的组成磷酸桥接所形成的含磷有机化合物如核酸、磷脂、核苷酸、三磷酸腺苷等，在植物代谢过程中都有重要作用。磷脂是膜结构的基本组成成分，磷脂分子中既有亲水基团，也有亲脂基团。因此，在脂 - 水界面有一定取向并保持稳定。磷脂分子与蛋白质分子相结合，形成各种生物膜的基本结构。生物膜具有多种选择性功能，它对植物与外界介质进行物质交流、能量交流和信息交流有控制和调节的作用。磷脂似乎与原生质的结构框架有关，因此，磷脂是叶绿体结构的一部分，磷也可以说成是结构性元素。

2.1.2 磷参与植物体内的代谢（在碳水化合物代谢中）

光合作用过程中的光合磷酸化作用必须有磷参加，并且光合作用产物的运输也离不开磷的作用。碳水化合物代谢中，许多物质都必须首先进行磷酸化作用，而磷酸二酯键（Pi）在光合作用和碳水化合物代谢中有很强的操纵能力，当 Pi 浓度高时，植物固碳总量受到抑制。磷同时也是植物氮素代谢过程中一些重要酶的组分。脂肪代谢也与磷有关。糖是合成脂肪的原料，糖的合成和转化都需要磷。与脂肪代谢密切相关的辅酶 A 就是含磷的酶。另外，硝酸还原酶含有磷，磷能促进植物更多地利用硝态氮。磷素也是生物固氮所必需的，当豆科作物缺磷时，作物根部不能获得足够的光合产物，从而影响根瘤的固氮作用。氮素代谢过程中，无论是能源还是氨的受体都与磷有关。能量来自 ATP（三磷酸腺苷），氨的受体来自与磷有关的呼吸作用。因此，缺磷将使氮素代谢明显受阻。

2.1.3 磷对植物的主要组分的形成有重要作用

如磷酸酯、植酸钙镁、磷脂、磷蛋白、核蛋白等，这些化合物对作物的生长发育和品质都有重要作用。增加磷的供给可增加作物的粗蛋白含量，特别是增加必需氨基酸的含量。对缺磷作物施磷可以使作物淀粉和糖分含量增加到正常水平，并可增加多种维生素含量。但是，磷对作物品质的影响变化较大或者常常不太明显。比如，磷素对促进作物成熟的影响，如对莴苣施磷，成熟期可比缺磷时提前两周。但是，对于生长在正常供磷条件下的作物，进一步施磷则对成熟提前的作用就很小了。施磷可以提高缺磷甜菜的含糖量。施磷对牧草的营养价值是有重要作用的，在饲料作物中，如果含磷量不足，就会大大影响牲畜的健康引起严重疾病，还会导致牲畜生育力的大大下降。所以，饲料作物充分施磷非常重要。

2.1.4 磷素具有提高植物抗逆性和适应外界环境的能力

磷之所以能提高作物的抗旱能力，是因为磷能提高细胞结构的充水性，使其维持胶体状态，减少细胞水分的损失，并增加原生质的黏性和弹性，这就增强了原生质对局部脱水的抵抗能力。同时磷能促进植物根系发育，增加与土壤养分接触面积和加强对土壤水分的利用，减轻干旱造成的威胁。磷素能提高植物体内可溶性糖和磷脂的含量，而可溶性糖能使细胞原生质的冰点降低，磷脂则能增强细胞对温度变化的适应性，从而增强作物的抗寒能力。越冬作物增施磷肥，可减轻冻害，安全越冬。磷素能提高植物体内无机态磷酸盐的含量，而这些磷酸盐主要是以磷酸二氢根和磷酸氢根的形式存在，常形成缓冲系统，使细胞内原生质具有抗酸碱变化的缓冲性。当外界环境发生酸碱变化时，原生质所具有的缓冲作用仍能保持在比较平稳的范围内，有利于作物的正常生长发育。因此，在盐碱地上施用磷肥可以提高作物的抗盐碱能力。

磷素对作物生长发育的影响是多方面的。及时供给磷素养分，能促进各种代谢过程顺利进行，使体内物质合成和分解、移动和积累得以协调一致，起到根深、秆壮、发育完善、提高产量、改善品质的作用。

2.2 磷素营养失调诊断

（1）作物缺磷症状。磷素是许多重要化合物的组分，并广泛参与各种重要的代谢活动，因此，作物缺磷症状较为复杂。作物缺磷时对光合作用、呼吸作用及生物合成和代谢的影响将最终表现在作物的外部特征上。作物缺磷时，细胞分裂迟缓，新细胞难以形成，细胞伸长受阻。在外形上，植株生长缓慢、矮小、苍老，茎细直立，分枝或分蘖较少，叶小，呈暗绿或灰绿色而无光泽，茎叶常因糖分的累积形成花青素而出现紫红色症状；根系发育差，易老化；由于磷素再利用程度高，易从较老组织运输到幼嫩组织中，故症状从较老叶开始向上扩展。缺磷植物的果实和种子少而小，成熟期延迟，产量和品质降低。轻度缺磷外表形态不易表现，不同作物症状表现有所差异。

十字花科作物、豆科作物、茄科作物及甜菜等都是对磷极为敏感的作物。其中，油菜、番茄常作为缺磷的指示性作物。玉米、芝麻属中等需磷作物，在严重缺磷时，也表现出明显症状。小麦、棉花、果树对缺磷的反应不甚敏感。根菜类蔬菜叶部症状少，但根系肥大，根系发育不良。禾本科作物缺磷植株明显瘦小，叶片呈紫红色，少分蘖，叶片直挺，不仅每穗粒数减少且籽粒不饱满，穗上部常形成空秕粒。果树缺磷整株发育不良，老叶黄化，落果严重，含酸量高，品质降低。

（2）作物磷素过剩诊断。作物磷素供应过量时，呼吸作用过强，消耗体内大量的糖分和能量，因此，对作物生长产生不良影响。磷过剩植株叶片肥厚密集，叶色浓绿，植株矮小，节间过短，营养生长受到抑制。繁殖器官常因磷素过量而加速成熟进程，导致营养体小，地上部茎、叶生长受抑制而根系非常发达，根量多而短粗，降低作物产量。谷类作物无效分蘖和空秕粒增加，叶菜纤维素含量增加，烟草的燃烧性等品质下降。由于磷酸盐与一些金属离子生成难溶性化合物，施磷过量常导致锌、锰等元素的缺乏症状。

3 钾素营养及其诊断

钾在植物体内为游离状态，含量仅 1.5%，但钾是植物生长必需的三大营养元素之一，而且也是肥料三要素之一。许多植物吸钾量都很大，钾在植物体内的含量仅次于氮。钾对于提高作物产量和改善作物品质的作用都非常明显，同时钾能提高作物适应外界不良环境的能力。因此，钾素有品质元素和抗逆元素之称。

3.1 钾的生理功能

钾具有高速度透过生物膜，且与酶促反应关系密切的特点。钾对植物的重要性表现在它在植物体内的多种生理功能，它能够提高生理代谢过程中一系列酶的活性，增强作物的抗逆性，提高光合效率和作物品质。

（1）酶的活化剂。钾对酶的活化作用是钾在植物生长过程中最重要的功能之一。目前，已知生物体内有 60 多种重要酶需要阳离子来活化，而其中钾离子是最有效的活化剂。钾和其他阳离子在酶蛋白催化位或附近，或在变构位上与酶相互作用而起活化作用，改变酶的分子形状，暴露酶的活化部位，提高酶的活性。供钾充足的植株，其细胞质中的钾浓度达 100~150mmol，在此浓度下叶绿体的光合作用效率最大。通常，钾离子诱导的酶构形变化增加催化反应速率，在某些情况下，也增加酶与底物的亲合力。

由于钾是许多酶的活化剂，所以，供钾水平明显影响植物体内碳、氮代谢作用。在缺钾植物中，可溶性碳水化合物和可溶性氮化合物发生累积，而淀粉含量降低，这可能与碳代谢过程中需要高钾活化的酶如丙酸激酶和 6- 磷酸果糖酶的活性降低有关。在高等植物中，淀粉含量高的作物都需要较多的钾。然而，过高的钾离子可能反而对淀粉合成有抑制作用。钾离子能活化与生物膜结合的 ATP 酶，使每单位叶绿体产生的 ATP 数量有所增加。

（2）参与蛋白质的合成。高等植物中蛋白质的合成需要钾。在细胞外，通过由小麦胚芽上分离的核糖体合成蛋白质的速率在 130mmolK^+ 和 22mmolMg^{2+} 的浓度时达到最佳。K^+ 可能参与了蛋白质翻译过程的几个步骤，包括转移核糖核酸（tRNA）与核糖体的结合。在 C_3 作物中，绝大多数叶绿体蛋白属于核酮糖二磷酸羧化酶核酸（RUBP），缺钾时这种酶的合成特别受阻，对 K^+ 特敏感。它的最大活性在外部溶液中的 K^+ 浓度为 1mmol 时即可获得。显然，在叶绿体中可获得比最大蛋白质合成速率高 100 倍的 K^+ 浓度。

钾在蛋白质合成中的作用，不仅反映在缺钾植物中可溶性氮化合物（如氨基酸、胺和硝态氮）的累积，而且被 15N 标记的无机氮成为蛋白质组分所直接证实。例如，在 5h 内，缺 K 和不缺 K 烟草植株分别有 11% 和 32% 的被吸收的 ^{15}N 转化为蛋白质。很可能 K^+ 不仅活化硝酸还原酶，而且在硝酸还原酶的合成中也需要它。钾能有效地增强豆科作物的共生固氮能力。钾素充足时，豆科的根瘤数、根瘤重和固氮量增加。这可能是充足的钾提高了植物的光合作用及增加了光合产物向根部的运输，从而为根瘤的生长和固氮提供了充足的能源。增加碳水化合物向根部运输，改善根瘤的能量供应状况，也是增强固氮的重要原因。

（3）促进光合作用。钾通过促进 RUBP 羧基酶的合成而促进叶绿体的形成，因此，钾素能提高光合效率。充足的钾素供应能促进叶绿素的合成和增加其稳定性，作物的光合磷酸化的效率也相应提高，单位叶绿体产生的 ATP 增多。供钾充足时，作物能更有效地利用太阳能进行同化作用。缺钾时，叶绿体的结构易出现片层松弛而影响电子的传递和 CO_2 的同化。因为 CO_2 的同化受电子传递速率的影响，而钾在叶绿体中不仅能促进电子在类囊体膜上的传递，还能促进线粒体内膜上电子的传递，电子传递速率提高后，ATP 合成的数量明显增加。因此，在阳光不足的山垄田、阴山田的作物更需要充足的钾供应。

钾素还可调节叶片气孔的开闭，控制 CO_2 和水分的进出。微小的气孔是植物吸收和释放 CO_2 的通道。气孔张开时，保卫细胞中钾的浓度比关闭时高 20 多倍。钾缺乏时会引起气孔控制失调，光合作用效率下降，使合成糖所必需的原料供应受到限制，阳光诱导的保卫细胞中 K^+ 的累积受与膜结合的 H^+ 所调控，这与其他原生质膜的情况一样。这个泵（ATP 酶）所需的能量来自叶绿体保卫细胞中的光合磷酸化。保卫细胞中累积的 K^+ 必须通过苹果酸根或 Cl^- 来平衡，取决于作物种类和 Cl^- 的有效度。当 K^+ 相应的阴离子进入保卫细胞后，细胞的膨压增加使气孔开启。土壤供钾充足时，能保证气孔在光照下正常开启，从而促进光合作用的进行。

光合作用效率的提高，必然促进碳水化合物的合成。因此，当钾素供应不足时，植物体内的糖、淀粉会水解成单糖。反之，单糖会向蔗糖和淀粉合成方向进行。由此可见，钾对淀粉类、糖类作物的产量和品质的影响是何等重要。

钾的另一基本功能是加强光合产物的流动。光合产物通过韧皮部从叶中向外运输。在钾供应充足时，这种运输很快。钾可促进叶片中的光合产物通过韧皮部尽快地运往果实、籽粒或块茎中。而缺钾叶片中糖分累积，光合产物的累积抑制了光合作用的继续进行，籽粒或其他收获器官因此不饱满、不充实。

（4）促进油脂的合成。氮、磷、钾三要素中，钾对油脂的生物合成影响最大。钾肥的主要贡献是提高产量，从而提高含油量。籽粒产量增加而含油量不变的观点不是在所有情况下都正确。尤其是大量施用氮肥时，这一观点更是错误，因为蛋白质含量与含油量通常呈负相关。在此情况下，平衡供应充足的钾肥能有效地提高含油量。

（5）钾素与作物品质。钾素可促进营养物的合成，从而改善和提高农产品品质。所以通常钾被认为是作物生产的“品质元素”。作物缺钾时，光合作用、呼吸作用、物质在体内的转运和许多酶系统功能可能会受到影响，结果作物生长变慢，品质往往会下降。因此，科学施用钾肥对农产品品质的改善有明显作用，从而使农产品的商品率和市场价值大为提高，增加种植者的效益。钾素对作物品质的影响可分为直接和间接两个方面，直接的是指提高蛋白质等物质的含量和质量；间接方面是指通过适宜的钾素营养，减少某些病害或增强其抗逆能力，从而提高作物品质。钾素对作物品质的间接作用可能大于直接作用。

① 钾素能改善产品外观品质。产品外观品质主要指产品的完整性、大小、形状和色泽等。外观好的产品通常都能获得较高的商品价值。对大多数水果来说，如苹果、葡萄、柑橘、菠萝、香蕉、桃等，充足的钾素使果实颜色鲜艳。硫酸钾和镁配合施用对苹果外观品质有很大影响，主要表现在果品着色和提高商品等级。钾镁配合对提高一级果商品率的作用尤为明显，但果品硬度有下降的趋势。钾肥的施用能大幅度提高一级番茄的比例，增加番茄的经济效益。

钾素能加速水果、蔬菜等作物的成熟，使成熟期一致。这对规模化栽培的水果、蔬菜的管理、收获贮运及加工等非常有利。例如，充足的钾肥施用量能使香蕉抽薹期提早，果实成熟所需的时间变短，产量增加，同时改善香蕉外观质量、果肉品质及风味。葡萄施钾后除增加产量外，还有助于避免果串“软尖”，使葡萄成熟一致，以减少收获前的落粒。充足的钾素还能促进瓜果和块根、块茎的膨大，大小均匀。

② 钾素能延长产品的贮藏时间。钾素可减少农产品在运输和贮存期的碰伤和减少自然腐烂。对水果和蔬菜产品来说，延长贮存期和货架寿命，保持产品新鲜而不腐是非常重要的。从田间试验结果来看，施用钾肥可大大延长果实的贮存时间。施用钾肥还能消除晚收甘蓝球茎内的发黑组织，延长贮存时间。施用钾肥也能增加番茄和茄子的贮存时间。施用钾肥还能延长香蕉的保鲜期。钾素对柑橘的耐贮性无明显影响。

③ 钾素能提高产品的加工利用特性。钾素能提高小麦面粉蛋白质的质量和数量、吸水性和 a- 淀粉酶的活性，从而提高烘烤品质，增加小麦面筋含量，有利于加工。充足的钾素能提高大豆的产量及含油量，增加发芽率，改善豆芽品质。甘蔗、甜菜等作物施钾后能增加产量和含糖量。马铃薯施钾能使马铃薯片的质地比较均匀一致，色泽明亮。钾素对烟草品质的影响为世人所熟知，缺钾的烟叶燃烧性差，尼古丁含量高。我国烟草含钾偏低是影响其品质的主要原因之一。对纤维作物来说，纤维的长度、细度、强度、颜色及清洁度是衡量棉花纤维品质的指标。很多试验研究证明，要生产优质的棉花，钾是施肥计划及其他农艺措施中一个关键因素。

④ 钾素能增强作物产品的营养价值。钾素对作物碳水化合物、蛋白质、脂肪、维生素和矿物质含量及种类的影响较大。一般情况下，禾谷类作物的蛋白质含量，块根、块茎作物的含淀粉量，豆类及油作物的含油量、柑橘的固形物及维生素 C 含量、饲料作物的维生素及矿物质含量均可因钾肥的施用而增加。蔬菜作物配施钾肥能显著地降低蔬菜体内硝酸盐的含量。

（6）钾素与作物抗逆性。

① 抗旱性：钾作为细胞内主要的渗透调节物质之一，其积累过程参与了细胞对环境胁迫的适应。研究表明，细胞内 K^+ 吸收是植物对盐渍和干旱适应过程中渗透调节的一个重要环节。外界胁迫在很大程度上刺激了钾的累积，表现为钾素净吸收增加。干旱胁迫下钾素能够增强烟株对超氧化物歧化酶（SOD）活性的调节，有利于消除活性氧自由基，减轻了干旱胁迫对细胞膜的伤害，从而增加烤烟的抗旱能力。高钾营养有助于改善玉米叶片的水分状况，提高玉米叶片的渗透调节及气孔调节能力，增强原生质耐旱性，对细胞也具有保护作用。通过研究不同水分条件下，钾营养对玉米、谷子、小麦整体叶片和叶切块光诱导的影响的结果表明，干旱和缺钾显著地推迟光诱导期，施用钾肥可以缩短模拟干旱逆境下植物叶切块的光诱导期。

② 抗寒性：土壤施钾能增强小麦、马铃薯等作物的抗寒性。钾对作物的抗寒性主要表现在钾能提高组织中淀粉、糖分、可溶性蛋白等阳离子的含量，降低呼吸率和水分损失，保护细胞膜水化层，有利于质膜的稳定，从而增加对低温的忍耐性。

③ 抗病性：施钾可以普遍降低真菌、细菌、病毒等对作物的危害。钾素能提高作物抗病能力的原因可能有三个方面：a. 能使作物避开病害期，如施钾能促进早熟；b. 钾能改变作物组织结构，增厚厚角组织细胞，使厚壁细胞木质化及增加纤维含量，阻碍病菌入侵；c. 钾可以改变作物的生化过程。如施钾可以促进蛋白质的合成，减少病原菌所需的碳源和氮源，钾还有利于酚类化合物的合成，增强抗病力。大豆皱缩和发霉豆粒百分率以及甘蓝黑心率也可因施用钾肥而降低。

④ 抗盐性：施钾可以提高作物的抗盐性。研究表明，K^+ 对渗透势的作用最大，可以减轻水分及离子的不平衡状态，加速代谢进程，使膜蛋白产生适应性变化。营养液培养试验证明，充足的钾能减轻高钠对马铃薯的毒害。

（7）钾素与作物产量

钾与氮磷一样对作物的产量起着重要作用。在氮、磷肥的基础上使用钾肥可以提高大多数作物的产量。钾能促进小麦籽粒中氮的吸收及同化，增加蛋白质含量。在使用氮、磷化肥条件下，每公顷施钾 31~93kg，小麦、水稻等和谷类作物平均增产幅度为 11.4%~23.2%。施钾对冬小麦、夏玉米均有不同的增产，平均增产幅度达到 8.7%~16.4%；烟草、紫云英、红麻的增产潜力也较大。

硫酸钾比氯化钾对番茄生长有利，可使番茄株高、茎粗、单株坐果率、单果重显著提高。在氮肥用量大、氮素出现盈余的菜地上，增施钾肥是提高氮肥利用率的关键。增施钾肥能明显提高麻纤维产量，增加原麻纤维素含量，降低含胶量，增加单纤维支数。施钾能增加大豆单株荚数、粒数，提高百粒重，降低空秕率。在交换性钾含量低的土壤上施用钾肥可显著提高玉米产量。施用氯化钾能提高油菜的产量。棉花施用钾肥不仅能促进植株生长生育，还能大幅度提高棉花产量。

3.2 钾素营养失调诊断

农作物缺钾时使纤维素等细胞壁组成物质减少，厚壁细胞木质化程度也较低，因而影响茎秆的强度，易倒伏；蛋白质合成受阻，氮代谢的正常进行被破坏，常引起腐胺积累，使叶片出现坏死斑点。因为钾在植株体中容易被再利用，所以植株缺钾时，症状首先从较老叶片上出现，一般表现为最初老叶叶尖及叶缘发黄，以后黄化面积逐步向内伸展，同时叶缘变褐、焦枯、似灼烧状，叶片出现褐斑，病变部位与正常部位界限比较清楚，尤其是氮素充足时，健康部分绿色深浓，病变部位赤褐焦枯，反差明显，严重时叶肉坏死、脱落，根系少而短，活力低，早衰。马铃薯、甜菜、玉米、大豆、烟草、桃、甘蓝和花椰菜对缺钾反应敏感。

双子叶植物缺钾，叶脉间缺绿，且沿叶缘逐渐出现坏死组织，渐呈烧焦状。单子叶植物缺钾则叶尖先萎，渐呈坏死烧焦状。叶片因各部位生长不均匀而出现皱缩，植物生长受到抑制。蔬菜作物一般在生育后期表现为老叶边缘失绿，出现黄、白色斑，变褐、焦枯，并逐渐向上位叶扩展，老叶依次脱落。果树，轻度缺钾仅表现果形稍小，其他症状不明显，对品质影响不大。严重时叶片皱缩，呈蓝绿色，边缘发黄，新生枝伸长不良，全株生长衰弱。

第二节　中量元素

1 钙素营养及其诊断

1.1 钙的生理功能

（1）钙是植物细胞质膜和细胞壁的组成成分。钙主要构成果胶酸钙、钙调素蛋白、肌醇六磷酸钙镁等，在液泡中有大量的有机酸钙，如草酸钙、柠檬酸钙、苹果酸钙等。大部分钙与果胶酸结合生成果胶酸钙固定在新生组织的细胞壁中，加固植物结构。钙大部分位于细胞壁中，其中，有两个区域含钙较多。一个是相邻两个细胞的细胞壁之间的胞间区；一个是细胞壁靠近质膜的交界处。在这两个区域钙与果胶质形成果胶酸钙，从而稳定细胞壁的结构。钙对细胞和细胞壁的这些作用使其能够调节碳水化合物的转运。细胞壁果胶酸钙的多少与真菌侵染组织的敏感性和果实成熟早晚有关，这对降低果品在贮藏期间病害感染也有明显的作用。

（2）酶促作用。钙是一些重要酶类的活化剂。钙与环状多肽结合而成的化学物质钙调素，在控制植物细胞膜的功能和酶的活性方面起着重要作用。它还参与离子和其他物质的跨膜运输。此外，钙还有协调阴阳离子平衡和渗透调节作用。

（3）中和酸性和解毒作用。钙能中和代谢过程中产生的有机酸，形成草酸钙、柠檬酸钙、苹果酸钙等不溶性有机酸钙，能调节植物体内 pH 值，稳定细胞内环境。钙可促进硝态氮的吸收，这与氮代谢有关，它有助于减少植物中的硝酸盐，中和植物体内的有机酸，对代谢过程中产生的有机酸有解毒作用。如钙可与产生的草酸形成草酸钙结晶，避免草酸过多的不良影响。钙也对植株挺立和茎秆硬度起作用。钙还会影响籽粒形成，许多种子中有肌醇六磷酸钙镁。固氮细菌同时也需要大量钙素参与。

1.2 钙素营养失调诊断

因为钙在植物体内易形成不溶性钙盐沉淀而被固定，所以它是不能移动和再度被利用的。缺钙造成顶芽和根系顶端不发育，呈“断脖”症；幼叶失绿、变形、出现弯钩状，严重时生长点坏死，叶尖和生长点呈果胶状；根常变黑腐烂。一般果实和储藏器官供钙极差，水果和蔬菜常可通过储藏组织变形来判断是否缺钙。

作物缺钙包括土壤缺钙和生理缺钙。南方酸性土壤和沙质土壤易发生土壤缺钙；北方石灰性土壤本身虽不缺钙，但由于作物对钙吸收、运输和分配的障碍易使果树和蔬菜发生生理性缺钙。钙在植物体内是随着蒸腾水流而运输的，果树果实和果菜类果实（含包心叶菜类）的蒸腾强度和对钙的竞争小于叶片，有时甚至发生果实中的钙倒流入叶片，由此导致缺钙，引发多种生理性病害。

苜蓿对钙最敏感，常作为缺钙的指示作物。需钙量多的作物有紫花苜蓿、芦笋、菜豆、豌豆、大豆、向日葵、花生、番茄、芹菜、大白菜、花椰菜等，其次为烟草、结球甘蓝、玉米、大麦、小麦、甜菜、马铃薯、苹果，谷类作物、桃树、菠萝等需钙较少。

禾谷类作物缺钙时幼叶卷曲、干枯，功能叶的叶间及叶缘黄萎，植株未老先衰，结实少，秕粒多。豆科作物新叶不伸展，老叶出现灰白色斑点，叶脉棕色，叶柄柔软下垂。大豆根呈暗褐色、脆弱，呈黏稠状，叶柄与叶片交接处呈暗褐色，严重时茎顶卷曲呈钩状、枯死。

目前已发现果树中的多种生理病害与植株缺钙有关。苹果果实出现苦陷病，又名“苦痘病”，病果发育不良，表面出现下陷斑点，先见于果实顶端，果肉组织变软、干枯，有苦味，此病在采收前即可出现，但以储藏期发生为多。缺钙还会引起苹果“水心病”，果肉组织呈半透明水渍状，先出现在果肉维管束周围，向外呈放射状扩展，病变组织质地松软，有异味，病果采收后在储藏期间病变继续发展，最终果肉细胞间隙充满汁液而导致内部腐烂。梨缺钙极易早衰，果皮出现枯斑，果心发黄，甚至果肉坏死，果实品质低劣。

2 镁素营养及其诊断

2.1 镁的生理功能

（1）叶绿素的组成成分，参与植物体内的光合作用。镁是叶绿体正常结构所必需的，它是叶绿素分子的中心，与叶绿体结合的镁只占10%~20%，而叶绿体中非叶绿素镁比例占到65%~80%。缺镁植物叶绿素含量降低是否是由于合成叶绿素的镁含量不足所致，目前尚未定论。一部分科学家认为缺镁植物叶片叶绿素含量降低不是由于叶绿素分子合成所需的镁不足，而是蛋白质合成受阻所致；近年来的研究则认为，缺镁胁迫下的活性氧伤害是叶绿素含量降低和叶片失绿黄化的主要原因。镁对维持叶绿体结构有重要作用，一旦缺镁，叶绿体结构受到破坏，基粒数下降，被膜损伤，类囊体数目降低。镁离子在低浓度时就可诱导类囊体膜垛叠形成基粒，有利于捕获光能，传递能量。镁离子能调节叶绿体光合系统II（PSII）和光合系统I（PSI）之间激发能的分配，提高PSII与PSI相对荧光产量的比值，促使植物把更多的光能转化为化学能，另外，Mg^{2+}可在分子水平上维持天然色素、反应中心以及某些电子载体在膜上的一定构象和保持它们之间的紧密联系，以保证高效的吸收、传递和转化光能。

在光合磷酸化过程中，ATP合成需要Mg^{2+}作为二磷酸腺苷（ADP）和酶之间桥接。加入Mg^{2+}，再加入无机磷可与叶绿体偶联因子1（CF1）和偶联因子0（CF0）结合更牢固。用乙二胺四乙酸（EDTA）螯合Mg^{2+}后，导致CF1从膜上脱落，从而磷酸化和电子解联。但在叶水势较低时，供应过量镁，向日葵光合作用下降程度较大，可能原因就是低水势下，叶中Mg^{2+}浓度过高，致使类囊体膜周围镁浓度高于5mmol/L，光合磷酸化受抑制。在光合作用的暗反应上，Mg^{2+}主要表现在对RuBP羧化酶的调控作用，该酶和Mg^{2+}结合增加了对底物CO_2的亲合力及最大反应速率。

（2）酶的活化剂及酶的构成元素。植物生化反应中，许多酶都需要镁激活。通常将需要或被镁激活的酶分为3类。

① 转移磷酸基基团和核苷的酶类。② 转移羧基基团的酶类。③ 部分脱氢酶、变化酶和裂解酶。镁使酶活化的机理是酶和Mg^{2+}配合以后，增加底物与酶的亲合力。镁对许多酶的活化，可能没有高度特异性，在体外反应中，Mn^{2+}可以代替Mg^{2+}。

（3）核糖体的结构组分。镁素能稳定核糖体颗粒在蛋白质合成中所需的构型。而且镁还可能激活氨基酸生产多肽链，进而合成蛋白质。核糖体是蛋白质合成的工厂，真核细胞中 60s 和 40s 两亚基结合成单核糖体，介质中 Mg^{2+} 浓度须大于 0.001mol/L。在 Mg^{2+} 大于 0.001mol/L 时，80s 核糖体又聚合成 120s 聚核糖体。0.001~0.01mol/L 浓度相当于每千克鲜重植株含镁 24~240mg，相当于健康植株叶中约 75% 的镁与核糖体结构功能有关。

氨基酸在掺入肽链前必须活化，反应在氨酰 tRNA 合成酶催化下，这一反应需要 Mg^{2+} 或 Mn^{2+}。缺镁一般使蛋白质氮减少、非蛋白质氮增多，如水稻体内蛋白质氮比例下降，非蛋白质氮比例升高。

（4）其他作用。镁与植物中合成油脂有关，它与硫共同起作用，含油量会大大提高。许多种子中含有肌醇六磷酸钙镁。当种子萌发和幼苗生长时，镁又被运输到需要的部位。对于维持叶绿体和细胞质的 pH 值高浓度 Mg^{2+}、K^{+} 的需要。代谢过程中 Mg^{2+} 可以中和有机酸、磷酰基；液泡中镁还起到平衡阴阳离子、维持细胞膨压的作用。在豌豆胚轴细胞壁中，用镁置换钙，细胞伸长加大。镁也存在于细胞壁果胶层中，但与钙相比，结合量少，亲合力也低。对细胞膜的稳定，镁也起一定作用，可能原因是镁中和膜的负电势。

2.2 镁素营养失调诊断

缺镁症状一般首先出现在低位衰老叶片上，共同症状是下位叶片叶肉为黄色、青铜色或红色，但叶脉仍呈绿色。进一步发展，整个叶片组织全部淡黄，然后变褐直至最终坏死，大多发生在生育中后期，尤其以种子形成后多见。

马铃薯、番茄和糖用甜菜是对缺镁较为敏感的作物。菠萝、香蕉、柑橘、葡萄、柿子、苹果、牧草、玉米、油棕榈、棉花、烟草、可可、油橄榄、橡胶等也容易缺镁。

禾谷类作物早期叶脉间褪绿出现黄绿相间的条纹花叶，严重时呈淡黄色或黄白色。豆科作物缺镁时，植株体内碳水化合物向根部供应受抑，从而影响结瘤、固氮。缺钙、镁时，苜蓿根瘤菌结瘤较差，重新加镁后，固氮酶活性有所恢复。蔬菜作物缺镁一般为下部叶片出现黄化。

3 硫素营养及其诊断

3.1 硫的生理功能

（1）硫素参与蛋白质合成和代谢，是蛋白质不可缺少的成分。作物体内几乎所有的蛋白质都含有硫。一般蛋白质含硫 0.3%~2.2%，而植物体内 90%的硫都存在于 3 种含硫氨基酸 – 胱氨酸、半胱氨酸和蛋氨酸中。含硫氨基酸是限制蛋白质营养价值的主要因素，其中，蛋氨酸是人类及其他非反刍动物所必需的氨基酸，也是评价蛋白质质量的重要指标。

（2）参与植物体内氧化还原过程。植物体内存在着一种极其重要的生物氧化剂即谷胱甘肽。谷胱甘肽是由谷氨酸、半胱氨酸和甘氨酸相结合而成的三肽，两个谷胱甘肽分子的硫氢基相结合形成二硫键。谷胱甘肽水溶性高，在植物呼吸作用中起重要作用。

（3）硫是某些酶系统的组成部分。辅酶 A 中含有硫，而辅酶 A 从多方面参与碳水化合物、氨基酸和脂肪的代谢过程，对植物的生理生化进程有重要影响。固氮酶中含有硫原子，能促进豆科植物根瘤的形成，是豆科植物和其他生物固氮所必需的。此外，磷酸甘油醛脱氢酶、苹果酸脱氢酶、脂肪酶、氨基转移酶、磷酸化酶等，都含有硫氢基，它们不仅与呼吸作用、脂肪代谢和氮代谢有关，对淀粉的合成也有一定的影响。铁氧蛋白是一种含硫基化合物，参与亚硝酸还原、硫酸盐还原、分子态氮还原的固定、氨的同化以及光合作用等过程。在无机养分转化为有机物的过程中都有铁氧蛋白参与。

（4）硫是生理活性物质的组成成分。硫存在于某些生理活性物质中，如硫胺素、维生素 H 等，从而调节植物的生长发育进程。作物体中硫氢基的数量与耐寒、耐旱和抗倒伏等抗逆性有关，可提高作物抵抗不良环境条件的能力。此外，十字花科作物种子中的芥子油、百合科葱蒜中的蒜油，都是硫脂化合物，具有特殊的辛香气味，在人类的营养上有独特的作用。

3.2 硫素营养失调诊断

由于硫在植物体内的移动性不大，很少从衰老组织向幼嫩器官运转，所以，植物缺硫症状多从上位叶开始，首先表现在幼嫩叶片和生长点上，并逐步向老叶扩展，最后延及全株。当环境中有效硫供应不足、不能满足植物生长发育对硫的需要时，便会出现缺硫现象，营养与生殖生长受到影响。由于硫在植物体内的移动性较小，因此，幼芽或幼嫩叶片首先褪绿和变黄，心叶失绿黄化，茎秆细弱，根系长而不分枝，开花结果时间延长，果实减少。

植物缺硫症状在外观上与缺氮有些相似，但由于氮在植物体内的移动性较大，植物缺氮时，氮即从衰老叶片向幼嫩组织转移，因此，植物缺氮首先表现在老叶上，与缺硫症状正好相反。要判断作物是否缺硫，比较确切的方法是测定作物体内的 N/S 比，进行营养诊断，作物的 N/S 比相当稳定，且不受生育期的影响；多数大田作物叶片的 N/S 比为 15：1，禾本科植物的 N/S 比为 14：1，豆科植物为 17：1。对硫素敏感作物为十字花科如油菜等，其次为豆科、烟草和棉花，禾本科作物需硫较少。

我国土壤硫的投入和产出严重不平衡，缺硫呈急剧增长态势，缺硫土壤约占耕地面积的 1/3，南方和北方均有分布。造成土壤缺硫的主要原因有：① 施用不含硫的高浓度化肥，如磷酸铵等，导致土壤中的硫减少。② 工业二氧化硫排放的限制，大气硫的沉降减少。③ 有机肥用量减少，补充硫的数量也随之下降。④ 作物高产品种的引用，从土壤中携出大量的硫。

第三节　微量营养元素

1 铁素营养及其诊断

1.1 铁的生理功能

（1）参与体内氧化还原反应和电子传递。植物体内的铁素有不止一种的氧化态，它通过 Fe^{3+} 和 Fe^{2+} 之间的电子传递而参与植物体内的氧化还原反应。能根据反应物的氧化势接受或提供电子，由二价铁离子变为三价铁离子，或三价铁离子变为二价铁离子，达到转移电子的目的。铁也能与电子供体或配体结合生成复合物。配体提供多于一个电子时发生螯合，铁可与含氧、硫、氮的分子生成稳定螯合物。铁为在有机分子和铁之间运动的电子提供了酶促转化的势能。

（2）酶的活化剂。铁是过渡元素，作为辅酶或酶的活化剂参与许多酶反应，形成酶 - 底物 - 金属络合物，或者在金属 - 蛋白（酶）中作为活性基团，催化多种生化反应。铁在酶系统中有铁 - 硫蛋白和铁 - 卟啉蛋白两大类。铁氧化还原蛋白属于稳定的铁 - 硫蛋白，存在于叶绿体中，是光合电子传递链中第一个稳定氧化还原化合物，是最初的电子受体。铁氧化还原蛋白具有很高的负氧化还原电位，能还原多种物质，如烟酰胺腺嘌呤二核苷磷酸（$NADP^+$）、臭氧（O_3）、亚硝酸、硫酸盐和血红蛋白。铁是卟啉分子的结构组分，诸如细胞色素、铁血红素、羟高铁血红素和豆血红蛋白均参与叶绿体中光合作用和线粒体中呼吸作用两个代谢过程中的氧化还原反应。呼吸作用中铁化合物将氧还原为水。铁离子常处于酶结构的活性部位上，当植物缺铁时，这些酶的活性都会受到影响，并进一步使植物体内一系列氧化还原作用减弱，电子不能正常传递，呼吸作用受阻等。因此，植物生长发育及产量形成均受到明显影响。

（3）植物体内蛋白质的重要组分。植物中大部分铁是以铁 - 磷蛋白的形式储存，称为植物铁蛋白。细胞中约 75% 的铁与叶绿体结合，叶片中高达 90% 的铁与叶绿体和线粒体膜的脂蛋白结合。叶片中铁蛋白储存用于形成质体，是进行光合作用所必需的。

铁是钼 - 铁蛋白和铁蛋白的组分，固氮酶缺铁就没有固氮活性。固氮酶在固氮微生物中处于 N_2 固定过程中心。在大豆中，铁部分取代铝作为硝酸还原酶的金属辅助因子，所以，豆科作物根瘤固氮作用离不开铁的参与。

总之，铁在植物光合作用、呼吸作用、氮代谢等许多方面起着重要作用，对植物生长、发育、产量、品质等方面有重要影响。

1.2 铁素营养失调诊断

（1）作物缺铁症状。铁离子在植物体中是最为固定的元素之一，通常呈高分子化合物存在，流动性很小，老叶片中的铁不能向新生组织转移，因此，缺铁首先出现在植物幼嫩部分。缺铁植物叶片失绿黄化，心叶常白化，称失绿症。初期脉间褪色而叶脉仍绿，叶脉颜色深于叶肉，色界清晰，严重时叶片变黄，甚至变白。双子叶植物形成网纹花叶，单子叶植物则形成黄绿相间条纹花叶。

通常木本植物比草本植物对缺铁敏感。经济林木中的柑橘、苹果、桃、李、桑，行道树中的樟、枫杨、悬铃木、湿地松，大田作物中的大豆、花生、玉米、甜菜，蔬菜作物中的花椰菜、甘蓝、空心菜。观赏植物中的绣球花、栀子花、蔷薇花等都对缺铁敏感或比较敏感。

果树容易缺铁。新梢叶片失绿黄白化，称“黄叶病”，失绿程度依次由下向上加重，夏、秋梢发病多于春梢，病叶多呈清晰的网状花叶，又称“黄化花叶病”。通常不发生褐斑、穿孔、皱缩等。严重黄白化的，叶缘亦可烧灼、干枯、提早脱落，形成枯梢或秃枝。如果这种情况几经反复，会导致整株衰亡。

豆科作物如大豆、花生易缺铁，因为铁是豆血红素和固氮酶的成分。缺铁使根瘤菌的固氮作用减弱，植株生长矮小。缺铁时上部叶片脉间黄化，叶脉保持绿色，并有轻度卷曲，严重时全部新叶失绿呈黄白色，极端缺乏时，叶缘附近出现许多褐色斑点，进而坏死。

花卉观赏植物也容易缺铁。铁营养可使网状花纹清晰，色泽清丽，增添几分观赏价值。一品红缺铁，植株矮小，枝条丛生，顶部叶片黄化或变白。月季花缺铁，顶部幼叶黄白化，严重时生长点及幼叶枯焦。菊花严重缺铁失绿时上部叶片多呈棕色，植株可能部分死亡。

禾谷类作物如水稻、麦类及玉米等缺铁，叶片脉间失绿，呈条纹花叶，症状越近心叶越重。严重时心叶不出，植株生长不良，矮缩，生育延迟，有的甚至不能抽穗。

果菜类及叶菜类蔬菜缺铁，顶芽及新叶黄白化，仅沿叶脉残留绿色，叶片变薄，一般无褐变坏死现象。番茄叶片基部还出现灰黄色斑点。

（2）作物铁过剩症状：实际生产中铁素过剩中毒的现象并不常见。在 pH 值低的酸性土壤和强还原性的嫌气条件土壤即水稻土中，三价铁离子被还原为二价铁离子，土壤中亚铁过多会使植物发生中毒。如果此时土壤供钾不足，植株含钾量低，根系氧化力下降，则对二价铁离子氧化能力削弱，二价铁离子容易进入根系积累而致害。因此，铁中毒常与缺钾及其他还原性物质的危害有关。水稻亚铁中毒，地上部分生长受阻，下部老叶叶尖、叶缘、脉间出现褐斑，叶色深暗，根部呈灰黑色、易腐烂等。旱作土壤一般不易发生铁过剩中毒。

2 锰素营养及其诊断

2.1 锰的生理功能

（1）锰直接参与光合作用过程中水的分解。在光合电子传递系统中，锰参与氧化还原过程，是 PSII 中的氧化剂，直接参与 PSII 的电子传递反应。缺锰直接影响植物光合产物的形成和干物质的积累。缺锰对植物地上和地下部生长均会产生明显的抑制，并使根冠比降低。锰同时在希尔反应中也起作用，维护叶绿体膜结构。

（2）锰是多种酶的活化剂，参与酶的组成和调节酶的活性。锰是许多酶的组成成分，而且锰对许多酶的活性起重要的调节作用，特别是糖酵解途径（EMP）和三羧酸循环（TCA）中的各种酶。锰能活化吲哚乙酸氧化酶，促进吲哚乙酸氧化。锰影响植物中生长素水平，似乎高浓度锰有利于吲哚乙酸分解。SOD 每分子含一个锰原子，过氧化物歧化酶可保护组织免于遭受氧自由基的破坏，过氧化物歧化酶催化过氧化物的钝化作用。在光照下的绿色细胞中，叶绿体是氧代谢周转速率最快的细胞器，也是过氧化物和氧自由基形成的主要场所，因而叶片中 90% 以上的过氧化物歧化酶集中在叶绿体中，而线粒体中只有 4%~5%。锰是硝酸还原酶和羟胺还原酶的成分，影响着呼吸作用和硝酸还原作用等。锰也是 RNA 聚合酶和二肽酶的活化剂，与氮的同化关系密切，缺锰会抑制蛋白质的合成，造成硝酸盐的积累。它参与多种酶系统，如 tRNA 引导的寡腺苷酸合成酶、磷脂酰肌醇的合成酶、吲哚乙酸氧化酶、天冬氨酸型 C4 植物烟酰胺腺嘌呤二核苷酸（NAD）、苹果酸酶等。

（3）影响蛋白质、碳水化合物、脂类代谢。锰是许多肽酶的活化离子，可促进氨基酸合成肽键，有利于蛋白质的合成。缺锰时各器官中可溶性碳水化合物的含量也显著降低，这主要是由于光合作用受抑制引起的。缺锰时，叶绿体膜成分如糖脂、多聚不饱和脂肪酸含量都降低。目前，对锰在脂类代谢中的功能仍不确定。

（4）其他作用。锰素影响细胞分裂和伸长。缺锰时细胞分裂和伸长都受到抑制，锰对细胞伸长的抑制程度比对细胞分裂大。缺锰时植株侧根的形成完全停止。锰可促进种子发芽和幼苗早期生长，加速花粉萌发和花粉管的伸长，提高结实率。

2.2 锰素营养失调诊断

作物缺锰症状：锰为活动性不强的元素。缺锰植物首先在新生叶片叶脉间由绿色褪淡发黄，叶脉仍保持绿色，脉纹较清晰，严重缺锰时有灰白色或褐色斑点出现，但程度通常较浅，黄、绿色界不够清晰，常有对光观察才比较明显的现象。严重时病斑枯死，称为“黄斑病”或“灰斑病”，并可能穿孔。有时叶片发皱、卷曲甚至凋萎。不同作物表现症状有差异。对锰敏感的作物有燕麦、小麦、马铃薯、大豆、洋葱、莴苣、菠菜等，而燕麦、小麦、豌豆、大豆常被认为是缺锰的指示作物。

禾本科作物中燕麦缺锰症的特点是新叶叶脉间呈条纹状黄化，并出现淡灰绿色或灰黄色斑点，称“灰斑病”，严重时叶身全部黄化，病斑呈灰白色坏死，叶片螺旋状扭曲，破裂或折断下垂。大麦、小麦缺锰早期叶片出现灰白色浸润状斑点，新叶脉间褪绿黄化，叶脉绿色，随后黄化部分逐渐变褐坏死，形成与叶脉平行而长短不一的短线状褐色斑点，叶片变薄变阔，柔软萎垂，特称“褐线萎黄症”。其中，大麦症状最为典型，有的品种有节部变粗现象。

根据作物外部缺锰症状进行诊断时需要注意与其他容易混淆症状的区别。缺锰与缺镁：缺锰失绿首先出现新叶上，缺镁首先出现在老叶上。缺锰与缺锌：缺锰叶脉黄化部分与绿色部分的色差没有缺锌明显。缺锰与缺铁：缺铁褪绿程度通常较深，黄绿间色界明显，一般不出现褐斑，而缺锰褪绿程度较浅，时常发生褐斑或褐色条纹。

作物锰过剩症状：锰过量会阻碍作物对钼和铁的吸收，往往使植物出现缺钼症状。锰过剩中毒会诱发双子叶植物如棉花、菜豆等缺钙（皱叶病）。根一般表现为颜色变褐、根尖损伤、新根少。叶片出现褐色斑点，叶缘白化或变成紫色，幼叶卷曲等。锰过剩中毒常在酸性红壤和黄壤上发生。

水稻锰过剩中毒，植株叶色褪淡黄化，下部叶片、叶鞘出现褐色斑点，会发生高节位分蘖，基部有褐色污染物等。棉花锰中毒出现萎缩叶。马铃薯锰中毒在茎部产生线条状坏死。茶树受锰毒害叶脉呈绿色、叶肉出现网斑。苹果锰过剩会引起粗皮病。柑橘锰过量出现异常落叶症，大量落叶，落下的叶片上通常有小型褐色斑和浓赤褐色较大斑，称“巧克力斑”。初出现呈水渍状，以后膨出于叶面，以叶尖、叶缘分布多，落叶在果实收获前就开始，老叶不落，病树从春到秋发叶数减少，叶形变小。此外，树势变弱，树龄短的幼树生长停滞。

3 锌素营养及其诊断

3.1 锌的生理功能

锌在作物营养中的功能主要是作为某些酶的组成成分和活化剂。这些酶在作物体内的物质水解、氧化还原过程和蛋白质合成中起着重要的作用，并能促进光合作用和促进碳水化合物的形成。锌的功能主要现在构成酶上，锌作为酶与基质的桥键，最早发现的锌酶是豌豆等植物分离的碳酸酐酶，其后又发现了磷酸丙酮酸羟化酶等多种含锌酶类。迄今为止，所发现的含锌复合酶分布在氧化还原酶类、转移酶类、水解酶类、裂解酶类、异构酶类和合成酶类等六大类中已达 59 种。锌还可以活化草酰乙酸氧化酶、烯醇化酶等。

锌的另一重要功能是参与植物体内生长素的合成。由于它是合成色氨酸的催化剂，而色氨酸则是合成吲哚乙酸的前身。吲哚乙酸对于细胞的正常伸展特别是茎细胞是必需的。

锌是碳酸酐酶的组分，碳酸酐酶促进二氧化碳的释放和加速二氧化碳透过脂质膜进入叶绿体，为二磷酸核酮糖羟化酶提供底物。锌能抑制 RNA 水解酶的活性、稳定核糖体。缺锌时 RNA 含量减少，蛋白质合成受阻。

锌与碳水化合物转化有密切关系，参与叶绿素的合成，促进光合作用。锌营养能促进丝氨酸和吲哚合成色氨酸。吲哚乙酸由色氨酸转化而来，因而锌营养能促进生长素的合成，促进幼叶、茎端、根系的生长。锌与色氨酸合成酶和色胺代谢有关。

锌对作物根系细胞膜、细胞结构的稳定性及功能完整性都必不可少，锌起保护根表或根内细胞膜的作用，可提高作物的抗旱能力。

3.2 锌营养失调诊断

（1）作物缺锌症状。锌在植物体内不能迁移，因此，缺锌症状首先出现在幼嫩叶片上和其他幼嫩植物的器官上。许多作物共有的缺锌症状是植物叶片褪绿黄白化，叶片失绿，脉间变黄，出现黄斑花叶。叶显著变小，小叶丛生，统称为“小叶病”、“簇叶病”等，生长缓慢，茎节间缩短，甚至节间生长完全停止。缺锌症状因作物品种和缺锌程度不同而有所差异。

果树中的苹果、柑橘、桃和柠檬、大田作物中的玉米、水稻以及菜豆、亚麻和啤酒花对锌敏感；其次是马铃薯、番茄、洋葱、甜菜、苜蓿和三叶草对锌较敏感；不敏感作物是燕麦、大麦、小麦和禾本科牧草等。

果树缺锌的特异症状是“小叶病”，以苹果最为典型。其特点是新梢生长失常，极度短缩，形态畸变，腋芽萌生，形成多量细瘦小枝，梢端附近轮生小而硬的花斑叶，密生成簇，故又名“簇叶病”。簇生程度与树体缺锌程度呈正相关。轻度缺锌，新梢仍能伸长，入夏后才能部分恢复正常。严重时，后期落叶，新梢由上而下枯死，如锌营养不能得到补充，则次年再度发生。柑橘类缺锌症状出现在新梢的上、中部叶片。叶缘和叶脉保持绿色，脉间出现黄斑，黄色深，健康部绿色浓，反差强，形成鲜明的“黄斑叶”，又称“绿肋黄化病”。严重时新叶小，前端尖，有时也出现丛生状的小叶。果小皮厚，果肉木质化，汁少，淡而乏味。

桃树缺锌新叶变窄褪绿，逐渐形成斑叶，并发生不同程度的皱叶，枝梢短，近顶部节间呈莲座状簇生叶，提前脱落。果实多畸形，很少有食用价值。

玉米缺锌，苗期出现“白芽症”，又称“白苗”、“花白苗”，成长后称“花叶条纹病”、“白条干叶病”。3~5 叶期开始出现症状。幼叶呈淡黄至白色，特别从基部到 2/3 段更明显。轻度缺锌，气温升高时症状可逐渐消退。植株拔节后如继续缺锌，在叶片中肋和叶缘之间出现黄白失绿条斑，形成宽而白化的斑块或条带，叶肉消失，呈半透明状，似白绸或塑膜状，风吹易撕裂。老叶后期病部及叶梢常出现紫红色或紫褐色病株节间缩短，株型稍矮化，根系变黑，抽雄吐丝延迟，甚至不能吐丝抽穗，或者抽穗后果实发育不良，形成缺粒不满尖的“稀癞”玉米棒。燕麦也发生“白苗病”，一般是幼叶失绿发白，下部叶片脉间黄化。

水稻缺锌引起的形态症状名称很多。大多称“红苗病”，又称“火烧苗”。出现时间一般插秧后 2~4 周，直播稻在立针（竖芽）后 10d 内。一般症状表现是新叶中脉及其两侧特别是叶片基部首先褪绿、黄化，有的连叶鞘脊部也黄化，以后逐渐转变为棕红色条斑，有的出现大量的紫褐色小斑，遍布全叶，植株通常有不同程度的矮缩，严重时叶枕居平位或错位，老叶叶鞘甚至高于新叶叶鞘，称为“倒缩苗”或“缩苗”。如发生时期较早，幼叶发病时由于基部褪绿，内容物少，不充实，使叶片展开不完全，出现前端展开而中后部折合、出叶角度增大的特殊形态。如症状持续到成熟期，植株极端矮化、色深、叶小而短似竹叶，叶鞘比叶片长，拔节困难，分蘖松散呈草丛状，成熟延迟，虽能抽出纤细稻穗，大多不实。

小麦缺锌，节间短，抽穗扬花迟而不齐，叶片沿主脉两侧出现白绿条斑或条带。棉花缺锌从第一片真叶开始出现症状，叶片脉间失绿，边缘向上卷曲，茎伸长受抑，节间缩短，植株呈丛生状，生育期推迟。烟草缺锌下部叶片的叶尖及叶缘出现水渍状失绿坏死斑点，有时叶缘周围形成一圈淡色的“晕轮”，叶小而厚，节间短。

马铃薯缺锌，生长受抑制。节间短，株型矮缩，顶端叶片直立，叶小，叶面上出现灰色至古铜色的不规则斑点，叶缘上卷。严重时叶柄及茎上均出现褐点或斑块；豆科作物缺锌生长缓慢，下部叶脉间变黄，并出现褐色斑点，逐渐扩大并连成坏死斑块，继而坏死组织脱落。大豆缺锌的特征是叶片呈柠檬黄色；蚕豆出现“白苗”，成长后上部叶片变黄、叶形变小；叶菜类蔬菜缺锌新叶出现异常，有不规则的失绿，出现黄色斑点；番茄、青椒等果菜类缺锌，呈小叶丛生状，新叶发生黄斑，黄斑逐渐向全叶扩展，还易感染病毒病。

（2）作物锌过剩症状。一般锌过剩中毒症状是植株幼嫩部分或顶端失绿，呈淡绿或灰白色，进而在茎、叶柄、叶的下表面出现红紫色或红褐色斑点，根伸长受阻。水稻锌中毒幼苗长势不良，叶片黄绿并逐渐萎黄，分蘖少，植株低矮，根系短而稀疏。小麦叶尖出现褐色条斑，生长迟缓。豆类中的大豆、蚕豆、菜豆对锌过剩较敏感，大豆首先在叶片中肋出现赤色色素，随后叶片向外侧卷缩，严重时枯死。

据农业部的统计，新疆地区耕地土壤中的有效锌含量平均为0.996mg/kg，其中有效锌含量＜0.5mg/kg的缺锌土壤为59.7%。因此，应用锌肥对新疆农业增产意义重大，尤其是玉米、小麦、水稻、棉花等作物，更要重视锌肥的补给。

4 铜素营养及其诊断

4.1 铜的生理功能

铜是多种酶的组成成分，参与作物体内的氧化还原过程和呼吸作用。同时，铜在电子传递和酶促反应中起作用。铜参与酪氨酸酶、虫漆酶和抗坏血酸氧化酶系统，在细胞色素氧化酶的末端起氧化作用，参与质体蓝素介导的光合电子传递，对形成根瘤有间接影响。铜对叶绿素有稳定作用，防止叶绿素被过早破坏；参与蛋白质和糖代谢，与呼吸作用密切相关。质体蓝素是含铜蓝色蛋白质，是PSI中光合电子传递链上的一种组分，在光合电子传递和能力转化中有重要功能。

铜存在于很多氧化酶中，如过氧化物歧化酶、抗坏血酸氧化酶，多酚氧化酶等。抗坏血酸氧化酶将分子氧还原，而抗坏血酸羟基化变成脱氢抗坏血酸。这种酶存在于细胞壁和细胞质中，为末端呼吸氧化酶，也可能与酚酶结合。多酚氧化酶能将一酚氧化成二酚，再氧化成醌。醌化合物能起聚合作用形成棕黑色化合物。过氧化物歧化酶以及在过氧化基团的解毒作用中需要铜和锌。在叶片中过氧化物歧化酶大部分集中在叶绿体，尤其在叶绿体间质中。所有好气微生物中都有这种过氧化物歧化酶存在。厌氧微生物缺乏过氧化物歧化酶，所以不能忍受分子氧。

4.2 铜素营养失调诊断

（1）作物缺铜症状。植物缺铜一般表现为顶端枯萎，节间萎缩变短，叶尖发白，叶片变窄变薄、扭曲，繁殖器官发育受阻，裂果。作物之间对缺铜的敏感性差异很大，敏感作物主要为燕麦、小麦、大麦、玉米、菠菜、洋葱、莴苣、番茄、苜蓿和烟草，其次为白菜、甜菜以及柑橘、苹果和桃等。其中，小麦、燕麦是良好的缺铜指示作物。其他对铜反应强烈的作物有大麻、亚麻、水稻、胡萝卜、苏丹草、李、杏、梨。耐受缺铜作物有菜豆、豌豆、马铃薯、芦笋、黑麦、禾本科牧草、大豆、油菜。黑麦对缺铜土壤有独特的耐受性，在不施铜的情况下，小麦完全绝产，而黑麦却生长健壮。小粒谷物对缺铜的敏感性顺序通常为：小麦＞大麦＞燕麦＞黑麦。缺铜时，不同作物往往出现不同症状。

麦类作物病株上位叶黄化，剑叶尤为明显，前端黄白化，质薄，扭曲披垂，坏死，不能展开，称“顶端黄化病”。老叶在叶舌处弯折，叶尖枯萎，呈螺旋或纸捻状卷曲枯死。叶鞘下部出现灰白色斑点，易感染霉菌性病害，称“白瘟病”。轻度缺铜时抽穗前症状不明显，抽穗后因花器官发育不全，花粉败育，导致穗而不实，又称“直穗病”。至成熟期病株保持绿色不褪，田间景观常黄绿斑驳。严重时穗发育不完全，畸形，芒退化，并出现发育程度不同的大小不一的麦穗，有的甚至不能伸出叶鞘而枯萎死亡。草本植物的“开垦病”，又叫“垦荒病”，最早在新开垦地上发现，病株先端发黄或变褐，逐渐凋萎，穗部变形，结实率低。

柑橘、苹果和核桃等果树缺铜会出现“枝枯病”或“夏季顶枯病”。叶片失绿、畸形，嫩枝弯曲，树皮上出现胶状水疱状褐色或赤褐色皮疹。逐渐向上蔓延，并在树皮上形成一道道纵沟，且相互交错重叠。雨季时流出黄色或红色的胶状物质。幼叶变成褐色或白色，严重时叶片脱落，枝条枯死。有时果实的皮部也流出胶样物质，形成不规则的褐色斑疹，果实小，易开裂，易脱落。

豆科作物缺铜新生叶失绿、卷曲，老叶枯萎，易出现坏死斑点，但不失绿。蚕豆的形态特征是花由正常的鲜艳红褐色变为暗淡的漂白色。甜菜、叶菜类蔬菜易发生顶端黄化病。

（2）作物铜过剩症状。铜过剩中毒症状是新叶失绿和光合作用效率的降低，老叶坏死，叶柄和叶的背面出现紫红色。新根生长受抑制，伸长受阻而畸形，枝根量减少，严重时根尖枯死。铜过剩中毒很像缺铁，由于铜能把二价铁离子氧化成三价铁离子，阻碍植物对二价铁离子的吸收和铁在植物体内的转运，导致缺铁而出现叶片黄化。不同作物铜过剩中毒表现不同。

铜过剩时，水稻插秧后不易成活，即使成活根也不易下扎，白根露出地表，叶片变黄，生长停滞。麦类作物根系变褐，盘曲不展，生长停滞，常发生萎缩症状，叶片前端扭曲、黄化。豌豆幼苗长至10~20cm即停止生长，根粗短、无根瘤，根尖呈褐色枯死。萝卜主根生长不良，侧根增多，肉质根呈粗短的“榔头”形。柑橘叶片失绿，生长受阻，根系短粗，色深。铜过剩毒害现象一般不常见。反复使用含铜杀虫剂（如波尔多液）后可能出现铜过剩。

5 钼素营养及其诊断

5.1 钼的生理功能

植物对钼的需求量低于任何其他矿物质元素。钼是固氮酶和硝酸还原酶的重要组成成分，影响生物固氮、光合作用及繁殖器官的发育。钼参与硝态氮还原为氨的过程。植物中的大部分钼都集中在这种硝酸还原酶中，这是一种水溶性钼黄蛋白，存在于叶绿体被膜中，根中也能分离出这种物质。缺钼时钼黄蛋白不能合成，导致硝酸盐积累，影响同化过程的顺利进行。硝酸还原酶是一种复合酶，含有血红素铁和两个钼原子，存在于高等植物细胞质中，需要 $NADP^+$/NADPH 作物电子受体。硝酸还原酶是诱导酶，硝酸盐浓度高诱导硝酸还原酶活性提高。

钼作为固氮酶的结构组分参与豆科作物根瘤固氮菌及一些藻类、放线菌、自生固氮生物的固氮作用。豆科作物根瘤中钼浓度10倍于其在叶片中的浓度。缺钼可引起豆科作物缺氮，所有生物固氮系统都需要固氮酶。固氮酶由铁钼蛋白和铁蛋白组成，这方面游离固氮细菌和共生固氮细菌是相同的。固氮过程中，首先是铁蛋白接受1个电子，传递至镁-ATP，形成铁蛋白-镁-ATP复合体，降低氧化还原电位；然后与铁蛋白结合形成铁蛋白-镁-ATP铁钼蛋白复合体，固定游离氮分子。传递1个电子给氮分子可使其还原为氨分子，同时镁ATP还原成镁ADP和无机磷酸盐。

钼能促进光合作用并消除土壤中的活性铝在作物体内的积累而产生毒害作用。还有报道说，钼在植物对铁的吸收和运输中起着不可替代的作用。钼促进磷的吸收和水解各种磷酸酯的磷酸酶活性，增加植物体内的维生素C的合成。

5.2 钼素营养失调诊断

（1）作物缺钼症状。植物缺钼症有两种类型：一种是叶片和脉间失绿，甚至变黄，易出现斑点，新叶出现症状较迟；另一种是叶片瘦长畸形，叶片变厚，甚至焦枯。一般表现为叶片出现黄色或橙色大小不一的斑点，叶缘向上卷曲呈杯状。叶肉脱落残缺或发育不全。不同作物的症状有差别。缺钼与缺氮相似，但缺钼叶片易出现斑点，边缘发生焦枯，并向内卷曲，组织失水萎蔫。一般症状先在老叶出现。

十字花科作物如花椰菜缺钼出现特异症状“鞭尾症”，先是叶脉间出现水渍状斑点，继之黄化坏死，破裂穿孔，空洞继续扩大连片，叶片几乎丧失叶肉而仅在中肋两侧留有叶肉残片，使叶片呈鞭状或犬尾状。萝卜缺钼时也表现叶肉退化，叶裂变小，叶缘上翘，呈鞭尾趋势。

柑橘缺钼呈典型的“黄斑症”，叶片脉间失绿变黄，或出现橘黄色斑点。严重时叶缘卷曲，萎蔫枯死。首先从老叶或茎的中部叶片开始，渐及幼叶及生长点，最后可导致整株死亡。

豆科作物缺钼叶片褪绿，出现许多灰褐色小斑并散布全叶，叶片变厚、发皱，有的叶片边缘向上卷曲呈杯状，大豆常见。禾本科作物仅在严重时缺钼才表现叶片失绿，叶尖和叶缘呈灰色，开花成熟延迟，籽粒皱缩，颖壳生长不正常。番茄在第一、第二真叶时叶片发黄，卷曲，随后新出叶片出现花斑，缺绿部分向上拱起，小叶上卷，最后小叶叶尖及叶缘均皱缩死亡。叶菜类蔬菜叶片脉间出现黄色斑点，逐渐向全叶扩展，叶缘呈水渍状，老叶叶色深绿至蓝绿色，严重时也显示“鞭尾病”症状。

对缺钼敏感的作物主要是十字花科作物和豆科作物，其次是柑橘以及蔬菜作物中的叶菜类和黄瓜、番茄等。需钼多的作物有甜菜、棉花、胡萝卜、油菜、大豆、花椰菜、甘蓝、花生、绿豆、菠菜、莴苣、番茄、马铃薯、甘薯、柠檬等。根据作物的症状表现进行判断，典型的症状如花椰菜的“鞭尾病”，柑橘的“黄斑病”都容易确诊。

（2）作物钼过剩症状。钼过剩一般不容易显现症状。必须指出，在缺磷情况下，植物体内会积累大量钼酸盐，而造成钼过剩中毒。茄科作物较敏感，症状表现为叶片失绿。番茄和马铃薯小枝呈红黄色或金黄色。豆科作物对钼的吸收积累量比非豆科作物大得多。牲畜对钼十分敏感，长期取食的食草动物会发生钼中毒症，由饮食中钼和铜的不平衡引起。牛中毒出现腹泻、消瘦、毛褪色、皮肤发红和不育，严重时死亡。可口服铜、体内注射甘氨酸铜或土壤施用硫酸铜来克服。采用施硫和锰及改善排水状况也能减轻钼毒害。

据新疆阿勒泰地区农业技术中心李国萍的研究，共计取 77 个耕层（0~20cm）土样，经新疆农业科学院测试中心分析，阿勒泰地区土壤耕层有效钼含量范围为 0.02~0.17mg/kg。资料表明，该地区 97.4% 以上的土壤缺钼，其中，严重缺钼（钼含量≤ 0.02mg/kg）占了相当大的比例。资料列成表 4-1：

表 4-1　阿勒泰地区各县（市）耕地耕层有效钼含量及分级

市（县）	阿勒泰	布尔津	哈巴河	吉木乃	福海	富蕴	青河
含量范围（mg/kg）	0.02~0.17	0.02~0.08	0.02~0.02	0.02~0.07	0.02~0.08	0.02~0.04	0.02~0.02
合计	1.31	0.25	0.16	0.25	0.23	0.22	0.32
平均值	0.06	0.03	0.02	0.04	0.03	0.02	0.02
标准差	0.04	0.02	0	0.02	0.02	0	0
样本数	22	8	8	6	7	10	16
丰富（%）	–	–	–	–	–	–	–
适量（%）	9.09	–	–	–	–	–	–
缺乏（%）	90.99	100	100	100	100	100	100

阿勒泰地区由于土壤缺钼造成作物缺钼十分明显。

（1）蔬菜类（花椰菜、卷心菜、黄瓜、西红柿等）。在福海县阿尔达乡农户蔬菜地对花椰菜、卷心菜调查发现，叶肉脱落残缺或发育不全，叶片形成孔洞，中肋两侧叶肉残片已达 70%，果球小；黄瓜果实呈头大脖子细棒槌形的达 62%，西红柿叶缘上卷呈杯状的达 87%。

（2）豆类（花芸豆、大豆等）。在哈巴河大豆基地和阿勒泰市红墩乡花芸豆地进行的调查表明，出现叶片褪绿的花芸豆达 60%、大豆为 65%，叶片发皱症状由小到大直至散布全叶。抗病虫能力减弱，如花芸豆后期细菌性角斑病发病率为 45%，大豆后期红蜘蛛发生率为 55%。

（3）粮食类（小麦、玉米）。在阿勒泰市阿苇滩乡小麦、玉米地的调查，发现 40%叶尖和叶缘呈灰色，开花成熟延迟。籽粒皱缩，小麦颖壳生长不正常。

6 硼素营养及其诊断

6.1 硼的生理功能

（1）对作物分生组织中生长素的生物合成起着重要作用。硼能控制作物体内吲哚乙酸的水平，保持其促进生长的生理浓度。缺硼时产生过量的生长素，会抑制根系的生长。硼有助于花芽的分化，也是由于抑制了吲哚乙酸活性的结果。

（2）影响细胞伸长与分裂，主要和硼影响核酸含量有关。由于硼能促进生殖器官的正常发育，花的柱头、子房、雌雄蕊中都含有相当量的硼，有硼存在时，花粉萌发快，可使花粉管迅速进入子房，有利于受精和种子的形成。在缺硼条件下，花药和花丝萎缩，花粉管形成困难，妨碍受精作用。因此，缺硼最主要的特征就是籽实不能正常发育，甚至完全不能形成，出现花而不实或穗而不孕等。作物生产中的油菜“空荚”、花生“空壳”、板栗“空苞”、棉花“蕾铃脱落”等常常就是缺硼的表现。

（3）影响作物生长中的核酸含量，影响植株醣类的运输。由于硼影响作物生长中的核酸含量，直接关系到其分生组织中细胞的正常生长、分化，又由于硼能影响植株醣类的运输，缺硼就会引起作物生长点死亡、顶芽褐腐、根心腐等症状，造成植株顶部停止生长、茎及叶柄开裂等。

（4）硼可以提高豆科作物根瘤菌的固氮活性，增加固氮量。对硼敏感的作物有花生、大豆、油菜、棉花、苹果、梨、咖啡、葡萄、萝卜、芹菜等。

6.2 硼营养失调诊断

植物缺硼受影响最大的是代谢旺盛的细胞核组织，缺硼时植株顶芽生长和根尖生长停止，严重时生长点会坏死，侧芽侧根萌发生长，枝叶丛生。叶片变厚变脆皱缩歪粗，褪绿萎蔫，叶柄及枝条变粗短、开裂、木栓化或出现水渍状斑点，茎基膨大。肉质根内部出现褐色坏死、开裂，花粉畸形，花蕾脱落，受精不正常，果实或种子不充实。生产上常见的“果而不仁”、“蕾而不实”、“花而不实”、“空苞”等，都是缺硼的表现。而硼过剩主要表现于叶片周围，大多呈黄色或褐色的镶边，叶片黄化，严重时变褐枯死，这就是蔬菜作物上出现过的所谓“金边菜”。水稻硼过剩，叶尖褐变，干卷，颖壳出现褐枯斑。

7 氯素营养及其诊断

7.1 氯的生理功能

（1）参与光合作用。在光合作用中，氯作为锰的辅助因子参与水的光解反应。水的光解反应是光合作用最初的一个光化学反应。

（2）调节叶片气孔运动。氯对叶片气孔的开张和关闭有调节作用，从而增强植物的抗旱能力。此外，氯具有束缚水的能力，有助于作物从土壤中吸取更多的水分。

（3）抑制病害的发生。施用含氯化肥能抑制多种作物病害的发生。据报道，目前至少有 10 种作物的 15 个品种，其叶根病害可通过增施含氯的肥料，使病害程度明显减轻。例如，冬小麦的条锈病、大麦的根腐病、玉米的茎枯病等。

（4）促进营养吸收。氯的活性很强，非常容易进入植物体，并能促进植物对铵离子和钾离子的吸收。

总的说来，氯在作物体内有多种生理作用，主要是少部分氯参与生化反应，而大部分氯以离子状态维持各种生理平衡。

7.2 作物对氯的敏感性

（1）耐氯力强，对氯离子不敏感的作物有：水稻、玉米、小麦、高粱、谷子、菠菜、番茄、黄瓜、油菜、茄子、棉花、红麻、甜菜、菜花、豌豆、甘蓝、水萝卜等。氯对粮食作物、棉花和麻类作物等不仅没有不良影响，而且还有好的作用，被称为喜氯作物。

（2）耐氯力中等，对氯离子中等敏感的作物有：花生、大豆、蚕豆、柑橘、葱、芥末、草莓、甘蔗、亚麻等。

（3）耐氯力低，对氯离子敏感的作物有：烟草、马铃薯、甘薯、白菜、辣椒、莴苣、苋菜、苹果、葡萄、茶、西瓜等。

7.3 氯营养失调诊断

（1）作物缺氯症状。由于氯的来源广，大气、雨水中的氯远超过作物每年的需要量。因此，大田生产条件下一般不容易发生缺氯症。作物缺氯，幼叶失绿和全株萎蔫是两个最常见的症状。棉花缺氯叶片凋萎，叶色暗绿，严重时叶缘干枯、卷曲，幼叶发病比老叶重。玉米缺氯容易发生茎腐病，病株易倒伏，影响产量与品质。大麦缺氯，萎蔫呈卷筒形，与缺铜症状相似。番茄缺氯表现为叶片的小叶尖端首先萎蔫，明显变窄，生长受阻。继续缺氯，萎蔫部分坏死，小叶不能恢复正常，有时叶片出现青铜色细胞质凝结，并充满细胞间隙。根短缩变粗，侧根生长受抑制。

（2）作物氯过剩症状。从农业生产实际来分析，氯过剩更比缺氯严重得多。氯过剩主要表现生长缓慢，植株矮小，叶片小，叶面积小，叶色发黄，严重时叶尖呈灼烧状，叶缘焦枯，并向上卷曲，老叶和根尖死亡。另外，氯过剩时，种子吸水困难，发芽率降低。氯过剩主要的影响是增加土壤水的渗透压，降低水对植物的有效性。一些木本植物，包括大多数果树及浆果类、蔓生植物、观赏植物对氯特别敏感，当数量达到干重的 0.5% 时，植物会出现叶烧病症状，烟草、马铃薯，叶片变厚且开始卷曲，对马铃薯块茎、烟叶生长都有不利影响。

第四节　有益营养元素

1 硅的增产、提质、抗逆作用

1.1 提供营养，增加产量

硅是作物的重要营养元素之一。日本、朝鲜等东南亚生产水稻的国家已将硅列入增产的四大主要营养元素，即氮、磷、钾、硅。据研究，生产 1t 稻谷，需从土壤中吸收 SiO_2 达 200~220kg，超过水稻吸收氮、磷、钾量的总和。甘蔗吸收硅的数量也超过了它吸收氮、磷、钾量的总和。硅肥的主要营养作用表现在。

（1）提高水稻、玉米、甘蔗、大麦、番茄等作物根系的活力。施用硅肥后，这些作物的根系生长良好，根量增加，根系氧化力和呼吸效率显著提高能为作物的新陈代谢作用提供更多的能量。

（2）提高水稻等作物同化 CO_2 的能力，大幅度提高单位面积产量吸入作物体内的硅，大部分累积在角质层下的表皮细胞中，形成“角质硅质双层”（图），使茎硬叶挺，开展度小，光透射率增大，叶片厚度增加，叶片寿命延长，从而提高了同化 CO_2 的能力，尤其是下部叶片，光合生产率的提高使作物增产 5.3%~13.4%，而且在稻瘟病暴发或者严重倒伏时增产五成甚至更多。

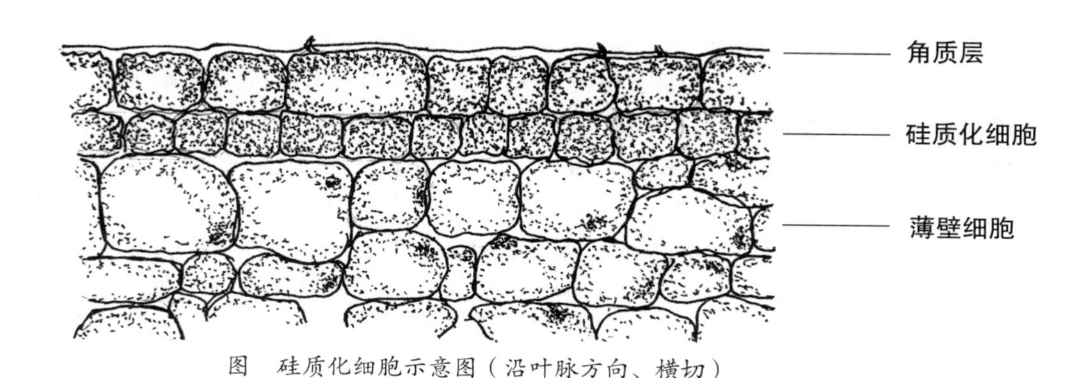

图　硅质化细胞示意图（沿叶脉方向、横切）

（3）改善作物的磷素营养。施用硅肥后，生物有效性磷明显增加。据研究，增施硅肥后，大麦和饲用蚕豆的植株体内含磷量分别增加了 29% 和 38%，并促进植株体内的磷向籽粒内转移。英国洛桑试验站报道，百年试验结果表明，施硅尤其是在不施磷处理中增产作用明显。

研究证明，硅能促进玉米的生长和发育，增进其对营养元素的吸收。基施硅肥能促进棉花早发，现蕾、开花、吐絮提前。据蔡德龙与叶春在硅肥富集的草莓上的研究，硅对草莓的生长发育有良好的作用。田福等指出，硅对苹果的生长、产量乃至品质均有良好的促进作用，还能加快树体的生长发育。

1.2 平衡养分，改善品质

在平衡养分供给方面，硅具有独特的作用。有研究证明，硅可调节氮、磷等各种营养元素的供给，被称为“调节性元素”。通过硅肥在植物体内调节某些营养成分，可以改善作物品质，并使谷物的淀粉、瓜果类的糖分和维生素、小麦的蛋白质等含量均明显提高。

以水稻为例，一般水稻要求硅氮比为 3∶1，若硅不足而氮过多，则因细胞柔软而易倒伏，并发生贪青等现象，所产稻谷口感也不好；增施硅肥后，稻米品质得到改善。据南京土壤所研究，硅氮配施后，稻米精米率提高 3.4%，完整精米率提高 4.9%，垩白率降低 8%，直链淀粉含量降低 0.83%，稻米色香味得到改善。

硅可促进水稻对磷的吸收，又能抑制对磷的过度吸收，原因是土壤中引进硅酸根后，可与土壤中的二氧化物、三氧化物结合，减少了对磷的固定，提高了磷的有效性，并促进磷在作物体内运转，加快穗部的增长率，提高结实率，并可提前成熟。据江西大学化学系的研究证明，硅元素能加速甘蔗茎中糖的合成速率，显著地提高蔗茎中蔗糖的积累系数，不施硅时为 −0.05，而施硅时为 1.25。同时，硅能使甘蔗茎中 10 种营养元素（氮、磷、钾、钙、镁、铁、锰、锌、钼、硼）由成熟部分向生长部分转移，提高这些营养元素的再利用率，有利于甘蔗的增产增糖。甘蔗糖分能增加 0.1% ~0.33%。云南烟叶分析证明，增施硅肥能增大烟叶的叶面积，提高叶面积指数，同时可改善烟叶化学组成，含钾量、总糖量、蛋白质氮、施木克值及醇和度比值等均处于优质烟要求的范围，从而提高烟叶的中上等烟比例。

1.3 调理土壤，提高肥力

硅肥对红壤和盐碱地的土壤有改良作用。这主要是由于硅肥中所含的钙与红壤中大量积累的铁铝离子和盐碱地中大量积聚的钠离子发生转换反应，形成新的化合物，减少有害成分，同时补充作物生长急需的硅、钙、镁离子。其次，硅肥中氧化钙可调节土壤酸度，改善作物生长环境，而钙、镁离子可促进土壤形成稳定的团粒结构，增加土壤养分的吸收量，从而提高土壤保水、保肥能力。

1.4 抗旱抗倒，减少病虫害

抗旱：植株细胞能有效地调节叶面气孔开闭及水分蒸发，抑制水分散失，增强作物的抗旱、抗风、抗寒和抗低温的能力。吉林省农业科学院田间试验观测发现，在施氮、磷、钾基础上施硅与不施硅相比，玉米叶片水分蒸发减少了26%。

抗倒伏：植株体内较高的含硅量可提高细胞壁的机械强度和保持叶片的直立性，有利于在高产栽培条件下增强作物的抗倒伏能力。湖北省农业科学院试验表明，施硅处理成熟期水稻茎秆直径比对照增加，耐压强度也有增强。江苏省的小麦试验表明，施硅小麦植株第一节直径比对照增加0.4mm，载重抗折强度增加10.34%，田间调查实际倒伏面积减少63.4%。同时，施硅还能防止根系早衰和腐蚀本固枝，根系发达也增强了水稻的抗倒伏能力，抗倒伏能力提高约80%。抗病：硅在表皮沉积使其硅质化，能防止病菌菌丝的入侵。浙江省嵊县农业科学研究所（以下简称农科所）连续3年（1976-1978年）试验表明：穗颈稻瘟病与剑叶硅化细胞数有明显的负相关性，在缺硅而稻瘟病流行地区增施硅肥，使穗颈瘟指数下降了14.1%（由34.9%下降到20.8%）。江西省的田间调查，一般纹枯病发病率为45.5%，而硅氮肥配施的发病率仅为21.2%~23.5%，下降了22.0%~24.3%。

抗虫：硅肥可以使水稻产生较强硬的硅化细胞，使昆虫不易咬唑。浙江省嵊县农科所1977年以不同含硅土壤盆栽试验，发现含有效硅（SiO_2）66mg/kg土壤比含有效硅110mg/kg或220mg/kg的螟虫为害显著增加，前者被害株率达33.57%，而后者分别为9.36%和6.57%。

1.5 减轻污染，产品安全

增施硅肥，可以减轻镉、铅、铜、铝等重金属对作物的危害作用。如通过施用硅肥可使土壤中易被水稻吸收的活性镉与硅酸根形成较牢固的结构，使土壤镉含量明显下降，从而抑制了水稻对土壤镉的吸收。据湖北省农业生态环保站研究结果，通过施硅处理，可使镉污染的农田区糙米中镉的含量达到国家食品卫生标准以下。

2 钛对植物的有益作用

国内外众多试验研究资料证明，在适宜浓度下，钛对植物生长有刺激和促进作用，增产效果非常显著。

2.1 增加叶片中叶绿素含量，提高光合效率

用钛制剂对小麦浸种或喷施，其叶片单位鲜重所含的叶绿素量较对照分别提高25.2%和11.4%，表明钛能促进光合色素的合成，有利于植物吸收更多的光能，为光合作用提供更充足的能量，并保证所吸收的光迅速有效的被利用，从而为作物干物质积累和产量提高（增加穗粒数和千粒重）奠定了良好的物质基础。

2.2 提高植物体内许多酶的活性

酶是一种生物催化剂，由于叶面喷施钛制剂能提高植物体内许多酶（如过氧化物酶、过氧化氢酶、固氮酶、硝酸还原酶）的活性，因而可以促进植物体内生理代谢作用和豆科作物的固氮作用，从而有利于作物增产。钛参与激活一些酶的活性，很可能与钛的变价特性有关，在氧化还原反应中起电子传递作用。

2.3 促进植物对土壤中养分的吸收

资料表明，植物喷施钛制剂后，对土壤中多种养分的吸收量增加，这一结果与钛制剂促进植物根系生长、增加根量密切有关。由于钛制剂能促进植物对土壤中养分的吸收，自然也促进了养分在体内的正常运转，因此，有利于提高作物产量。

2.4 提高作物的抗逆性

小麦浸种试验结果证实，其幼苗叶片单位鲜重所含类胡萝卜素含量比对照增加了11.6%。钛制剂促进类胡萝卜素的合成，有助于提高植物的抗逆性。因为类胡萝卜素尤其是β-胡萝卜素，能保护受光激发的叶绿素免遭光氧化的破坏，并使光合膜免遭活性氧的破坏或降低其受损害程度，使光合作用得以顺利进行。这对于处于强光、高温和干旱等不利生态环境的植物尤为重要。可见，钛能提高作物的抗逆性是实现作物高产、高效的途径之一。

2.5 促进作物早熟

试验结果表明，使用钛制剂对多种作物有明显促进早熟作用。早熟的天数随作物品种及地区有所不同，大多数在2~3d，个别也有提高10~15d的。瓜果、蔬菜的早熟、早上市就意味着高效益。另外，对于东北无霜期较短的地区，如果能促进作物早熟，无疑就等于增产。

2.6 改善农产品的品质

试验资料表明，使用钛制剂的作物，不仅能增加产量，而且还能改善农产品的品质，如提高小麦籽粒的蛋白质含量、甜菜和瓜果的含糖量、瓜果的维生素C含量及烟草的上等烟比例等，经济效益明显上升。

推广使用钛制剂或含钛微肥，前后已有十多年的历史了。它不仅能使大田作物或果树提高产量，而且在蔬菜上的使用效果更好。

（1）小麦节肥又增产。山西省垣曲县峪子村农民王某在营销人员推荐下，在小麦拔节期喷施钛肥后，小麦长势越来越好。当年他家的小麦在全村长势最好。第二年，王某在推广人员的指导下，每亩地少用了1/3的化肥，不仅没有减产，比不施钛微肥的还增产不少，单是少用化肥省下的钱就可以提高效益20%以上。

麦收后，一个油贩子到村里用食油换小麦。王某和邻居们都提着半袋子小麦来换。王某的半袋小麦秤了30多千克，邻居的半袋子小麦只有20多千克。使用钛微肥可以提高千粒重，使麦粒更加饱满。

（2）番茄提前开花结果、延长结果期。1999年，山西昔阳县离休干部张某，在他家小院里的番茄上做了一个对比试验。移栽三四天的番茄喷了钛微肥后，大约20d就能看出番茄已经开花，有的已经结果；而没有喷钛微肥的甚至没有开花。

（3）枣树黄叶变绿。运城市陶村乡东钮村的枣树面积很大，1999年夏天，枣农们发现枣树都得了黄叶病，根据推广人员介绍，喷施含钛微肥。半个月后，枣叶变绿。

（4）在葡萄喷施高浓度的意外效果。钛微肥的使用浓度很稀，一般用2~4mg/kg的浓度喷洒作物就有效。有一位农民把钛浓度提高到16mg/kg，结果当年葡萄生长受了抑制，生长发育缓慢，比同期的其他葡萄晚熟。结果比当地其他同期种植的晚上市，反而卖出了好价钱。

（5）苹果树躲过冰雹一劫。在推广钛制剂的过程中，曾有果农反应，他家的苹果树遭遇雹灾后，试着喷施钛制剂，结果果实伤口很快就愈合，使损失降到了最小程度。

（6）玉米过水后恢复生机。玉米生长前期遭受水淹，喷施钛制剂后，很快恢复了生机。

3 镍的生理作用

3.1 脲酶在植物代谢中的作用

镍是脲酶的组成成分。镍对植物体内代谢过程的参与是通过影响脲酶的活性来完成的，因此，植物对镍的必需性取决于脲酶是否参与植物体内的重要代谢过程。

大多数高等植物都含有脲酶，其作用是催化尿素分解成NH_4^+和H_2O，尿素一般来自于酰脲（尿酸、尿囊素、尿囊酸）和胍（精氨酸、刀豆球蛋白和胍基丁胺）的代谢过程。在植物体内，酰脲和胍是氮的转运和贮存形式。豆科作物固定的氮大部分以酰脲形式转移到地上部。在大豆和豇豆体内，从衰老部分向种子等正在生长部位转移的氮大部分是酰脲的形式。尿素的另一个来源是精氨酸代谢过程。精氨酸是植物体内氮的贮存形式。据对379种植物的调查分析发现，精氨酸占种子中氨基酸的7.7%，精氨酸态氮占总氨基酸态氮的21.1%，居各种氨基酸之首。在精氨酸代谢过程中，束缚在胍基中的氮通过精氨酸酶和刀豆氨酸酶降解为脲酶的作用底物——尿素。

从上述结果可以看出，在植物的氮代谢过程中，脲酶起着重要作用。其作用的底物——尿素来源于精氨酸和酰脲。前者是种子贮藏蛋白氨基酸中最丰富的含氮化合物，而后者不仅是核酸代谢过程中重要的氮源，也是大豆等豆科作物固定氮的主要转运形式。缺乏脲酶活性的植物会在种子中累积大量的尿素，或者在种子萌发时产生大量的尿素，这会严重阻碍种子的萌发。

3.2 含镍的其他酶类

脲酶是首先发现的含镍酶类，其后又陆续发现了一些含镍的酶及一些需镍的酶类（表 4-2）。

表 4-2　已发现的含镍酶类及需镍酶类

酶	存在生物	镍的作用
脲酶	植物、微生物	酸性催化剂及 H_2O
氢化酶	许多微生物及某些植物	H_2 的束缚点及片段
甲基辅酶	甲烷微生物	催化脱硫作用
Co 脱氢酶	甲烷微生物	催化羰基形成 C–C 键
肝脱氢酶	动物	未知，缺镍时活性受到抑制

从表 4-2 可以看出，镍是许多氢化酶的组成成分。氢化酶参与了电子传递过程中的许多步骤，为一些可以利用的微生物提供能量。原认为在高等植物中不存在的氢化酶，但 Hausinger（1987）报道，大麦根以及根尖组织中存在此类酶。目前已发现具有含镍氢化酶的微生物有 35 种，包括甲烷细菌、加氢氧化细菌、硫还原细菌以及光合需氧和固氮微生物等，氢化酶还普遍存在于能与高等植物共生固氮的微生物如根瘤菌中，其功能是参与由固氮酶产生的 H_2 的再循环反应。在这一过程中，伴随着 H_2 的氧化和 ATP 的合成反应，可为根瘤菌的其他代谢活动提供能量。Evans 等通过营养液培养方法研究了 Ni 对大豆根瘤氢化酶活性的影响，

发现加镍可以显著提高大豆结瘤微生物的氢化酶活性。这一结果与 Arp 发现的每摩尔氢化酶含有 0.59gNi 的结论一致。

3.3 镍的其他生理作用

有些生物需要镍，但与尿素和 H_2 的代谢无关。VanBaalen 和 Donnell 发现了一种微生物在以 NH_4^+ 为氮源时需要镍，但镍的作用不清楚。此外，有人发现镍对两种不含有脲酶的藻类的生长有刺激作用，缺镍时其细胞失绿，供镍后失绿症状消失，但镍在这里的作用也不清楚。

3.4 镍对植物生长的影响

已有许多实验证明，豆科和禾本科作物在施用镍肥时可以促进生长。Bertrand 和 Wolf 报道，豆科作物根瘤中的含镍量较根系高，而且在低镍土壤中施镍可以使大豆根瘤重量增加 83% 并增 25%。Horak（1985）发现许多豆科作物的籽粒中镍的含量比较高，而且镍对种子萌发过程中参与氮代谢的脲酶的活性起着关键作用。他把含镍量较高和较低的大豆种子分别接种根瘤菌后种植在含镍较少的土壤中，发现在萌发后的 3d 内，高镍种子的根系生长好于低镍种子，而且在最后收获时前者的生物量和籽粒产量分别高于后者 52% 和 64%。他认为造成这一结果的原因是由于镍增加了脲酶的活性并改善了种子中氮的利用率。

Brown 等研究了一些禾本科作物如小麦、大麦、燕麦等对镍的需求状况，发现缺镍会导致燕麦早衰及大麦生长受阻；供镍可使大麦籽实产量提高，缺镍不严重时可以使大麦种子的活力及萌发率降低；严重缺镍可使种子完全丧失活力。这些结果说明镍是植物正常生长所必需的微量元素。缺镍使大麦不能完成正常的生长周期，Brown 等发现镍还对植物根系对铁的吸收有影响。

4 稀土元素的营养功能

稀土元素在一定条件下可使农作物增加产量、改善品质，这已经为大量的实践结果所证明。稀土是怎样影响作物生长的？在作物不同生长阶段起什么具体作用？目前植物生理学家研究的结果表明，稀土主要在促进农作物的发芽、生根和促进作物叶绿素增加以及增强作物的抗逆性等方面有着明显的作用，从而使作物根深叶茂，干物质增多，获得增产和改善品质的效果。

4.1 稀土可提高种子的发芽率

用稀土拌种或浸种可增强种子中淀粉酶的活性，加速胚乳中淀粉等养分的转化，促进萌发过程。中国科学院植物研究所的研究表明，用稀土溶液浸泡过的种子，一般可提高发芽率 10% 左右。稀土溶液的浓度因作物种类不同而有所差异。小麦和大麦用 0.01%~0.05% 稀土溶液浸种，可提高发芽率 10% 左右。白菜、油菜和萝卜用 0.001%~0.01% 的稀土溶液浸种，可提高发芽率 10% 以上；辣椒用 0.05% 的稀土溶液浸种，可提高发芽率 13%；番茄用 0.004% 的稀土溶液浸种，可提高发芽率 15%；甜菜用 0.01%~0.1% 的稀土溶液浸种，提高发芽率 20%。用单一稀土元素进行的试验表明，镧、镨、钕、钐、铕、钆和钇对冬小麦种子萌发都有不同程度的促进作用（表 4-3）。其中，以铕、钇、镧和钆的促进作用较明显。

表 4-3　稀土对冬小麦种子萌发的影响

稀土元素	发芽率（%）	比对照增加（%）
对照（水）	60	–
La	69	14.5
Pr	66	8.9
Nd	61.4	1.3
Sm	63.4	4.6
Eu	70.6	16.5
Gd	70.6	16.5
Y	67.4	11.2

4.2 稀土能促进作物根系的发育

植物根系有两个作用，一是固定作用，二是吸收作用。植物根系的发达与否对其吸收各种营养元素起着十分重要的作用，当培养液中稀土浓度为 10^{-7}~10^{-6} 时，可促进作物生根，浓度再增加则可抑制作物生根。试验表明，用稀土拌种的小麦、玉米以及用低浓度稀土蘸秧的水稻根系都比较发达。用 5×10^{-7} 的稀土溶液拌水稻种，其幼苗生长比对照增加 1cm。用稀土拌大豆种，其侧根十分发达，单株根鲜重达 6.1~7.4g，比对照组的 5.0~5.3g 提高了 10.9%~40%。用清水浸泡的水仙花根条数平均值为 64.8 条，而用 0.03% 和 0.05% 稀土溶液浸泡的分别为 72.8 条和 77.8 条，分别提高了 10.3% 和 20%。

4.3 稀土可促进叶绿素含量的增加

叶绿素是植物进行光合作用的基础物质。一般来讲，叶绿素含量越高，光合作用的强度就越大。根据多年试验结果，许多作物应用稀土后，叶绿素的含量都有所提高。例如水稻，在苗期和初花期喷施 0.0003% 的稀土溶液，经过一段时间后，可以目测到叶色逐渐加深，经测定剑叶中叶绿素含量比对照增加 11.8%。又如黄花菜，在同一块地，一半喷施稀土，一半喷清水作为对照，喷过稀土的田块，不但长势好，而且叶色更绿。经测定，喷稀土的叶绿素含量为 3.1mg/g 鲜重，没喷的为 2.9mg/g 鲜重，增加了 7.7%。再如黄瓜，用稀土拌种后播种，瓜秧长势好，叶色更深，叶绿素含量增加，叶片衰老延缓。在生长后期可以明显地看出，当未用稀土处理的黄瓜支架已出现黄叶时，经稀土处理的黄瓜支架仍然是一片碧绿。这种延缓叶片衰老的作用在香蕉树上也表现得很清楚。香蕉施用稀土后，叶色更绿，褐斑减少，叶绿素含量增加约 15%，叶片寿命延长 2~5d。

各单一稀土对提高叶绿素含量的作用是不尽相同的。表 4-4 指出了在棉花上喷施清水和各种稀土元素后，叶片中叶绿素含量的变化。从表中数字可以看出，除钕略有抑制作用外，经其他元素处理的棉花，叶绿素含量均有不同程度的提高。其中以用镧、铈、钐、铽、镝、钬处理的棉花，叶绿素含量增加最明显，提高了 33%~54%。

4.4 稀土可提高酶的活性

植物体内存在多种酶。它们是一些特殊的蛋白质，能促进生物体内的化学反应进程，因此，一般称为生物催化剂。实践证明，稀土元素影响一些酶的活性，例如。

硝酸还原酶：除碳、氢、氧外，氮是植物需要量最大的一种元素。植物从外界环境中吸收的氮，大多为硝态氮。而硝态氮在植物体内不能直接合成蛋白质，必须在酶的作用下还原成铵态氮后才能合成蛋白质。

硝酸还原酶是这个还原过程中的一个关键酶。稀土元素对硝酸还原酶的活性有促进作用。在花生苗期喷施稀土，酶的活性比对照提高 50%，铵态氮增加 19%，硝态氮减少 20%。

过氧化物同工酶：植物体内普遍存在过氧化物酶。同工酶是指催化反应相同而分子结构不同的酶。过氧化物同工酶活性与植物生长率呈负相关，也就是说生长受抑制时，过氧化物同工酶活性增加。实验表明，将玉米、小麦、绿豆、黄瓜或白菜种子，放在不同浓度的氯化铈溶液中萌发，3d 后，测定根内过氧化物同工酶的结果表明，高浓度氯化铈使 1~2 种同工酶的活性增强，作物生长受到抑制；低浓度时则可促进作物的生长。

淀粉酶：种子萌发过程是一个复杂的生理过程。许多种子中贮藏的碳水化合物主要以淀粉的形式存在。种子萌发时，由于淀粉酶的作用使淀粉分解为麦芽糖，麦芽糖又靠麦芽糖酶的作用进一步分解为葡萄糖，以供种胚生长之用。因此，淀粉酶的活性直接影响种子的萌发。稀土元素对 β－淀粉酶有促进作用。将冬小麦种子用稀土拌种后进行萌发，测定结果表明：用稀土处理的 β－淀粉酶活性比对照提高了 11.7%。施用稀土元素肥料能提高棉花叶片的叶绿素含量。资料列成表 4-4：

表 4-4　不同稀土元素对棉花叶片叶绿素含量的影响

稀土元素	叶绿素含量（mg/g）鲜重	稀土元素	叶绿素含量（mg/g）鲜重
La	1.50	Ho	1.66
Ge	1.50	Er	1.14
Pr	1.31	Tm	1.17
Nd	1.09	Yb	1.23
Sm	1.72	Lu	1.41
Eu	1.21	SC	1.20
Gd	1.20	Y	1.15
Tb	1.73	混合稀土	1.27
Dy	1.70	水（对照）	1.12

4.5 稀土能提高植物的抗逆性

在植物生长过程中，常会遇到高温、春寒、霜冻、干旱、水涝、盐碱以及病害等不良环境，统称“逆境”。提高作物的抗逆性是农作物增产的重要保证。植物的抗逆性是植物体内的一种生理反应，一般用电解质渗出量作为衡量植物抗逆性指标。植物细胞遇到逆境，通过细胞膜而外渗的电解质的多少可说明细胞受到伤害的程度。试验证明，稀土能增强植物在逆境条件中细胞膜的稳定性，因而可提高抵抗各种逆境的能力。例如，在花生苗期喷施稀土两周后，将叶片置于低温（5℃）条件下处理 1h，测定其外渗溶液的电导率。结果表明，施用稀土的叶片，外渗仅为对照的 21.5%。稀土能提高农作物抗病害能力的报道很多。例如，施用稀土后，黄花菜叶斑病的发病率能降低 34%；叶枯病降低 55%；锈病降低最多，达 70%。

4.6 关于稀土增产机理的探讨

稀土施用在农作物上可以促进作物生长，提高产量和改善品质，但目前还没有在细胞内或碳链上发现某种稀土离子存在。最近也有一些研究人员认为，镧可以部分地代替钙离子的作用，例如，施用镧后可以减缓白菜缺钙病。有些学者甚至把镧叫作“超级钙”（Supercalcium），说明镧的某些生理作用与 Ca^{2+} 相似。但这方面的工作还在深入研究之中，尚不能得出明确的结论。关于稀土元素能使作物增产机制目前在学术界还没有一致看法，但大多数的植物生理学家认为：稀土不是植物生长不可缺少的必需元素，而是对植物生长起促进作用的有益元素。

5 钠、钴、硒元素的生理作用

5.1 钠的生理作用

对大多数植物来说，过高的钠有害于作物生长，但对一些耐盐作物（如甜菜、油菜、芹菜等），钠则是必需的营养元素。这类作物需吸收一定数量的钠，才能保证生长旺盛。而在另外一些作物（如水稻）中钠还能代替一部分钾的作用。当稻田土壤中钾的浓度较低时，钠能增加稻谷产量，而当钾的浓度较高时，钠的效果不显著，有时甚至产生负效应。

5.2 钴的生理作用

钴对于固氮微生物(共生的和自生的)是必需的营养元素。豆科作物施用钴肥,可以提高其根瘤固氮能力,并能提高单位面积产量。

5.3 硒的生理作用

硒可以刺激作物生长、影响叶绿素的合成、代谢、调节光合作用和呼吸作用。此外，硒元素还能抵御植物体内自由基的伤害，提高植物的抗氧化能力、抗逆性和抗衰老能力。

第五章　农作物营养套餐施肥的技术理念

第一节　农作物营养套餐施肥技术的基本理念

农作物营养套餐施肥技术的基本理念，是在总结和借鉴国内外农作物科学施肥技术和综合应用最新研究成果的基础上，根据农作物的养分需求规律，针对各种农作物主产区的土壤养分特点、结构性能差异、最佳栽培条件以及高产量、高质量、高效益的现代农业栽培目标，精心设计出来的系统化的施肥方案。其核心理念就是实现农作物各种养分资源的科学配置及其高效综合利用，让作物“吃出营养”、“吃出健康”、“吃出高产高效”。

农作物营养套餐施肥技术的施肥方案（技术规程），有两方面的技术创新：一是从测土配方施肥技术中走出了简单掺混的误区，不仅仅是在测土基础上设计每种农作物需要的大、中、微量营养元素的数量组合，更重要的是为了满足各种农作物养分需求中有机营养和矿物质营养的定性定量配置；二是在营养套餐施肥方案中，除了有传统的根际施肥（底肥、追肥）配方外，还强调配合施用高效专用或通用的配方化叶面肥，使这两种施肥方式互相补充，相互完善，起到1加1大于2的施肥增效作用。此外，农作物营养套餐施肥与测土配方施肥的不同之处还在于：

（1）测土配方施肥是以土壤为中心，营养套餐施肥是以作物为中心。这就是说，营养套餐施肥强调作物与养分的关系。因此，要针对不同的土壤理化、生物特性，制定多种配方，真正做到按土壤、按作物（包括不同生育期）科学施肥。

（2）测土配方施肥方式单一，营养套餐施肥方法多样。营养套餐施肥实行配方化底肥、配方化追肥和配方化叶面肥三者结合，属于系统工程，要做到不同的配方肥料产品之间和不同的施肥方式之间的有机配合，才能增产提效，做到科学施肥。

第二节　营养套餐施肥的技术内涵

1 提高作物对养分的吸收能力

众所周知，大多植物生长所需要的养分主要通过根系吸收。除此之外，叶片等地上部分也有吸收营养作用。因此，促进根系的生长就能够大大提高养分的吸收利用率。

1.1 作物根系对养分吸收的影响

1.1.1 影响根系对养分吸收空间有效性因素

作物主要通过根系从土壤中获取养分，获取养分的多少不仅取决于土壤因素，而且更多取决于作物根系情况。例如根系的分布深度、总根长、根系面积、根表面积、根毛密度与长度、根际环境、灌溉等，这些都是影响根系吸收养分的主要因素。

1.1.2 作物吸收养分的机理

作物吸收养分有三种机理。

（1）根对土壤养分的主动截获作用。截获是指作物根系直接从所接触的土壤中获取养分。

（2）质流是指作物的蒸腾作用和根系吸水造成根表土壤与土体之间出现明显水势差，土壤中的养分随着水流向根表迁移。

（3）扩散是指根系在截获和质流作用下，根系不断的吸收，使根表有效养分的浓度明显降低，从而出现养分浓度梯度差，从而引起土壤溶液中的养分顺浓度梯度向根表扩散。

1.1.3 作物根系的分布深度、根系密度、总根长、根系面积、根表面积、根毛的密度和长度与养分吸收空间的有效性

根系的形态结构与养分吸收空间的有效性。作物的种类不同，其根系的类型也不同，它们从土壤中吸收养分的效率就有一定的差异。比如说，有侧根的作物比无侧根的作物吸收的养分多；根系粗的作物比根系细的作物吸收的养分多；根毛多的作物比根毛少的作物吸收的养分多。因此，侧根细而长、根毛多而长的作物吸收养分量就多、生长效应更好（表 5-1）。

表 5-1　植物根系形态与施磷生长效应空间关系

植物种类	根系状态		深度（cm）与施磷量（mg/kg）			
	直径（cm）	根毛	0	10	30	90
罗汉松	> 1	无	9	9	11	29
	0.2~0.3	无	3	3	5	71
龙葵	0.1~0.2	少量	10	16	38	61
	0.1~0.2	多而长	2	9	60	243

根系的分布深度与养分吸收的空间有效性。根系分布深度关系着作物从土壤剖面中获取养分的深度和有效空间。由于农作物的大部分根系都集中于 0~30cm 的表土层中，表土层以下根的密度随土层深度增加而减少。即使土壤条件适宜，农作物的根系也很难超过 30cm。根总体积的 2/3 仍然分布于表层 0~30cm 的土壤中。随着农作物的大量灌溉，土壤中的有效养分会随着水流向下移动，从而土表层的有效养分也会逐渐降低。所以，作物吸收的养分只有 55% 是从土表层中吸收的，其余的 45% 还得从 30cm 以下的深层土中吸收。作物根系的分布深度说明作物不仅从表土而且也可以从深层土中吸收养分（表 5-2）。

表 5-2　春小麦不同生育期从各土层的相对吸磷量

生育期	春小麦吸磷总量	土层深度（cm）			
	（$kg/hm^2 \cdot d$）	0~30	31~50	51~75	76~90
孕穗期	0.345	83.3	8.1	5.9	2.7
开花期	0.265	58.8	17.8	16.3	7.1
灌浆期	0.145	67.4	15.5	12.0	5.1

根系密度与养分吸收的空间有效性。根系密度是指单位土壤体积中根的总长度，它表示有多大比例的土壤体积向根供应养分。根系密度大，说明供应养分的有效空间就大。下表是在不同土层中，根系密度与

土体中供应养分相对体积之间的关系（表 5-3）。

表 5-3　不同根系密度情况下，土体向根供应磷、钾养分的相对有效体积

土层深度（cm）	根系密度（cm/cm^3）	养分供应的相对有效体积（%）	
		磷	钾
0~10	＞72	20	50
＞10	＜2	5	12

总根长、根系面积、根表面积与养分吸收空间的有效性。作物总根长愈长，根系的面积与根表的面积也就愈大，根系分布的深度也就愈深，作物吸收的有效养分也就愈多。因此，作物的总根长、根系面积、根表面积与养分吸收量呈正比例关系。

根毛的密度和长度与养分吸收空间的有效性。大多数的农作物都是有根毛的。根毛的长度为 0.1~0.5mm，直径为 5~25 μmol/L，每平方厘米表面上生长的根毛数为 5×10^7~5×10^8 条，由于根毛形态既纤细又繁多，根毛的出现使根系外表面积增加到原来的 2~10 倍。因此，根毛在增强作物养分与水分吸收方面的作用是很突出的，尤其是对那些在土壤中浓度低、移动性小、扩散作用向根表供应的养分元素，根毛的作用更显重要。由于根毛的存在，缩短了养分迁移到根表的距离，常可增加总吸收表面积。因而作物对养分的吸收速率明显提高。

许多研究表明，有根毛作物比无根毛作物的养分吸收量显著增加。就根毛而言，起决定作用的是根毛的长度。细而长的根毛为土壤中养分提供了较大的扩散面积，大大提高了作物对营养元素的吸收速率。

根际微生物与养分吸收空间的有效性。根际微生物既可通过呼吸作用释放 CO_2，又可合成并分泌某些有机酸而引起根际 pH 值的改变。根际 pH 值的变化直接影响着微环境中有效养分的含量、形态和转化，并对作物的根系生长发育和吸收功能产生明显的影响，因而也影响着养分的有效性。所以，我们改变作物根系微环境是至关重要的。改变作物根系微环境只有通过增加根系微环境中的有益微生物、减少有害微生物来改善。

灌溉与养分吸收空间的有效性。作物随着大量灌溉与降水，土壤中的养分也会随着水向下移动，这样一来，作物能吸收到的有效养分就愈来愈少，从而无法满足作物正常所需要的养分量。

1.2 重茬栽培是现阶段引起作物根系生长不良的重要原因之一

1.2.1 作物的连年种植

作物的连年种植以及化肥、农药等化学品的大量不合理投入，导致土壤板结，土壤通透性差，造成作物根系发育不良。

据河北农业大学徐文修（2008）的博士学位论文"新疆绿洲耕作制度演变规律及棉花生产可持续发展研究"中指出：新疆的棉花连作年限不断延长，导致棉花土壤生态系统平衡破坏，引起严重的土传病害和营养平衡失调，土壤的次生盐碱化加剧，都严重阻碍着棉花根系的健康生长。她还提到了长期连作棉地地膜覆盖后的残膜污染加重的问题。在连作 4~5 年的棉田中，平均残留地膜 171.2kg/hm^2；在连作 6~8 年的增加到 200.0kg/hm^2；连作 9~12 年的增加到 297.6kg/hm^2；平均每年增加 3.66%。资料列成表 5-4：

表 5-4 连作年限不同棉地的地膜残留量

连作年限	样点编号	残膜重量（g/样点）	平均值（g/样点）	残膜重量（kg/hm²）
4~5 年	1	1.12	1.07	171.2
	2	1.01		
	3	1.09		
6~8 年	4	1.33	1.25	200
	5	1.15		
	6	1.28		
9~12 年	7	1.65	1.67	267.2
	8	1.81		
	9	1.56		
13 年以上	10	2.01	1.86	297.6
	11	1.77		
	12	1.79		

1.2.2 营养元素亏缺或失衡

营养元素亏缺或失衡导致了作物根系发育不良。某种作物在同一土壤中连续种植，片面消耗某些营养元素；再加上大量灌溉，使土壤表层的有效养分随水向下流动，使土壤营养元素呈现生理性不平衡，一些元素如 Fe、Mn、B、Zn 不断减少，造成作物营养平衡失调，导致缺素。通过对不同重茬年限耕层土壤中大量元素和中微量元素的测定表明，随着重茬年限增加，土壤中氮、磷、钾总量变化不大，而速效锌、硼的含量减少很多，水解氮和速效钾的含量明显降低，平均年减少 20mg/kg。

1.2.3 土壤生物原因

土壤生物原因导致根系生长不良。作物在同一地点长期生长，某些病原微生物（如镰刀菌）残留于土壤或植物残体中大量繁衍，基数连年上升。重茬栽培时，由于幼苗抵抗能力弱，易于感病。如根结线虫在土壤中成倍增加，破坏作物根系，影响作物的生长。再如蔬菜的软腐病、疫病，茄科的青枯病、猝倒病，瓜类的蔓枯病等病原菌菌核、休眠孢子在土壤中能生存 2~6 年，一般果菜类重茬 2~3 年、根菜类 3~5 年都会出现明显的生育不良，使作物根部腐烂、纵裂、须根不发达，影响作物正常的生理代谢。

重茬问题是上述原因单独作用或共同作用的结果。研究表明，重茬病害发生规律是，对于同一重茬年限的作物，白浆土重茬病害多，草甸黑土次之，黑土最少；土壤中有机质含量愈高，重茬病害愈少；土壤水分含量愈少，重茬病害愈多。这表明，作物根系是否发达及根际微生态环境的好坏，直接影响着重茬病害是否发生。认识这一点，对于解决重茬问题具有非常重要的意义。

徐文修的研究（2008）还指出：随着棉花连作年限的延长，棉地土壤的细菌、放线菌数量急剧减少，而真菌数量大幅增加。细菌对土壤中有机质的分解和矿化及植物营养的有效化中起主要作用。放线菌是颉颃植物病原菌的重要菌群。连作抑制了细菌、放线菌的生长，使土壤微生物区系从高肥的"细菌型"土壤向低肥的"真菌型"土壤转化，使得细菌 / 真菌（B/F）和细菌 / 放线菌（B/A）的比值降低，这种转变非常不利于土壤中微生物种群的平衡，阻碍棉花对养分的吸收，导致土传病害易严重发生，这也是棉花长期连作导致生长发育受阻的重要原因之一。而连作棉田与草木樨、番茄、春麦、玉米倒茬轮作可以有效调节土壤微生物菌群平衡，增加B/F和B/A的比值，有利于提高土壤肥力，增强抗菌能力。资料列成图5-1、图5-2、图5-3：

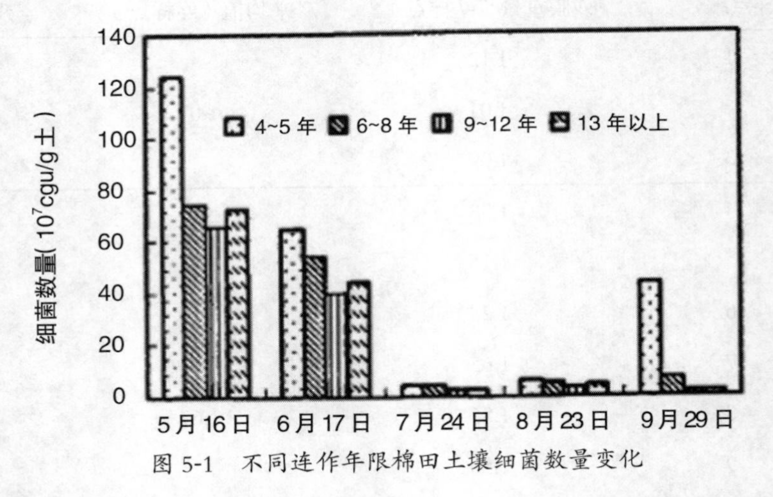

图5-1　不同连作年限棉田土壤细菌数量变化

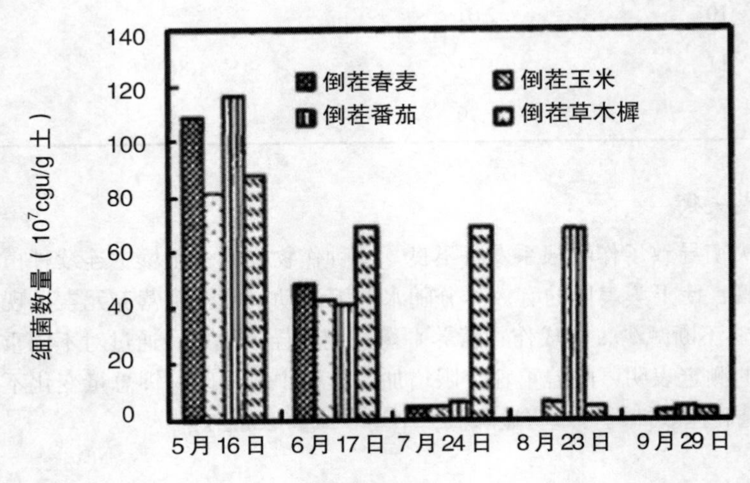

图5-2　倒茬不同作物细菌数量含量

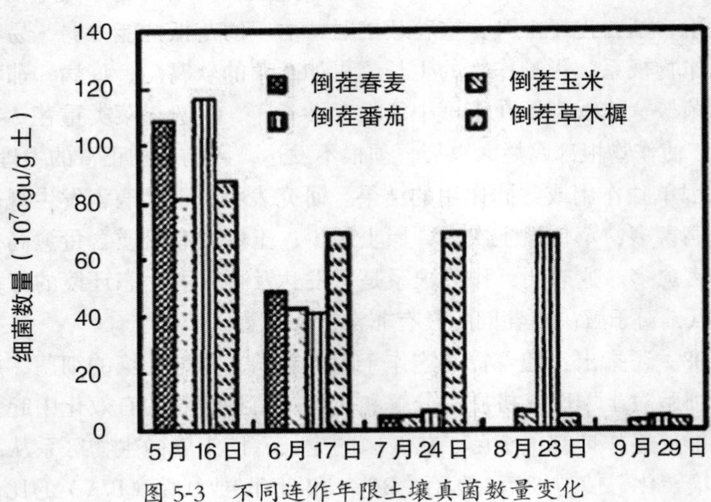

图5-3　不同连作年限土壤真菌数量变化

1.3 促进作物根系生长的有效手段

怎样在重茬种植中有效促进根系生长，减轻重茬危害，成为每一个农化服务人员需要迫切解决的问题。

1.3.1 通过营养套餐施肥和农事管理措施

使土壤温度、土壤通气与水分状况、土壤溶液浓度和酸碱度等尽量达到作物生长的要求，从而促进作物根系生长。

1.3.2 从提高作物本身的生根能力入手

在营养套餐施肥技术中要求合理使用生长调节剂，促进根系的生长。经过大量的试验和筛选，有德国康朴集团的“凯普克”、华南农业大学的“根得肥”、云南金星化工有限公司的“高活性有机酸”水溶肥、腐植酸类肥料及新疆慧尔农业即将推出的氨基酸生物复混肥等均有突出的促进根系生长的功效（图 5-4、表 5-5、表 5-6）。

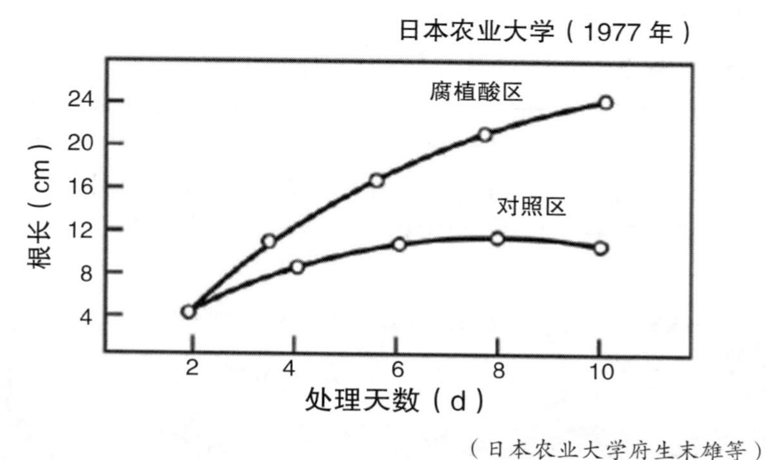

（日本农业大学府生末雄等）

图 5-4　腐植酸促进水稻根系发达的效果（腐植酸添加度为 0.08%）

表 5-5　腐植酸叶面肥对水稻、花生根系生长的影响

参试作物	施肥处理（g/667m²）	根幅（cm²）	根干重（g）	根比例		
				白根（%）	黄根（%）	黑根（%）
水稻	腐植酸叶面肥 200	53.8	40.4	58.9	27.7	13.4
	腐植酸叶面肥 400	59.1	44.3	59.2	29.5	11.2
	CK	31.4	23.1	46	24.7	29.3
花生	腐植酸叶面肥 200	63.2	46.7	58.5	22.1	19.4
	腐植酸叶面肥 400	132.1	71.4	64.5	21.7	13.8
	CK	37.3	31.7	33.4	24.5	42.1

（江西省余江县农业局，2003）

表 5-6　腐植酸叶面肥对作物抗病性的影响

试验年份	施肥处理	辣椒		花生		
		调查株数	青枯病发病率（%）	调查株数	锈病发病率(%)	烂果率（%）
水稻	腐植酸叶面肥	500	7.2	300	11.3	13.8
	CK	500	83.4	300	86.7	37.1
花生	腐植酸叶面肥	500	5.8	300	19.4	14.3
	CK	500	87.5	300	97.8	41.7

（江西省余江县农业局，2003）

1.3.3 从改善根系生长的根际环境入手

合理使用菌肥菌药，为根系生长创造一个良好的土壤环境。

例如，我们在新型肥料研发中引进的促生真菌孢子粉剂——PPF，是加拿大恩典（Graceland）生物科技有限公司近期研制开发的一种生物科技产品。PPF 的代谢产物，可以有效抑制土壤中病原菌和病毒的生长与繁殖，净化土壤，减轻土传病害的发生；PPF 促生真菌能够分泌多种生理活性物质，可以提高作物发根率，提高作物的抗旱性、抗病性；能够产生大量纤维素酶，能参与土壤有机质的分解，增加作物的可吸收态养分（图 5-5、图 5-6、图 5-7、图 5-8）：

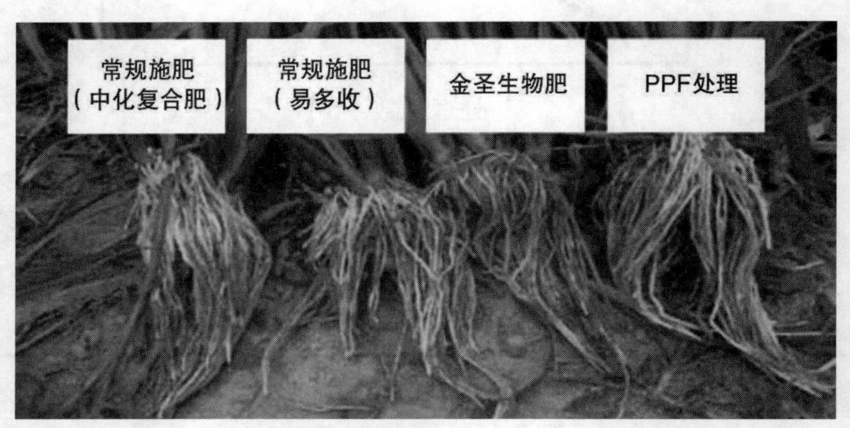

图 5-5　广西南宁那马镇水稻不同施肥处理根系长势对比

（1）PPF 水稻浸种试验结果（图 5-6）。

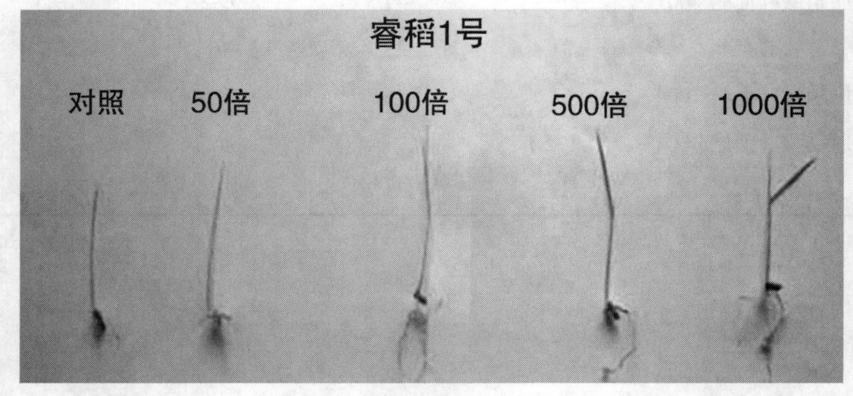

图 5-6　云南（金星化工有限公司）水稻浸种试验，2011 年

（2）PPF 大蒜浸种试验结果（图 5-7）。

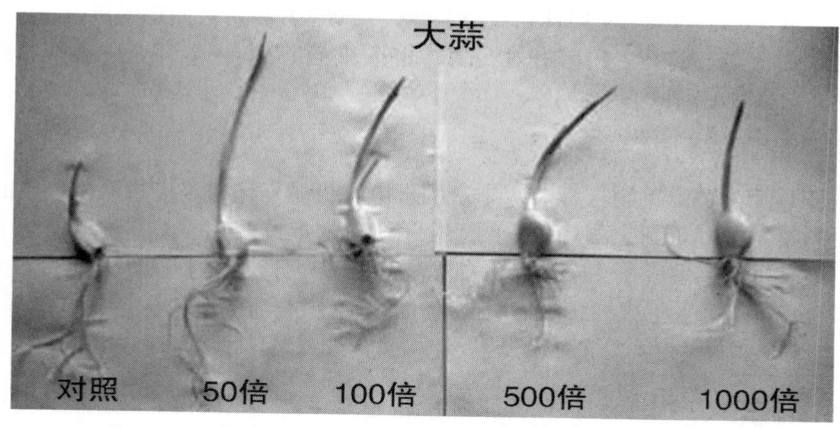

图 5-7　云南（金星化工有限公司）大蒜浸种试验，2011 年

（3）PPF 豇豆浸种试验结果（图 5-8）。

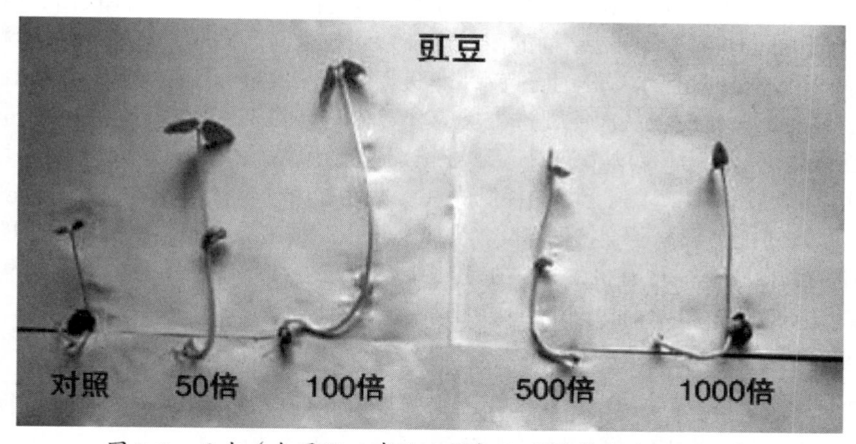

图 5-8　云南（金星化工有限公司）豇豆浸种试验，2011 年

2 解决养分的科学供给问题

2.1 有机肥与无机肥并重

我国是一个传统的农业国家，施用有机肥料是农业生产的优良传统。在农作物营养套餐肥中一个极为重要的原则就是有机肥与无机肥并重，才能极大地提高肥料的肥效及经济效益，实现农业的“高产、优质、高效、生态和安全”五大战略目标。

有机肥料是耕地土壤有机质的主要来源，也是农作物养分的直接供应者。大量的实践表明，有机肥料在供应作物有效营养成分和培肥改良土壤等方面的独特作用是化学肥料根本无法代替的。

2.1.1 有机肥料是完全肥料

有机肥料中含有丰富的有机质及各种农作物所需要的营养元素，不仅含有大量营养元素，还含有养分齐全的中微量营养元素。首先是氮素营养在化肥工业未兴起前，土壤氮素的补给几乎全部依赖于有机肥料，在化肥生产水平高的条件下，有机肥料在补给土壤氮素上仍占相当重要的位置。

虽然有机肥料中的氮素有效性低于化肥，可是施入土壤后，其氮素的损失率则较低，这就使得氮素能更多地存留在土壤中。因此，施用有机肥料比施用化肥更有助于保持和提高土壤中氮的储量。

至于有机肥料中的磷，可直接补充土壤中的有效磷，尤其是猪牛粪中的磷对当季利用率可为过磷酸钙或磷酸二氢钾的 75% 或更高。有机肥料中的有机酸可促进土壤中难溶性磷酸盐的溶解，并具有络合或螯合土壤中钙、镁、铁、铝等离子的能力，使其形成稳定性化合物，减少磷被固定的机会。

有机肥料中的钾呈无机态存在，故其有效性高。此外，有机肥料还能补充土壤中的钙、镁及微量元素等营养元素，并使其大多具有较高有效性。

2.1.2 补给和更新土壤有机质

有机质多少是土壤肥力高低的重要标志。丰富的土壤有机质是作物高产稳产低成本的一个必要条件。因为，施用有机肥料是补给和更新土壤有机质的重要手段。据统计，我国南方耕地土壤中由有机肥转化来的土壤有机质占土壤有机质年生成量（未计算来自本身落根和根分泌物的有机质）的 2/3。据研究，土壤有机质的年生成量取决于每年进入土壤的有机物质数量和各种有机物质的腐植化系数。

2.1.3 改善土壤理化性状

（1）改善土壤结构性状。有机肥料进入土壤后，经过微生物作用能缩合形成新的腐植质，与土粒有较强的复合能力，能增加有机无机复合度，显著促进土壤水稳性团聚体的形成，有效地改善和提高土壤结构性。据中国农业科学院土壤肥料研究所研究，施用绿肥、秸秆或者两者各半混合施用的，都可增加大于 0.25mm 团聚体的数量及其水稳性。试验中以绿肥与秸秆各半施用区最优，秸秆施用区次之，绿肥施用区居第三位。

（2）改善土壤物理性状。由于由有机质黏结的团聚体疏松多孔，水稳定性很高，吸水而不散开，为细土粒，空气和水分能同时被容纳在有结构的团粒内部和团粒之间。同时，有机质对土壤渗透度的影响和持水性有密切关系，可增强土壤保水率和毛管持水量，进而降低蒸发量。因此，施用有机肥料易协调土壤“三相（固相、液相、气相）”比例，从而能促进土壤养分转化，有利于作物根系伸展和对养分的吸收，提高土壤含水量，增强作物抗旱能力。对盐碱土来说，还能加速土壤脱盐，抑制返盐，改良土壤，培肥土壤。

（3）调节阳离子交换作用，增强土壤的保肥力和缓冲性。由于腐植质胶体中含有较多的羟基、酚基、烯醇基等功能团，增加了能与阳离子交换的“交换点”，所以，增施有机肥料能提高土壤的阳离子交换量。还因为有机肥料中的腐植酸是一种有机酸，它在土壤中容易与各种阳离子结合生成腐植酸盐，能有效提高土壤对 pH 值变化的缓冲能力，以保证作物有一个正常生长的环境条件。

2.1.4 提高土壤微生物活性和酶的活性

有机肥料腐烂分解后，可为土壤微生物的生命活动提供能量和养料，进而促进微生物的繁殖，增强微生物的呼吸作用及氨化、硝化作用，还能增强土壤中脱氢酶、蛋白酶、脲酶、淀粉酶等的活性。

2.1.5 提高化肥的利用率

有机肥料中的有机质分解时会产生大量的有机酸。这些有机酸促进土壤和化肥中的矿物质养分的溶解，从而有利于农作物的吸收利用，显著提高化肥利用率。

2.1.6 刺激生长，改善品质，提高农作物的质量

有机肥分解过程中生成的一些酸性物质及生理活性物质，能够促进作物的种子发芽和根系生长。加上有机肥料中养分全面、丰富，尤其是含有最适合作物吸收利用的中微量营养元素、糖类、脂肪类及氨基酸等，显著改善作物产品的营养品质、食味品质、外观品质和降低食品硝酸盐含量。据金维续等研究，有机肥料和无机肥料结合施用技术与常规施用方法相比，可提高小麦、玉米蛋白质含量 2.0%~3.5%，氨基酸 2.5%~3.2%，面筋 1.4%~3.6%；可使烟叶中烟碱达 2%~3%，含氯量 < 1%，上、中等烟叶增产 4%~20%；茶叶中水溶性糖、茶碱、茶多酚以及水溶性磷含量提高；大蒜优质率增加 20%~30%，大蒜素含量提高 0.9% ~1.1%，蛋白质含量提高 0.84%；蔬菜中硝酸盐含量降低，维生素 C 含量提高；大豆中粗脂肪提高 0.56%，亚油酸、油酸分别提高 0.31% ~0.92%。

农作物营养套餐施肥技术的一个重要内容就是在底肥中配制一定数量的生态有机肥、生物有机肥等精制商品有机肥，实施有机肥与无机肥并重的施肥原则，实现补给土壤有机质、改良土壤结构、提高化肥利用率的目的。

2.2 保证大量元素和中微量元素的平衡供应

只有在大、中、微量养分平衡供应的情况下，才能大幅度提高养分的利用率，增进肥效。然而，随着农业的发展，微量元素的缺乏问题日益突出。其主要原因是。

2.2.1 作物产量越高，微量元素养分的消耗越多

从植物营养的角度来分析，随着高产良种的推广应用，作物单产不断提高，需要从土壤中带走相当可观的养分，其中也包括微量元素养分。因此，及时补充微量元素养分就能获得高产。

2.2.2 氮、磷、钾化肥用量的增加，加剧了养分平衡供应的矛盾

随着作物单产不断增加，氮、磷、钾化肥的投入量在逐年上升，从而加剧了土壤中营养元素供应的不平衡，致使各地农田缺乏微量元素的面积逐年扩大。因此，土壤缺乏微量元素逐渐成为农业生产发展和提高产量的制约因素。

2.2.3 有机肥料用量减少，微量元素养分难以得到补充

有机肥料中含有作物所需要的各种微量元素养分，过去土壤中微量元素养分的补充在很大程度上依赖于施用有机肥料。然而，目前各地农田有机肥料的用量明显减少，从而导致土壤中微量元素得不到及时补充，使农作物对微量元素的需求与土壤供应微量元素之间的矛盾日益尖锐。因此，施用微肥具有良好的增产效果。微量元素肥料的补充坚持根部补充与叶面补充相结合，充分重视叶面补充的重要性，喷施复合型微量元素肥料增产效果显著。复合型多元微量元素肥料含有农作物所需的各种微量元素养分，它不仅能全面补充微量元素养分，而且还体现了养分的平衡供给。对于微量营养元素的铁、硼、锰、锌、钼来说，由于作物对他们的需要量很少，叶面施肥对于满足作物对微量营养元素的需要有着特别重要的意义。

总之，从养分平衡和平衡施肥的角度出发，在农作物营养套餐施肥技术中，十分重视在科学施用氮、磷、钾化肥的基础上，合理施用微肥和有益元素肥，这将是 21 世纪提高作物产量的一项重要的施肥措施。

3 灵活运用多种施肥技术，是农作物营养套餐施肥技术的重要内容

（1）施肥技术是肥料种类（品种）、施肥量、养分配比、施肥时期、施肥方法和施肥位置等项技术的总称，其中每一项技术均与施肥效果密切相关。只有在平衡施肥的前提下，各种施肥技术之间相互配合，互相促进，才能发挥肥料的最大效果。

（2）大量元素肥料因为作物需求量大，应以基肥和追肥为主，基肥应以有机肥料为主，追肥应以氮、磷、钾肥为主。肥效长且土壤中不易损失的肥料品种可以作为基肥施用。在北方地区，磷肥可以在底肥中一次性施足，钾肥可以在底肥和追肥中各安排一半，氮肥根据肥料品种的肥效长短和作物的生长周期的长短来确定。

（3）微量元素因为作物的需求量小，坚持根部补充与叶面补充相结合，充分重视叶面补充的重要性。

（4）在氮肥的施用上，提倡深施覆土，反对撒施肥料。对于密植作物来说，先撒肥后浇水只是一种折中的补救措施。

（5）化肥的施用量是个核心问题，要根据具体作物的营养需求和各个时期的需肥规律，确定合理的化肥用量，真正做到因作物施肥，按需施肥。

4 坚持技术集成的原则，积极实施“一袋子”工程

农业生产是一个多种元素综合影响的生态系统，农业的高产、优质、高效只能是各种生产要素综合作用和最佳组合的结果。施肥技术在不断创新，新的肥料产品在不断涌现。要实现新产品、新技术的集成运用，相容互补，需要一个最佳的物化载体。我们认为 BB 肥是实施农作物营养套餐施肥的最佳物化载体。BB 肥也叫掺混肥，是根据耕地土壤养分实际含量和农作物的需肥规律，有针对性地配置生产出来的一种多元素肥料。这种肥料工艺为纯物理掺混，只需注意共容性问题，就可以很容易地在肥料产品中添加各种中微肥、控释肥、有机肥等成分，就能够实现新型肥料的集成运用，帮助农民达到“一季庄稼，用一袋肥种一亩地”的梦想。

第三节　营养套餐施肥的重点技术环节

1 土壤样品的采集、制备与养分测试

第一，关于土壤样品的采集。

1.1 采样代表性的重要性

土壤是一个不均一体，影响不均一的因素很多，包括地形（高度、坡度）、母质、耕作、施肥等，特别是耕作施肥导致土壤养分分布的不均匀，例如条施和穴施、起垄种植、深耕等措施，均能造成局部养分的差异，给土壤样品的采集带来很大困难。田间采样为 1kg 样品，再在其中取出几克或几百毫克待测土样，使其足以代表一定面积的土壤，这似乎要比单纯的化学分析还困难些。实验室工作者只能对送来样品的分析结果负责，如果送来的样品不符合要求，那么任何精密仪器和熟练的分析技术都将毫无意义。因此，分析结果能否说明问题，关键在于采样。

分析测定，只能是样品，但要求通过样品的分析，达到以样品论“总体”的目的。因此，采集的样品对所研究的对象（总体），必须具有最大的代表性。

1.2 混合土样的采集

1.2.1 混合样品采集的原则

测土施肥时采集的是混合样品，混合样品是由很多点样品混合组成。它实际上相当于一个平均数，借以减少土壤差异。从理论上讲，每个混合样品的采样点愈多，即每个样品所包含的个体数愈多，则对该总体样品的代表性就愈大。在一般情况下，采样点的多少，取决于采样的土地面积、地形地貌、土壤的差异程度和试验研究所要求的精密度等因素。研究的范围愈大，对象愈复杂，采样点数必将增加。在理想情况下，应该使采样的点和量最少，而样品的代表性又最大，使有限的人力和物力得到最高的工作效率。

土壤分析结果，应代表一定面积耕地的养分水平。过去因受分析工作速度的限制，一般偏重于在少数代表性田块上采取混合土壤样品来进行分析，把结果推广到大面积的农业生产上，例如，几十公顷或几百公顷。少数田地上所采集的混合样品，往往不能代表一个农场、村或乡的土壤养分情况。如果只抽出少量样品来判断，引起错觉的机会还是不少的。近年来由于现代仪器的使用，分析工作的自动化，大大加快了分析工作的速度。在一定面积的土地上，趋向于采取更多的土样，通过数学方法把大量数据加以统计，以获得更多可靠的有用资料。

1.2.2 采样误差

土壤样品的代表性与采样误差的控制直接相关。采样误差比较难克服。一般在田间任意取若干点，组成混合样品，混合样品组成的点愈多，其代表性愈大，但实际上因工作量太大，有时不易做到。因此，采样时必须兼顾样品的可靠性和工作量。这充分说明代表性样品采集的重要性和艰巨性。

称样品误差主要决定于样品混合的均匀程度和样品的粗细。一个混合均匀的土样，在称取过程中大小不同的土粒有分离现象。因为大小不同的土粒化学成分不同，给分析结果带来误差。称样的量愈少，这种影响愈大。一般常根据称样的多少，决定样品的细度。分析误差是由分析方法、试剂、仪器以及分析工作者的判断产生的。一个经过严格训练的熟练分析员可以使分析误差降至最低限度。

1.2.3 采样时间

在作物收获后或播种施肥前采集，一般在秋后；果园在果实采摘后第一次施肥前采集。进行氮肥追肥推荐时，应在追肥前或作物生长的关键时期采集。

土壤中有效养分的含量，随着季节的改变而有很大的变化。以速效磷、速效钾为例，最大差异可达1~2倍。土壤中有效养分含量随着季节而变化的原因是比较复杂的，土壤温度和水分是重要因素。温度和水分还有其间接影响，表土比底土明显，因为表土冷热变化和干温变化较大，例如冬季土壤中速效磷、速效钾含量均增加，在一定程度上是由于温度降低，土壤中有机酸有所积累，由于有机酸能与铁、铝、钙等离子络合，降低了这些阳离子的活性，增加了磷的的活性，同时也有一部分非交换态钾转变成交换态钾。分析土壤养分供应时，一般都在晚秋或早春采集土样。总之，采取土样时要注意时间因素，同一时间内采取的土样分析结果才能相互比较。

1.2.4 混合土样采集具体规范

（1）采样前的田间基本情况调查。

① 调查记录内容：在田间取样的同时，调查田间基本情况。主要调查记录内容包括取样地块前茬作物种类、产量水平和施肥水平等（详细内容请参见相关规范及表格）。② 调查方法：询问陪同取样调查的村组人员和地块所属农户。

（2）采样步骤。

① 采样单元：采样前要详细了解采样地区的土壤类型、肥力等级和地形等因素，将测土配方施肥区域划分为若干个采样单元，每个采样单元的土壤、种植类型要尽可能均匀和一致。如果地形不同（如坡地），还可以根据地形高低划分采样单元。

② 采样单元与代表面积：平均采样单元为 100 亩（1 公顷 =15 亩，1 亩≈ 667m^2，全书同）（平原区，大田作物每 100~500 亩采一个混合样；丘陵区、大田作物、大田园艺作物每 30~80 亩采一个混合样）。为便于田间示范追踪和施肥分区需要，采样集中在位于每个采样单元相对中心位置的典型农户，面积为 1~10 亩的典型地块为主。

③ 采样时间：粮食作物及蔬菜在收获后或播种前采集（上茬作物已经基本完成生育进程，下茬作物还没有施肥），一般在秋后。

进行氮肥追肥推荐时，应在追肥前（或作物生长的关键时期）采用土壤无机氮测试或植株氮营养诊断方法。

④ 采样周期：同一采样单元，无机氮每季或每年采集 1 次，或进行植株氮营养快速诊断；土壤有效磷、速效钾 2~4 年，中、微量元素 3~5 年，采集 1 次。

⑤ 采样点数量：要保证足够的采样点，使之能代表采样单元的土壤特性。采样点的多少，取决于采样单元的大小、土壤肥力的一致性等，一般以 10~20 个点为宜。

⑥ 采样路线：采样时应沿着一定的线路，按照“随机”、“等量”和“多点混合”的原则进行采样。一般采用 S 形布点采样，能够较好地克服耕作、施肥等所造成的误差。在地形较小、地力较均匀、采样单元面积较小的情况下，也可采用梅花形布点取样，要避开路边、田埂、沟边、肥堆等特殊部位。

⑦ 采样点定位：采样点采用 GPS 或县级土壤图定位，记录经纬度，精确到 0.1"。

⑧ 采样深度：采样深度一般为 0~20cm。

⑨ 采样方法：每个采样点的取土深度及采样量应均匀一致，土样上层与下层的比例要相同。取样应垂直于地面入土，深度相同。用取土铲取样应先铲出一个耕层断面，再平行于断面下铲取土；测定微量元素的样品必须用不锈钢取土器采样。

⑩ 样品量：一个混合土样以取土 1kg 左右为宜（田间试验的基础样应多一些，至少 2kg），如果一个混合样品的土量太大，可用四分法将多余的土壤弃去。方法是将采集的土壤样品放在盘子里或塑料布上，弄碎、混匀，铺成四方形，画对角线将土样分成 4 份，把对角的 2 份分别合并成 1 份，保留 1 份，弃去 1 份。如果所得的样品依然很多，可再用四分法处理，直至所需数量为止（图 5-9）。

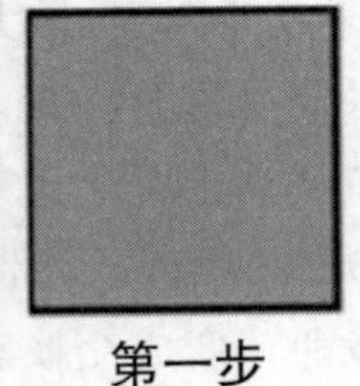

图 5-9　四分法取样步骤

⑪样品标记：采集的样品放入统一的样品袋，用铅笔写好标签，内外各具一张。

（3）采集混合样品的要求。

① 每一点采取的土样厚度应一致。② 各点都是随机决定的，在田间观察了解情况后，随即定点可以避免误差，提高样品的代表性，一般按 S 形线路采样。因为耕作、施肥等措施往往是顺着一定的方向进行的。③ 采样地点应避免田边、路边、沟边和特殊地形的部位以及堆过肥料的地方。④ 一个混合样品是由均匀一致的许多点组成的，各点的差异不能太大，不然就要根据土壤差异情况分别采集几个混合土样，使分析结果更能说明问题。⑤ 附上标签，用铅笔注明采样地点、采土深度、采样日期、采样人，标签一式 2 份，1 份放在袋里，1 份扣在袋上。与此同时要做好采样记录。

1.3 水田土样的采集

在水稻生长期间地表淹水情况下采集土样，要注意选择地面平坦的地方，这样采样深度才能一致，否则会因为土层深浅的不同而使表土速效养分含量产生差异。一般可用具有刻度的管形取土器采集土样。将管形取土器钻入一定深度的土层，取出土钻时，上层水即流走，剩下潮湿土壤，装入塑料袋中，多点取样，组成混合样品，其采样原则与混合样品采集相同。

1.4 特殊土样的采集

1.4.1 剖面土样的采集

这种剖面土样的采集方法，一般可在主要剖面观察和记载后进行。必须指出，土壤剖面按层次采样时，必须自下而上（这与剖面划分、观察和记载恰恰相反）分层采取，以免采取上层样品时对下层土壤的混杂污染。为了使样品能明显地反映各层次的特点，通常是在各层最典型的中部采取（表土层较薄，可自地面向下全层采样），这样可克服层次间的过渡现象，从而增加样品的典型性或代表性。样品重量也是 1kg 左右，其他要求与混合样品相同。

1.4.2 养分动态土样的采集

为研究土壤养分的动态而进行土壤采样时，可根据研究的要求进行布点采样。例如，研究过磷酸钙在某种土壤中的移动性，用前述土壤混合样品的采法显然是不合适的。如果过磷酸钙是以条状集中施肥的，为研究其水平移动距离，则应以施肥沟为中心，在沟的一侧或左右两侧按水平方向每隔一定距离，将同一深度所取的相应同位置土样进行多点混合。同样，在研究其垂直方向的移动时，应以施肥层为起点，向下每隔一定距离作为样点，以相同深度土样组成混合土样。

1.4.3 其他特殊样品的采集

农民常送来有问题的土壤，要求我们分析和诊断。这些问题大致是某些营养元素不足，包括微量或酸碱问题，或某种有毒物质的存在等。为了查证作物生长不正常的土壤原因，就要采典型样品。在采型土壤样品时，应同时采集正常的土壤样品。植株样品也是如此。这样可以比较，以利诊断。在这种情况下，不仅要采集表土样品，而且也要采集底土样品。测定土壤微量元素的土样采集，采样工具要用不锈钢土钻、土刀、塑布、塑料袋等，忌用报纸包土样，以防污染。

1.5 采集土壤样品的工具

采样方法随采样工具而不同。常用的采样工具为管形土钻。普通土钻使用起来比较方便，但它一般只适用于湿润的土壤，不适用于很干的土壤，同样也不适用于砂土。另外，普通土钻的特点容易使土壤混杂。管形土钻适用于大面积多点混合样的采集。土铲任何情况下都可使用，但比较费工。

不同取土工具带来的差异主要是由于上下土体不一致造成的。这也说明采样时应注意采土深度、上下土体保持一致。

第二关于土壤样品的制备和保存。

1.6 样品制备的目的

从野外取回的土样，经登记编号后，都需经过一个制备过程，如风干、磨细、混匀、装瓶，以备各项测定之用。

样品制备的目的是：① 剔除土壤以外的侵入体（如植物残茬、昆虫、石块等）和新生体（铁锰结核和石灰结核等），以除去非土壤的组成部分。② 适当磨细，充分混匀，使分析时所称取的少量样品具有较高的代表性，以减少称样误差。③ 全量分析项目，样品需要磨细，以使分解样品的反应能够完全和彻底。④ 要使样品可以长期保存，不致因微生物活动而霉坏。

1.7 样品的风干、制备和保存

（1）风干：将采回的土样，放在木盘中或塑料布上，摊成薄薄的一层，置于室内通风阴干。为防止样品在干燥过程中发生成分与性质的改变，不能以太阳暴晒或烘箱烘干，即使因急需而使用烘箱，也只能限于低温鼓风干燥。在土样半干时，须将大土块捏碎（尤其是黏性土壤），以免完全干后结成硬块，难以磨细。风干场所力求干燥通风，并要防止酸蒸气、氨气和灰尘的污染。必要时应使用干净薄纸覆盖土面，避免尘埃、异物等落入。

样品风干后，应拣去动植物残体如根、茎、虫体等和石块、结核（石灰、铁、锰）。如果石子过多，应当将拣出的石子称重，记下所占的百分数。

（2）粉碎：过筛风干后的土样，用木棍研细，使之全部通过 2mm 孔径的筛子，有条件时，可用土壤样品粉碎机粉碎。充分混匀后用四分法分成 2 份（如图 5-10），1 份作为物理分析用；1 份作为化学分析用，即土壤 pH 值、交换性能、有效养分等测定之用。同时要注意，土壤不宜研得太细，而破坏单个的矿物晶粒。因此，研碎土样时，不能用榔头锤打，因为矿物晶粒破坏后，暴露出新的表面，增加了有效养分的溶解。

为了保证样品不受到污染，必须注意制样的工具、容器与存储方法等。磨制样品的工具应取未上过漆的木盘、木棒或木杵。对于坚硬的、必须通过很细筛孔的土粒，应用玛瑙乳钵和玛瑙杵研磨，因玛瑙（SiO_2）可使任何土粒研细通过 100 目的筛孔。但不可敲击玛瑙制品，以免损坏。在筛分样品时，应取尼龙网眼的筛子，不用金属筛，以免过筛时因摩擦而使金属成分进入样品。

全量分析的样品包括有机质、全氮等的测定不受磨碎的影响，而且为了减少称样误差和使样品容易分解，需要将样品磨得更细。方法是取部分已混匀的 2mm 或 1mm 的样品铺开，划成许多小方格，用骨匙多点取出土壤样品约 20g，磨细，使之全部通过 100 目筛子。测定 Si、Al、Fe 的土壤样品需要用玛瑙研钵研细，瓷研钵会影响 Si 的测定结果。

在土壤分析工作中所用的筛子有两种：一种以筛孔直径的大小表示，如孔径为 2mm、1mm、0.5mm 等；另一种以每 25.4mm 长度上的孔数表示。如每 25.4mm 长度上有 40 孔，为 40 目筛子，每 25.4mm 有 100 孔为 100 目筛子。孔数愈多，孔径愈小。筛目与孔径之间的关系可用下式表示。

筛孔直径（mm）=16/1 英寸孔数

1 英寸 =25.4mm，16mm=25.4mm−9.4mm（网线宽度）

1.8 样品的保存

一般样品用磨口塞的广口瓶或塑料瓶保存半年至一年，以备必要时查核之用。样品瓶上标签须注明样号、采样地点、土类名称、试验区号、深度、采样日期、筛孔、采集人等项目。

用于控制分析质量的标样叫标准物，可从国家标准物质中心购买。标准样品需长期保存，不能混杂，样品瓶贴上标签后，应以石蜡涂封，以保证不变。每份标准样品附各项分析结果的记录。

第三，关于土壤样品的养分测试：这是最关键的一个环节，应按照高祥照等编著的《测土配方施肥技术》书中的第四章“土壤与养分测试”中提供的方法测试。

2 肥料效应田间试验

2.1 示范方案

每万亩测土配方营养套餐施肥田设 2~3 个示范点，进行田间对比示范。示范设置常规施肥对照区和测土配方营养套餐施肥区两个处理，另外，加设一个不施肥的空白处理。其中，测土配方营养套餐施肥、农民常规施肥处理不少于 200m^2，空白（不施肥）处理不少于 30m^2。其他参照一般肥料试验要求。通过田间示范，综合比较肥料投入、作物产量、经济效益、肥料利用率等指标，客观评价测土配方营养套餐施肥效益，为测土配方营养套餐施肥技术参数的校正及进一步优化肥料配方提供依据。田间示范应包括规范的田间记录档案和示范报告（图 5-10）。

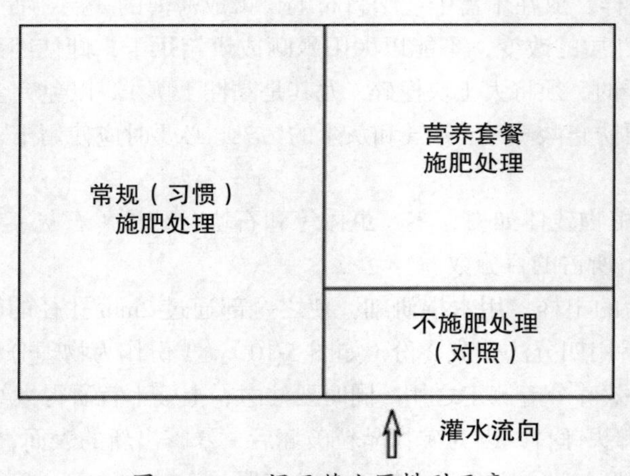

图 5-10　田间示范小区排列示意

注：常规施肥处理完全由农民按照当地习惯进行施肥管理；营养套餐施肥处理只是按照试验要求改变施肥方式，其他管理同习惯施肥处理一样；对照处理则不施任何化学肥料，其他管理同习惯处理一样。如果是水稻，要注意对照处理，周围要起垄

2.2 结果分析与数据汇总

对于每一个示范点，可以利用 3 个处理之间产量、肥料成本、产值等方面的比较从增产和增收等角度进行分析，同时也可以通过测土配方营养套餐施肥产量结果与计划产量之间的比较进行参数校验。有关增产增收的分析指标如下。

2.2.1 增产率配方施肥产量与对照（常规施肥与不施肥处理）

产量的差值相对于对照产量的比率或百分数。

$$增产率A（\%）=\frac{Y_p-Y_k（或Y_c）}{Y_k（或Y_c）}\times 100\%$$

其中：A——增产率；

Y_p——测土配方施肥总量，kg/ 亩；

Y_k——空白产量，kg/ 亩；

Y_c——常规施肥的产量，kg/ 亩。

2.2.2 增收分析，可以分两个方面进行分析

一个方面是测土配方施肥比不施肥处理增加的收益。计算时，首先根据各处理产量、产品价格、肥料用量和肥料价格计算各处理产值与施肥成本，然后计算配方施肥新增纯收益：

$$增收（I）=\{Y_p-Y_k[或\ Y_c]\}\times P_y-\sum_{i=0}^{n}F_i\times P_i$$

其中：I——测土配方施肥比对照（或常规）施肥增加的收益，单位为元 / 亩；

Y_p——测土配方施肥总量，kg/ 亩；

Y_k——空白对照的产量，kg/ 亩；

Y_c——常规施肥的产量，kg/ 亩；

P_y——产品价格，元 /kg；

F_i——肥料用量，kg/ 亩；

P_i——肥料价格，元 /kg。

2.2.3 产出投入比

简称产投比，是施肥新增纯收益与施肥成本之比。可以同时计算配方施肥的产投比和空白对照（或常规施肥）的产投比。

$$产投比（D）=\frac{Y_p-Y_k（或\ Y_c）\times Y_p-\sum_{i=0}^{n}F_i\times P_i}{\sum_{i=0}^{n}F_i\times P}$$

其中：D——产投比；

Y_p—测土配方施肥的产量，kg/ 亩；

Y_k—空白对照的产量，kg/ 亩；

Y_c—常规施肥的产量，kg/ 亩；

P_y—产品价格，元 /kg；

F_i—肥料用量，kg/ 亩；

P_i—肥料价格，元 /kg。

2.2.4 农户调查反馈

农户是测土配方营养套餐施肥的具体应用者，通过收集农户施肥数据进行分析，是评价测土配方营养套餐施肥效果与技术准确度的重要手段，也是反馈修正肥料配方的基本途径。因此，需要进行农户测土配方施肥的反馈与评价工作。该项工作可以由各级配方施肥管理机构组织进行独立调查，结果可以作为营养套餐配方施肥执行情况评价的依据之一，也是社会监督和社会宣传的重要途径，甚至可以作为配方技术人员工作水平考核的依据。调查内容数据：

（1）测土样点农户的调查与跟踪每县主要作物选择 30~50 户农户，填写农户测土配方施肥田块管理记载反馈表，留作测土配方施肥反馈分析。反馈分析的主要目的是评价测土农户执行配方施肥推荐的情况和效果，建议配方的准确度。具体分析方法见下节测土配方施肥的效果评价方法。

（2）农户施肥调查每县选择 100 户左右的农户，开展农户施肥调查，最好包括测土配方施肥农户和常规施肥农户，调查内容略。主要目的是评价配方施肥与常规施肥相比的效益，具体方法见下节测土配方施肥的效果评价方法。

3 测土配方营养套餐施肥的效果评价方法

3.1 测土配方营养套餐施肥农户与常规施肥农户比较

从养分投入量、作物产量、效益方面进行评价。通过比较两类农户氮、磷、钾养分投入量来检验测土营养套餐施肥的节肥效果，也可利用结果分析与数据汇总中的方法计算测土配方施肥的增产率、增收情况和投入产出效率。

3.2 农户测土配方营养套餐施肥前后的比较

从农民执行测土配方施肥前后的养分投入量、作物产量、效益方面进行评价。通过比较农户采用测土配方施肥前后氮、磷、钾养分投入量来检验测土配方营养套餐施肥的节肥效果，也可利用结果分析与数据汇总中的方法计算测土配方营养套餐施肥的增产率、增收情况和投入产出效率。

3.3 配方营养套餐施肥准确度的评价

从农户和作物两方面对测土配方营养套餐施肥技术准确度进行评价。主要比较测土推荐的目标产量和实践执行测土配方施肥后获得的产量来判断技术的准确度，找出存在的问题和需要改进的地方，包括推荐施肥方法是否合适、采用的配方参数是否合理、丰缺指标是否需要调整等。也可以作为配方人员技术水平的评价指标。

4 县域施肥分区与营养套餐设计

4.1 收集与分析研究有关资料

农作物测土配方营养套餐施肥技术的涉及面极广，诸如土壤类型及其养分供应特点、当地的种植业结构、各种农作物的养分需求规律、主要作物的产量状况及发展目标、现阶段的土壤养分含量、农民的习惯施肥做法等，无不关系到技术推广的成败。要搞好测土配方营养套餐施肥，就必须大量收集与分析研究这些有关资料，才能作出正确的科学施肥方案。例如，当地的第二次土壤普查资料、主要作物的种植生产技术现状、农民现有施肥特点、作物养分需求状况、肥料施用及作物栽培技术的田间试验数据等，尤其是当地的土地利用现状图、土壤养分图等更应关注，可作为县域施肥分区制定的重要参考资料。

4.2 确定研究区域

所谓确定研究区域，就是按照本区域的主栽作物及土壤肥力状况，分成若干县域施肥区域，根据各类施肥区内的测土化验资料（没有当时的测试资料也可参照第二次土壤普查的数据）和肥料田间试验结果，结合当地农民的实践经验，确定该区域的营养套餐施肥技术方案。具体应用时，一般以县为单位，按其自然区域及主栽作物分为几个套餐配方施肥区域，每个区又按土壤肥力水平分成若干个施肥分区，并分别制定分区内（主栽作物）的营养套餐施肥技术方案。

4.3 县级土壤养分分区图的制作

县级土壤养分分区图的编制的基础资料便是分区区域内的土壤采样分析测试资料。如资料不够完整，亦可参照第二次土壤普查资料及肥料田间试验资料编制。即首先将该分区内的土壤采样点标注在施肥区域的土壤图上，并综合大、中、微量元素含量制定出整个分区的土壤养分含量的标准。例如，东部（或东北部）中氮高磷低钾缺锌，西部（或西北部）低氮中磷低钾缺锌、硼，北部（或西北部）中氮中磷中钾缺锌等，并大致勾画出主要养分元素变化分区界限，形成完整的县域养分分区图。原则上，每个施肥分区可以形成2~3个推荐施肥单元，用不同颜色分界。

4.4 施肥分区和营养套餐方案的形成

根据当地的作物栽培目标及养分丰缺现状，并认真考虑影响该作物产量、品质、安全的主要限制因子等，就可以科学制定当地的施肥分区的营养套餐施肥技术方案。

农作物测土配方套餐施肥技术方案应根据如下内容。

（1）当地主栽作物的养分需求特点。

（2）当地农民的现行施肥的误区。

（3）当地土壤的养分丰缺现状与主要增产限制因子。

（4）营养套餐施肥技术方案：

① 基肥的种类及推荐用量。② 追肥的种类及推荐用量。③ 叶面肥的喷施时期与种类、用量推荐。④ 主要病虫草害的有效农用化学品投入时间、种类、用量及用法。⑤其他集成配套技术。

5 农作物营养套餐施肥技术的推广普及

5.1 组织实施

（1）以县、镇农技推广部门为主，企业积极参与，成立农作物营养套餐施肥专家技术服务队伍。

（2）以点带面，推广农作物营养套餐施肥技术。

（3）建立农作物营养套餐施肥技物结合、连锁配送的生产、供应体系。

（4）按照“讲给农民听、做给农民看、带着农民干”的方式，开展农作物营养套餐施肥技术的推广普及工作。

5.2 宣传发动

（1）广泛利用多媒体宣传，大造声势。

（2）层层动员和认真落实，让农作物营养套餐施肥技术进村入户。

（3）召开现场会，扩大农作物营养套餐技术影响。

5.3 技术服务

（1）培训农作物营养套餐施肥专业技术队伍。

（2）培训农民科技示范户。

（3）培训广大农民。

（4）强化产中服务，提高技术服务到位率。

第六章　营养套餐新型肥料产品的特点及其科学选择

第一节　增效尿素（长效缓释氮肥）

1 慧尔增效尿素

尿素是我国最主要的氮肥品种，也是迄今世界上生产量和使用量最多的氮肥品种，占氮化肥总量的60% 以上。尿素是一种酰胺态氮肥，含氮量高。但尿素施入土壤中以后，首先需要经过脲酶的作用，转化成铵态氮，才能被植物吸收。接着，又要通过硝化（亚硝化）细菌分解转化后，产生硝态氮（NO_3^-）以及氮化物（N_2O）和氮气（N_2），易被作物吸收。其转化过程为

$$\underset{[CO(NH_2)_2]}{\text{尿素（酰胺态氮）}} \xrightarrow{\text{脲酶}} \underset{(NH_4^+)}{\text{铵态氮}} \xrightarrow{\text{硝化（亚硝化）细菌}} \underset{(NO_3^-)}{\text{硝态氮}} + N_2O + N_2 \uparrow$$

由于尿素是一种全水溶性氮肥，施入土壤中很快会被脲酶分解转化成铵态氮，如作物一时吸收不了，这些铵态氮便会淋溶、渗漏或成气态氮逸出。铵态氮在硝化（亚硝化）细菌作用下，继续降解形成硝态氮。作物吸收不了的 NO_3^- 会被水分淋溶损失，或以 N_2O、NO_2 等形式向大气排放。这就是尿素氮有效成分利用率低的根本原因。

为了提高尿素中氮有效成分的吸收利用率，新疆慧尔农业科技股份有限公司引进了中国科学院沈阳应用生态研究所发明的拥有自主知识产权并获得了国家科技进步二等奖的氮肥长效技术，生产了增效尿素。这种新型尿素主要是应用脲酶抑制剂和硝化抑制剂，可抑制土壤脲酶活性，使尿素水解时间由正常情况下的 3~7d 延长到 45d（图 6-1），通过降低尿素向氨的形成速度来达到降低氨分压，减少氨的挥发。紧接着，硝化（亚硝化）抑制剂与尿酶抑制剂协同作用，使进入土壤中的 NH_4^+ 的硝化过程受到抑制，硝化时间向后推移。通过控制硝酸根的形成时间及一定时间内硝酸根的形成数量，减少 NO_3^- 的淋失和 N_2O 等向大气排放（图 6-2）。由于脲酶抑制剂和硝化抑制剂大大延缓了尿素的有效氮的分解肥效速度，可使土壤中氮的硝化过程推迟了 40d 以上，延长了作物吸收氮肥的时间。同时，可以减少氨素的挥发及淋溶损失，大大提高了土壤的有效氮水平，使尿素的有效氮利用率得到提高。

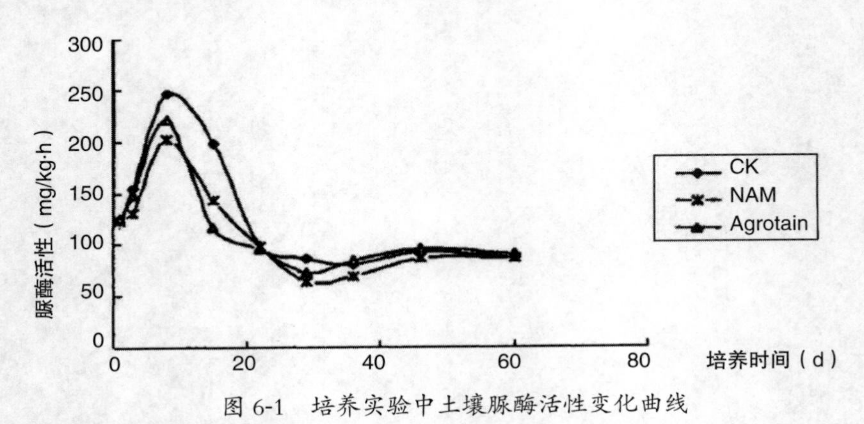

图 6-1　培养实验中土壤脲酶活性变化曲线

注：Agrotain 为引进的美国脲酶抑制剂

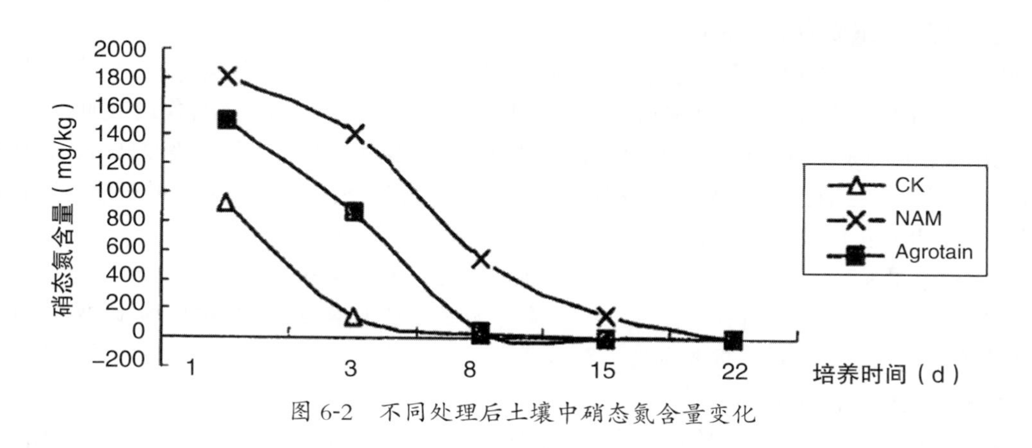

图 6-2　不同处理后土壤中硝态氮含量变化

2 硅包尿素

氮肥在肥料中有着极具重要的地位，但如施用过度，会使作物形成的细胞壁柔软，易倒状，易发生病虫害。而在有硅存在的情况下，多施氮肥也不会引起水稻的倒伏、贪青和病害，可明显提高水稻的健康水平，改善大米品质。通过硅的养分调节可以在本质上改善作物的营养成分，使瓜果类的糖分和维生素、花生的脂肪、谷物的淀粉、小麦的蛋白质含量明显提高。

硅包尿素肥采用硅肥作为尿素的包裹剂。粉状硅肥单独作为肥料时，施肥时粉尘飞扬，污染作物叶片，如造粒，则形成水泥化结构，硬如石子，不利于作物吸收。用硅肥包裹尿素，防止了水泥化结构的形成，既方便了硅肥的使用，又包裹了尿素，实现了硅肥与尿素的结合。因硅肥是枸溶性肥料，能对尿素起到缓释作用，既能防止尿素淋失，又能显著增强肥效，提高肥料的利用率，减轻了氮肥对土壤理化性状的不良影响，是一种良好的土壤改良剂。

2.1 产品特点

（1）本产品以硅肥包裹尿素，并加入中微量元素，消除化肥对农产品质量的不良影响，同时提高化肥的利用率，减少尿素的淋失，提高土壤肥力，方便农民使用。

（2）加入中微量营养元素平衡植物营养。根据肥料最小养分定律的木桶理论，肥料的利用率受土壤中那个最缺的养分制约。目前农村土壤普查和测试的情况是中微量元素的缺乏比大量元素的缺乏更为严重。由于近几年肥料使用存在“三重三轻”的情况（重氮肥，轻磷钾；重大量元素，轻中微量元素；重无机肥，轻有机肥），使土壤中的中微量元素入不敷出。中微量元素的严重缺乏，已成为制约农作物产量的重要因素，也是肥料利用率下降的内在原因。

（3）包裹尿素减缓氮释放速度。尿素水溶性好，易于随水流失。采用甲壳素、凹凸棒土、硅肥等原料包裹尿素，使之减缓尿素的溶解，有利于减少尿素的流失。

（4）使用高分子化合物作为包裹造粒黏合剂，使粉状硅肥与尿素紧密包裹，延长了尿素的肥效，消除了尿素的副作用，使硅包尿素具有“三抗三促”的功能，即抗倒伏、抗干旱、抗病虫，促进光合作用、促进根系生长发育、促进养分的有效利用，既可减少氮素的挥发和流失，又可以被作物充分吸收利用。

2.2 产品功效

试验充分证明：硅包尿素与单纯的尿素相比，氮素损失少，活化了土壤养分，中微量元素等营养元素以络合态逐渐释放，稳、匀、足、适地供给作物营养需要，从而提高了化肥利用率。经过大量的研究，硅氮结合肥对于作物有以下作用。

（1）硅肥是植物体重要的组成部分。从不同植物的主要灰分元素组成可以看出，硅是植物体内重要的组成部分，硅、磷、钾、钙、镁、铁、锰等 7 种营养元素的氧化物占灰分平均组成的 80% 左右，而硅的氧化物的含量占植物灰分组成的14.2%~61.4%。

（2）硅肥有利于提高作物的光合效率。作物施硅肥后，可使作物表皮细胞硅质化，使作物茎、叶挺直，减少遮阳，使叶片光合作用增强。如水稻施硅后，叶度角缩小了25.4°，冠层光合作用增加了10%以上。

（3）施用硅包尿素肥，能增强作物对病虫害的抵抗力，减少病虫为害。作物吸收硅后，在作物体内形成硅化细胞，使茎叶表层细胞壁加厚，从而提高防虫抗病能力，特别是对稻瘟病、叶斑病、茎腐病、小黏菌核病、白叶枯病及螟虫以及小麦白粉病、锈病、麦蝇、棉铃虫等抗性强。

（4）施用硅包尿素肥后，有利于作物抗倒伏，抗倒伏能力可增强80%左右。

（5）施用硅包尿素肥后，作物硅含量提高，作物茎秆抗折能力增强，可加强作物体内部的通气性，这对水稻、芦苇等水生和温生作物有重要意义，不但可促进作物根系生长，还可以预防根系的腐烂和早衰，特别对根治水稻的烂根病有重要作用。

（6）施用硅包尿素肥后可减少磷在土壤中的固定，活化土壤中的固定态磷，并促进磷在作物体内的运转。

（7）硅肥中含有较多的氧化钙、氧化镁，并含有一定量的五氧化二磷及锌、锰、硼、铁等微量元素，对作物有复合营养作用。

（8）硅肥有改善作物产品品质的作用，提高成品率，使色香味俱佳。

（9）硅肥不仅仅能改良酸性土壤，而且还能改良盐碱地，同时还可以消除重金属对土壤的污染。硅营养的研究今后将会越来越深入，硅包尿素的应用会越来越被重视，硅元素在农作物生长中的地位将会越来越突出。

研究证明，硅包尿素具有改良土壤、增进肥效、调节作物生长、提高作物抗逆性和改善作物品质等功能，这为发展绿色环保肥料提供了科学依据和新的思路。将硅包尿素作为BB肥的原料，可提升BB肥的性能，提高BB肥的利用率，为我国发展绿色环保的肥料品种提供切实可行的途径。

2.3 硅包尿素的质量标准

根据以上情况，设计硅包尿素的企业标准，技术指标如下（表6-1）。

表6-1　硅包裹尿素产品质量指标（%）

序号	型号	A	B	C
1	含氮量≥	30	20	10
2	活性硅≥	6	10	15
3	中量元素≥	6	10	15
4	微量元素≥	1	1	1
5	水分	5	5	5

本项目是粉状硅肥作为包裹剂，以高分子化合物作为黏合剂，添加中微量元素包裹尿素颗粒，生产成一种多元素多功能的硅氮肥。该产品对尿素起缓释作用，使硅肥在作物中的“三抗三促”作用得以充分发挥。硅氮肥中加入少量中微量元素，可以保持中微量元素的活性和高效利用。由硅肥、中微量元素、甲壳素包裹的尿素含有多种营养，具有多种功能。

3 腐植酸包裹尿素肥

3.1 产品特点

腐植酸包裹尿素肥是以风化煤、草炭等富含腐植酸的物质作为包裹剂，以壳聚糖作为黏合剂，添加以锌为主中微量元素包裹的尿素颗粒。该产品腐植酸紧密包裹尿素，延缓尿素养分的释放；腐植酸与尿素之间发生络合反应，水溶性腐植酸增多，也对尿素起缓释作用，并使腐植酸在刺激根系生长等方面的作用得以充分发挥。腐植酸对中微量元素具有吸附、螯合的活化能力，可以保持中微量元素的活性和对其的高效利用。壳聚糖既能对微量元素起螯合作用，又能对腐植酸包裹尿素起黏合剂的作用；同时，壳聚糖本身既是杀菌杀虫剂，又是刺激作物生长的天然激素。因此，有机包裹氮肥含有多种养分，具有多种功能（表 6-2）。

表 6-2　有机包裹氮肥、尿素、包衣尿素质量性能对比

项目	有机包裹氮肥	尿素	包衣尿素
氮含量	≥ 30%	≥ 46%	30%~35%
有机质含量	≥ 10%	无	无
中微量元素含量	中量元素≥ 1%，微量元素≥ 0.5%	无	无
氮肥利用率	40%~45%	30%~35%	40%~45%
特点	有机无机相结合；大量元素与中微量元素相结合；缓效与速效相结合	纯无机养分，单一养分，速效	纯无机养分，单一养分，速效
效果	比尿素增产 10%		比尿素增产 5%~10%

3.2 应用效果

腐植酸包裹尿素肥在农作物上的应用效果由安徽省土肥总站、阜阳市土肥站、阜南县农技推广中心、颍上县土肥站等单位分别做了小麦、水稻和玉米 3 种作物的 5 个试验，见表 6-3。

试验是按照全国农业技术推广服务中心拟定的《肥料肥效试验技术规程（试行）》的要求进行的。各设 3 个处理 3 个重复，3 个处理为："文胜"牌有机包裹氮肥，农民常规施肥对照和不施任何肥料的空白对照（其中有机包裹氮肥处理和农民常规施肥处理为等氮量）。田间观察记载、室内考种均采用常规方法；数理统计分析均采用方差分析和新复极差分析方法。

（1）试验概况（表 6-3）。

表 6-3　试验概况

编号	试验单位	地点	作物与品种	时间
1	阜阳市土肥站	颍州区马寨镇姚楼村	玉米登海 11	06.06~06.09
2	颍上县土肥站	颍上县谢桥镇谢桥村	小麦偃展 4110	06.10~07.06
3	颍上县土肥站	颍上县关屯乡凡庄	水稻 6326	07.05~07.09
4	阜南县农技推广中心	阜南县张寨镇贾岗	水稻 D 优 527	07.05~07.09
5	安徽省土肥总站	涡阳县农技中心示范场	玉米中科 4 号	08.05~08.10

（安徽文胜肥业）

（2）田间生长性状。试验期间分别对 5 个试验进行了观察，施用腐植酸包裹尿素肥和常规施肥的作物都非常显著地超过不施任何肥料（空白对照）的作物长势；施用腐植酸包裹尿素肥的作物也可看出比常规施肥的作物叶色深绿，长势较旺盛，株高、穗长、穗粒数、千（百）粒重都有不同程度的增加。

（3）产量分析比较（表 6-4）。

表 6-4　腐植酸包裹尿素肥效试验的经济性状与产量分析

编号	作物	处理	株（穗）数（万株）	穗粒数（个）	千（百）粒重（g）	产量（kg/亩）	增产量（kg/亩）	增产率（%）
1	玉米	有机包裹氮肥	0.404	504.5	29	591.1	73.6	14.22
		常规施肥	0.404	465.8	27.5	517.5	–	–
2	小麦	有机包裹氮肥	40.3	31	38.6	409.9	46.8	12.89
		常规施肥	38.4	29.9	37.5	363.1	–	–
3	水稻	有机包裹氮肥	14.2	154	28.6	536.9	64.7	13.7
		常规施肥	13.8	145	27.8	472.2	–	–
4	水稻	有机包裹氮肥	15.6	165.8	29.1	639.7	59.5	10.25
		常规施肥	14.7	162.4	28.6	580.2	–	–
5	玉米	有机包裹氮肥	0.29	456.3	36.86	470.1	33.5	7.67
		常规施肥	0.29	439.8	34.15	436.6	–	–

（安徽文胜肥业）

通过 5 个试验可以看出：在小麦、水稻和玉米等主要农作物上施用有机包裹氮肥，均具有显著的增产作用。

在施用等氮量的情况下，有机包裹氮肥比常规施肥在玉米、水稻、小麦作物上均具有显著的增产效果，增产率为 7.67%~14.22%。

3.3 预期社会效益

利用腐植酸作缓释剂提高尿素的利用率，改土培肥；加入中微量元素，平衡供给作物营养，提高农作物产量与品质；用壳聚糖作包裹剂，提高土壤有益微生物的活性，增加杀菌、杀虫的功能；有机物包裹尿素，并缓释尿素，友好环境，减少污染。总之，有机包裹氮肥具有显著的社会效益，将对农业的可持续发展起到巨大的作用。

3.4 推广应用的前景

有机包裹氮肥与单纯的尿素相比，氮素损失少，活化了土壤养分，中微量元素等营养元素以络合态逐渐释放，稳、匀、足、适地供给作物营养需要，从而提高了化肥利用率。腐植酸盐还是一种抗旱剂，能够促进根系发育，提高根系活力，使根系吸收较多的水分和养分，减少植物叶片气孔的张开强度，减少叶面蒸腾，从而降低植株体内氧化酶活性及其他代谢活动，刺激生理代谢，促进生长发育。例如能促使种子提早发芽，刺激根系伸长，提高作物产量，改善农产品品质。另外壳聚糖、腐植酸盐还可以降解农药残留毒性，减少农业环境污染，发展可持续农业。

将有机包裹氮肥作为 BB 肥的原料，可提升 BB 肥的性能，提高 BB 肥的利用率，为我国发展绿色环保的肥料品种提供切实可行的途径。有机包裹氮肥生产工艺简单、配方灵活、投资少、成本低、便于工业化生产，将成为一种快速发展的新型肥料，是测土配肥、根际供养、机械化施肥的理想选择。该肥料的应用与推广必将提升我国的施肥技术水平，实现农产品优质高产，实现农民节本增效，推动现代农业及相关产业的发展，前景十分广阔。

第二节 慧尔 NAM 长效缓释肥

1 NAM 长效缓释技术

NAM 长效缓释技术是中国科学院沈阳应用生态研究所石元亮专家团队研制开发的专利技术（发明专利号：ZL9911338X）。这种 NAM 长效缓释技术主要是通过对土壤中氮素形态转化的控制作用以及对土壤中磷素的活化作用，使化肥的肥效期延长到 120d 以上，基本上可以满足当季作物全生育期基施肥即可保证供给该作物全生育期营养需要的要求。因此，NAM 作为传统化肥的“伴侣”，不仅可以提高传统化肥的有效养分吸收利用率，减轻使用化肥对环境的污染，还能进一步提高作物单位面积产量，实现农业增产增收，为发展新疆现代化农业提供物质保障。

1.1 NAM 添加剂构成

NAM 是由脲酶抑制剂、硝化抑制剂和磷素活化剂联合构成的复合型添加剂。为了解决抑制剂降解快、抑制作用时间短的问题，石元亮团队研发应用不同组成材料降解速度的差异以及它们之间的协同作用来延长抑制剂的作用时间。

1.2 NAM 添加剂功能

（1）减缓尿素水解，降低氨的挥发。NAM 添加剂中含有的脲酶抑制剂，能有效抑制土壤脲酶活性，使尿素水解时间由正常情况下的（一般温度 25~30℃）3~7d 延长到 45d，通过降低尿素向氨的形成速度来达到降低氨分压，减少有效氮素的挥发。

（2）控制氮素硝化，防止氮素淋失，保证氮素的稳定供给。由于 NAM 添加剂中硝化抑制剂与脲酶抑制剂共同作用，可使进入土壤中 NH_4^+ 的硝化过程受到抑制，硝化时间向后推移。通过控制硝酸根的形成时间及一定时间内硝酸根的形成数量，减少氮以 N_2O 和 NO_2 等形式向大气排放以及以 NO_2^- 的形态淋失。

（3）活化土壤磷素，提高肥料磷的有效性。NAM 添加剂中配置有磷素活化剂，可以活化土壤磷 13.2%，提高肥料有效磷 28.4%。

（4）提高 NH_4^+-N 比例，提供增铵营养环境。NAM 具有协调 NH_4^+-N 与 NO_3^--N 比例的功能，可使土壤中的 NH_4^+-N 比例保持在 30% 以上，使土壤中氮达到增铵营养的条件，这使作物能及时获得必需的营养同时也使作物氮的同化效率提高。适宜的 NH_4^+-N 与 NO_3^--N 比例可以促进作物吸收和同化利用氮，降低作物在吸收和同化利用氮的时候所消耗的能量，促进作物旺盛生长。

（5）保持土壤有效养分高水平。NAM 由于防止了氮的损失和磷的沉淀固定，因此，可以使土壤中有效养分含量始终保持在一个较高的水平。以氮为例，在施肥 105d 后处理土壤的有效氮量仍高于对照 30% 以上。

1.3 NAM 添加剂的作用机理

NAM 通过调控土壤的生化环境来调控土壤酶活性及高价离子的游离度，从而达到控制土壤氮的形态及其转化过程（速度），减少氮的挥发与淋失；通过控制磷酸根与高价离子的结合沉淀过程来提高土壤磷的有效性以及降低肥料磷的固定。

（1）对脲酶与尿素降解的影响。在 NAM 的作用下，土壤中脲酶活性明显下降，使尿素的水解时间延长。NAM 可抑制尿素对土壤脲酶的激活效应。若将仅施尿素处理的脲酶增长设为 100%，NAM 处理在最高时仅增加 50%~60%。在对脲酶的影响方面，以美国生产的脲酶抑制剂 Agrotain 为参照，由图 6-3 可见 NAM 对脲酶的抑制作用稍强于 Agrotain。

（2）对土壤中 NH_4^+-N 的影响。NAM 通过控制尿素水解，使土壤中 NH_3 的浓度与对照相比在施肥前期有较大的变化。在 NAM 的控制下，尿素陆续降解转化形成的 NH_4HCO_3 浓度相对较低，使尿素转化形成 NH_3 的高峰期向后推迟 20~25d（图 6-3）。与对照（仅施普通尿素）相比，加有 NAM 的处理其 NH_4^+ 量仅为对照的 30%~50%，这为土壤有效吸附 NH_4^+、减少土壤 NH_3 的挥发损失创造了条件。施肥 2 周后，NAM 处理的土壤中 NH_4^+–N 量显著高于对照，后期土壤 NH_4^+–N 是有效氮的主要构成之一，同时 NH_4^+–N 对 NO_3^-–N 比例的升高形成了所特有的增铵营养环境。

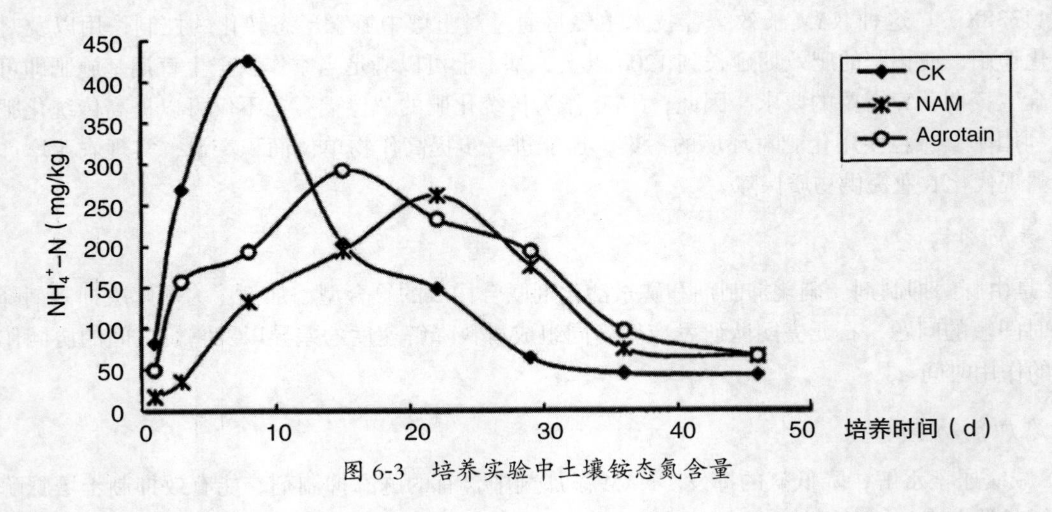

图 6-3　培养实验中土壤铵态氮含量

（3）对氮硝化的影响。NAM 中脲酶抑制剂与硝化抑制剂的联合作用使土壤中氮的硝化过程推迟了 40d 以上。如图 6-4 所示，施肥 45d 后 NAM 处理的土壤中硝态氮才达到高峰期，比普通肥料推迟 30~40d。硝态氮形成量的降低以及形成高峰期的后延，加大了土壤中 NH_4^+–N 的比例，使土壤中氮素淋溶损失量下降近 30%。

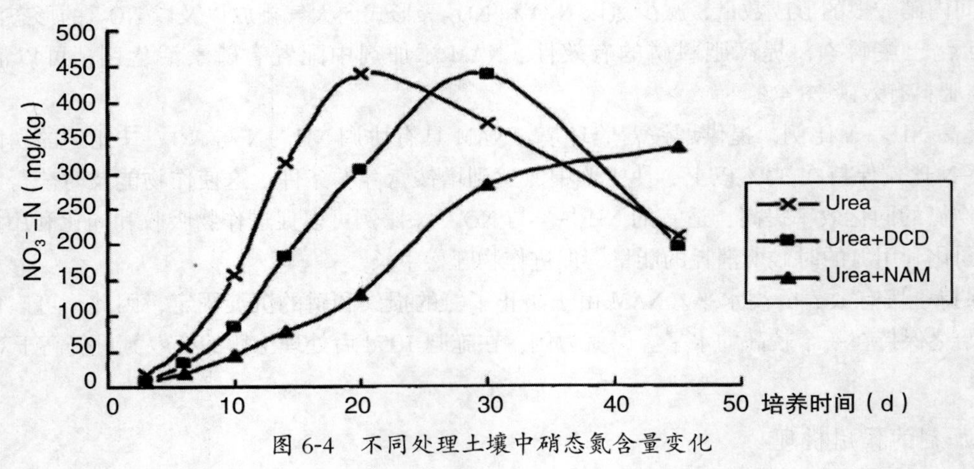

图 6-4　不同处理土壤中硝态氮含量变化

（4）对土壤有效氮总量的影响。由于 NAM 可以减少氮素挥发和淋溶损失，因此，土壤中有效氮水平有了较大的提高。模拟培养试验与盆栽试验的结果分别显示，NAM 处理的土壤有效氮比对照高 58.9%（105d）和 124.4%（77d），详见表 6-5：

表 6-5　土壤有效态氮量的变化（mg/kg）

试验	处理	3d	14d	21d	35d	56d	77d	85d	105d	125d
培养试验	CK	142	3 091	685	622	346	136	44	24	19
	NAM	229	1 922	842	797	510	360	167	59	28
盆栽试验	CK	333	292	184	120	70	45	–	–	–
	NAM	127	177	320	220	181	101	–	–	–

（5）对土壤磷有效性的影响。磷肥施入土壤后，溶性磷酸根迅速与土壤中的 Ca、Mg、Al、Fe 等高价金属与碱金属离子结合，沉淀成难溶磷酸盐，失去有效性。高分子活化剂与阳离子形成螯（络）合物，避免了与 PO_4^{3-} 的结合，或从 Ca（PO_4）$_2$ 中将 PO_4^{3-} 释放出来。

$$Ca_2(PO_4)_2+NR\begin{matrix}COOH\\OH\end{matrix}\longrightarrow NR\begin{matrix}COO\\O\end{matrix}Ca+2H_3PO_4$$

活化剂一方面使土壤中已被固定的磷重新得到释放，另一方面保护了肥料磷的有效性。试验结果表明，NAM 处理的土壤有效磷总量高于单纯施磷处理，土壤中有效磷含量始终保持在一个平稳的高水平（图 6-5）。单一施磷处理的土壤中，有效磷在施肥后的第 10~14d 开始下降，到第 35d 基本达到了与本底接近的水平；NAM 处理的土壤到第 50d 以后仍没有下降，并始终保持与施肥初期相同的水平。

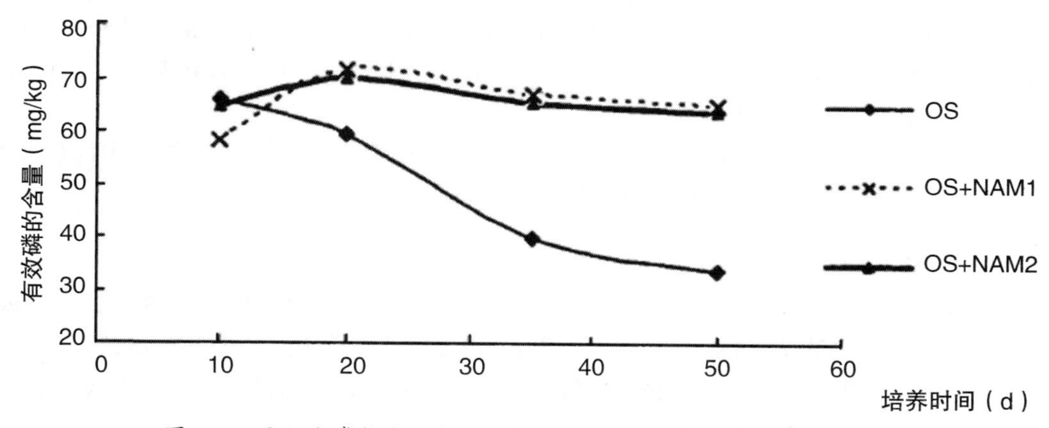

图 6-5　同一施磷水平下应用 NAM 添加剂土壤中有效磷含量的变化

（6）长效复混肥添加剂的生物效应。多点试验结果显示，NAM 可以使复混肥中氮的利用率提高 8.7 个百分点（38.7%~43.7%）；肥料磷素利用率提高 4 个百分点（19%~24%）。生育期在 130d 以内的作物均可达到活秆成熟。其中，玉米平均增产 8%~19.9%，水稻增产 11.4%~23.3%，棉花增产 18.3%~32.0%（表 6-6）：

表 6-6　添加剂对作物产量的影响（kg/ 亩）

品种		玉米		水稻		小麦	棉花	苹果	黄瓜	甘蔗
地点		沈阳	长岭（吉林）	阿旗（内蒙）	辽阳	东营	新和县(新疆)	大连	金州	湛江
处理	CK	432.6	556.0	404	526.9	371.5	90.0	1 121	4 594	757.4
	长效肥	493.4	667.0	483	587.0	428.2	118.8	1 386	5 204	840.5
增长率		14.1	19.9	19.6	11.4	15.3	32.0	13.5	13.3	10.9
平均增产		16.7%								

2 慧尔 NAM 长效复合肥

慧尔 NAM 长效复合肥是由新疆慧尔农业科技股份有限公司与中国科学院沈阳应用生态研究所共同研制开发的高效新型肥料，无包膜，无降解，可有效控制氮素挥发、淋溶损失，防止和减少磷素被土壤固定，并促使磷素活化，具有固氮、降磷解钾的功效，能够有效地提高肥料的有效成分利用率。该系列复合肥一般肥效期在 120d 以上，使有效营养成分的释放与作物对营养成分的吸收基本同步，可充分满足作物整个生长期间的营养需求，增产效果明显。慧尔 NAM 长效复合肥还能有效改善土壤根际营养环境，促进作物根系发育，促进茎叶生长和花果发育，使作物抗旱、抗寒、抗病性好。由于本系列肥料可作一次性基肥施，可减少追肥或不追肥，可降低劳动强度，是促进可持续发展和建设优良生态农业环境的理想肥料。

慧尔 NAM 长效复合肥主要有三大类产品：

慧尔 1 号：N、P、K 含量为 24-16-5，总养分含量 45%，为玉米专用长效缓释肥。可作一次性底肥施用，但漏水漏肥严重的沙土地则应少量多次施用，根据当地情况因地制宜施用。一般每亩应用 50~70kg。

慧尔 2 号：N、P、K 含量为 22-16-7，总养分含量 45%，为棉花专用长效缓释肥。每亩施用量为 50~70kg，也要根据当地土壤情况因作物施用。

慧尔 3 号：N、P、K 含量为 23-12-10，总养分含量 45%，硫基型，为茄果类作物专用长效缓释肥。每亩施底肥用量为 50~70kg；作追肥施用，每次每亩约 10~15kg。

3 慧尔长效缓释 BB 肥

慧尔长效缓释 BB 肥同样是应用 NAM 长效缓释技术研发出来的新型长效缓释肥料产品，一般肥效在 120d 以上，同样有控氮、促磷双向调控作用，增产增收效果显著，深受新疆农民消费者欢迎。

（1）惠农 1 号：N、P、K 含量为 24-16-5，总养分含量 45%，适用于棉花、小麦、玉米、甜菜、番茄、黄瓜、油菜等多种作物，每亩作基肥施肥用 50-70kg；作追肥施用每次每亩 10~15kg。

（2）惠农 2 号（硫基）：N、P、K 含量 24-16-5，总养分含量 45%，适用于辣椒、西瓜、红枣、苹果、葡萄、马铃薯等多种作物。作底肥施用，每亩 50~70kg；作追肥施用，每次每亩 10~15kg。

（3）底肥$^{+}$：N、P、K 含量 15-20-5，总养分含量 40%，适用于棉花、小麦、水稻、甜菜、油菜、黄瓜等多种作物。作底肥施用，每亩 50~70kg。

（4）枣想你（硫基）：N、P、K 含量 15-20-10，总养分含量 45%，适用于红枣果树，每亩施底肥用量 50~70kg。

4 增效磷酸二铵

“增效磷酸二铵”也是应用 NAM 长效缓释技术合作研发的一种新型长效缓释肥产品，总养分含量 53%（N、P、K 14-39-0）。本产品中特有的保氮、控氨、解磷 HLS 集成动力系统，改变了养分释放模式，解除磷的固定，促进磷的扩散吸收，比常规磷酸二铵养分利用率氮提高一倍左右，磷提高 0.5 倍左右，并可使追肥中施用的普通尿素提高利用率，延长肥效期，做到了底肥长效、追肥减量。施用方法与普通磷酸二铵相同，与普通磷酸二铵比较，施肥量可减少 20%，同时可节省 30% 以上的尿素追肥用量。

第三节　水溶性滴灌肥

1 水溶肥料的定义及其种类

凡是经水溶解或稀释，用于灌溉施肥、叶面施肥、无土栽培、浸种蘸根等用途的液体或固体肥料，都称为水溶肥料。

水溶肥料必须符合下列要求：

高度可溶性：水不溶物含量是判断水溶肥料质量的重要指标。肥料中的水不溶物是导致滴灌、喷灌系统中过滤器堵塞的主要原因。一般水不溶物 < 0.1% 可以用于滴灌系统；水不溶物 < 0.5% 可以用于喷灌系统；水不溶物 < 5% 可以用于冲施、淋施、浇施等。

（1）溶液的酸碱度为中性至微酸性。

（2）没有钙、镁、碳酸氢盐或其他可能形成不可溶盐的离子。

（3）金属微量元素应当是螯合物形态的，而不是离子形态的。

（4）含杂质少。

水溶肥料按其组分的不同，暂分成大量元素水溶肥、微量元素水溶肥、含氨基酸水溶肥、含腐植酸水溶肥等类型。至于每类肥料的技术指标要求见表 6-7 至表 6-13。

表 6-7　大量元素水溶肥料指标（中量元素型，NY1107–2010）

项目	粉剂指标（%）	水剂指标（g/L）
$N+P_2O_5+K_2O$ ≥	50.0	500
Ca+Mg ≥	1.0	10
水不溶物含量≤	5	50
水分（H_2O）	3.0	–

表 6-8　大量元素水溶肥料指标（微量元素型，NY1107–2010）

项目	粉剂指标（%）	液剂指标（g/L）
$N+P_2O_5+K_2O$ ≥	50.0	500
微量元素（TE）≥	0.2–3.0	2~30
水不溶物含量≤	5.0	50
水分（H_2O）≤	3.0	–

表 6-9　微量元素水溶肥料指标（NY1428-2010）

项目	粉剂指标（%）	液剂指标（g/L）
微量元素（TE）≥	10	100
水分（H_2O）≤	6	–
水不溶物含量≤	5	50

表 6-10　含氨基酸水溶肥料指标（微量元素型，NY1429-2010）

项目	粉剂指标（%）	液剂指标（g/L）
氨基酸含量≥	10.0	100
微量元素（TE）≥	2.0	20
水不溶物含量≤	5.0	50

6-11　含氨基酸水溶肥料指标（中量元素型，NY1429-2010）

项目	粉剂指标（%）	液剂指标（g/L）
氨基酸含量≥	10.0	100
中量元素（TE）≥	3.0	30
水不溶物含量≤	5.0	50

表 6-12　含腐植酸水溶肥料指标（大量元素型，NY1106-2010）

项目	粉剂指标（%）	液剂指标（g/L）
腐植酸含量≥	3.0	–
$N+P_2O_5+K_2O$ ≥	20.0	–
水不溶物含量≤	5.0	–

表 6-13　含腐植酸水溶肥料指标（微量元素型，NY1106-2010）

项目	粉剂指标（%）	液剂指标（g/L）
腐植酸含量≥	3.0	–
微量元素（TE）≥	6.0	–
水不溶物含量≤	5.0	–

2 大量元素水溶性滴灌肥

2.1 大量元素水溶性滴灌肥的原料（表 6-14）

表 6-14　常用的大量水溶肥原料

肥料	养分含量（$N+P_2O_5+K_2O$）	分子式	pH 值	水溶性
尿素	46-0-0	$CO(NH_2)_2$	5.8	全溶
硫酸铵	21-0-0	$(NH_4)_2SO_4$	5.5	全溶
氯化铵	25-0-0	NH_4CL	7.2	全溶
硝酸铵	34-0-0	NH_4NO_3	5.7	全溶
磷酸一铵	12-61-0	$NH_4H_2PO_4$	4.9	全溶
磷酸二铵	21-53-0	$(NH_4)_2HPO_4$	8.0	全溶
聚磷酸铵	10-34-0	$(NH_4)(n+2)PnO(3n+1)$	7.0	全溶
磷酸二氢钾	0-52-34	KH_2PO_3	5.5	全溶
氯化钾	0-0-60	KCl	7.0	全溶
硝酸钾	13-0-46	KNO_3	7.0	全溶
硫酸钾	0-0-50	K_2SO_4	3.7	能溶

2.2 大量元素水溶性滴灌肥原料的溶解度（表 6-15）

表 6–15　常用大量元素原料在一定温度下的溶解度（g/100ml）

原料名称	分子式	0℃	10℃	20℃	30℃
尿素	$CO(NH_2)_2$	68	85	106	133
硫酸铵	$(NH_4)_2SO_4$	70	73	75	78
硝酸铵	NH_4NO_3	118	158	195	242
磷酸一铵	$NH_4H_2PO_4$	23	29	37	46
磷酸二铵	$(NH_4)_2HPO_4$	43	63	69	75
磷酸二氢钾	KH_2PO_3	14	17	22	27
氯化钾	KCl	28	31	34	37
硝酸钾	KNO_3	13	21	32	46
硫酸钾	K_2SO_4	7	9	11	13

2.3 大量元素水溶性滴灌肥原料混合时的反应

当多种肥料原料配成水溶性滴灌肥时，由于液体中存在着各种离子，离子间会发生各种反应，从而会影响滴灌肥中养分的有效性。最常见的反应有：

（1）溶液中存有钙、镁离子和磷酸根离子时，会形成钙镁磷酸盐的沉淀。势必降低养分的有效性。更严重的是这种沉淀会堵塞滴头和过滤器，影响滴灌和施肥。

（2）当钙离子与硫酸根反应时，会形成难溶性的硫酸钙沉淀。

（3）一些肥料在混合时会产生吸热反应，降低溶液温度，使一些肥料的溶解度降低，并发生盐析作用。例如硝酸钾、尿素等在溶解时都会吸热，使溶液温度下降。

3 微量元素水溶性滴灌肥

3.1 微量元素水溶性滴灌肥的主要原料

（1）微量元素原料。微量元素水溶肥所用的原料是 Ca、Fe、Mn、Zn、B、Mo 的水溶性盐，也有部分金属络合物，都能溶解于水。

含铜原料：$CuSO_4 \cdot 5H_2O$，ω（Cu）25.45%；$CuSO_4$，ω（Cu）40.0%；螯合态铜 $Na_2CuEDTA$，ω（Cu）15.94%，硫酸铜水溶性呈酸性，ω（H^+）≤ 0.1%。

含铁原料：$FeSO_4 \cdot 7H_2O$，其中，ω（Fe）20.08%；$FeSO_4 \cdot H_2O$，ω（Fe）32.85%；柠檬酸铁（$C_6H_5O_7Fe$），ω（Fe）21.24%；螯合态铁（$Na_2FeEDTA$），ω（Fe）14.28%；硫酸亚铁水溶液，ω（H^+）0.35%~2.0%。

含锰原料：$MnSO_4 \cdot H_2O$（还有 $MnSO_4 \cdot 4H_2O$），ω（Mn）32.5%；$MnCl_2$，ω（Mn）43.62%；螯合态锰（$Na_2MnEDTA$），ω（Mn）14.05%；硫酸锰的水溶液（100g/L），pH 值为 5.0~7.0。

含锌原料：$ZnSO_4 \cdot 7H_2O$，其中，ω（Zn）22.74%；$ZnSO_4 \cdot H_2O$，ω（Zn）36.44%；$ZnCl_2$，ω（Zn）47.94%；螯合态锌（$Na_2ZnEDTA$），ω（Zn）16.33%；硫酸锌水溶液（50g/L），pH ≥ 3.0。

含硼原料：硼砂 $Na_2B_4O_7 \cdot 10H_2O$，ω（B）11.34%；硼酸 H_3BO_3，ω（B）17.48%。硼砂 60℃以上失去了 5 个结晶水，200℃以上变无水，水溶性呈碱性。硼酸难溶于水，水溶液呈微酸性。

含钼原料：钼酸铵（$(NH_4)_6 \cdot Mo_7O_{24} \cdot 4H_2O$），ω（Mo）54.34%；钼酸钠 $NaMo_7O_4 \cdot 2H_2O$，ω（Mo）39.65%。草酸、酒石酸、柠檬酸都能与 MoO_4^{2-} 生成稳定的络合物，防止在酸性溶液中析出，六价 Mo 不与 EDTA 生成稳定的络合物。

微量元素肥料除主含量要达到配方的要求外，汞、砷、镉、铅、铬限量指标应符合 NY1110-2010 标准的要求，ω（水不溶物）≤ 5.0%。

（2）络合物与螯合物原料。为了使微量元素水溶肥料固体产品溶解过程中不发生微量元素水解沉淀现象，以及在生产液体产品时，保证微量元素原料全部溶解，必须在配方中加入一定量的络合剂和螯合剂。主要产品如下。

EDTA 二钠（乙二胺四乙酸二钠，含二分子结晶水），用 Na_2H_2Y 表示，相对分子质量 372.24，在室温下饱和水溶液浓度约 0.3mol/L（即 21℃、100g 水含 11.1g），具弱酸性，pH 值约 4.7，有 6 个配位原子和 2 个可置换的 H。在一般情况下，EDTA 与金属离子形成的络合物都是摩尔比 1∶1 的易溶于水的螯合物。EDTA 与上述微量元素生成的螯合物稳定常数 $lgK_{稳}$是：Mn^{3+} 14.04，Fe^{2+} 14.33，Fe^{3+} 25.1，Cu^{2+} 18.8，Zn^{2+} 16.5，Mo^{6+} 6.36。$lgK_{稳}$接近或大于 8，说明在一定条件下络合物是稳定的，除六价 Mo 不与 EDTA 生成稳定的络合物外，其余金属元素都能与 EDTA 形成稳定的络合物。EDTA 二钠不容易吸水，在水中的溶解度小，只适合配制微量元素固体产品。

柠檬酸（2- 羟基丙烷 -1，2，3- 三羧酸，分子式 $C_6H_8O_7 \cdot H_2O$，相对分子质量 210.14），是一个三元羧基螯合剂（H_3L）。其柠檬酸离子具有较强的螯合能力，能与二价或三价金属络合，这些络合物都溶于水且比较稳定。柠檬酸还能与 MoO_4^{2-} 生成稳定的络合物，防止在酸性溶液中析出。

柠檬酸钠（分子式 $Na_3C_6H_5O_7 \cdot 2H_2O$，相对分子质量 294.10），水溶液呈弱碱性，pH 值为 7.5~9.0。一般配方使用柠檬酸钠更容易调节产品的 pH 值。

酒石酸（2，3- 二羟基丁二酸，分子式 $H_2C_4H_4O_6$，相对分子质量 150.04），属多元羟基酸。其酒石酸离子具有较强的螯合能力，能与二价或三价金属络合，生成的络合物都溶于水且比较稳定。酒石酸能与 MoO_4^{2-} 生成稳定络合物，防止在酸性溶液中析出。

草酸（乙二酸，$H_2C_2O_4$，相对分子质量 90.22），有类似柠檬酸、酒石酸的络合性能，但有毒，所以较少使用。

（3）增效剂。为了提高微量元素水溶肥料的喷施效果，可以在配方中加入适量的其他助剂，主要品种有植物生长调节剂、光合剂、叶面展着剂等，可针对不同的作物选择品种和加入量。

植物生长调节剂：常用的植物生长调节剂有生长素（促进生长）、赤霉素（促进伸长）、矮壮素（控制生长）、细胞分裂素（促进细胞分裂）、脱落酸（促进成熟）、乙烯（促进成熟）、复硝酚钠等。

光合剂：α－羟基磺酸、亚硫酸氢钠（$NaHSO_3$）。

叶面展着剂：洗涤用表面活性剂、有机硅表面活性剂、洗衣粉等。

抗菌剂：农用链霉素等。

渗透剂：一些厂家（如保定市新兴化工厂）生产的超强高渗透剂，只要加入少量，便可帮助溶液渗入植物体内，提高吸收效果。

3.2 微量元素水溶肥料生产过程需注意事项

（1）在极端 pH 条件下螯合剂（络合剂）的分解。例如，EDTA 铁、锌等在碱性条件下螯合物会分解，铁、锌离子释放出来，形成氢氧化物沉淀。

（2）在增效剂的选择上，最好选用十二烷基硫酸钠作为叶面展着剂，这种品种具有活性高、粉状的阴离子表面活性剂，可提高水溶肥的施用效果。

（3）在原料选择、生产工艺、成品包装上进行优化，认真解决好微量元素水溶肥粉剂产品的吸湿、结板及液体剂产品的胀气、淀积问题。

4 含氨基酸水溶性滴灌肥

氨基酸（amino acid）含有氨基和羧基的一类有机化合物的通称。氨基酸是构成蛋白质的基本成分。含氨基酸的水溶性滴灌肥是一种技术创新的肥料。一是小分子氨基酸本身就是一种农作物可以直接吸收利用的营养物质；二是农用氨基酸有较高的生物活性，能够促进光合作用和作物生长，可以调节平衡营养，促进养分的吸收利用。氨基酸还是一种低成本的微量元素螯合剂，可与各种元素发生螯合作用，可对水溶肥中的其他营养元素产生保护作用，提高这些养分的有效性。

5 含腐植酸水溶性滴灌肥

腐植酸（humic acid）是一种天然羟基羧酸的混合有机物，含有醌基、羧基、酚羟基等活性官能团，具有极强的化学与生物活性，有类似生长素的作用，为广谱性的作物生长调节剂。它还是一种高效的螯合剂和缓释剂，可以提高作物对各种营养元素的吸收利用率。用含腐植酸水溶性滴灌肥，可以提高作物叶绿素含量，促进光合作用；促进根系生长和花果发育，提高作物的抗旱、抗寒、抗病虫和耐盐碱性能；提高果实（种子）的营养品质、外观品质以及改善贮藏保鲜能力。

这里，我们简单地叙述一下腐植酸在作物生长化学调控中的作用机理。

（1）促进作物对营养元素的吸收利用。中国科学院化学研究所通过质壁分离复原试验，揭示了腐植酸可以影响作物细胞膜的通透性，从而促进作物对营养元素的吸收作用。日本按 50mg/kg 的浓度向土壤施入腐植酸原料后，用 α－萘胺氧化能力测定根的吸收能力，发现水稻提高 155%，油菜提高 140%，黄瓜提高 86%，大豆提高 37%。

（2）促进酶的活性。施用腐植酸可以增加瓜果、甜菜、甘蔗的含糖量，其原因就是使作物体内的酶活性强度增高。西南农学院（1980）研究，对照处理的西瓜叶片过氧化氢酶活性：O^2（ml·g·min），为 46.4%，施用各种腐植酸处理的西瓜叶片则提高到 89.13%~134.8%。

（3）促进叶绿素的形成，提高光合效率。陈淑云等研究。花卉施腐植酸营养液后，叶绿素含量明显增加，美女樱叶绿素含量 2.34mg/kg，比对照增加 24.0%；四季梅叶绿素含量为 1.64mg/kg，比对照增加 24.3%。吴金发、陈绍荣等（2006）报道，施用腐植酸叶面肥使农作物叶片的光合强度提高，光合作用效率增强。

（4）促进呼吸作用。腐植酸分子中的多元酚结构可以作为氧的活化剂和氢的接受体，可有效促进作物体氧化还原作用，加强呼吸作用强度，可以为作物在缺氧环境下继续生长持续一定条件。北京大学研究，腐植酸钠浸种（水稻，600mg/kg 浓度），根系呼吸强度（CO_2mm/h·100g）可提高 70%，叶片呼吸强度（CO_2mm/h·100g）可提高 39%。

6 慧尔长效水溶性滴灌肥

慧尔长效水溶性滴灌肥是一种新型的长效水溶性滴灌肥，是将脲酶抑制剂、硝化抑制剂、磷活化剂与营养成分有机组合，利用抑制剂的协同作用比单一抑制剂具有更长作用时间，达到供肥期延长和更高利用率的效果。利用抑制剂调控土壤中 NH_4^+–N 向 NO_3^-–N 的转化，达到增铵营养的效果，为作物提供适宜的 NH_4^+、NO_3^- 比例，从而加快作物对养分吸收、利用与转化，作物生长旺盛，植株高大，增产效果显著。

6.1 控制脲酶活性，减缓水解，防止挥发，延迟供氮

脲酶抑制剂是能够抑制土壤中脲酶活性的一类物质。脲酶催化过程中通过与巯基（–SH）发生作用抑制脲酶的活性，从而延缓土壤中尿素的水解速度，减少 NH_3 的挥发损失。

$$NH_2CONH_2+H_2O \xrightarrow{\text{脲酶抑制剂}} 2NH_3+CO_2$$

脲酶是一种含 Ni 金属酶，它由甲硫氨酰基、半胱氨基、巯基（半胱氨酰残基）所组成，其中，巯基（–SH）对酶的活性有重要作用。脲酶抑制剂通过与巯基（–SH）发生作用，从而有效抑制脲酶活性。

长效水溶性滴灌肥中脲酶抑制剂施入土壤后控制了土壤脲酶活性，从而减缓了尿素的水解，使原本需 3~5d 完成的尿素水解过程延长到 21~35d，见图 6-6、图 6-7。

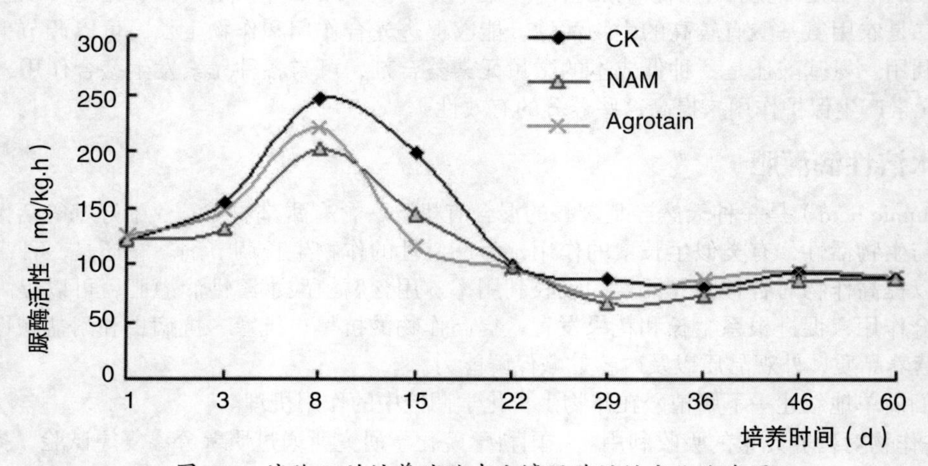

图 6-6 试验 B 的培养试验中土壤脲酶活性变化曲线图

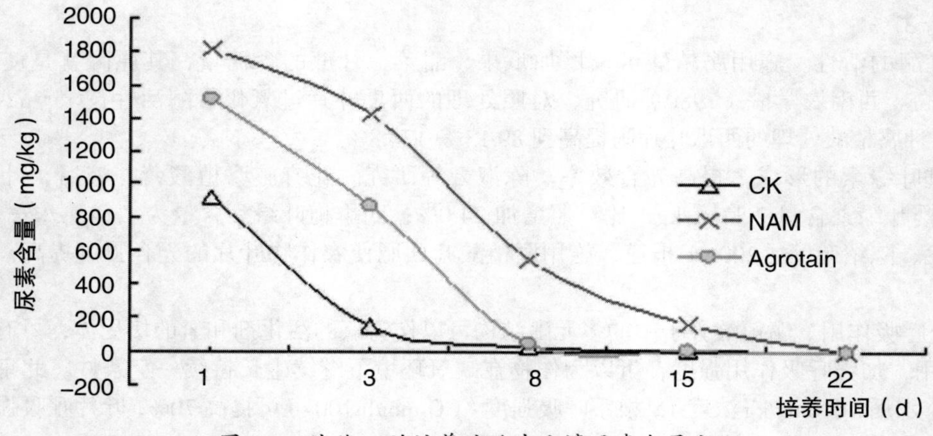

图 6-7 试验 B 的培养试验中土壤尿素含量变化

它控制尿素缓慢水解，使铵的释放在前期低于普通滴灌肥，因此，氨分压低，可控制 NH_3 的挥发，促进吸附（图 6-8）。

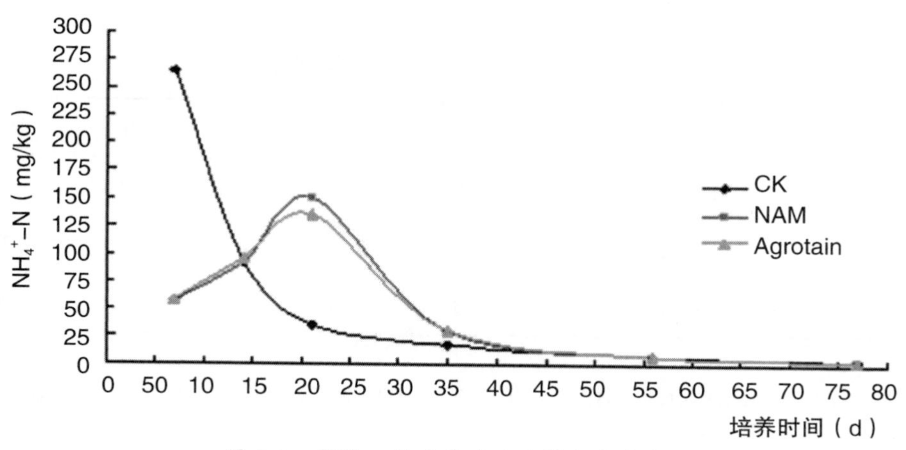

图 6-8　试验 B 的盆栽实验土壤铵态氮含量

6.2 控制硝化，防止流失，保持氮的稳定供给

土壤中含有硝化细菌（亚硝化细菌和硝化细菌），它能促使土壤中的铵态氮发生氧化生成亚硝态氮，进而氧化成硝态氮。亚硝态氮和硝态氮都是作物可吸收利用的氮源。但亚硝态氮和硝态氮容易随水淋溶，造成氮的损失。

硝化抑制剂能抑制土壤中亚硝化细菌和硝化细菌的活性，减少铵态氮向亚硝态氮和硝态氮转化而造成的流失，从而提高氮的利用率。

亚硝化菌　硝化菌

$NH_4^+ + 3/2O_2$　$NO_2^- + 2H^+ + H_2O$，　$2NO_2^- + O_2$　$2NO_3^-$

形成的 NH_4^+ 在土壤中仍将转化为 NO_2^--N 和 NO_3^--N，这一转化时间需 20d 左右的时间。在我国北方进入 6 月中旬即已到雨季，此时氮的淋溶将成为主要的氮素损失途径。已有资料表明，施肥损失中淋溶约占 40%~60%，NAM 中的 DCD、TU 等硝化抑制剂控制其硝化，减少 NO_2^- 及 NO_3^- 的形成，从而减少氮流失（图 6-9）。

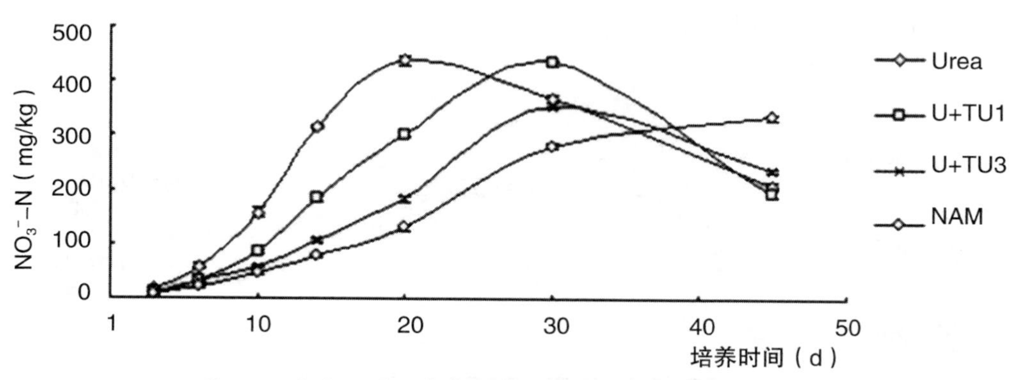

图 6-9　试验 A 的培养实验中硫脲处理的土壤硝态氮含量

6.3 抑制剂协同作用控制氮形态比例，提高有效氮总量

作物离乳后，将从土壤中吸收养分，这时作物吸收双形态氮——NH_4^+ 和 NO_3^-，比吸收单一形态氮的产量及生物量要高 160% 以上，土壤中尿素水解形成 NH_4^+–N 后，约需 20d，大部分 NH_4^+–N 转化成 NO_3^-–N（81% 以上），见表 6-16、图 6-10。

表 6-16　试验 A 网室培养的铵的硝化率（%）

处理	3d	10d	21d	36d	50d	65d	85d	105d	125d	总消化率
CK	21.96a	9.38a	15.51a	38.13a	54.83a	81.06a	65.42b	54.65b	72.24a	20.10a
TU+DCD	19.57a	10.04a	10.63b	24.65b	49.86a	75.53a	70.42a	67.69a	73.32a	19.30a
TU+PPD	23.69a	11.02a	10.56b	25.67b	53.34a	76.75a	61.13b	63.73a	68.80a	20.93a

铵的表观硝化率（PI%）=NO_3^-–N/（NH_4^+–N+NO_3^-–N）*100，表中的阿拉伯字母表示每列数值差异显著性。

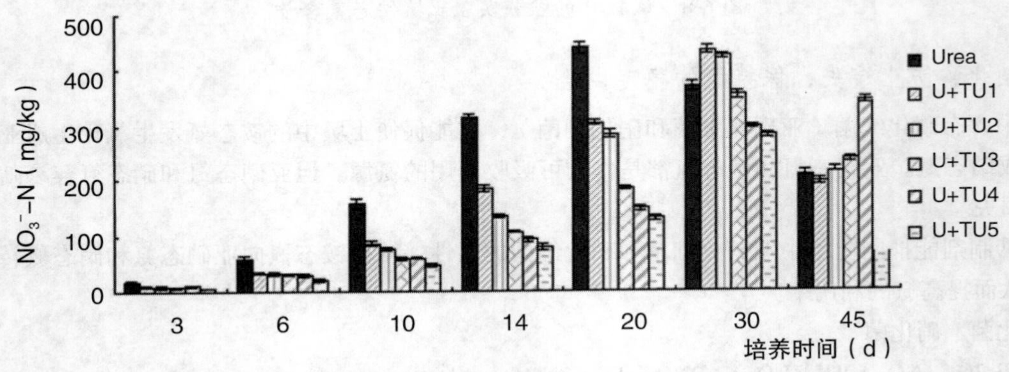

图 6-10　试验 A 的培养实验中硫脲对土壤硝态氮含量

慧尔长效水溶性滴灌肥可以使 NH_4^+ 始终保持在 31.2% 以上，为作物提供了一个适宜的氮营养环境，这是“慧尔”长效水溶性滴灌肥促进生长的主要原因。

土壤总有效氮量是土壤提供营养能力的标志。“慧尔”长效水溶性滴灌肥不仅控制了 NH_4^+ – N 和 NO_3^- – N 的比例，还通过减少损失保持土壤中有效氮持续稳定供给，并且使作物吸收高峰期可以保持较高的养分浓度（表 6-17；图 6-11、图 6-12）。

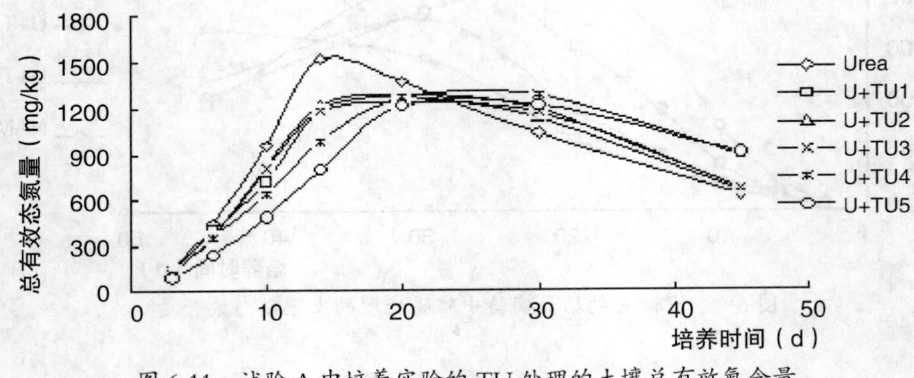

图 6-11　试验 A 中培养实验的 TU 处理的土壤总有效氮含量

表 6-17　试验 A 网室培养的土壤总有效态氮含量（mg/kg）

处理	7d	14d	21d	35d	56d	77d
CK	333.05a	292.74a	184.68c	120.83a	70.03c	45.04b
NBPT+DCD	127.36b	181.78b	316.27a	216.96a	183.66a	100.54a
Agrotain+DCD	127.48b	177.91b	320.59a	220.81a	181.84a	101.32a

表中的阿拉伯字母表示每列数值差异显著性。

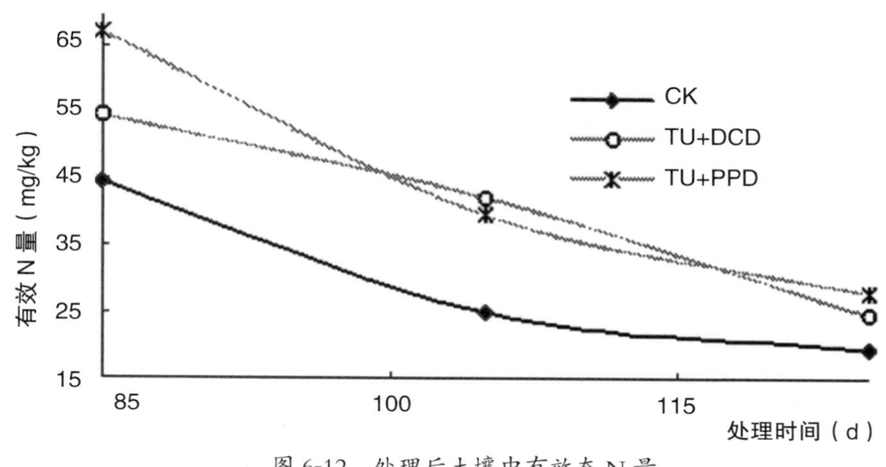

图 6-12　处理后土壤中有效态 N 量

6.4 活化土壤磷，保持肥料磷的有效性

磷肥施入土壤后，由于土壤的性质不同，土壤中的 Ca、Mg、Fe、Al 等金属离子与其发生不同代换作用和专性吸附作用，使水溶性磷（$-H_2PO_4^-$）逐步转化成难溶性磷（$-PO_4^{3-}$），即通常所说的磷被土壤固定，使作物难以吸收利用，造成磷的利用率下降。磷素活化剂的作用就是将已被土壤所固定的难溶性磷再转化成可被作物吸收利用的枸溶性磷（$-HPO_4^{2-}$）和水溶性磷（$-H_2PO_4^-$）等有效磷及保持磷肥更长时间的有效性。

将磷素活化剂施入土壤后，它能与被土壤固定的难溶性磷，经过络（螯）合、酸化、离子交换等反应及离子桥的作用，转化成可被作物吸收利用的枸溶性磷和水溶性磷，供作物吸收利用。

螯（络）合反应 $Ca_3(PO_4)_2+3R \longrightarrow 3R\begin{matrix}-COOH & -COO- \\ -OH & -O- \end{matrix}Ca+2H_3PO_4$

酸化反应 $Ca_3(PO_4)_2+2H^+ \xrightarrow{\text{腐植酸或木质素}} 2CaHPO_4+Ca^{2+}$

离子交换反应（Ca^{2+} 与 K^+ 的交换）$Ca_3(PO_4)_2+6KCl \longrightarrow 2K_3PO_4+3CaCl_2$

离子桥作用（Ca_3-（PO_4）$_2$+ O=C(HO)-NC-C(NH$_2$) ⟶ Ca^{2+} ······ PO_4^{3-} ；O=C(HO)-NC-CNH$_2$）

慧尔长效水溶性滴灌肥中所用磷素活化剂是综合作用，包括上述几种类型。结果显示，磷素活化剂可以增加土壤 Fe-P、Ca-P 及 Olsen-P 的量，减少 O-P；由于活化剂的作用，肥料磷施入土壤后减缓了有效磷的下降趋势，提高了土壤供磷强度，提高了有效磷量 28.45%，见图 6-13。

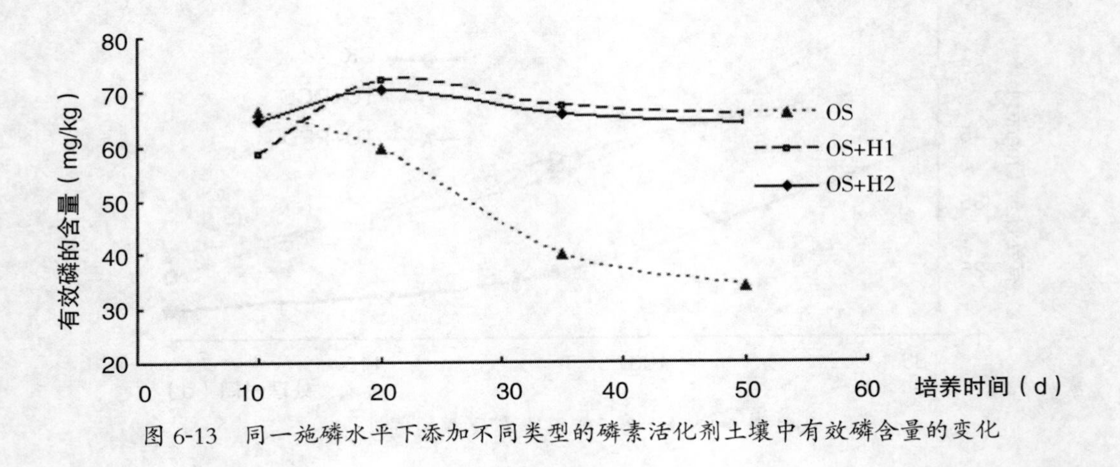

图 6-13　同一施磷水平下添加不同类型的磷素活化剂土壤中有效磷含量的变化

在中性土壤中有效磷的增加与 Al、Fe 磷含量的增加有直接关系，Fe、Al 磷的增加是活化剂在一定区域内促进 Al、Fe 的游离，导致 Ca 进一步与 P 解离的结果。

6.5 减少损失，保护环境安全

慧尔长效水溶性滴灌肥通过降低氨挥发，减少 NO_3^- 的淋失及控制 N_2O 排放等功能，降低施肥对环境的压力，在抑制剂的组合协同作用下，达到了减少投肥 20%~30% 不减产，相同投肥量可降低硝酸根流失 48.2%，并减少 N_2O 排放（图 6-14，图 6-15，图 6-16）。

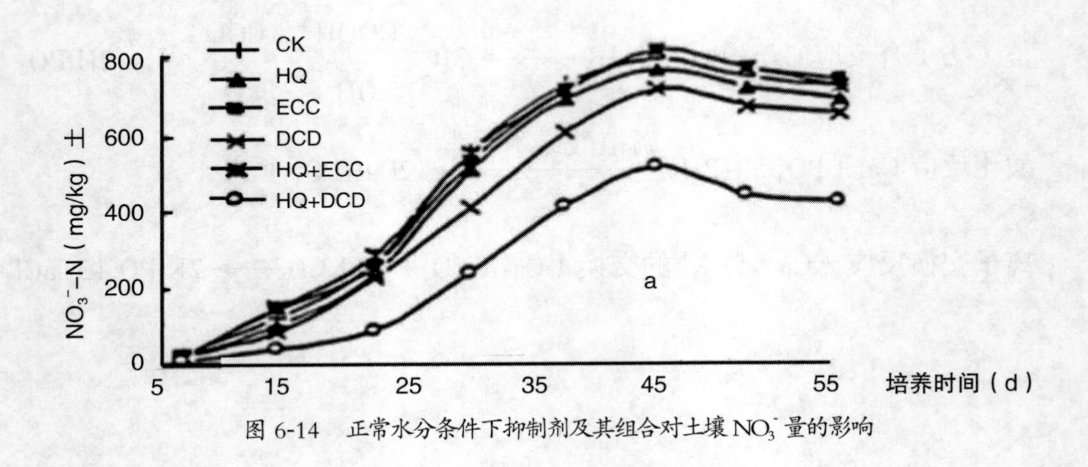

图 6-14　正常水分条件下抑制剂及其组合对土壤 NO_3^- 量的影响

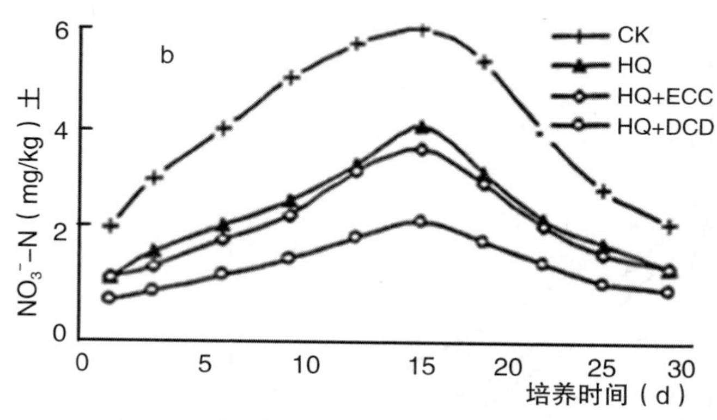

图 6-15　抑制剂及其组合对 N_2O 排放的影响

NH_3 挥发也是造成 N 损失的主要途经，慧尔长效水溶性滴灌肥应用了硝化抑制剂、脲酶抑制剂的组合，大幅度地提高了对 NH_3 挥发的限制。

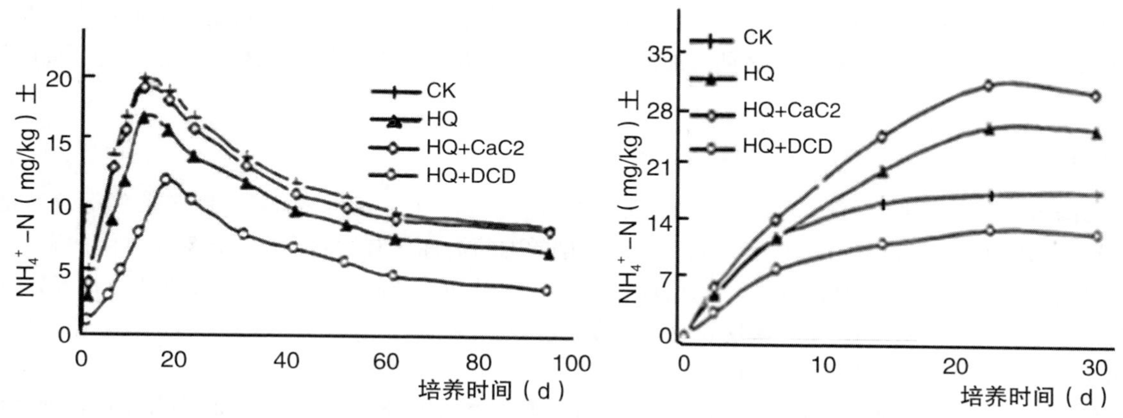

图 6-16　抑制剂及其组合对土壤吸附 NH_3 量的影响

抑制剂类材料的选用，对环境的安全与否是一项重要指标，含有添加剂的慧尔长效水溶性滴灌肥对土壤中其他有益微生物酶活性影响不大（表 6-18）。

表 6-18　土壤中各种酶活性的影响

处理	脱氢酶		多酚氧化酶		蛋白酶		转化酶（蔗糖酶）	磷酸酶	
	10d	55d	3d	88d	3d	55d	55d	25d	55d
CK	0.49	0.13	2.13	1.09	10.43	7.28	49.46	0.43	0.70
抑制剂	0.24	0.13	2.41	1.15	12.01	7.57	48.60	0.52	0.68

由图 6-17 可以发现土壤中脲酶在抑制剂的作用下，随着时间的推迟，活性逐步与对照趋于一致。说明抑制剂对脲酶的影响也是可逆与暂时的。通过对一些对环境有影响的材料的残留研究发现，处理 1~5 年残留量均低于本底值，低于标准的 1/1 000，明确了这些物质在环境中无残留。

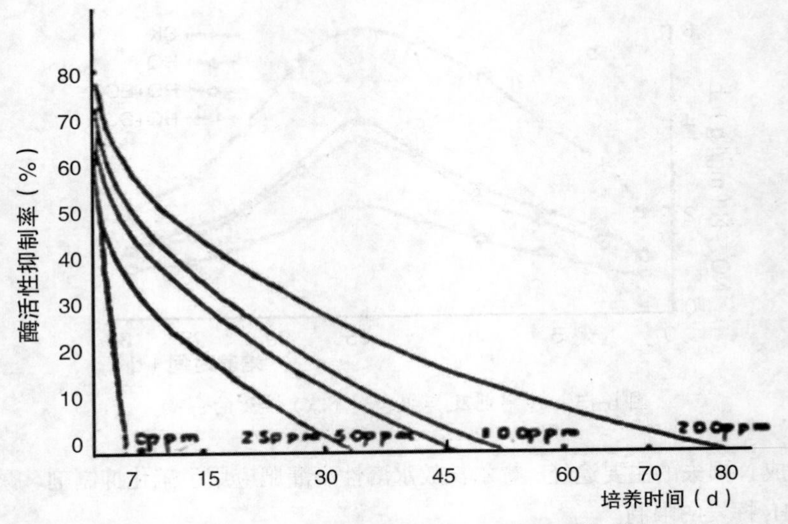

图 6-17　不同用量的氢醌（HQ）对土壤脲酶活性的抑制率随时间的变化

慧尔长效水溶性滴灌肥通过添加剂 NAM 控制 N 转化及其存在的形态，从而达到了降低损失，减少施肥对环境的污染的效果。可以看出，这种添加剂是环境友好型的，可显著降低肥料氮素损失对环境的污染作用。

6.6 关于慧尔长效水溶性滴灌肥的技术特征与创新点

该技术产品是复合型抑制剂，能有效抑制有害菌群活力，它含有氮、磷、钾、钙、硼、锌、镁等营养元素，具有养分全、作用快、速溶性强的特点。它不仅对土壤的脲酶活性具有抑制作用，还对土壤中的硝化细菌活性具有抑制作用，并对土壤中被固定的磷素具有活化作用，从而提高氮和磷的利用率，促进作物养分吸收，苗壮成长，并进一步提高作物产量，实现农业增产增收。

（1）慧尔长效水溶性滴灌肥的性能与特点。

① 肥效期长，具有一定的可调性。本长效水溶性滴灌肥在磷养分用量减少 1/3 时仍可获得正常产量。养分供给的有效期可达 120d 以上，可满足我国绝大多数农作物当季生育期对养分的需求。并且可根据作物和地域的要求，通过调整抑制剂种类和剂量调整肥效期的长短。

② 养分利用率高。本产品采取氮素转化的调控技术和磷活化技术相结合的技术体系，使制成的长效水溶性滴灌肥的养分供给与作物生长需肥规律相协调，提高了化肥养分利用率，其中，氮利用率平均提高 8.7 个百分点（2.33%~15.1%），提高到 38.7%~43.7%；磷利用率平均提高 4 个百分点，达到 19%~28%。

③ 生长旺盛，增产幅度大。大量的田间试验结果表明，利用该添加剂生产的长效水溶性滴灌肥种植的作物，均活秆成熟，作物增产幅度大，平均作物增产 10% 以上。由于节肥、免追肥、省工及减少磷投量，能降低农民的生产投入，增产增收。

④ 成本低，可用于农业生产。由本技术生产的长效水溶性滴灌肥成本增加值只有普通滴灌肥的 3.0%~5.0%，可以广泛用于粮食作物及其他农田作物，市场范围广，农民易于接受。

⑤ 环境友好，可降低施肥造成的面源污染。低碳、低毒，对人畜和作物安全，在土壤及作物中无残留。当年降解率达 75%，土壤中残留量 0.071mg/kg，比 DMEG 标准的 100mg/kg 低 1 400 倍。本技术产品应用后可减少淋失 48.2%，降低 N_2O 排放 64.7%，显著降低氮肥使用带来的环境污染。

（2）技术创新点。慧尔长效水溶性滴灌肥这一技术成果，改变了目前普通滴灌肥存在的肥效期短，不能一次性施用，养分利用率低，磷肥投量居高不下的问题，使之具有肥效长和作物高产的特性。

① 首次将抑制剂及活化剂技术相结合于水溶性滴灌肥改性，以不同脲酶抑制剂及不同硝化抑制剂之间

转化特征的差异进行组合，从而解决了尿素水解和铵态氮氧化时间的控制问题，使组合抑制剂的协同效应远大于单一抑制剂应用的效果，实现了长效水溶性滴灌肥一次性施基肥不用追肥。

② 在作物生育高峰期应用硝化抑制剂控制土壤中 NH_4^+–N 和 NO_3^-–N 的比例，使土壤中 NH_4^+–N 比例始终大于 31%，达到了增铵的营养条件，从而使作物生长旺盛，优于普通复合肥。

③ 使土壤中有效氮磷高于普通肥 50%~200%，解决了作物后期营养不足。

④ 开发研制了长效水溶性滴灌肥，使长效水溶性滴灌肥技术的应用更进一步得到扩展。

⑤ 设计制造了微量原料的加入系统，解决了低剂量原料加入不稳的问题。

⑥ 控制肥料养分损失，降低环境污染。

（3）总体性能指标。慧尔长效水溶性滴灌肥的性能指标，一方面体现在它自身产品的功能上，另一方面体现在对农作物的影响上。

慧尔长效水溶性滴灌肥具有以下性能指标。

① 可使作物增产 12% 左右。

② 可节约用肥量 20% 左右。

③ 养分平均利用率提高 8.7 个百分点。

④ 土壤磷平均活化率为 13%，肥料磷有效率提高 28%。

⑤ 养分淋失率降低 48.2%。

⑥ 抑制剂在土壤中残留量低于 0.07mg/kg，低于标准 100mg/kg1 000 多倍。

新疆慧尔生产的长效水溶性滴灌肥有下列品种：

① 棉得宝（15–25–10+ 硼 + 锌），主要用于棉花作物。

② 红旋风（17–15–18+ 硼 + 锌），主要用于果菜类作物，例如，辣椒、加工辣椒；番茄、加工番茄等。

③ 惠农宝（10–15–25+ 硼 + 锌）硫基，主要用于葡萄、红枣、苹果等果树作物。

④ 根据新疆各地区和特定作物的灵活配方，如（10–20–20+TE）、（10–15–25+TE）、（15–15–20+TE）等。

第四节　腐植酸涂层长效肥

当前，我国化肥的生产总量和化肥表观消费量均占世界的第一位，是化肥生产、消费大国。由于化肥有效成分利用率低，而且许多地区往往投入过量，给农民增收以及土壤和环境带来诸多负面效应，甚至达到了土壤、环境难以承受的极限。因此，“质量代替数量”，是低碳经济时代我国肥料产业发展的唯一出路。腐植酸涂层长效肥就是这种有效成分利用率高而且不污染环境的绿色生产资料，一次性使用（或减少施肥次数）可以达到作物营养平衡，施肥减量增效。通过这种肥料的节肥、节水、节本而减少工业能耗，减轻对土壤和环境的污染，高度符合化肥产业的科学发展观。

腐植酸涂层长效肥具有以下特点。第一，突破了传统技术框框，全新的缓释高效理论。

我国现有的缓控释肥料除 Luxacote 包裹型缓释肥料具有中国独立知识产权外，其他主流缓释肥料产品依然主要是跟踪国外技术。这些主流缓控释肥料产品，要么是用非亲水性物理阻挡材料，如树脂、硫黄等包膜；要么是以低水溶性有机物质包膜，如以肥包肥等；要么是应用生化抑制剂或氨稳定剂，减少氮素的挥发分解或淋失。腐植酸涂层长效肥的涂层材料为国内资源，是一类亲水性的有机无机新型合成物质，突破了国内外常用的传统控缓释技术框框，创造出一种全新的“膜反应与团絮结构”的缓释高效理论。

这种理论实现了控缓释技术的纵向创新，主要包括延迟溶解、扩散控制、溶出控制 3 个要素，通过选用大颗粒尿素、磷酸铵和粉状钾肥造粒，来实现延迟溶解；通过包膜物质的水溶涨形成的大分子团絮结构来增强对溶出养分的吸附作用；通过调节包膜厚度和改性包膜材料来控制养分的水溶出。

养分控制释放的几种形式如图 6-18 所示。

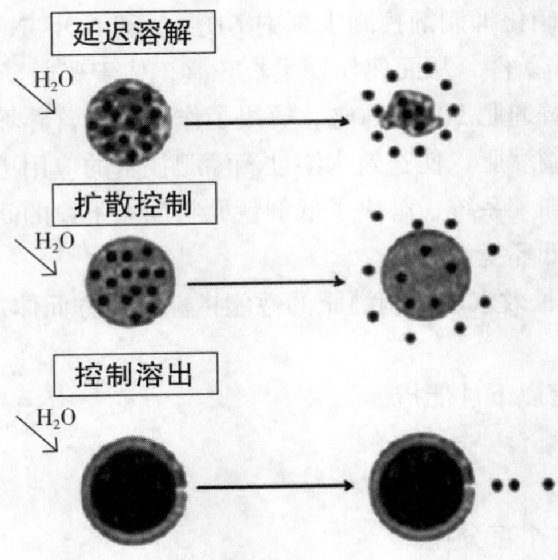

图 6-18 养分控制释放的几种形式

膜反应

“膜反应”是指利用与肥料颗粒表面有较强的亲和力以及具有成膜特性的新型涂层材料，分别涂布在氮肥、磷肥和钾肥颗粒的表面形成单层或多层半渗透膜层。

这种膜层在尿素颗粒中使用，由于涂膜的阻碍剂对土壤脲酶活性的抑制作用，从而提高氮素养分利用率。同时，通过单层处理（生产涂层尿素），包膜重量仅占尿素总重量的 0.2%~0.3%，可提高氮利用率 6%~8%；也可以进行多层处理，多次涂布，生产涂复尿素，可增加膜层厚度，降低涂层材料的水溶性，形成不同时间氮素养分释放的产品（图 6-19）。

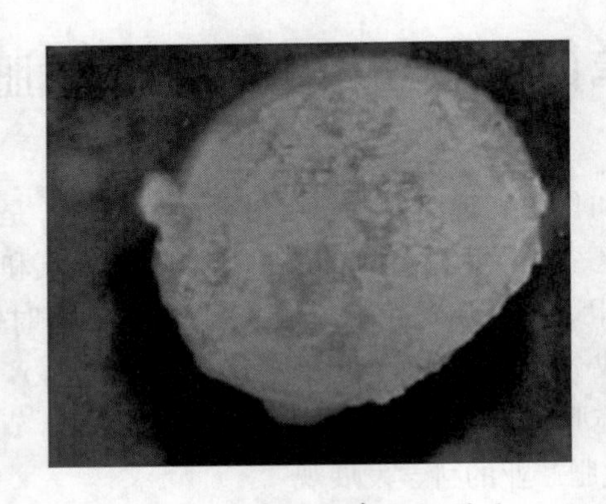

图 6-19 涂层尿素颗粒剖面

团絮结构

第一，“团絮结构”，主要是涂布在肥料颗粒表面的涂液物质，可以促使包膜吸水后膨胀，在土壤中，形成大分子三维网络结构，成为开放式的“养分库”，极大地增强对有效养分的吸附作用，从而有效地减少有效营养成分的淋溶或挥发损失。

由于网络结构内外可移动的离子浓度的差异，在浓度梯度的作用下，肥料中的有效养分可以逐步释放出来，达到缓释保肥的目的。

第二，腐植酸涂层长效肥的涂膜薄而轻，如氮涂剂，一般仅占尿素重量的 0.3% 左右，涂膜不会明显降低尿素的有效含氮量。而树脂、硫黄等包膜缓控释肥其膜重一般占尿素总量的 10% 左右，使尿素的有效含氮量下降到36%左右。由于尿素出厂时的含氮量一般都是46.3%~46.4%，腐植酸涂层长效肥的有效含氮量仍可保持在46%左右。

第三，腐植酸涂层长效肥使用的涂层成膜材料属亲水性的有机无机复合胶体，施入土壤中后会迅速大量吸收水分膨胀，并和土壤团粒中的有机无机物质结合，形成大分子三维网络结构，紧紧地包围在肥料粒子表面，使肥料粒子中的有效营养成分被牢牢吸附，大大减少其淋溶、渗透或挥发损失。特别是由于其吸水性良好，能充分地、高强度地吸收土壤团粒间及团粒内的各种水分，能够减少水分蒸发。这些水分可以被作物根系吸收，从而增强作物的抗旱能力。罕见的2008年的秋冬大旱，使得河南、河北、山东等省小麦严重减产，而使用了腐植酸涂层长效肥后，只需浇1次拔节水，就可得到高产丰收。河北日报以“一肥一水超千斤”的通栏标题报道了这种肥料增产节水的优越性，就充分说明了这一点。

第四，腐植酸涂层长效肥的涂层材料本身是营养物质，资源立足于国内，而且成本低，用量少，不在土壤中残留，绿色环保。涂层材料是膜反应的主要物质，取决于国内资源，有特定的有机物与无机物合成工艺。其中的“N1涂液”，0.5%用量即可均匀涂布于表面，在少量催化剂条件下与尿素反应形成尿基络合金属盐，使成膜物质牢固包裹于尿素颗粒表面，形成仅占尿素总重量0.2%~0.3%的橙黄色或金黄色包裹膜，有效改善了尿素的理化性质，在抑制脲酶活性、氨挥发、反硝化作用、防淋失方面，均能表现明显的缓释增效功能。

更为重要的是，涂层涂液降解后，还是作物可以吸收利用的养分（图6-20），无残留，无污染，安全环保，属于绿色环保肥料。而许多种类的树脂包膜类型控释肥料肥施入土壤以后，其薄膜材料很难降解，会长期残留于土壤中，造成二次污染。农民称“缓控释肥好是好，就是壳子化不掉。”

图6-20　涂液也是养分

第五，腐植酸涂层长效肥含有多种中微量营养元素，具有多种营养功能。

在腐植酸涂层长效肥的生产过程中，通过涂层工艺及钾肥造粒工艺在其中添加了硅、硼、钼、铜、锰、铁、锌等多种中微量营养元素。而且，这些中微量元素都是螯合态的，生理活性很高，作物能够有效吸收利用。因此，特称为多功能肥料。而在水稻腐植酸涂层长效肥中还特地添加了一定数量的有效二氧化硅，能够满足水稻的硅营养需求，促进了根系发育，强化了茎秆抗防倒性能，促进了对病虫害的抵抗力，并且优化了稻米品质。

第六，优良的技术经济性是中国农民用得起的大田作物新型肥料。

最优的技术经济性，是新型肥料能否尽快进入我国大田作物用肥市场并不断增加市场占有率的最重要的前提条件。国内外的新型控释肥料难以进入大田作物用肥市场的瓶颈因素就是其技术经济性的问题，由于成本太高，价格太贵，被业界称为“贵族”肥料，农民消费者买不起、用不起，只能望肥兴叹。

我们做了一个市场调查，国内（包括国外引进的）众多控缓释肥料由于销售价格太高，农民消费者根本难以接受，市场份额极少，基本上长期停留在试验示范阶段，一直打不开销售市场，更谈不上市场占有率。

腐植酸涂层长效肥每纯养分的价格比同类的复混肥（复合肥）仅提高了3%~4%，而包膜型或稳定型缓控释肥比同类复混肥（复合肥）高出 25%~30%，甚至更高，因此而成为“贵族肥料”，农民只能望肥兴叹，买不起，用不起。

第七，腐植酸涂层长效肥的配方随不同作物的营养状况和不同区域的土壤养分状况科学制定，营养成分配置合理，可以充分满足农民消费者的需要。

第八，腐植酸涂层长效肥是一种高效、长效、多效的新型 BB 肥，施用技术简单，多为一次性施用和亩用一袋子肥料，被称为“傻瓜”技术，深受农民欢迎。

第五节　含促生真菌有机无机氨基酸复混肥

1 国内外生物菌肥的现状

纵览世界各国生物肥料菌种之种类，大致有如下几类。

一是酵素菌类。酵素菌是一种复合型菌类，由细菌、酵母菌和放线菌等三大类构成。该种复合菌剂起源于日本，对分解有机物质具有明显的效果，通常被作为有机肥料的腐解剂，不具备解磷、释放生理活性物质和抑制土传病害的功能。

二是根瘤菌类。该种菌类归属细菌类范畴，欧洲、中国比较常用。它通过自身的固氮功能，可以将空气中的氮素固定到根瘤中，再通过根瘤将氮素输送给豆科植物，对禾本科作物没有效果。该种生物产品功能性比较单一，不具备矿化土壤有机物质、解磷及其释放生理活性物质的功能。

三是硅酸盐类解磷、解钾细菌。此种菌类也属于细菌类产品，它是由前苏联在 20 世纪 50 年代初期引进我国的生物菌种，该种菌种目前在我国仍然被普遍应用。由于菌种严重退化，加之菌种自身功能的局限性，使用效果已经明显降低。

四是芽孢杆菌类菌种。芽孢杆菌类产品大致分为枯草芽孢杆菌、地衣芽孢杆菌和侧芽孢杆菌。该类菌种近年由俄罗斯等国引进，该种菌类对植物的防病、抑病效果较好，但对矿化土壤中的有机物质、活化土壤中被固定态磷、释放植物生理活性物质等效果不明显。

五是真菌类生物菌种。真菌类生物产品，目前，以加拿大、德国的研究水平最受推崇，我国的研究和使用相对滞后，该种菌种的卓越功能与明显的使用效果，已引起了人们的广泛关注。

2 含促生真菌有机无机氨基酸复混肥

新疆慧尔新型肥料研究中心创新推出了含促生真菌有机无机氨基酸复混肥，其中，引进的促生真菌孢子粉 PPF，是加拿大恩典（Graceland）生物科技有限公司近期研制开发的一种生物科技产品。该种产品通过其特有的内生与外生菌根，可以分泌多种酶类，这些酶类对土壤中有机化合物的降解和被固定态磷酸盐的活化具有显著的效果，可以明显提高耕地土壤的养分库容；PPF 的代谢产物，可以有效抑制土壤中病原菌和病毒的生长与繁殖，净化土壤，减轻土传病害的发生；菌根分泌大量的生理活性物质，例如，细胞分裂素、吲哚乙酸、赤霉素等，可以明显提高植物的发根力和对某些中、微量元素的吸收能力，促进植物生长发育，增加抗旱、抗病、耐盐碱等抗逆性能。

3 含促生真菌有机无机氨基酸复混肥产品的特性

（1）本产品为国内最新推出的氨基酸型含促生真菌的新型有机无机复混肥。生产工艺采用最新最优的生物、化学、物理综合技术，肥料有效成分利用率提高了 10%~20%，并减少了养分流失导致的环境污染。

（2）本产品为通用型肥料，含有高活性的氨基酸成分，不含任何有毒有害成分，不产生毒性残留，是无公害农业生产资料。

（3）长期施用本产品可补给与更新土壤有机质，提高土壤有效肥力。

（4）本产品含有从国外进口的有卓越功能和明显增产、提质、抗逆效果的 PPF 真菌孢子粉。该真菌具有四大特殊功能。

① 能够分泌各种生理活性物质，提高作物发根力，提高作物抗旱性、抗盐性等。

② 能够产生大量纤维素酶，加速土壤有机质的分解，增加作物的可吸收养分。

③ 新陈代谢产物，可抑制土壤病原菌、病毒的生长与繁殖，能净化土壤。

④ 可促进土壤中难溶性磷的分解，增加对作物所需有效磷的供应。

第六节　螯合态高活性叶面肥

作物不仅通过根部吸收各种必需养分，还可通过地上部（如茎、叶）吸收一些可溶性养分。因此，可以通过叶面喷施的方式快速补充供给作物所需要的营养物质，这就叫做叶面施肥（或者根外施肥），这是人们认识作物叶面营养规律的重大突破，是我们首倡的农作物营养套餐施肥技术中的一个重要技术环节。

叶面施肥与根际施肥相比，具有下列特点。

（1）养分吸收快，肥效好。由于叶面喷施肥是将养分直接喷施于作物叶面，各种营养物质可直接从叶片进入植物体内，直接参与作物的新陈代谢和有机质的合成，故其速度和效果都比土壤施肥来得快。研究表明，肥料叶面喷施要比施于根部土壤养分吸收得快。作物叶片对养分的吸收速率远大于根部，效果显著，生产实践也证实了这一点，如尿素施于土壤要经过 4~6d 才见效，而叶面喷施数小时即可达到养分吸收高峰，只需 1~2d 就能见效；叶面喷施 2% 过磷酸钙稀释液，经过 5min 后便可转运到植株各个部位，而土施过磷酸钙 15d 后才能达到此效果。表 6-19 列示了几种常见的作物叶片对喷施养分吸收 50% 所需的时间。

由此可见，叶面施肥可以在短时间内补充植物所需养分，及时满足植物生长对养分的要求，保证作物的正常生长发育。

表 6-19　作物叶片对喷施养分吸收 50% 所需的时间

喷施养分	作物	吸收 50% 养分的时间（h）	喷施养分	作物	吸收 50% 养分的时间（h）
N（尿素）	黄瓜、玉米、番茄	1~6	P	扁豆	6
	芹菜、马铃薯	12~24		苹果	7~11
	烟草	24~36		甘蔗	15
	苹果、菠萝	1~4	K、Ca	扁豆、甘蔗	1~4
			Mn、Cl、Zn	扁豆	1~2
	咖啡	1~8	S	扁豆	8
	柑橘	1~2	Fe	扁豆	1（吸收 8%）
	香蕉、可可	1~6	Mo	扁豆	1（吸收 2%）

（2）针对性强，可以满足作物特殊性需肥，及时有效地矫正作物缺素症。在生产中常常需要为解决某种作物生理性营养问题和对某种肥料的特殊需要而进行施肥。由于采用土壤施肥需要一定的时间养分才能被作物吸收，不能及时缓解作物的缺素症状或满足作物对养分的特殊需求，而叶面施肥可根据土壤养分丰缺状况、土壤供肥水平以及作物对营养需求来确定养分的种类和配方，且通过叶面喷施能使养分迅速通过叶片进入植物体，因而，可及时补充作物缺乏或急需的养分，有效地改善或矫正作物的缺素症状，特别是微量元素缺素症，通过叶面喷施补充具有一些根部土壤施肥无法比拟的优点（表 6-20），可以解决农业生

产中的一些特殊问题，如葡萄缺镁而引起的颈部枯萎和果实凋落，只有叶面喷施镁肥才有效。

表 6-20 叶面喷施和土壤施用 $CuSO_4$ 对小麦产量及其产量组成因子的影响

施用方式	施用量（kg/hm^2）	穗数（穗 /m^2）	穗粒数（粒 / 穗）	籽粒产量（g/m^2）
土壤施用	2.52	28.8	2.3	1.0
	10.0	58.5	2.9	2.3
叶面喷施 2%（拔节时施 1 次）	2	63.8	17.1	14.0
叶面喷施 2%（拔节及抽穗期各施 1 次）	2	127.4	52.7	79.7

（3）弥补根部对养分吸收的不足，增加作物产量，改善作物产品品质。当作物根部养分吸收不到时，如作物苗期，一般根系不发达，吸收能力弱，容易出现弱苗、黄苗现象；作物生长后期，由于根系老化，功能衰退，吸收养分能力差，难以满足作物生长后期对养分的需求，影响产量；或者当土壤环境对作物生长不利时，如滞水、干旱、过酸、过碱等，易造成作物根系吸收养分受阻，而作物又需要迅速恢复生长时，如果以肥料土施方法则不能及时满足作物需要。研究表明，在形成作物产量的干物质中，有 90%~95% 来自光合作用的产物，而叶面施肥可增强作物体的代谢功能及各种生理过程，显著提高作物光合作用强度和大大提高酶的活性，促进根系吸收养分，有效促进作物有机物质的积累，如大豆喷施叶面肥后，平均光合强度为 $22.69CO_2/dm^2 \cdot h$，比对照提高了 19.5%；大蒜喷施叶面肥，根、茎、叶等部位酶的活性提高达 15%~31%。因此，通过叶面施肥可补充作物根部对养分吸收的不足，可以起到壮苗、提高坐果率、结实率和减少秕粒的作用，从而增加作物产量，改善作物品质。

（4）提高养分利用率，减少肥料用量。由于养分喷施于叶面而不经过土壤的作用，避免了土壤对养分的吸附固定、淋溶和生物降解等损失，可以被作物直接利用，从而提高了养分利用率。一般土壤施肥当季氮利用率只有 25%~35%，而叶面施肥在 24h 内即可吸收 70% 以上，肥料用量仅为土壤施肥的 1/10，因此，叶面施肥的肥料利用率远远大于土壤施肥，并可显著降低肥料施用量。研究表明，甘蓝通过叶面喷施氮肥，在减少土壤施肥量 25% 的情况下，仍可以维持相同的产量。

（5）肥效对土壤条件依赖性小，养分利用率稳定。土壤施肥养分利用受土壤温度、湿度、盐碱、微生物等多种因素的影响，利用率较低且变动大，而叶面施肥养分基本不受土壤条件的限制，利用率相对较稳定。例如，在盐碱、干旱等环境下，作物根部养分吸收受到抑制，叶面喷施可起到很好的补充作用。

（6）施肥方便，不受作物生长状态及生育期的影响。作物大部分生育期都可进行叶面施肥，尤其是作物植株长大封垄后，给根部施肥带来不便，而叶面喷施基本不受植株高度、密度等影响，养分种类、浓度可根据作物生长时期及状况进行调节，利于机械化操作。对一些果树和其他深根作物，如果采用传统的施肥方法难以施到根系吸收部位，也不能充分发挥肥效，而叶面喷施则可取得较好的效果。

（7）缓解重金属毒害。有些土壤中某种养分或一些重金属含量过高，抑制作物对其他养分的吸收，对作物生长产生不利影响，土壤施肥很难达到理想的效果，可利用叶面喷施以缓解部分元素引起的毒害。如土壤施锌量过高时可导致作物缺铁，由于土壤固定等造成的影响，土壤施用铁肥效果不理想，而叶面喷施铁可降低叶片锌浓度，减少锌毒害。

（8）叶面喷施可与大多数酸性农药、植物生长调节剂及其他活性物质结合使用，相互促进，提高叶片的吸收效果，增强作物抗逆性，防治病虫害。

（9）降低施肥造成的环境污染，施用环保、安全。众所周知，土壤大量施用氮肥，容易造成地下水和蔬菜中硝酸盐的累积，从而对人体健康造成危害。在盐渍化土壤上，大量的土壤施肥可使土壤溶液盐浓度增加，加重土壤的盐渍化。叶面喷施用肥量少，且可以控制肥料的用量和种类，使用得当还可降低土壤施肥量。据研究，叶面施肥使用得当可以减少 1/4 左右的土壤施肥，从而可避免或降低由于大量土壤施肥导致的土壤和水源污染，减轻土壤盐渍化。因此，叶面施肥是一种环保施肥技术。

（10）施肥经济简便，可减少农业生产投资。叶面施肥用肥量少，效果好，叶面施肥的用量是土壤施肥用量的10%~20%，尤其是对一些微量元素养分，不仅用量少、肥效高，还可避免因用量过大或施肥不均导致的作物伤害，因而可大大减少农业生产的肥料成本投资。叶面施肥较根部土壤追肥操作简便，可避免土壤追肥由于操作不慎而有可能对作物造成的机械损伤，还可以结合防治病虫害与化学药剂混合喷施，一举多得，降低了用工成本。

因此，叶面施肥是肥效迅速、有效营养成分利用率高而且用量很少的一种先进的施肥技术，是传统土壤施肥技术的一次革命。

必须指出的是：① 叶面施肥是土壤施肥的一个补充，两者相辅相成，绝对不能片面的使用叶面追肥代替土壤施肥。② 叶面施肥的效果和叶面肥的离子形态、稀释浓度、喷施方法等有极为密切的关系，尤其是叶面肥中营养元素的养分形态对叶面施肥的肥效高低影响极大。

关于螯合态微量元素的有关机理，我们将在第九节微量元素肥料中详细叙述。我们认为，对金属微量元素养分的螯合作用避免了养分的过早固定，能促进作物叶面对金属微量元素养分的快速渗透吸收，大幅度提高其利用率，并能促进这些养分在作物体内的运输（图6-21，图6-22）。

非整合态

金属微量养分离子带有正电荷

Mn^{2+}、$Fe^{2+/3+}$、Cu^{2+}、Zn^{2+}

整合态

带有正电荷的金属离子被一种带有负电荷的化学物质“包裹”起来，即被整合使原来带正电荷的金属离子现在呈“中性”

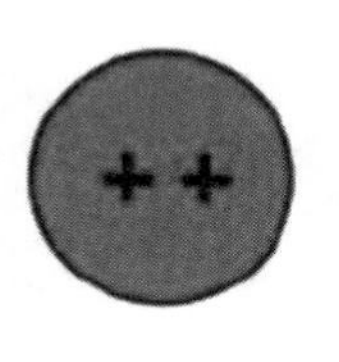

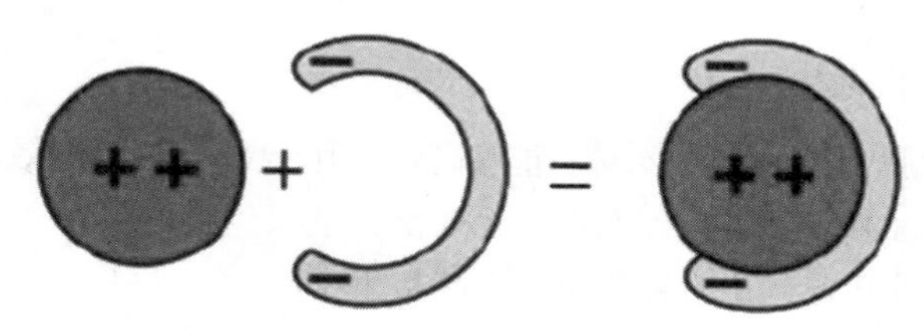

图6-21　微肥螯合作用的解释

未整合的

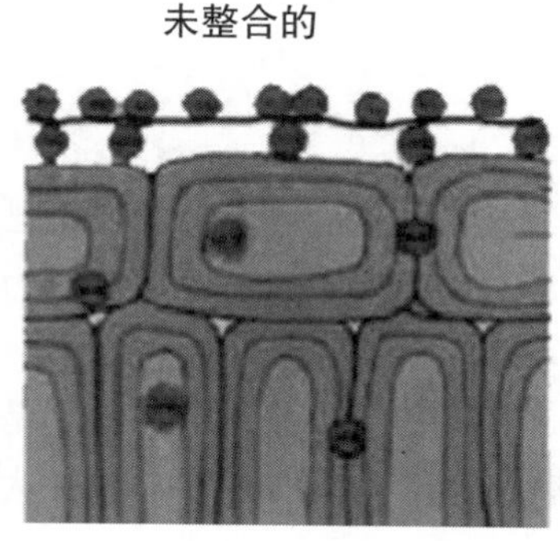

整合的

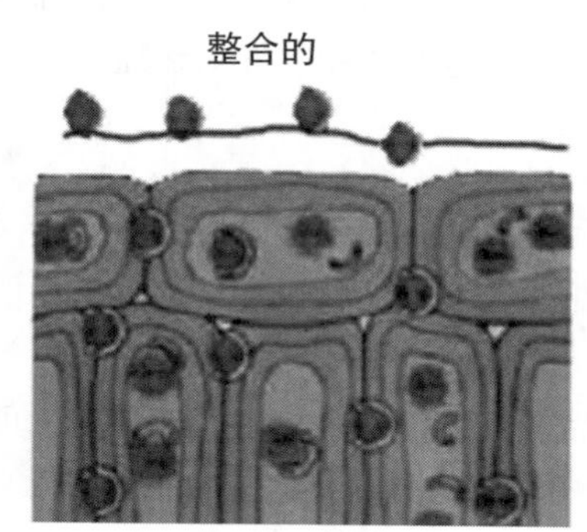

图6-22　螯合作用能促进微量元素养分的叶面吸收

新疆慧尔新型肥料研发中心研制的新型螯合态高活性叶面肥有下列品种。

1 高活性有机酸叶面肥

（1）本产品是利用当代最新生物技术精心研制开发的一种有自主知识产权的高效特效腐植酸类叶面肥。

（2）多种营养功能：含有作物需要的各种大量和微量营养成分，且容易吸收利用，有效成分利用率比普通叶面肥高出2~3成，可以有效地解决农作物因缺素而引起的各种生理性病害。例如，西瓜的裂口，果树的畸形果、裂果等生理缺素病害。

（3）促进根系生长：新型高活性有机酸能显著促进作物根系生长，增强根毛的亲水性，大大增强作物根系吸收水分和养分的能力，打下作物高产优质的基础。

（4）促进生殖生长：本产品具有高度生物活性，能有效调控农作物营养生长与生殖生长的关系，促进花芽分化，促进果实发育，减少花果脱落，提高坐果率，促进果实膨大，减少畸形花、畸形果的发生，改善果实的外观品质和内在品质，果靓味甜，提前果品上市时间。

（5）提高抗病性能：叶面喷施能改变作物表面微生物的生长环境，抑制病菌、菌落的形成和繁殖，减轻各种病害的发生。例如，能预防番茄霜霉病，辣椒疫病、炭疽病、花叶病的发展，还可缓解除草剂药害，降低农药残留。

2 活力钙叶面肥

（1）移动性好：能在农作物韧皮部和木质部双通道运输，并随光合作用产物快速输送到花、果、种子中。

（2）高效吸附：本叶面肥对农作物叶面有特殊的亲和力，具有亲脂和亲水的双亲特性，能使有效成分牢固地吸附在叶面上。

（3）易吸收：本产品是小分子量的螯合态钙离子，能轻易地穿过角质层进入植物细胞组织内。

（4）含钙量高：本产品有效钙（活力钙）含量为180g/L。

（5）抗早衰：防治叶片早衰，延缓果实衰老。

（6）防病虫害：防治水心病、苦痘病、腐心病、干烧心、脐腐病、萎蔫病，还能有效减少裂果、糙皮等。

（7）靓果实：改善果实外部品质，增强果皮韧性，使果实鲜艳靓丽。

（8）保鲜好：延长果实保鲜期，减少仓储期间的腐烂损失。

3 活力硼叶面肥

（1）高硼含量，高活性载体，能够高效吸附，高效渗入，有效成分利用率高，易于被农作物叶片吸收利用。

（2）不含氯，不烧叶，无毒、无残留，是绿色肥料。

（3）促进开花，花粉管伸长，提高坐果率。

（4）提高果实中含糖量。

（5）诱导豆科作物上根瘤菌的形成，提升固氮效果。

（6）有效防止治愈农作物的硼缺乏症。

4 活力钾叶面肥

（1）本产品是我们新型肥料研发中心利用国内外最新生物技术研制的高效特效叶面肥。

（2）本产品可以增强作物抵抗不良环境的能力，例如，增强抗病力、抗旱力、抗寒力等，可以使作物体质强健。

（3）本产品适宜在作物生长中后期喷施，可大大减少生理落果，提高坐果率，特别是促进茎叶中养分向果实（种子）中转移，显著促进果实（种子）的膨大、饱满、充实，使果实（种子）更大、更甜、更靓，高产而且优质。

5 尚色（天然果树上色剂）

本产品是广州聚凡公司研发的纯营养上色剂。基于作物营养全，光照好，促进作物体内花青素的合成。在光照充足的情况下，上色快，自然上色，果粉厚。经在葡萄上5月6日试验，5月8日观察上色已有变化，5月20日着色度明显增加，5月底当地农户要求大面积推广使用，他们说喷了的葡萄色泽鲜艳自然，是提高商品果实靓丽度的高效叶面肥。

葡萄喷施浓度：2 000倍，可喷施叶片和果面。

产品主要成分：P+K ≥ 50%以上 + 生物活性物质，使用倍数宜加大。建议1 000倍、1 500倍喷施，应在果实快速膨大期使用。最好加上表面活性剂，或加点洗衣粉。

可喷施两次，间隔期 10~15d。

本产品不含激素。

第七节　中量元素肥料

1 概述

植物中含 0.1%~0.5% 的元素称为中量元素，钙、镁、硫 3 种元素在植物中的含量分别为 0.5%、0.2%、0.1%。这些元素在作物生命代谢过程中，各有其独特的作用，彼此不能相互代替，缺少哪一种也不行。

根据国外多年来钙、镁、硫肥的应用，以及我国近年钙、镁、硫肥的研究开发和推广应用，测试土壤中营养元素的丰缺状况，针对不同作物的各个生长期对不同营养元素的需求，科学地给土壤施用钙、镁、硫肥是非常必要的。

2 肥料品种

2.1 钙肥

凡是能提供钙养分的钙化合物都可称为钙肥（表 6-21）。但是，我国在肥料品种的划分上，对同时含有主要营养元素和钙、镁、硫元素的肥料只标明其中氮、磷和（或）钾的含量，并分别归属于氮肥、磷肥或钾肥，这是不科学的。

表 6-21　可用作钙肥的钙化合物

化肥类别	品种	分子式或主要成分	有效成分（%）		
			CaO	N	P_2O_5
农用石灰	石灰石	$CaCO_3$	≥ 53	–	–
	生石灰	CaO	80~90	–	–
	熟石灰	$Ca(OH)_2$	≥ 60	–	–
	白云石	$CaCO_3 \cdot MgCO_3$	34	–	–
钙硫肥	天然石膏	$CaSO_4 \cdot 2H_2O$	33	18（S）	–
	磷石膏	$CaSO_4 \cdot 2H_2O+H_3PO_4$	27	15（S）	2~3
氮肥	硝酸钙	$Ca(NO_3)_2$	27	15	–
	石灰氮	$CaCN_2$	70	21	–
磷肥	磷矿粉	$Ca_5F \cdot (PO_4)_3$	30~45	–	19~30
	普通过磷酸钙	$Ca(H_2PO_4)_2 \cdot H_2O+CaSO_4$	18~30	–	12~20
	重过磷酸钙	$Ca(H_2PO_4)_2 \cdot H_2O$	19	–	46
	钙镁磷肥	$a\text{–}Ca_3 \cdot (PO_4)_2 \cdot CaSiO_3MgSiO_3$	≥ 32	–	12~18
钙肥	氯化钙	$CaCl_2 \cdot 2H_2O$	47.3	–	–

2.2 镁肥

据全国土壤普查资料，我国不少地区土壤缺镁状况比较严重，缺镁土壤面积达 553.3 万公顷，约占全国耕地总面积的 6%。据有关方面估计，国内目前施用的硫、镁、肥料估计不足 2 万吨，仅为需求量的 4% 左右，若按国内现有缺镁土地每公顷用硫酸镁 75kg 计算，则年需硫酸镁 41.5 万吨，加上种植其他经济作物所需的硫酸镁 10 万吨，对肥料级硫酸镁的年需求量为 51.5 万吨，可见镁肥潜在市场很大。常见的镁肥品种列于表 6-22。

表 6-22 镁肥品种

分类	品名	分子式	主要成分（%）				
			MgO	S	K_2O	CaO	P_2O_5
镁化合物	一水硫酸镁	$MgSO_4 \cdot H_2O$	29.0	23.0	–	–	–
	七水硫酸镁	$MgSO_4 \cdot 7H_2O$	16.4	13.0	–	–	–
	无水硫酸镁	$MgSO_4$	33.5	26.6	–	–	–
	硫酸钾镁	$2MgSO_4 \cdot K_2SO_4$	19.4	23.1	22.7	–	–
	钾盐镁矾	$MgSO_4 \cdot KCl \cdot 3H_2O$	16.2	13.9	18.2	–	–
	磷酸铵镁	$MgNH_4PO_4 \cdot H_2O$	26.0	–	–	–	5.7
	硝酸镁	$Mg(NO_3)_2SO_4 \cdot 6H_2O$	13.3	–	–	–	5.0（N）
含镁矿石	菱镁矿	$MgCO_3$	47.0	–	–	–	–
	方镁石	MgO	>85.0	–	–	–	–
	水镁石	$Mg(OH)_2$	68.0	–	–	–	–
	白云石	$MgO \cdot CaCO_3$	21.8	–	–	30.4	–
	蛇纹石	$3MgO \cdot 2SiO_3 \cdot 2H_2O$	43.6	–	–	~5%	–
加镁肥料	加镁过磷酸钙	–	3.5	–	–	–	15
	加镁硫酸铵钙	–	>8	–	–	>12	
	加镁磷铵	–	4	–	–	–	3（水溶性）
	炉渣镁肥	–	>3	–	–	–	
	钙镁磷肥	–	>20	–	–	>32	

2.3 硫肥

硫是作物生长所必需的营养元素，在我国南方省（市、区）已开始引起人们的重视。含硫肥料种类较多，大多是氮、磷、钾、镁、铁肥的副成分，如硫酸铵、普通过磷酸钙、硫酸钾、硫酸镁及硫酸亚铁等，但只有硫黄、石膏被专作硫肥而经常施用。石膏又分为生石膏、熟石膏及含磷石膏 3 种。

当前世界各地土壤缺硫现象日益普遍。自 1987 年开始，联合国粮农组织对包括中国在内的 13 个国家开展了“平衡施肥、避免缺硫、提高产量”的研究项目，在我国先后进行了 26 次硫肥田间试验和 15 个省（区）的土壤硫状况的普查，吉林、陕西、辽宁缺硫程度为 41.0%~61.1%；江西、广东、福建、云南、海南为 31.8%~35.7%；湖南、广西壮族自治区、四川、河北、山东为 21.3%~28.7%；浙江为 14.7%；贵州为 5.2%。

在国外，丹麦、法国、英国、德国、挪威等国在施肥中均增加了硫素，如牧草为 10~25kg/hm^2、油菜为 10~80kg/hm^2，谷物为 5~50kg/hm^2。英国预计到 2003 年有 23% 土壤严重缺硫，27% 中等缺硫。因此，从 1994–2000 年硫用量增加 10 倍。北美国家年施硫量从 1989–1994 年以 2.5% 的速度增长。印度有 30% 的土壤缺硫，每年每公顷增施的硫量为：谷物 20~40kg，茶叶 40~50kg。补硫成为增产的重要措施之一。

根据当前国内外对硫肥的研究与应用现状，施用单一高效硫肥十分必要，并且应该注意配肥比例。大量研究表明，要使农作物达到最佳生长状态和养分的最高利用率，植物体内的氮（N）、硫（S）比例必须是（15~20）:1。

目前，我国未把硫作为一种养分来计算，表 6-23 中的硫酸铵归属于氮肥；硫酸钾归属于钾肥；锌、铜、铁的硫酸盐归属于微量元素肥料，而硫酸钙和硫酸镁分别在钙肥和镁肥中做了叙述，这里重点介绍硫黄粉。

硫黄粉虽含有较高的硫元素，但其利用率低，因为植物从土壤中吸收的是硫酸根离子，硫黄粉（S）需经土壤中微生物将其氧化成硫酸盐才可以被作物吸收利用。加拿大 1994 年投入工业化生产的高效硫肥（含

S 98.9%），就是用高科技方法生产出超细极纯硫粉，再经过绿化处理制得。该肥可直接施用或加工成颗粒，与氮、磷、钾配合施用。这种单一高效硫肥销售到北美、澳大利亚和欧洲。据北美对施肥经济效益的研究，投入 1 美元的肥料，可以得到 3 美元的利润，但在缺硫土壤上，投入 1 美元硫肥，可得到 9~10 美元利润。

表 6-23 含硫肥料的植物营养含量

肥料种类	营养成分（%）				
	N	P_2O_5	K_2O	S	其他
“磷酸铵”复合肥料	11	48	0	4.5	
硫酸铵溶液	74	0	0	10	
亚硫酸氢铵	14.1	0	0	32.3	
亚硫酸氢铵溶液	8.5	0	0	17	
硝酸－硫酸铵	30	0	0	5	
磷酸铵“磷酸铵 B”	16.5	20	0	15	
多硫化铵溶液	20	0	0	40	
硫酸铵	21	0	0	24.2	
硫酸－硝酸铵	26	0	0	12.1	
硫代硫酸铵（溶液）	12	0	0	26	
碱性炉渣（托马斯磷肥）	0	15.6	0	3	
硫酸钴	0	0	0	11.4	21（Co）
硫酸铜	0	0	0	12.8	25.5（Cu）
硫酸亚铁铵	6	0	0	16	16（Fe）
硫酸亚铁	0	0	0	18.8	32.8（Fe）
硫酸亚铁（绿矾）	0	0	0	11.5	20（Fe）
（水合的）	0	0	0	18.6	32.6（CaO）
钾盐镁矾	0	0	19	12.9	9.7（Mg）
无水钾镁矾	0	0	21.8	22.8	
硫灰（干的）	0	0	0	57	43（Ca）
硫灰（溶液）	0	0	0	23~24	9（Ca）
硫酸镁（泻盐）	0	0	0	13	9.8（Mg）
硫酸锰（参见“T”）	0	0	0	21.2	36.4（Mn）
硫酸钾	0	0	50	17.6	
黄铁矿	0	0	0	53.5	46.5（Fe）
亚硫酸钠（硝饼）	0	0	0	26.5	
硫酸钠	0	0	0	22.6	
“硫酸铵”复合肥料（造纸业副产品）	10	0	0	23	

肥料种类	营养成分（%）				
	N	P_2O_5	K_2O	S	其他
硫酸钾镁	0	0	26	18.3	
硫酸（100%）	0	0	0	32.7	
硫酸（600 波美度为 93%）	0	0	0	30.4	
硫黄	0	0	0	100	
二氧化硫	0	0	0	50	
普通过磷酸盐	0	20	0	13.7	
含 65%~80%$MgSO_4$	2	0	0	15.5	
尿素-硫黄	40	0	0	10	
硫酸锌	0	0	0	17.8	36.4（Zn）

可用作硫肥的物质很多，大致可分为 4 类。

2.3.1 含硫矿物

我国有大量天然石膏，含 S18%~19%。我国宋代就已开始施用石膏来改良土壤和供应养分，特别是在江南水稻产区。硫铁矿也是主要硫源之一，除了加工成硫酸盐用作硫肥以及矿渣直接施用外，可直接施用硫铁矿粉改造碱性土壤，也可用于降低含钙土壤的 pH 值。

2.3.2 加硫肥料

在氮肥或磷肥中加入硫磺制得的肥料可分为 4 类。

（1）加硫尿素可以制成氮（N）硫（S）比为（1~20）:1 之间任何比例的产品。尿素加硫可减少尿素结块现象，从而使产品具有优良的贮存和物理性能，适宜于直接施用。

（2）加硫重过磷酸钙组成为 0-38-0-15（S），具有良好的物理性能，很适合需硫土壤。

（3）加硫磷铵以硫黄和磷酸铵为原料，组成为 12-52-0-15（S）或者 16-（9~20）-0-14（S）。

（4）加硫三元复混肥料组成为 10-20-30-3（S）、12-24-24-3（S）等。

此外，普通过磷酸钙含 S 12%，也可作为硫肥施用。

2.3.3 硫基复合肥

硫基复合肥又称为硫酸钾型复合肥，将生产硫酸钾、磷酸及磷酸铵的技术有机地结合起来，可制得规格为 15-15-15 的粒状硫基 N、P、K 复合肥，近年来在我国获得迅速发展，产量大幅度上升。例如，山东红日化工集团（原山东临沂化工总厂）、山东绿源集团、鲁西化工集团阳谷化工总厂、鲁北化工总厂、云南金星化工等产品经农业部门对比试验表明，其肥效与进口复合肥相当。

2.3.4 包硫肥料

在肥料外面包涂层硫的肥料，可以调节营养元素在土壤中的释放速度，改善颗粒质量，大大降低吸湿性，又称为缓释肥料，主要品种有硫包衣尿素、氯化钾和硝酸钾以及复合肥。

第八节　微量元素肥料

1 微量元素肥料与农作物生长

地球上自然存在的元素为 92 种，其余的为人工合成，然而植物体内却有 60 余种化学元素。到目前为止被证实是必需元素的有 17 种，在必需元素中，C、H、O 三种元素占作物体干重量的 95% 以上，它们主要来源于空气和水。N、P、K 三种元素占作物干重的千分之几或百分之几，它们主要来源于土壤和空气。这两类元素对农作物来说需要量大，称为大量元素。Ca、Mg、S 的含量约为作物干重的千分之几，称为中量元素。而含量在 0.0001%~0.01% 的元素称为微量元素。大量元素和中量元素早已为人们所熟知并已进入正常的使用，而微量元素因其量“微”一直处在被遗忘的角落，直到最近几十年，才被人们逐步认识，其量虽微，但和大量元素一样却都各自承担着生命过程的重要角色。微量元素是酶、维生素、激素的重要组成部分，直接参与机体的代谢过程，一旦缺少，轻则影响农作物的生长发育，造成减产歉收，重则颗粒无收。农业科学家把必需元素肥料的这种相互关系归纳为肥料的三大定律：① 同等重要律，即大量元素与微量元素同等重要，缺一不可。② 不可替代律，各种必需营养元素不能相互替代，缺什么元素就得施什么元素肥料。③ 最小养分律，要保证作物正常生长发育而获得高产，必须满足它所需要的一切营养元素，其中一个达不到需要的数量，生产就会受到影响，产量就受这一最少的营养元素所制约。

作为植物生长的必需微量元素，还必须具备 3 个条件：① 这种元素是完成作物生长周期所不可缺少的。② 缺少时表现专一的缺素症，唯有补充后才能恢复正常生长，其他元素不能代替。③ 在作物营养上具有直接作用的效果，而并非由于该元素改善了作物生长条件所产生的间接效果。满足以上条件称为微量营养元素。需要向土壤补充含这种微量元素的物质叫微量元素肥料。

到目前为止，按照上述 3 种准则，被世界公认的微量元素有 Fe、Mn、Zn、Cu、B、Mo、Cl、Ni 等 8 种元素。

2 微量元素在自然界的循环

土壤是植物所需微量营养元素的天然宝库，植物从土壤中吸收必需的养分，维持其生命运动的过程，并储存于茎、叶、果实中。植物的果实作为动物的食品，微量元素则从植物转移到人和动物体内，一部分随粪便排出体外，最终归还土壤。动物一部分成了人的食品，一部分死亡后尸体腐烂，其微量元素又进入了土壤。如此形成了一个自然循环体系，如图 6-23 所示。

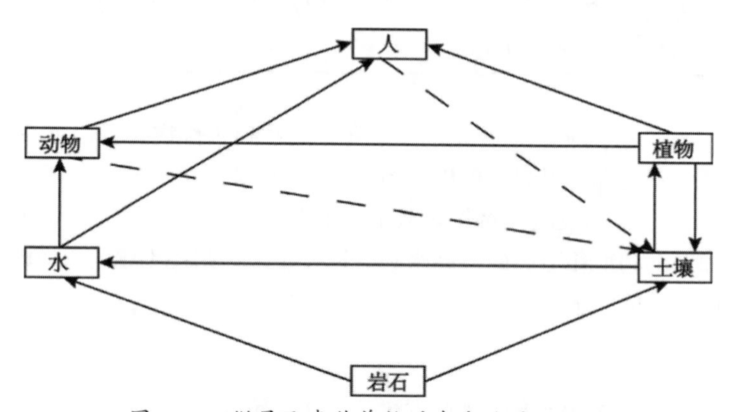

图 6-23　微量元素营养物质在自然界的循环

在自然循环体系中，植物营养体系是一种低水平的物质循环，依靠植物的残花、落叶，动物的粪便、尸体等自然物质归还土壤，在这一循环过程中只是部分参与循环，还有一部分由于各种因素，变为植物不能吸收的矿物质，原始的平衡不断遭到破坏。随着世界人口的迅速膨胀和人类生活水平的迅速提高，人们需要从土壤中获得比过去更多更好的粮、棉、油、菜、果等各种农作物产品。土壤中的微量元素与其他元素一样，已无法满足这种迅速增长的需要。N、P、K 等常量元素肥料的大量使用，更加剧了这种原始平衡的破坏，人类只有设法向土壤补充日益贫乏的微量营养元素，才可能维持这种平衡，以保证土壤能为作物正常生长发育提供足够的微量元素。所以，及时适量的施用微量元素肥料，成了维持这种平衡的重要手段。

动植物所必需的微量元素，大部分是相似的（表 6-24）。

表 6-24　动植物所必需的营养元素

元素	高等植物	人和动物
常量元素	C、H、O、N、P、K、Ca、Mg、S、Si	C、H、O、N、P、K、Ca、Mg、S、Na、Cl
微量元素	B、Cl、Mo、Na、Mn、Co、Zn、V、Cu、Fe、Ni	Fe、F、Br、Co、I、Ni、Cu、Se、Sn、Mn、V、As、Mo、Cr、Al、Zn、Ba、Sr

土壤中微量元素不足，常引起植物体微量元素含量的不足，植物体微量元素含量的不足将引起动物和人体的微量元素不足，最终导致人类疾病的发生，形成恶性循环。类似这种情况，在国内外都曾发生过。20 世纪 60 年代初期，在伊朗有一种青春期营养性侏儒综合征，病人身体矮小、肝脾肿大、食欲低下、贫血、性发育不良等。经科学考察分析，原来是这一地区土壤缺锌，这些病人以当地谷物为主食，加上食物中大量的植酸盐和纤维更影响了微量锌元素的吸收利用，使这一类地区都发现有锌缺乏引起的营养性侏儒综合征。土壤中严重缺乏某种元素时，常常导致一些地方性疾病的发生。在食物中各种微量元素补给的量与人体健康的关系，见表 6-25。

表 6-25　食物中微量元素补给与人体健康关系

元素	适量的作用	量不足的影响	量过多的影响
铜	血红蛋白的生成，血红球蛋白成熟，细胞内氧化代谢正常	贫血，心脏肥大，婴儿发育慢	低血压，呕血，黄疸
锌	活化碳酸酐酶、羟基酞酶，有益皮肤、骨骼、生殖	骨骼发育不良，伤口愈合慢	恶心，呕吐，腹泻，血便
锰	活化精氨酸酶、磷酸酶、羧化酶	骨骼生长不正常，生殖机能紊乱	肌肉活动不协调，神经衰弱
铁	形成血红蛋白、肌红蛋白，帮助 O_2 运输	贫血	肠道出血，肝大

由此可见，土壤中可给性微量元素是否充足、平衡，关系到农作物能否稳定高产，更关系到这个循环中人畜的健康。某一元素的不足都可引起生理机能的失调。

一些发达国家的经验表明，不仅应该将作物从土壤中取走的营养元素归还土壤，而且应该把土壤肥力提高到与植物生理特性和经济制度相适应的最高水平。近几年来，归还土壤的 N、P 量已高于正常需要量，而微量元素的补给尚未达到相应的水平。

3 微量元素的吸收形态

植物只能吸收能溶于水的离子态或螯合态的元素，见表 6-26。

表 6-26　微量元素的吸收形态

元素	吸收状态	确定年代	学者
铁（Fe）	Fe^{2+} 或金属螯合物	1844	Crise
锰（Mn）	Mn^{2+} 或金属螯合物	1922	MclangneJS
锌（Zn）	Zn^{2+} 或金属螯合物	1926	SommerAL.
铜（Gu）	Gu^{2+} 或金属螯合物	1931	LipmanB
硼（B）	$H_2BO_3^+$	1923	AmigtonK
钼（Mo）	MoO_4^{2-}	1939	AmonDI
氯（Cl）	CL^-	1954	BrogorTC
钠（Na）	Na^+	1957	BrouwneIIPF

土壤中不溶于水的含微量元素的各种盐类和氧化物，不能被植物吸收，所以，以离子态施入土壤的微量元素极易与土壤中的 CO_3^{2-}、PO_4^{3-}、SiO_3^{2-} 等固定，成为难溶的盐，金属螯合物、络合物则可防止这一现象的发生。

4 微量元素肥料的应用效果

自从 20 世纪发现微量元素对农作物生长的机理和作用以来，许多国家越来越重视微量元素作用及其机理的研究，大规模生产施用微量元素肥料已成为世界化肥研究的重要课题。微量元素的作用已越来越受到人们的关注，在现代化农业生产中扮演越来越重要的角色，发挥了越来越重要的作用。归纳起来，有以下几个方面。

（1）提高农作物的产量。不同地区的不同作物施用微肥都有非常明显的增产效果。一般增产率可达到 5%~50%，尤其是中、低产田效果最为显著。实践表明，某种微量元素缺乏越严重，对某种作物越敏感，施用后增产效果越明显。如陕西省玉米施锌试验很能说明问题，如果把玉米产量水平分成 200、200~350、350~500、>500kg，测得这些土壤中锌含量分别是严重缺锌、中等缺锌、稍微缺锌和基本不缺锌。这 4 个等级施用锌肥后，增产率分别为 30.7%、8.1%、6.8% 和 3.5%。湖北等地水稻施锌结果表明，水稻亩产量水平 250kg 以下，平均增产率为 35.5%；300~400kg 的，平均增产率为 19.4%；400~500kg 的，平均增产率为 10.5%。在一些微量元素严重缺乏的地区，针对性的在果树、蔬菜上使用微量元素，最高增产幅度可达 100%。

（2）改善作物品质。农产品摆脱计划经济的影响走上市场经济以后，市场对农产品的质量要求越来越高。随着人民生活水平的提高，我国在解决温饱问题以后，对粮、棉、油、蔬、果的质量更为注重。大量多元复合肥料的施用，大大改善了作物的无机营养平衡，不仅使农作物产量大幅度提高，而且使农产品的品质大为改善，一些地方性缺素造成的疾病可以得到有效预防和治疗。农产品尤其是粮食、蔬菜、水果的蛋白质、糖、维生素、微量元素等含量升高，风味更好，对促进全民族的健康水平起到积极的作用。对棉花、红麻等经济类作物，还可增强纤维强度。微量元素的使用有效提高了农产品的商品价值。

（3）减轻作物病虫害。由于微量元素肥料的施用，使农作物所需的各种元素得到了平衡合理的供应，这就大大增强了作物的抗病、抗寒、抗高温、抗干旱的能力，农作物因缺素造成的疾病不复存在，使农作物可以健康地生长。如作物施硼以后，能促进糖在体内运转正常而抗性加强，β－糖络合物是酸性较强的络合物，使细胞液反应偏酸而不利于病菌生长。各种微肥减轻或防治作物病害的种类见表 6-27。

表 6-27　微肥减轻或防治作物病害的种类

微肥种类	减轻或防治作物病害种类
锌肥	水稻赤枯Ⅱ型，柑橘、苹果小叶病，小麦条锈病，棉花萎蔫病，亚麻立枯病，向日葵白腐病，黑麦黑粉病，大麦黑穗病
硼肥	油菜菌核病，马铃薯疮痂病，小麦坚黑穗病，甜菜腐心病，甘薯软腐病，亚麻顶枯病，向日葵灰病，菜豆炭斑病，萝卜褐心病，棉花黑根病，大豆芽枯病
钼肥	烟草花叶病，小麦黑穗病，棉花立枯病
锰肥	大麦黑穗病，黑麦黑粉病、锈病，马铃薯晚疫病，甜菜立枯病、褐斑病
铜肥	马铃薯施核菌粉痂病、疮痂病、晚疫病、软腐病，菜豆炭斑病，番茄褐斑病、立枯病
铁肥	黑麦锈病，大麦黑穗病

由于微量元素用量极“微”，所以用微小的代价换取很大的利益，投入与产出之比可以高达1:（50~100）甚至更高。而大化肥的投入产出之比仅为1:（5~10）甚至更低。这无论对微肥生产者还是使用者都是诱人的商机。我国微肥生产刚刚起步，而市场容量却相当广阔，所以市场需要多品种、高质量的微肥问世。

5 单质无机微肥

单质无机微肥是指化合物中只含有一种微量元素的肥料。其优点是：用户可根据土壤和农作物的缺素情况灵活掌握用量，加强用肥的针对性，防止用肥的盲目性。“缺啥补啥”是施肥的重要原则，对微肥而言更是如此，由于微肥用量极微，掌握不好超过一定的限度极易发生中毒，用后不但不能增产，还会造成减产，增加用肥成本，造成浪费。单质无机微肥纯度高，微量元素含量变化范围小，在平衡施肥过程中可以比较准确的计算用量，也便于按不同需要配制。单质无机微肥是配制多元素氮肥、磷肥、钾肥、复合肥、复混肥、有机无机复混肥、有机肥等多种配料的原料，水溶性单质无机微肥还是生产微肥的基础原料，也是配制水溶肥、滴灌肥、叶面肥的主要原料。

（1）铁肥。用作铁肥的含铁化合物列于表6-28。

表 6-28　用作铁肥的含铁化合物

品名	分子式	含铁量（%）	性质
硫酸亚铁	$FeSO_4 \cdot 7H_2O$	16.3~19.3	天蓝色或绿色结晶，易溶于水
硫酸铁	$Fe_2(SO_4)_3 \cdot 4H_2O$	23	棕色结晶，易溶于水
硫酸亚铁铵	$FeSO_4 \cdot (NH_4)_2SO_4 \cdot 6H_2O$	14	透明浅蓝绿色结晶，易溶于水
氧化铁	Fe_2O_3	59.5~68.5	红色或深红色无定形粉末，难溶于水，肥效较差
碳酸亚铁	$FeCO_3$	46.3	–
磷酸亚铁铵	$Fe(NH_4)PO_4 \cdot H_2O$	28.7	缓效性铁肥
铁烧结体	–	30~40	枸溶性铁肥
硫铁矿	FeS_2	23~40	–

（2）锰肥。土壤中锰的含量变化很大，为42~5 000mg/kg，平均710mg/kg，虽含量丰富，但可给性却受土壤pH值、氧化还原状况、土壤质地和通透性等的影响。我国北方石灰性土壤易缺锰，而南方红壤一般

不缺锰。此外，锰的不足常见于排水不良的有机质土壤和矿质土壤。锰肥可做基肥、种肥和追肥，但更适于种子处理和叶面追肥。用作锰肥的含锰化合物列于表 6-29。

表 6-29　用作锰肥的含锰化合物

品名	分子式	含锰量（%）	性质
硫酸锰	$MnSO_4 \cdot H_2O$	29.3~31.8	淡玫瑰红色细小晶体，易溶于水
氧化锰	MnO	66~70	绿色或灰绿色粉末，微溶于水，肥效缓慢
氯化锰	$MnCl_2 \cdot 4H_2O$	27.5	玫瑰色单斜晶体，易溶于水
碳酸锰	$MnCO_3$	43~44	玫瑰色三角晶体或无定形白棕色粉，微溶于水
二氧化锰	MnO_2	55~60	黑色或灰黑色晶体或无定形粉末，微溶于水
硝酸锰	$Mn(NO_3)_2 \cdot 4H_2O$	21	浅红色结晶，溶于水
硫酸铵锰	$3MnSO_4 \cdot (NH_4)_2SO_4$	26	浅粉红色粉末，溶于水

（3）锌肥。用作锌肥的含锌化合物如表 6-30。

表 6-30　锌肥品种（含锌化合物）

品名	分子式	含锌量（%）	品名	分子式	含锌量（%）
硫酸锌	$ZnSO_4 \cdot 7H_2O$	23	碱式碳酸锌	–	57
一水硫酸锌	$ZnSO_4 \cdot H_2O$	35	硫化锌	ZnS	65
碱式硫酸锌	$ZnSO_4 \cdot Zn(OH)$	30	磷酸锌	$Zn_3(PO_4)_2 \cdot 2H_2O$	44
氯化锌	ZnCl2	46~47	硝酸锌	$Zn(NO_3)_2 \cdot 6H_2O$	21.5（含 N9.2%）
氧化锌	ZnO	70~80	闪锌矿	ZnS	–

硫酸锌是最常用的锌肥，可作基肥、种肥或追肥，但更适于种子处理和根外追肥。浸种时用 0.1% 硫酸锌溶液浸 12h 后播种，拌种时每千克种子用 4~6g 硫酸锌，先用少量水溶解后均匀地喷洒在种子上。

用 0.1%~0.2% 的氯化锌溶液喷施玉米，可防治白叶病，增产效果也很好。

氧化锌也是常用锌肥，但由于氧化锌不溶于水，需用一种非离子型的湿润剂，使氧化锌在水中成为一种粒子很细的浮液。常用 1% 的氧化锌悬浊液蘸水稻秧根，每千株稻秧需溶液 1kg 左右。

大部分作物对于叶面喷施的锌反应很快，制液体复合肥时多采用 20% 的硝酸锌溶液。

（4）铜肥。用作铜肥的含铜化合物及铜矿列于表 6-31。

表 6-31　用作铜肥的含铜化合物

品名	分子式	含铜量（%）	性质
五水硫酸铜	$CuSO_4 \cdot 5H_2O$	23.7	兰色结晶，能溶于水，在干燥空气中慢慢风化，表面变为白色粉状物
一水硫酸铜	$CuSO_4 \cdot H_2O$	34.4	–
碱式碳酸铜	$CuCO_3 \cdot Cu(OH)_2$	54.0	孔雀绿色，细小无定型粉末，难溶于水
氯化铜	$CuCl_2 \cdot 2H_2O$	36.5	绿色棱形结晶，易溶于水，在潮湿空气中易潮解，干燥空气中易风化
氧化铜	CuO	78.3	黑色或棕黑色粉末，难溶于水
氧化亚铜	Cu_2O	84.4	檫红或暗红色结晶粉末，难溶于水，有毒
磷酸铵铜	$Cu(NH_4)PO_4 \cdot H_2O$	32	难溶于水
硫化铜	CuS	65.2	黑色粉末或蓝黑色结晶，难溶于水
硫化亚铜	Cu_2S	0.3~1.0	难溶性铜肥

硫酸铜是最经常使用的铜肥，叶面喷洒是主要的施用方法，喷洒的浓度为 0.02%~0.04%，最好加入少量熟石灰（0.15%~0.25%），配制成波尔多液，既是肥料，又是农药，可以杀虫并能增产，主要用于苹果、梨、柑橘、棉花、蚕豆等以及南方各种热带、亚热带水果上。拌种时，每千克种子用量不超过 2~4g（最安全为 0.6~1.2g）；浸种一般用 0.01%~0.05% 浓度的水溶液。

含铜矿渣和铜矿粉最适宜作基肥。例如，含铜硫铁矿烧渣，它是硫酸工业的下脚料，含铜为 0.3%~0.8%，主要成分是铁，还含有硫、硅、锌等元素。每亩施用量为 30~50kg，最好在春耕前施入土壤。通常 4~5 年施用 1 次效果最好。

（5）硼肥。我国的硼肥品种列于表 6-32。

表 6-32　我国硼肥品种

品名	分子式	含硼量（%）
硼砂	–	11（以 B 计）
硼酸	$Na_2B_4O_7 \cdot 10H_2O$	17（以 B 计）
硼镁肥（硼泥）	H_3BO_3	1.5~1.6（以 B_2O_3 计）
晶体硼镁肥	–	5~12（以 HBO_3 计）
多硼酸铵	$H_3BO_3+MgSO_4 \cdot 7H_2O$	51~61（以 B_2O_3 计）
硼钙镁磷肥	$NH_4B_5O_8 \cdot 4H_2O$	0.17~0.23（以 B 计）
硼过磷酸钙	–	0.1~0.6（以 B_2O_3 计）

硼砂是最基本的硼肥品种，生产工艺成熟，产品质量稳定，价格便宜，储运施用方便，可用于各种作物和各种土壤，有多种施用方法。根外追肥应用最广，叶面喷施 0.1%~0.4% 的硼砂水溶液，每亩喷液量一般为 50~75kg。种子处理：采用 0.03%~0.05% 的硼砂水溶液进行拌种或浸种。土壤施肥：每亩用硼砂 0.15~1kg，掺细土数 10kg，或与厩肥、堆肥、其他农家肥和过磷酸钙等混匀，在作物播种前施入土中。种子不可与肥料直接接触，以免发生局部毒害。硼酸的含硼量较硼砂约高 54%，其用量和稀释浓度应相应减小，其应用范围和施用方法与硼砂相同。

硼泥可直接作为硼肥使用，亦可以硼泥为原料，制取硼镁磷肥、硼镁氮肥、含硼复合肥及有机硼肥等。其他硼肥多用作基肥或种肥。

（6）钼肥。用作钼肥的钼化合物列于表 6-33。

表 6-33　用作钼肥的含钼化合物

品名	分子式	含钼量（%）	性质
钼酸铵	（NH_4）$6Mo_7O_24 \cdot 4H_2O$	54	白色或浅黄绿色晶体，溶于水
钼酸钠	$Na_2MoO_4 \cdot 2H_2O$	38.8	白色或略有色泽的结晶粉末，溶于水
三氧化钼	MoO_3	66	–
二硫化钼	MoS_2	58~58.8	浅绿色或淡黄色粉末，微溶于水
钼玻璃	–	30	黑灰色稍带银灰光泽粉末
含钼过磷酸钙	–	0.1~0.15	枸溶性的缓效钼肥

钼酸铵是常用品种，也是生产含钼复合肥的原料。钼酸铵和钼酸钠都为水溶性钼肥，适用于种子处理。对于叶面施肥可用 0.1%~0.3% 溶液。钼渣、钼玻璃用作基肥。一般肥效可持续数年。含钼过磷酸钙为复合肥，与普通过磷酸钙的使用方法相同。

6 有机微肥

有机微肥是指含有微量元素的螯合物和络合物。螯合剂无毒、无害，不能被土壤中微生物分解和被其他金属所置换，始终保持植物可吸收的螯合态存在于溶液和土壤中，明显提高了植物对养分的吸收率。例如，螯合锌在土壤中流动速率比硫酸锌快，因而促进了微量元素从土壤向植物的根部扩散，起到了运输和转换作用，并最大限度地提高其吸收率。

目前，与无机微肥相比，有机微肥的比例还不大，主要原因是产品价格高。尽管有机微肥的肥效比无机微肥高，络合物微肥的肥效虽不如螯合物明显，也优于无机微肥，但在大田作物上仍未大量施用，主要用于经济作物或花卉等园艺作物。

国外从 20 世纪 30 年代、我国从 50 年代开始研究 EDTA 螯合微肥，后来曾一度提倡腐植酸作螯合剂，使成本有所降低。近年来开发了氨基酸螯合剂，生产的螯合微肥不仅适用于普通的粮食作物于（水稻、小麦、玉米），而且油料作物（油菜、大豆、花生）、经济作物（棉花、烟叶、茶叶、桑叶）、果树（苹果、梨、柑橘、荔枝、龙眼等）以及蔬菜等都有不同程度的增产和改善品质、降低农药残留的作用。随着应用研究的深入，生产工艺不断改进，生产成本越来越低，氨基酸螯合微量元素肥料有着广阔的发展前景。

（1）有机螯合微肥。有机螯合微肥是一个金属离子与一个有机分子中的两个赐与电子的基，形成环状化合物，这种有机分子中的化合物称为螯合剂。与螯合剂结合的金属离子比较稳定，全部失去了它作为离子的性能，不易发生化学反应而变成沉淀物，但能为植物所吸收。

所有的多价离子（包括碱金属、碱土金属），都能形成螯合物，金属螯合的能力递减的顺序为：Fe^{3+}、Cu^{2+}、Zn^{2+}、Fe^{2+}、Mn^{2+}、Ca^{2+}、Mg^{2+} 等，加入营养液中的螯合物不易为其他多价离子所置换；易溶于水且具有抗水解的能力；不易与其他离子反应而产生沉淀；补偿缺素症时不能损伤植物。常用于无土栽培的高铁螯合物，不仅配制在营养液中，也可作为叶面喷洒或加入到基质中。

重要的螯合剂有。

EDTA：化学名称为乙二胺四乙酸，分子式为（CH_2N）$_2$（CH_2COOH）$_4$，分子量为 292.25，白色粉末，在水中的溶解度小，在 22℃时每 100ml 水中只能溶解 0.02 克。通常把它制成二钠盐，分子量为 372.24，白色结晶粉末，易溶于水，在 22℃时每 100ml 水中可溶解 11.1 克，根据部颁标准，二级试剂的含量不少于 99.0%。

EDTA 以它为螯合剂生产的微肥有：ZnNaEDTA、$ZnNa_2EDTA$（含 Zn 6%~14%）、FeNaEDTA（含 Fe5%~14%），MnEDTA（含 Mn6%~12%）、$CuNa_2EDTA$（含 Cu13%），CuNaEDTA（含 Cu9%）等。EDTA 螯合微肥在中性和碱性土壤中不稳定，仅适用酸性土壤，多用于叶面喷洒，每亩用量为 0.0075~0.75kg。

乙二胺四乙酸螯合锌简称 ZnNaEDTA，有液态和干粉两种剂型，易溶于水。液态品含锌 6.0%，干粉含锌 14.2%。

① DTPA：化学名称为二乙三胺五乙酸，分子量为 225.20，白色结晶或结晶粉末，微溶于冷水，易溶于热水和碱性液中，三级试剂含量不少于 98%。② HEDTA：化学名称为羟乙基乙二胺三乙酸，分子量为 278.26，白色结晶粉末，易溶于水或碱性溶液中，能在 pH 值为 8~11 的碱性溶液中与三价铁形成稳定的螯合物。③ CDTA：化学名称为环己烷二胺四乙酸，分子量为 346.34，白色结晶粉末，难溶于水能溶于碱性溶液，四级试剂的含量不少于 98.5%。④ EDDHA：化学名称为乙二胺 N，N 双（邻羟苯醋酸），分子量为 608，EDDHA 亦表示为 EDHFA、EHPG 和 CHELDP。

DTPA、HEDTA 和 CDTA 在含钙较多的溶液中较 EDTA 为稳定，EDDHA 与铁螯合，能克服 EDTA 在钙质溶液中的所有缺点，它的螯合物在酸性和碱性条件下都有效。

除了上述的螯合剂外，柠檬酸、葡萄糖酸、酒石酸等都是优良的螯合剂或络合剂。

① 铁螯合物：为浅棕色粉末物质，在无土栽培中使用较多，这种铁能在营养液中保持有效的状态。铁螯合物有乙二胺四乙酸一钠铁（NaFeEDTA）、乙二胺四乙酸二钠铁（$Na_2FeEDTA$）、二乙三氨五乙酸一钠铁（NaFeDTPA）和羟乙基乙二胺三乙酸一钠铁（NaFeHEEDTA）NaFeEDTA 和 $Na_2FeEDTA$ 为广泛使用的螯合物，EDTAFe（三价）分子量为 367.05，含 Fe15.22%，系黄色结晶粉末，易溶于水。EDTAFe（二价），分子量为 390.04，含铁 14.32%，系黄色结晶粉末溶于水，四级试剂含量不少于 99%。

其他螯合铁也可以使用，特别是 EDDHA 铁，能克服 EDTA 铁在碱性溶液中效率低的缺点，草酸亚铁（$FeC_2O_42H_2O$）也有作为螯合铁使用的，它们一般具有螯合性质，系浅黄色结晶，微溶于水，溶于稀酸，含铁 31.04%，对石蕊具有中性反应。

② EDTA 二钠锰：分子量为 389.13，含锰 14.12%，浅粉红色结晶或粉末，易溶于水，可作为无土栽培植物的有效锰的来源，唯钙含量高时，能影响锰的有效性。三级试剂含量不少于 90%。

③ EDTA 二钠锌：分子量为 471.63，含 Zn13.86%，白色结晶粉末，溶于水，是植物有效锌的来源，因为锌螯合物不像铁螯合物那样容易被固定，在营养液的 pH 值高于 6 时，一般锌盐的有效性即降低。

（2）木质素磺酸络合微肥。含 Zn 和 Fe 的木质素磺酸络合微肥是最为普通、施用较广泛的品种，此外，还有木质素磺酸铜和木质素磺酸锰，但施用不太广泛。

各种木质素磺酸盐微肥推荐施用于滴灌肥或者叶面施肥，具有非植物毒性，施用安全，肥效相当于 2~3 倍硫酸锌无机微肥。

另外，也可以浓缩制成干粉并入粒状肥料中，或者在常量粒状肥料表面上喷涂木质素磺酸盐微肥。

木质素磺酸锌，产品为结构复杂的有机化合物，外观为黑色黏稠状液体，其溶液呈微酸性，pH 值为 6~7，含 Zn 5%~10%，还含有一定量氮、磷、钾。

生产方法是将含有一定量的木质素磺酸的酸法造纸浆生产中的废液，作为络合剂与氧化锌或硫酸锌进行反应，经过滤除去木质纤维素和其他有害杂质即得成品。

用其他微量元素的氧化物或硫酸盐，最好是硫酸盐，与木质素酸反应可制得相应的络合微肥。

（3）腐植酸微肥。腐植酸是由死亡的动植物经微生物和化学作用分解而形成的一种无定形高分子化合物，广泛存在于泥炭土和风化煤中。腐植酸含有芳香基、羧基、羰基、甲氧基等活性基因，具有酸性、亲水性、阳离子交换性及生理活性等，在低肥力、低产区，在作物前期，有较肯定的肥效。

目前我国生产并使用的腐植酸螯合微量元素肥料有腐植酸钠硼镁肥、腐植酸钠硼磷肥、腐植酸钠硼镁氮磷肥、腐植酸多种微量元素复合肥和黄腐植酸二胺铁等。

腐植酸螯合微肥可以撒施、带施，也可以用水溶解喷施。可以作基肥，也可以作追肥，对水稻、甘蔗、烟草、蔬菜、果树等作物都有明显的作用。

① 腐植酸钠硼镁肥。草炭和硼泥分别粉碎后，按 3:1（质量比）混匀，加入少量水，在高温环境中加热 2~3d，再堆放数天后，草炭中的钠与腐植酸反应生成腐植酸钠，即得腐植酸钠硼镁肥。产品呈中性，一般作基肥施用，可与农家肥混合施用。每亩施用量为 150~250kg。该肥对大豆和玉米肥效较好，可增

产 10% 以上。② 腐植酸钠硼镁磷肥。草炭、硼泥、磷矿粉按 100:20:10 比例混合均匀后，加水 10kg，加温到 70℃，堆放 5~7d，即得腐植酸钠硼镁磷肥。产品 pH 值为 7~8。该肥可作基肥或追肥，每亩施用量达 500kg，对高粱、大豆、玉米有明显效果。③ 腐植酸钠氨磷硼镁肥。草炭 25%、碳酸氢铵 20%、磷矿粉 20%、硼泥 35%混合均匀即成。该肥对玉米增产特别明显，每亩施用 25kg 可增产 50% 左右。④ 多种微量元素腐植酸复合肥。将含有腐植酸的泥炭和几种微量元素按表 6-35 的配料比混合均匀，堆置 1~2 个月，再压制成片状即为成品。该复合肥主要用于种花、盆栽等。

表 6-34　多种微量元素腐植酸复合肥配料比

成分	泥炭	硼酸	磷酸氢二钾	硫酸亚铁	硫酸镁	硫酸锌	三氧化钼	氯化钾	硫酸铜
质量（%）	50	1	20	10	1	1	1	15	1

（4）黄腐酸二胺铁。黄腐酸是一种溶于水的腐植酸，具有芳香基，分子结构尚不清楚。黄腐酸二胺铁为黄棕色液体，有效铁（Fe）含量 0.2%~0.4%，易溶于水。

生产方法是以黄腐酸、尿素和硫酸亚铁为原料，三者的比例为：黄腐酸（纯品）: 尿素 : 酸亚铁 = 100:4:0.4。先将尿素溶于温度高于 90℃的热水中，再加入硫酸亚铁，生成二胺溶液，然后加入温度高于 90℃的黄腐酸溶液，充分混合后，冷却即得成品。

该产品为新型络合铁肥，肥效好，稳定性高，能在较长时间内供给植物铁养分，价格比 EDTA 螯合铁低，供作物缺铁发生黄叶病以及小麦等大田作物施肥用。一般果树叶面喷洒浓度为 0.3%。冬小麦浸种，浓度 0.02%。据报道，在北方地区，用黄腐酸铁喷施防治苹果、杨、柳、柏、法国梧桐、雪松、海棠等的失绿黄化，喷施后 3~5d 即见效，黄化叶转绿，新生叶也为绿色。

（5）氨基酸微肥。氨基酸是构成蛋白质的基本成分，用氨基酸螯合微肥，不但可增加微肥的肥效，而且氨基酸本身也能促进植物生长。这样制得的螯合微肥，其价格不到一般螯合微肥的 1/2。况且，氨基酸螯合锌肥或铜肥、铁肥、钼肥，既能促进植物生长，又能对某些作物的病害有很好的防治作用。

（6）环烷酸盐微肥。环烷酸为石油产品中的一种副产物，主要成分是环己烷，可以根据需要，选用微量元素如锌、铜、锰、铁、钼等氧化物或硫酸盐与环烷酸反应制得环烷酸盐微肥，可对水配成水溶性喷剂施用。目前应用较多的是环烷酸锌乳剂。

环烷酸锌乳剂外观为棕褐色黏稠状液体，溶液 pH 值为 8，相对密度为 0.9，难溶于水，可溶于柴油、燃油等溶剂中，乳剂产品易溶于水，在一般的气候条件下不易分解。

（7）尿素铁络合微肥（三硝酸六尿素合铁）。分子式为 $Fe[(NH_2)_2CO]_6(NO_3)_3$，有效成分含量为 N35%、Fe9.3%。

该产品为天蓝色结晶，吸湿性小，不易挥发，易溶于水，溶液 pH 值为 2~4。

该微肥无论以液态或干粉状施于作物上均有效果，对气候适应性强。作基肥或叶面喷施均可，喷施浓度为 0.2%~0.5%。

第九节　有益元素肥料

植物正常生长发育需要从土壤中吸收各种营养元素，用现代分析方法已查明植物体含有70多种化学元素，几乎化学元素周期表中的所有天然元素都可在植物体内找到，但是，并非所有这些都是植物生长发育所必需的，大量生物学实验以证明某些金属元素对植物的生长发育和产量有良好的作用，但不能证明它们对植物的必需性。因而将它们称为植物的有益元素。判断某一元素是否为植物必需的有以下3条标准：①植物缺少它就不能完成生活周期中的营养和生殖生长阶段。②对某一元素来说，这种缺乏是专一的，只能供给该元素才能使缺乏得到改善。③元素必须直接参与植物的营养，而与改善外界的一些不适合的微生物化学条件不同。根据这些标准，植物所必需的营养元素有17种，分别为C、H、O、N、P、K、Ca、Mg、S、Fe、Mn、Cu、Zn、B、Mo、Cl、Ni，除以上17种为世界科技界公认是必需元素外，其他对农作物能起良好作用的元素称为有益元素，这些元素是Si、Na、Co、V、Ti等，其中Si、Na、Co已证实为部分高等植物所必需的营养元素。必需元素的证实需要经过长时间的艰苦努力，人类对于必需元素和有益元素的认识，经过了一个漫长而又逐渐加深的过程，随着研究工作的深入、实验技术和检测手段的进步，会不断发现和证明新的必需营养元素和有益元素，并对已知必需元素和有益元素的生理功能及其意义有更多的了解。

1 硅肥

（1）概况。硅肥是以可溶硅为主的一种化学肥料。硅是植物有益营养元素之一。植物体内或多或少均含有硅，检测表明，生产1t稻谷，需要从土壤吸收二氧化硅达200~220kg，超过水稻吸收氮、磷、钾的总和。随着农业生产的发展，农作物产量不断提高，耗硅量增加，土地中可溶硅供给量减少。据农科部门调查，浙江省耕地缺硅面积达73%，云南约72%，河南约50%，湖南约41.5%。全国水稻缺硅与硅素供应不足的面积近3亿亩，占水田面积的60%。在全国推广硅肥，按每亩施50kg计，年需硅肥量达数千万吨，是个大产业，有着广阔的应用前景。硅肥只有迅速成为我国化肥家族的新成员，才能适应作物稳产高产、改善品质的需要。

（2）硅肥的种类和性质。硅肥按其溶解性质，可分为两大类。

①水溶性硅肥。水溶性硅肥亦称高效硅肥，全溶于水，具有速效、有效养分含量高、运输费用低、方便农民使用、单位耕地面积用量少（每亩10kg以下）等特点，但成本较高，较难推广。

成品主要成分为：过二硅酸钠与偏硅酸钠的混合物，其化学式为$Na_2O \cdot nSiO_2$。白色粉状结晶，可快速溶于水，有效成分含水溶性硅素养分（以SiO_2计）高达50%以上，不含有毒物质，对环境与作物无污染，常熟市陆富新型肥料研发有限公司开发了全水溶性硅肥，并投入工业化生产。江苏省农业科学院资源与环境研究所邵建华等研制成功氨基酸全水溶性硅肥，不但提高了水溶硅肥的肥效，而且降低了碱性，使它更有利于农作物的吸收。该肥料尤其适合作为水浇肥和叶面肥使用。

②枸溶性硅肥。因原料不同，枸溶性硅肥又可分以下几类。

以硅石（结晶型SiO_2）与石灰石（$CaCO_3$）为原料，在高温条件下反应生成非结晶型的硅酸盐，从而使不溶性硅转变成为易被作物吸收的可溶性硅。美国夏威夷即曾用砂子和珊瑚石灰岩在水泥窑中生产这种主要成分为偏硅酸钙的硅肥。

以冶炼行业中炉渣（如高炉渣、黄磷炉渣、锰铁炉渣、碳化煤球渣等）为原料制成的熔渣类硅肥，这类硅肥除含有二氧化硅外，还含有钙、镁等，一般耕地亩使用量为50kg。这是目前国内外大面积推广使用的硅肥品种。

以熔渣类硅肥加入添加剂而制成的硅肥。因为枸溶性硅肥中的二氧化硅，在土壤中不可移动，作物吸收比较慢。而施肥的效果主要取决于作物能否有效地利用施入土壤的肥料，所谓有效首先是施入土壤的肥料要移动到作物的根圈内，或者说作物的根系能够接触到肥料（主要依靠养分离子扩散和质流）；其次是作物从土壤中吸收的养分，能够进入作物根系细胞体内被吸收利用（养分吸收机制和动力学）。如果不具备这两个条件，施肥量再多也是无用的。因此，对不同的土壤类型和不同的作物，可以在熔渣类硅肥中加入相应的硅肥添加剂（如络合物等）来解决硅肥可以有效地被作物吸收利用的问题。硅肥添加剂的作用是：促进硅肥在土壤中的移动，尽快进入植物根圈，接触根系；创造一个有利于渗透到根系细胞内的环境；平衡植物根圈内的养分；稳定硅肥肥效等。

这类硅肥无明确的分子式与分子量，是一种微碱性的枸溶性肥料，不溶于水，可溶于酸（如根酸、柠檬酸、碳酸），具有无味、无毒、无腐蚀、不吸潮、不结块、不变质和不易流失等特性，主要成分为：$CaSiO_2$、Ca_2SiO_4、Mg_2SiO_7、$Ca_2Mg(SiO_4)_2$、Ca_2SiO_7 等。

外观：根据所用原料不同，成品呈白色、灰褐色或黑色粉末。

密度：2500~3000 kg/m^3

矿物形态：经 X 射线衍射仪测定，主要为无定形的玻璃体，枸溶率高的则是完全的玻璃体（表 6-35）。

表 6-35　我国几种硅肥的主要化学组成（%）

硅肥种类	样品来源	SiO_2	CaO	Al_2O_3	Fe_2O_3	MgO	P_2O_3	K_2O	有效 SiO_2
炼铁高炉渣硅肥	辽宁钢铁厂	36.41	42.69	9.72	0.68	0.85	–	2.58	28.5
增钙粉煤灰硅肥	武昌电厂	38.24	29.65	24.19	3.93	1.83	–	–	26.5
黄磷炉渣硅肥	南化公司	38.21	46.30	4.79	0.53	6.17	1.71	0.93	24.5
黄磷炉渣硅肥	民磷多元厂	38.20	43.60	3.83	0.84	3.24	2.70	0.18	36.0
电炉钢渣硅肥	南昌钢厂	23.33	38.03	3.43	–	5.41	0.40	–	12.3
造气渣硅肥	高安化肥厂	20.73	37.87	13.23	2.03	3.05	0.15	0.38	13.2

注：以 0.5mol/LHCl 提取 SiO_2

除上述成分外，有的还含有多种微量元素。如黄磷炉渣中含有 Mn 540mg/kg，Cu 380mg/kg，Zn 438mg/kg，Co 10 mg/kg；高炉渣中含有 $SO_2$18%，Cu 29mg/kg，B 161mg/kg，Mo 58mg/kg 等。

（3）硅肥的质量。主要介绍枸溶性硅肥产品的质量标准。

目前，我国尚无统一的硅肥国家标准或行业标准，各生产厂家根据自己的原料和工艺，制定硅肥产品企业标准，报经产品质量监督部门审批备案后执行。

1990 年南京化学工业公司制定了黄磷炉渣硅肥的企业标准，广西磷酸盐化工厂制定了硅肥的暂行标准。1999 年 5 月，河南省技术监督局公布了由河南省硅肥技术工程中心起草的省级地方硅肥标准。2000 年 2 月云南省质量技术监督局发布了由云南昆阳磷肥厂起草的云南省硅肥地方标准 DB53/T086–2000，见表 6-36。

表 6-36　硅肥技术标准 DB53/T086–2000

项目	指标	
	优等品	一等品
外观	灰白色或灰色粉末	灰白色或灰色粉末
有效硅（以 SiO_2 计）含量，% ≥	27.0	25.0
有效钙（以 CaO 计）含量，% ≥	30.0	30.0
水分含量，% ≤	3.0	3.0
细度（通过 250 μm 标准筛），% ≥	80	80
有效磷（以 P_2O_5 计）含量，% ≥	4.0	–

云南省对可溶硅含量的测定根据中华人民共和国专业标准钙镁磷肥 GB.G21004–87 规定测可溶性硅的

方法。

（4）硅肥的经济性。农业效益：从云南10年来小区试验和大面积（200多万亩）推广测产，经农业统计分析得出一个概念：1kg硅肥，可增产1kg粮食，按此计算，应用百万吨硅肥，就是增产百万吨粮食。

工业效益：① 变废为宝，为硅酸盐炉渣处理增加一条新途径。② 创造新产值，按每吨硅肥150~250元计，1万吨规模的产值为150万元，还有运输、就业等方面的社会效益等。

（5）硅肥的施用。作物吸收养分主要是离子态，如氮素是NH_4^+和NO_3^-；磷素是$H_2PO_4^-$、HPO_4^{2-}；钾素是K^+。而硅素则不同，经大量研究表明，硅是以分子态被吸收进入作物体内，即以单硅酸（H_4SiO_4）被吸收。单硅酸是弱酸，pH值在2~9范围内，都是以分子态存在，只有在pH值＞9时才解离。它在水中的溶解度不大，但生成后并不立即沉淀下来，因为开始形成的单硅酸尚能溶于水，从而可被作物所吸收。

枸溶性硅肥的主成分硅酸钙，是一种不溶于水而可溶于酸的肥料，当作物根系向土壤分泌出的根酸与之接触时，即能产生单硅酸供作物在根部吸收。单硅酸进入作物体内，则在通气部位，尤其是在表皮细胞中积累，并脱水形成非晶质的二氧化硅——蛋白石，沉淀在细胞内角质层与表皮细胞间之空隙以及维管束中形成了硅化细胞。水稻吸硅的特点，扬州市土肥站申义诊研究认为：从植株含硅比例来看，在分蘖期，随生育进程植株含硅率有逐步增加之势；进入拔节孕穗期，植株含硅率相对稳定；齐穗后20d至成熟前，由于籽粒重量快速增加，使全株的平均含硅率下降；从植株的累积吸硅量来看，水稻全生育期均需吸收一定数量的硅素；齐穗后20d至成熟前，每日吸收硅量仍达0.45kg/亩，不同生育期施用硅肥试验，也证明水稻全生育期均需吸收硅素，水稻吸收硅强度高峰期在拔节至孕穗期。

2 稀土微肥

目前，农用稀土仅是轻稀土元素，（La、Ce、Pr、Nd）化合物可溶于水的盐类，不含铀、钍等放射性物质。

（1）稀土微肥品种。

① 硝酸稀土：我国最早开发研究成功并广泛用于农业的稀土微肥是以铈、镧为主成分的硝酸稀土。农用硝酸稀土分为固态剂型[ER（NO_2）$_3$GN]和液态剂型[RE（NO_3）$_3$–Yn]。固态剂型为微红色或黄白色粉末，粒径小于3mm；液态剂型为棕黄色液体，pH值为3.5~4.0。硝酸稀土可用于农作物和苗木的叶面喷施、拌种、浸种或蘸根。

当用硝酸稀土配制叶面喷洒剂时，由于在pH值>6时，硝酸稀土中的稀土几乎全部沉淀，所以配制用水应用pH值试纸检查酸度，当pH值为5左右时，再加入硝酸稀土，溶解后搅拌即可喷用。

② 稀土碳酸氢铵复混肥：稀土碳酸氢铵复混肥就是利用碳酸氢铵与其他肥料混合生成复合肥时，添加了一定量的稀土，目前在行业标准中规定稀土含量以稀土元素氧化物计为0.04%~0.16%。

③ 稀土钼螯合肥：该品种为红色或深红色液体，其他名称为稀土一钼，简称CRM。

该肥料可应用于橡胶树，用0.2%~2.0%的溶液与3%~4%的乙烯配成混合液，在割胶期内涂施于割线与割面上2~3cm。年施5~7次，每亩年施用量为50~60g，可提高干胶产量0.7%~5.5%。此外，草莓、橙子、葡萄、柑橘、苹果等施用该肥料也有很好的效果。

④ 氨基酸稀土：是以氨基酸为螯合剂生产的稀土微肥，利用率是无机稀土的2~3倍，可与其他中微肥复配作为叶面肥，也可与N、P、K复配生产含氨基酸稀土的复混肥。

⑤农用稀土复合剂：有粉剂和水剂两种，粉剂产品有效成分含量为RexO+ZnO+B ≥ 30%，水剂为RexO+ZnO+B ≥ 100g/L。适合水稻、经济作物、蔬菜施用。

⑥ 稀土磷肥：为含有稀土的过磷酸钙、钙镁磷肥、磷酸铵及磷复合肥等总称为稀土磷肥，能显著增强植物抗旱、防寒、抗病虫能力；粮食作物增产率7%~15%，经济作物增产率可达15%~30%。

（2）主要农作物施用稀土的方法和效果。

① 小麦。施用技术：试验表明，采用浸种、拌种、叶面喷施法施用稀土都有增产作用。生产上一般使用拌种和叶喷的方法。拌种：一般每千克种子使用2g稀土，一般播种量在15kg/亩左右，因此，稀土用量

约 30g/ 亩。操作时将 30g 稀土溶解在 40g 清水中（pH 值在 6 左右为宜）。然后将种子摊在水泥地或塑料布上，用喷雾器将溶液均匀地喷在种粒上，拌匀、阴干后即可播种。喷施的方法更适合于大面积机械化施用。亩用稀土 40~50g，用水 50kg。如果用飞机喷施，由于雾滴小，喷施面大，则用水量可减少。喷施的时间对冬小麦来说以返青后期为好，对春小麦则选四叶期（分蘖期至拔节期）为好。

增产效果：近年来稀土用于小麦生产的面积不断扩大。黑龙江、河南、山西、北京、湖北等省市的冬小麦、春小麦施用面积超 133.33 万公顷。施用稀土后总的增产概率在 90% 以上，一般增产幅度为 7%~10%，冬小麦一般亩增 20~25kg，春小麦 15~20kg，平均亩增 20kg。投入产出比一般为 1:10。

生理效应：用混合稀土或单一稀土化合物处理小麦种子，对种子萌发和出苗率均有良好影响，施用稀土，一般可提高种子发芽率 10% 左右，提高出苗率 5%~6%。试验表明，施用稀土的小麦根系生长量明显增加，根体积比对照增加 12.1%，根干重增加近 20%。试验表明，施用稀土可使小麦叶片中叶绿素含量增加 10%~15%，喷施稀土后 5d，田间可以看到叶片颜色增绿。稀土还能提高冬小麦对寒、热、旱、盐等逆境的抵抗力。

② 水稻。施用技术：水稻施用稀土普遍采用叶面喷施的方法，将 40g 稀土溶于 50~60kg 水（微酸性清水）中，配制成约 0.03% 的稀土溶液。喷施时间一般在移植后的始蘖期或始穗期。喷施时要选择无风晴天的下午或阴天进行。必要时亦可在始蘖期和始穗期各喷施 1 次。

增产效果：湖南、广东、湖北等地的应用情况表明，水稻喷施稀土可获得稳定的增产效果，增产幅度为 6%~10%。据几十个点（次）统计，施用稀土，平均每亩增产 30.2kg，增产率 8%，投入与产出比约为 1:10。

生理效应：施用稀土可提高秧苗的素质。在移植前 7d 喷施稀土，移植时考察秧苗素质表明：秧苗总根数比对照增加 14.2%，白根数增加 24.4%，主茎高增加 6.9%。施稀土可提高叶绿素含量并增加光合强度 11.5%。实践证明，稀土对水稻穗粒结构有良好影响。水稻前期施用稀土，主要是促进植株营养生长，提高有效分蘖。中后期施用稀土主要是增加穗粒数，提高结实率，并增加粒重约 3%。

③ 大白菜。施用技术：白菜施用稀土可用拌种或叶面喷施的方法（前期平均增产 12.9%，后期增产 16.7%），喷施应用得比较广泛并可结合使用农药进行。喷施要选择无风睛天的下午或阴天进行。喷施的时间以团棵期为好。一般在播种后 1 个月左右即可喷施。实践证明，喷施两次比 1 次的效果更好。喷施量为 50~80kg/ 亩，以制成 0.04%~0.05% 的溶液为宜。

增产效果：北京、黑龙江、江西、广东的试验证明，白菜平均亩增 500kg，增产幅度为 10%~15%。投入产出比约 1:20。

生理效应：稀土能促进白菜植株生长。经稀土处理的比对照增高 0.9~3.8cm，增高 2.2%~9.1%。植株开展度增加 2.8%~7.0%。施用稀土后大白菜叶片增多，叶绿素含量和光合作用加强。施用稀土的叶片比对照增加 1~3 片（每株），增加 15.09%，叶绿体光还原活性比对照增加 7% 左右，从而增加了产量。

3 钴肥

钴早已被证实是人和动物的必需微量营养元素，人畜所需要的钴主要来源于植物，而植物所需的钴又主要来源于土壤。pH 值接近中性或碱性的土壤含对植物有效的钴，一般较少出现缺钴现象。

钴肥对小麦的生长发育具有一定的促进作用。当土壤有效钴增加 10%~31.4% 时，小麦植株含钴量增加 7.14% 以上。对冬小麦进行肥效试验，将钴肥（粉末状七水硫酸钴）与土混匀后，均匀撒施在播种沟内，使冬小麦产量增加 10%~26%。此外，豆科植物的根瘤菌体系为了固定空气中氮也需要钴。这在农业上有非常重要的意义，既提高粮食产量，又满足人畜对正常钴水平的需要。

用作钴肥的含钴化合物列于表 6-37。

表 6-37　用作钴肥的钴化合物

品名	分子式	含钴量（%）	性质
硫酸钴	$CoSO_4 \cdot 7H_2O$	>21	桃红色至红色结晶，易溶于水
氯化钴	$CoCl_8 \cdot 5H_2O$	>25	红色结晶，易溶于水
钴渣	–	–	–

4 镍肥

镍是在地壳中含量较为丰富的矿质元素之一，也是植物体的组成成分，植物体内镍的含量一般为 0.05~0.5mg/kg。植物对缺镍很敏感，当营养液中镍浓度超过 1mg/kg 时，有些植物就会出现中毒症状。但除了认识到镍在较高浓度时对植物生长有毒害作用及镍盐可作为杀菌剂外，很长一段时间里对镍的生物学意义不明确。人们起初把镍作为杀菌剂在作物上施用时，发现同时对作物生长有促进作用，特别是少量的镍对松树幼苗、小麦、棉花、豌豆、向日葵的生长都有刺激作用；此外，还发现镍可促进大豆、小麦、菜豆、豌豆种子的萌发。尽管如此，由于对镍在植物体内代谢过程中的作用尚不清楚，植物对镍的必需性一直没有能够得到确认。

自 1975 年发现镍是脲酶的组成成分以来，人们对镍在高等植物体中的作用有了新的认识，随后又发现镍还是几种氢化酶、脱氢酶及甲基酶的组分。Eskew 等发现，缺镍的大豆由于植物体内脲酶活性受到抑制而使其叶中的尿素累积到毒害水平，叶尖出现坏死现象。Walker 等用豌豆做试验发现在植物的生殖生长阶段镍参与了体内的氮代谢。Checkai 等报道，缺镍的番茄植株新生叶失绿，继而引起了分生组织坏死。20 世纪 80 年代中期，Brown 等在实验室条件下系统研究了镍对植物生长和代谢的影响，发现植物受镍影响的主要代谢过程包括种子萌发、衰老、氮代谢和铁吸收，并且发现缺镍时有些植物不能完成生命周期，进而指出了“镍是植物生长所必需的微量营养元素”。

第十节　生态有机肥

1 新疆慧尔生态有机肥系列产品的两大技术优势

（1）选用优质有机原料——味精渣、糖渣、棉籽饼、烟草废弃物等。

（2）选用高新生物技术——“生物高氮源发酵技术”、“好氧堆肥快速腐熟技术”、“复合有益微生物技术”。

2 新疆慧尔生态有机肥系列产品的主要作用

（1）增加土壤有机质，提高土壤肥力。丰富的土壤有机质是农作物稳产高产的一个必要条件。本系列有机肥产品含有丰富的有机质及农作物需要的各种营养元素。不仅含有大量营养元素，还含有各种必需的中微量营养元素。长期大量施用本系列肥料可以快速补给与更新土壤有机质，改善土壤理化性状，改良土壤，提高肥力，从而大幅度提高农作物产量。

（2）促进作物生长发育，延缓作物衰老。本系列有机肥肥料在土壤分解过程中产生的一些酸性物质和生理活性物质，加上其中的高效有益微生物活动，能够显著促进农作物的种子发育、茎叶生长、根系生长，促进作物早熟。一般情况下，作物收获期可以提早 5~10d。同时可以延长农作物叶片功能期，延缓衰老。

（3）改善品质，提高农产品质量。由于新型有机肥料养分全面、丰富，加上有益微生物繁殖过程中能够产生大量的酶、维生素、核酸及促生长因子，促进了作物对养分的吸收利用，协调了营养生长向生殖生长的转化，能够显著改善作物产品的营养品质、食味品质、外观品质，还能够降低食品中硝酸盐含量。

（4）固氮解磷释钾，增加土壤中可吸收态有效养分。本系列有机肥肥料产品含有大量的活性高效的有益微生物。例如，有自生固氮菌和多种溶磷溶钾的微生物，可以将土壤中原有的难溶态的磷钾解离，转化为农作物根系可吸收利用的磷钾化合物。

（5）减轻病虫为害，降低农药施用成本。本系列有机肥肥料产品中，由于有有益微生物的大量生长繁殖，加上这些有益微生物繁殖过程中大量分泌活性酶和抗生素，对有害菌也能起到抑制或致死作用，降低有害菌的种群数量，能大大减轻作物病虫的发生。

3 新疆慧尔生态有机肥产品的含量及施肥方法

（1）含量：$N+P_2O_5+K_2O \geq 15\%$，有机质 + 氨基酸≥ 30%。

适用作物为：粮油作物、经济作物、果树作物、药材作物、花卉作物、特用作物等。

（2）施用方法：一般作基肥施用，大田作物施 120~200kg/ 亩，果树株施 5~10kg。

第十一节 功能性有机肥

1 开发功能性有机肥的必要性

1.1 是培肥耕地、实现农业可持续发展的重要举措

功能有机肥料是以优质肥料型有机质为载体，加入特定功能的微生物、pH 值调理剂、植物源农药、有机中微肥等功能型物质，复合而成的新型有机肥肥料。它能够提高土壤有机质含量、改善土壤物理性状；调节植物生长发育，增强植物抗病（虫）能力；改善植物根际营养环境，分解土壤中难溶的磷、钾化合物，减少氮、磷、钾的淋溶损失，促进营养元素的吸收，从而提高农产品品质。

功能有机肥料含有植物所需的各种大量营养元素、微量元素和有机质，有机质中的氨基酸、酰胺和核酸可以直接被植物吸收，有机质中的糖类和脂肪是土壤微生物生命活动的能源。另外，有机质在矿质化过程中，生成有机酸可以使土壤中的无效养分有效化，从而培肥土壤；功能性有机肥能够改良土壤的物理、化学和生物特性，有利于土壤熟化、提高土壤的生产能力。因为功能性有机肥实际上是有机物、无机物和有生命的微生物的混合体，有机物质在土壤微生物和酶的作用下形成有机 – 无机复合体，使分散或黏重的土壤质地形成稳定的团粒结构，增强了土壤保水、蓄肥、透气性能，调节了土壤温度，减轻了土壤次生盐渍化，改善了土壤的耕作性能。长期施用有机肥能缓解土壤的酸、瘦、板、黏、旱等不良性状，为农作物稳产高产打好基础。发展有机肥产业是培肥地力、实现农业可持续发展的重要举措。

1.2 是增强农产品竞争力、发展绿色农业的迫切需要

施肥直接影响农作物的生长发育和农产品的品质。偏施化肥、不施或少施有机肥会造成稻籽麦粒品质欠佳，果品的水分含量高，糖 / 酸比不适宜，茶叶的色、香、味较差。功能性有机肥肥效稳长，可以显著改善农作物和果蔬的品质，提高农产品的经济效益和市场竞争力；功能有机肥中的腐植质可以促进植物种子的萌发，刺激根系的生长，增强作物的呼吸和光合作用，利于植物的生长发育；有机肥料还可以使农作物和经济作物中硝酸盐含量大大降低，提高农作物对化学肥料的吸收利用率，降低化肥投入成本，降低化肥流失对环境造成的污染。发展有机肥产业也是增强农产品的市场竞争力、发展绿色农业的迫切需要。

1.3 是减少农业面源污染、改善农业生态环境的积极措施

农田和设施栽培中大量化肥的施用，规模化养殖厂畜禽粪便的大量排放，农作物秸秆和城市垃圾的随处堆放，对大气、土壤和水体环境造成了严重的污染。因此，降低化肥损失、减轻或免除有机污染对于当今农业的可持续发展至关重要，一条可取措施就是变废为宝，把有机废弃物加工为有机肥料。发展有机肥料产业化，实行无害化处理，生产功能有机肥料，是从根本上解决环境面源污染、保持生态环境的安全。

1.4 是实现资源高效利用、发展循环经济的有效途径

农业废弃物资源（畜禽粪便和作物秸秆等）安全高效利用是建设循环节约型社会的基础。从资源经济学的角度上看，农业废弃物本身就是某种物质和能量的载体，是一种特殊形态的农业资源。农业废弃物资源化利用是自然界物质和能量的再循环，是维持生态平衡的重要链条。据农业部统计推算，2002 年以来，我国每年的畜禽粪资源量约 20 亿吨、堆沤肥资源约 20 亿吨、秸秆类资源约 7 亿吨、饼肥资源 2 000 多万吨、绿肥约 1 亿多吨，这些资源含有大量的氮、磷、钾及中微量元素，总养分约 7 000 万吨，是全国化肥施用总量的 1.46 倍，但是其中有效利用的仅占总资源量的 30%，其余的部分进入环境，成为严重的污染源。发展功能性有机肥产业其实质是自然界物质和能量的再循环，是发展循环经济的有效途径，是维持生态平衡的重要链条。

2 功能性有机肥品种

2.1 功能性生物有机肥

该肥料是一种多元的新型微生物有机肥。除含有高效的固氮、解磷、解钾活性微生物外，还含有丰富的有机质和微量元素。既有无污染、无公害、肥效持久、壮苗抗病、改良土壤、提高产量、改善作物品质等优点，又能克服大量使用化肥、农药带来的环境污染、生态破坏等弊端。

功能性生物有机肥用于一般农田既能减少化肥的施用量，又可疏松土壤，增强地力，防止土壤板结，促进土壤肥力的良性循环，比单纯用化肥更为优越。功能性生物有机肥可以避免过量使用氮素化肥，是保证“绿色食品”、“有机食品”丰收的生物有机肥料，是名副其实的保护生态环境的肥料。是以土壤有益微生物（包括固氮、解磷、解钾作用和刺激作物生长抗病功能的菌群）为核心，活性肥料源及有机、无机物质和微量元素为基质载体组成的复合生物活性有机肥料。

功能性生物有机肥料中的有机物基质和载体也可因地制宜选用不同原料。长期施用化肥土壤板结地区，可选用富含有机质的泥炭土、塘泥、河泥、禽兽粪等为基质、高温杀菌后加入微生物菌剂，经发酵增殖后再烘干制成粉剂或颗粒肥料，可长期保存。

功能性生物有机肥的作用。

（1）增进土壤肥力。在我们赖以生存的空气中氮气约占 80%，这些氮气以自由气体状态存在，作物不能直接吸收利用。事实上，每年大约有 17 500 万吨氮气通过固氮微生物转化为氮。功能性生物有机肥料中的固氮微生物能将空气中的自由态氮转化为作物可吸收利用的有效态氮，增进了作物根际的固氮作用。

我国大部分土壤速效磷、钾普遍偏低，不能满足作物正常的生长需要。但是，我国土壤中磷、钾矿物蕴藏却十分的丰富，每千克土壤约含磷 400~1 200mg，作物只能利用其中的 5%，人工施入土壤中的磷肥大部分也被土壤固定，转化成磷酸三钙。生物有机肥中磷细菌能够逐步分解磷灰石和磷酸三钙以及有机磷化物，释放出五氧化二磷。

同样，土壤中钾的蕴藏量也是相当高的，20cm 耕作层中每亩约含有 1 500~4 500kg，但极大部分存在于长石云母类原生矿物中，不能被作物直接利用，生物有机肥料中的钾细菌分解此类矿物并释放可溶性钾到土壤溶液中被作物所利用。

（2）产生植物激素，促进作物生长。通过微生物在土壤中的作用，可以不断释放出作物生长所需要的营养元素和激素，刺激和调节作物生长，提高根系活动力，调节作物新陈代谢，起到增产的效果。

（3）营养全面，肥效持久。功能性生物有机肥含有丰富的有机质和一定的速效氮、磷、钾和微量元素，养分比较全面。其中有机质通过微生物活动，可以不断释放出作物生长所需营养元素和激素，因而肥效持久。农作物使用此种肥料后，在肥效上速效与长效相结合、无机元素与植物激素相结合，因而比使用单一化肥的肥效更为全面而持久。

（4）改良土壤结构，松土保肥。生土熟化离不开微生物的繁殖活动。功能性生物有机肥中富含的有机物质，可以改善土壤物理形状，增加土壤团粒结构，从而使土壤疏松减少土壤板结，有利于保水、保肥、通气和促进根系发展，为农作物提供舒适的生长环境。

（5）增强农作物抗病、抗旱能力。生物菌在繁殖过程中自身产生的各类植物生长激素，颉颃某种病原菌，达到抑制病害的目的。生物有机肥中富含有机质和腐植质，可调节作物气孔的开放度，这些物质与有益微生物的代谢产物（酶）协同作用，能够提高作物的综合抗逆能力，从而提高作物抗旱能力。

（6）改善作物品质，提高作物产量。功能性生物有机肥可明显改善农产品的外观、口感及色香味等，同时可提高农产品内在品质，如糖分、蛋白质、维生素等营养成分含量，降低农产品中硝酸盐等有害化学物质的含量。实验表明，使用功能性生物有机肥可使粮食作物增产 15% 左右，经济作物增产 25% 左右。

功能性生物有机肥无毒、无害、不污染环境可作底肥，沟施或穴施均可，施后培土、灌水。功能性生物有机肥具有适用各种土壤、各种作物的特点，且营养全面、肥效持久、保肥松土、消除板结、活化土壤、壮苗增产，保护生态。同时，由于投入成本低，经济效益好，无论是在肥效上还是在价格上都具有优于化肥的明显优势，易被农民接受。目前生物肥料年产销量仅 150 万吨，仅为化肥销量的 1%，市场空间较大，随着我国政府大力倡导发展生态农业，开发无公害和绿色食品的生产资料将日益受到重视。专家预测生物肥料产业将成为我国国民经济发展新的增长点，在未来的肥料行业竞争中越来越处于有利地位。

2.2 有机中微肥

有机中微肥是指含有微量元素的螯合物和络合物。螯合剂无毒、无害，不能被土壤中微生物分解和被其他金属所置换，始终保持植物可吸收的螯合阴离子形态存在于溶液和土壤中，明显提高了植物对养分的吸收率。例如，螯合锌在土壤中流动速率比硫酸锌快，因而促进了微量元素从土壤向植物的根部扩散，起到了运输和转换作用，并最大限度地提高其吸收率。

有机中微肥的品种：木质素磺酸络合微肥；腐植酸微肥；氨基酸微肥；环烷酸盐微肥；尿素铁络合微肥等。

2.3 植物源有机药肥

本项目综合利用农产品生产中产生的大蒜茎叶、大蒜渣、废烟末、辣椒秸秆、辣椒精深加工废弃物、核桃皮等农业废弃物，开发出具有广谱杀虫灭菌功能，又能为作物提供多种养分的多功能“药肥合一”的系列产品为绿色农产品生产提供安全、高效的肥料。达到既能高效利用这些废弃资源，减轻环境负荷，又能提供较好的生物农药，保证农产品生产的安全。其次，变废为宝，消除环境污染，增加农民收入。

2.4 盐碱地专用有机肥

盐渍土是我国非常主要的一类障碍性土壤资源，是一系列土体中受盐碱作用形成的各种盐土、碱土及其他不同程度盐化和碱化的各种类型的统称，也称为盐碱土。其共同特征就是土壤中含有显著的盐碱成分，具有不良的物理化学和生物特性，致使大多数植物（作物）在盐碱土上的生长受到不同程度的毒害和抑制，甚至不能生存，从而严重制约了盐渍土资源的利用，影响了广大盐渍土分布区农业生产的可持续发展。

关于盐渍化土壤和土壤次生盐渍化的治理改良，国内外已有众多的而且富有成效的科学研究及实践成果，对人类科学认识治理和防控盐渍化土壤、土壤次生盐渍化迈出了重要的步伐。这些大量的科技理论与应用成果中，大多忽视了系统化的综合治理改良技术，好多都是单项或几项关注短期或中期效益的治标措施，难以达到优化的、治本的盐渍土治理和盐渍化防控效果。

我们在认真总结国内外有关盐渍土治理和盐渍化防控最新成果的基础上，根据我国盐渍化土壤及次生盐渍化的具体国情提出了一个系统化的农业生化技术综合治理的改良方案，实行农业治理、生物治理以及物理、化学治理的有机结合，实现建设优良的生态环境、适度的开发利用和作物的高产高效的农业可持续发展的宏伟目标。

应用各种化学改良剂能置换盐渍化土壤中的钠离子，从而降低盐渍土中的交换钠离子含量，达到降低土壤钠碱化度的目的。土壤胶体中的主要离子由钠换成钙后，可促进土壤团粒结构的形成，降低土壤容重，增加土壤透水性，促进洗盐速度，达到治理盐渍化的目的。

盐渍化土壤长期大量施用功能性有机肥对治理盐碱的作用，表现在以下几方面：一是腐植质本身有强大的吸附力。500kg 腐植质能吸收 15kg 以上的钠，使碱性盐被固定起来对植物不起伤害作用，起到了缓冲作用；二是有机质在分解过程中能产生各种有机酸，使土壤中阴离子溶解度增加，有利于脱盐，同时活化钙镁盐类，有利于离子代换，起到中和土壤的碱性物质，释放各种养分的作用；三是施肥可以补充和平衡土壤中植物所需的阳离子，而离子平衡可以提高植物的抗盐性，植物所需的阳离子（如钾）主要吸自根际，这样植物所需的离子在这一局部区域消失，而不需要的有害离子则不断增加，从而造成了一种不平衡状态。这种不平衡使植物不能忍受高的盐分浓度。增施有机肥，一方面可补充土壤 N、P、K、Ca、Fe、Zn、Cu 等植物需要而土壤又缺乏的阳离子，使土壤溶液得到平衡。另一方面又可促进根系发育，植物有了发达的根系，根部面积增大，又可调节这种不平衡，从而能使植物经受较高的盐分浓度，从而提高了抗盐性。和水盐运动一样，肥盐调控同样是不可忽视的重要规律。水和肥是改良盐碱土的重要物质基础，它们之间存在着相互依存的关系，治水是基础，培肥是根本。也就是以水洗盐、排盐，以肥改土，巩固脱盐效果。这样可使盐碱土越来越好，由恶性循环走向良性循环。

在碱性土壤中，无机中微量元素被土壤固定，失去活性，农作物因无法从土壤中吸收必需营养元素使产量降低，抗逆性下降，增施螯合态的中微量元素，可使中微量元素保持活性，农作物可平衡吸收所需营养，从而提高土壤肥力，提高农作物产量，提高农产品的品质，提高农作物的抗盐能力。

第十二节　慧尔新疆抗旱促生高效缓释功能肥

新疆是一个内陆干旱气候地区，也是我国降水量最少的地区，而且水资源的时空分布不均匀，水量主要集中在夏季（6~8 月），并且是北多南少，西多东少。为了应对这种严重干旱对农业发展造成的不利影响，新疆慧尔农业科技股份有限公司新型肥料研发中心推出了一种新疆肥料系列产品——抗旱促生高效缓释功能肥。

慧尔抗旱促生高效缓释功能肥是一种新型的具有多种功能的功能性生物有机肥。

（1）抗旱保水：肥料中配制有高效吸水保水的高度活性的腐植酸高分子聚合物。据研究，其吸水聚水功能可达 500 倍以上。应用本肥料可减少灌水次数和提高作物的抗旱能力 40~60d。

（2）解磷溶磷：肥料颗粒表面包裹有从加拿大 Graceland 生物科技公司进口的 PPF 促生真菌，可以通过其特有的内生与外生菌根分泌的多种酶，对土壤中的难溶性磷酸盐具有十分显著的溶解性。研究表明，接种培养 7d，PPF 对磷酸铝盐中的磷为 1 290 μ g/L，其他两组解磷菌处理磷的溶解度仅 389mg/L 和 1mg/L 002mg/L。资料见图 6-24。

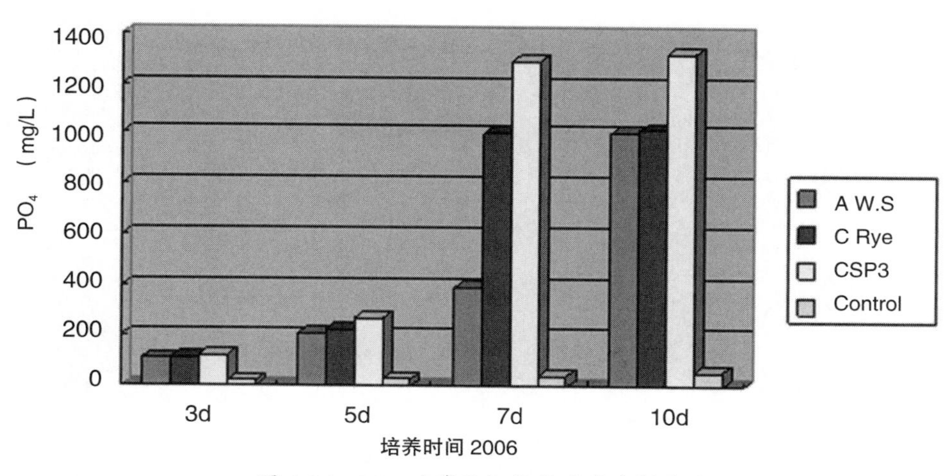

图 6-24　PPF 对磷酸铝盐的磷素溶解试验

（3）抑病净土：腐植酸有提高作物抗旱、抗盐碱、抗病虫的作用，PPF 的代谢产物，可以有效抑制土壤中的病原菌、病毒的生长与繁殖，能够净化土壤，减轻土传病害的发生。

（4）促进生长发育：腐植酸是功能强大的作物根系、茎叶和花果的生长发育促进剂，还能协调农作物的营养生长与生殖生长的关系。PPF 菌根能够分泌出大量的生理活性物质，例如，细胞分裂素、吲哚乙酸、赤霉素等，可以明显提高作物的发根力和对某些中微量元素的吸收利用能力，是目前国内外反映效果最好的促生真菌。

新疆慧尔抗旱促生高效缓释功能肥，主要作底肥施用，每公顷用量为 750~1 500kg，其系列产品如下。

（1）小麦抗旱促生高效缓释功能肥：总养分含量 35%，（N、P、K 23-0-12+TE）腐植酸含量≥ 3%。

（2）棉花抗旱促生高效缓释功能肥：总养分含量 35%，（N、P、K 20-0-15+TE）腐植酸含量≥ 3%。

（3）玉米抗旱促生高效缓释功能肥：总养分含量 35%，（N、P、K 21-0-14+TE）腐植酸含量≥ 3%。

（4）果树抗旱促生高效缓释功能肥：总养分含量 35%，（N、P、K18-0-17+TE）腐植酸含量≥ 3%，硫基。

（5）果菜类作物抗旱促生高效缓释功能肥：总养分含量 35%，（N、P、K 15-0-20+TE）腐植酸含量≥ 3%，硫基。

（6）甜菜抗旱促生高效缓释功能肥：总养分含量 35%，（N、P、K15-0-20+TE）腐植酸含量≥ 3%。

第二篇

新疆主要农作物营养套餐施肥技术

第七章　粮食作物营养套餐施肥技术

第一节　超级稻营养套餐施肥技术

近几年来，我国著名的“杂交水稻之父”袁隆平团队推出了超级杂交稻的研究与应用，开创了我国水稻生产的新纪元，为解决我国乃至世界上可能出现的人类饥饿问题和粮食危机作出了卓越贡献。但是，超级杂交稻要达到超高产栽培目标，科学施肥极其关键和重要。我们在总结国内外超级水稻超高产栽培施肥技术经验的基础上深刻认识到，当前我国现有的水稻科学施肥技术远远不能适应超高产栽培目标的需要，难以实现水稻的营养需求与养分供应同步和养分资源高效利用与生态环境保护同步。于是，我们提出了营养套餐施肥技术的新理念，通过有机、无机养分的科学配置，在提高养分有效成分利用率的同时，促进了超级稻长成健壮紧凑的抗倒伏株型，提高了稻丛中下部叶片光能利用率，增强了水稻对纹枯病和稻飞虱等病虫害的抵抗力，走出了一条解决科学施肥和抗倒、高产、优质等集成栽培技术难题的新路。

关于水稻超高产的产量指标，一般认为单位面积产量达到 $1.2\times10^4kg/hm^2$（800kg/ 亩）为标准。袁隆平提出的超级稻培育目标，第一期攻关就是 $1.2\times10^4kg/hm^2$（800kg/ 亩），第二期目标为 $1.35\times10^4kg/hm^2$（900kg/ 亩），第三期目标是 $1.5\times10^4kg/hm^2$（1 000kg/ 亩）。现在，他已实现了前两期的目标，正在向第三期目标努力。

新疆统计资料显示，2011 年，新疆水稻播种面积 $7.06\times10^4hm^2$，占全区粮食播种面积 3.53%。水稻总产量 6.06×10^5t，平均单产为 9 150kg/hm^2（610kg/ 亩），属于国内较高水平。

1 水稻的营养需求特点

实践证明，要实现超级杂交稻的超高产栽培，首要解决的核心栽培技术就是科学施肥技术。当前，我国超级杂交稻超高产栽培中关于科学施肥技术研究和应用多集中在氮、磷、钾三要素的科学配置（包括比例、施用量、施期等）以及控缓释肥料的应用等方面。而关于硅营养及微量营养和腐植酸肥料等的研究应用在国内仅处于起始阶段，尚未得到应有的认识和重视。

关于水稻的氮磷钾需求。据 S.K.DeDatta（1989 年）研究，高产水稻品种（产量 9.8t/hm^2）IR36，每产 1 000kg 籽粒需吸收氮（N）22.2kg、磷（P_2O_5）7.1kg、钾（K_2O）31.6kg，三者比例为 1 : 0.32 : 1.42；邓圣先等（1999）的研究表明，两季杂交早稻每公顷产量 8.14t，实际需吸收氮（N）202.2kg、磷（P_2O_5）93.45kg、钾（K_2O）332.25kg，三者比例为 1 : 0.46 : 1.64；两季杂交晚稻每公顷产量 9.59t，吸收氮（N）229.65kg、磷（P_2O_5）96.60kg、钾（K_2O）354.00kg，三者比例为 1 : 0.43 : 1.54；白由路报道，一般单季稻每公顷产稻谷 8 250kg，需吸收氮（N）150.0kg、磷（P_2O_5）90.0kg、钾（K_2O）180.0kg，三者比例为 1 : 0.6 : 1.2；根据笔者的资料（2009），每公顷产稻谷 9 000kg，需吸收氮（N）150.0~175.0kg、磷（P_2O_5）52.5~67.5kg、钾（K_2O）97.5~120.0kg，三者比例为 1 : 0.4 : 0.7。

关于水稻的硅营养。1926 年美国加州大学 Sommer 等首先提出水稻是喜硅作物，硅应是水稻良好生长的必需营养元素。20 世纪 50 年代，日本的科学家将水稻的硅营养与硅肥开发利用有机结合，并通过政府立法形式肯定了硅肥的推广应用。而在国内方面，目前，大多数科学家大都认同硅是水稻的必需营养元素，而且是第一需要的大量营养元素。水稻的主要灰分元素组成（占总量 %）：SiO_2 占 62.4；CaO 2.8；K_2O 8.9；MgO 1.5；P_2O_5 1.4；Fe_2O_3 0.1；MnO 0.2。黑龙江省农业科学院赵秀春等指出：水稻体内硅酸含量为氮的 10 倍、磷的 20 倍。更多的研究指出：每生产 1t 稻谷，需从土壤中吸收 $SiO_2$200~220kg，超出它吸收的氮、磷、钾三要素的总和。

关于水稻的锌营养。国内大量研究资料证实，水稻施锌肥后株高、有效穗、结实粒数、千粒重都有所提高，增产显著。黑龙江沃必达高新农业科学研究所 2002~2004 年试验示范，水稻每公顷施用 60kg 硫酸锌，平均增产 9.2%。

关于腐植酸肥料在水稻生产中的应用，国内外目前研究还较少。20 世纪 90 年代起，江西就有在水稻生产中应用腐植酸叶面肥的试验研究，吴金发、陈绍荣等（2001 年）报道，叶面喷施腐植酸叶面肥对水稻的根系发育和剑叶生长有显著的促进作用；腐植酸叶面肥拉丁方试验结果，水稻亩产量平均增加 18.22%。21 世纪以来，江西省余江县农业局农技土肥站以及烟台众德集团、北京澳佳肥业、云南金星化工等企业的新型肥料研究中心展开了大量的腐植酸涂层缓释肥、腐植酸型复混肥试验、示范、推广工作，取得了 11.42%~34.4% 的大幅度增产，对腐植酸型肥料提高水稻的抗病虫害及抗倒伏能力也作了大量的试验调查研究，并取得了一些成果。

关于解决超高产与倒伏的矛盾问题，国内在研究这个问题中有两种不同的技术路线：一种是从国外引进的化控技术，主要应用调环酸钙（Proca）即立丰灵类新型植物生长延缓剂，有较好的防倒效果。但是，这种技术应用有一定难度，时期掌握稍有不当，就有可能对水稻穗粒发育产生负面影响；第二种，就是我们设计的营养套餐施肥技术所倡导的生物调控技术，以增施硅肥为主要手段，促进超级杂交稻长成紧凑健壮的抗倒伏株型，即叶硬秆挺，茎秆抗倒伏强度提高（表 7-1）。

表 7-1　硅肥对水稻抗倒伏性状的影响

示范户姓名	施肥处理	伸长节间长度		第二伸长节间与第一伸长节间交界处直径（cm）	剑叶展开角度
		第一节间（cm）	第二节间（cm）		
鱼台县双韩村马汉龙	施硅处理	4.9	9.7	0.58	4.0
	常规处理	6.1	9.5	0.45	5.6
鱼台县米滩村李少平	施硅处理	4.9	10.9	0.71	8.6
	常规处理	8.2	11.1	0.39	9.8
市中区后埝王可刚	施硅处理	1.8	9.5	0.71	9.2
	常规处理	2.0	9.5	0.55	11.3

（陈绍荣、孙玲丽、史先良等，山东济宁，2009）

2 水稻超高产栽培营养套餐施肥技术规程

2.1 普通水稻营养套餐施肥技术规程

（1）应用育苗母乳肥育秧。育苗母乳肥由药、肥、有机质组成，不但有有机营养物质和无机营养元素，还含有灭菌广谱的高效灭菌药剂和无机调酸剂，既能直接杀灭土壤和秧苗体的病原菌，又能治理改良碱性土，降低盐碱物质对秧苗的危害程度，使秧苗在更适宜的 pH 值环境中健壮生长。

育苗母乳肥可加干细土稀释做成营养土，一般每千克育苗母乳肥可掺干细土 300~500kg，配置秧床或秧盘用土。也可以将育苗母乳肥在秧田最后一次做畦时直接做耙面肥施用，即将每千克育苗母乳肥施用在 $20m^2$ 净秧板上，使母乳肥与畦表 10cm 的土壤充分拌和、推平、浇透水，就可以在畦面上播种、压种、盖土和盖膜。

（2）用慧尔 2 号 NAM 长效缓释肥 $750kg/hm^2$+ 慧尔大颗粒钾肥（30%）$150kg/hm^2$ 作大田一次性底肥。

（3）大田叶面肥调控。

① 拔秧前 1~2d，在秧苗上叶面喷施一次高活性有机酸叶面肥（稀释 500 倍）。② 禾苗生长进入分蘖盛期后，叶面喷施一次高活性有机酸叶面肥（稀释 500 倍）。③ 孕穗拔节期叶面连续喷施两次高钾素（或活力钾）叶面肥（稀释 500 倍），间隔期 14d。

2.2 有机水稻营养套餐施肥技术规程

（1）用育苗母乳肥育秧：同普通水稻用肥技术规程。

（2）用慧尔生态有机肥 1 500kg/hm²+ 慧尔功能性生物有机肥 3 000kg/hm² 作一次性底肥。

（3）大田叶面肥调控：同普通水稻用肥技术规程。

3 超级稻营养套餐施肥技术应用实例

3.1 2008 年长江流域稻区小区试验结果（表 7-2）

表 7-2　营养套餐施肥技术在水稻高产栽培中的应用效果

施肥处理	实际产量（kg/ 亩）				产量比较（%）	考种资料				
	Ⅰ	Ⅱ	Ⅲ	平均		株高（cm²）	有效穗数（万穗/亩）	穗粒数（粒/穗）	结实率（%）	千粒重量（g）
营养套餐	572.10	498.29	536.94	535.78	123.64	87.3	27.4	72.14	91.32	27.2
涂层长效肥	550.00	472.22	527.78	516.67	119.23	86.6	26.6	71.94	88.17	26.9
常规施肥	455.56	411.10	433.34	433.34	100.00	89.3	22.4	61.80	89.66	26.5

（江西省余江县农业局农技土肥站，2008）

注：涂层长效肥养分含量为 20-9-16，亩用量 50kg。常规施肥处理 N、P、K 折纯量与营养套餐相同

表 7-2 资料说明，在等量化肥条件下营养套餐施肥技术比常规施肥增产 23.64%，增产因素是有效穗多、结实率高、千粒重增加。

3.2 2009-2010 年华北稻区、东北稻区试验示范结果

表 7-3　2009-2010 年水稻营养套餐施肥技术示范地产量

年份	稻区	示范地点	示范户姓名	产量（kg/hm²） 对照区	示范区	增产率（%）
2009	东北	辽宁盘山县高升镇	郭殿祥	7 406.4	9 797.4	32.28
		黑龙江绥化市永安镇	曾庆安	7 840.4	8 720.4	11.22
			赵强	9 195	10 800	17.46
		黑龙江友谊农场	李杰	9 100.5	11 899.5	30.8
	华北	山东鱼台县双韩村	马汉在	7 197	8 422.5	17.03
		山东鱼台县米滩村	李少平	6 441	7 918.5	22.94
		山东市中区后埝村	王可刚	7 859.7	10 698.3	36.12
		七点平均		7 862.9	9 750.9	24.01
2010	东北辽宁	盘山县胡家镇胡西村	闫立平	7 087.5	9 373.5	32.3
		密山市八五一〇农场	黄叶军	7 549.5	9 091.5	20.4
		两点平均		7 318.5	9 232.5	26.2

注：① 东北稻区腐植酸涂层缓释肥含量为 22-7-11-9（硅）-1.5（Zn）；

② 华北稻区腐植酸涂层缓释肥含量为 20-9-16-9（硅）-1.5（Zn）；

③ 腐植酸涂层缓释肥含量为 27-11-10，亩用量 40kg，另追施尿素 10kg+ 复合肥（20-18-10）20kg

表 7-3 测产结果表明，应用水稻营养套餐施肥技术平均增产率分别为 24.01%（2009）和 26.2%（2010），增产效果极为显著。

3.3 2011-2012 年示范结果

3.3.1 2011 年大区示范结果（表 7-4）

表 7-4　营养套餐施肥示范的测产数据

施肥状况	有效穗根（cm^2）	总有效穗（万穗 / 亩）	总粒数（粒 / 穗）	实粒数（粒 / 穗）	空壳率（%）	产量增产率（kg/ 亩）	（%）
套餐施肥	325.67	21.71	157.10	147.94	5.33	867.17	134.41
常规施肥	286.33	19.09	137.04	125.2	8.75	645.31	100.0

注：千粒质量按 27g 计算

表 7-4 测产数据表明，营养套餐施肥示范区亩产量为 867.17kg，比常规施肥区增产 34.41%。主要增产因素为：总穗数增加，每穗实粒数增加，空壳率下降。

3.3.2 2012 年大面积示范结果

（1）示范概况：2012 年，云南金星化工公司与国家杂交水稻工程技术研究中心高原育繁中心、个旧市种子管理站合作，在个旧市大屯镇新瓦房村搞了 26.6hm^2 连片超级稻高产栽培营养套餐施肥技术示范，参试农户 358 个，参试品种 3 个：Y 两优 2 号；Y 两优 8188 号；Y 两优 302 号，并在个旧市卡房镇斗姆阁村进行了 13.3hm^2 旱稻（超级稻 Y 两优 1 号）营养套餐施肥技术示范，这个村无水源灌溉，常年栽培旱稻产量 350 公斤 / 亩左右，最高的 400kg/ 亩多。同时，云南金星化工还在云南省墨江县联珠镇克曼村进行了优质稻（墨紫 1 号）营养套餐施肥技术示范，当地为高海拔地区，海拔 1 500~1 637m，农户栽种的优质糯稻一般产量仅 300~400kg/ 亩。这 3 个示范地的土壤养分含量列成表 7-5。

表 7-5　示范地土壤养分状况

取样地点	pH 值	有机质（g/kg）	全氮（g/kg）	碱解氮（mg/kg）	有效磷（mg/kg）	速效钾（mg/kg）	有效钾（mg/kg）
新瓦房村	6.85	30.37	2.09	153.04	23.68	90.52	4.40
斗姆阁村	5.61	28.68	2.05	181.28	5.04	100.68	1.54
克曼村	5.10	15.90	0.93	82.00	21.40	23.00	1.50

（2）示范增产情况。新瓦房村连片示范产量及营养套餐施肥情况（以 3 户为代表）见表 7–6。

表 7-6　新瓦房村超级稻超高产栽培示范施肥及产量调查

农户姓名	面积（m^2）	品种	理论测产 kg/ 亩	实收测产 kg/ 亩	折纯 总计	N	P_2O_5	K_2O
高庭冲①	667.00	Y 两优 8188	964.60	1 080.00	26.76	13.26	3.20	10.40
杨兰英②	1 534.10	Y 两优 8189	1 086.50	1 056.00	38.70	20.30	5.60	12.80
李国光③	733.37	Y 两优 302	927.40	1 050.00	38.00	22.00	3.20	12.80

注：① 底肥施金星牌腐植酸型复肥（13–4–13）80kg+硅包尿素 30kg/ 亩；追肥施尿素 6kg/ 亩

② 底肥施金星牌腐植酸型复肥（13–4–13）80kg+硅包尿素 30kg/ 亩；追肥施俄罗斯复肥 18kg/ 亩

③ 底肥施金星牌涂层长效肥（15–4–16）80kg+ 硅包尿素 40kg/ 亩；追肥施尿素 6kg/ 亩

④ m（N）: m（P2O5）: m（K2O）为 1 : 0.2 : 0.6

斗姆阁村连片示范（徐国彪）面积 1 668m^2，有效穗 19.85 万穗、穗长 21.6cm，穗总粒数 184.8，结实率 87.5%，穗实粒数 161.7 粒，千粒质量 25.3g，病损率 17.7%，亩理论产量 668.39kg。

克曼村，经测产，示范地亩产干谷 458.68kg，对照亩产干谷 366.94kg，增产 25%。

3.4 营养套餐施肥技术的肥效表现

示范地观测及考种资料表明，应用营养套餐施肥技术的肥效显著：①提高秧苗素质。秧苗茎粗增加 27.03%，分蘖增多 42.86%。②促进根系生长。营养套餐施肥处理明显促进了水稻根系生长，表现在根幅显著增加，最大根长也显著增长。③提高抗倒伏能力。水稻的第一伸长节间明显缩短，第二伸长节间也有一定的缩短，而茎粗增大。④增强病虫害的抵抗力。增强水稻病虫害的抵抗力。黑条矮缩病发病率仅为 3.8%~42%，比对照田块降低 7.7~8.3 百分点。⑤增加有效穗数、穗粒数和粒质量。

3.5 营养套餐施肥技术的增产机制分析

（1）养分平衡供应。营养套餐施肥技术针对水稻超高产对大量营养元素、微量营养元素和有益营养元素的需求，做到了养分平衡供应，特别是满足了水稻对硅和锌营养的需求，促进增产提质。

（2）配置了腐植酸成分。腐植酸是一种高效特效的生长促进剂，又是微量元素肥料的最优螯合剂，能显著地促进水稻根系生长和光合作用，有效协调水稻营养生长和生殖生长的关系，提高各种养分的吸收利用效率。

（3）以缓释长效肥为底肥。营养套餐施肥技术中必须施用缓释长效新型肥料，使肥料有效成分的释放和水稻的养分需求同步，提高肥料有效成分的吸收利用率。

（4）叶面补肥是最经济有效的施肥技术。营养套餐施肥技术强调根际施肥和叶面施肥相结合，大田底肥以控缓释长效肥为主，并通过叶面追肥补充水稻的大中微量元素，小肥生大效。

第二节　小麦营养套餐施肥技术

小麦是新疆播种面积最大的粮食作物。2011 年新疆地区小麦播种面积为 $1.08 \times 10^6 hm^2$，占总粮食作物播种面积 56.26%。传统上新疆小麦栽培有两种方式：冬小麦与春小麦，而且多采用地面灌溉方式。新疆生产建设兵团农八师 148 团在 2008 年，首次在春小麦上推广了膜下滴灌技术，实施面积为 1 226.7hm^2，平均小麦单产达到 431kg/ 亩，比地面灌溉单产提高 101kg/ 亩。2009 年，滴灌春小麦扩大到 1 586.7hm^2，平均单产达 583kg/ 亩，比 2008 年提高 152kg/ 亩。其中，7 连的刘成福 10.7hm^2 滴灌春小麦单产 806kg/ 亩，创春小麦单产历史纪录。

1 小麦的营养需求特点

小麦是禾本科、小麦属二年生草本作物。关于小麦的营养需求研究资料列成表 7-7 和表 7-8。

表 7-7　小麦对大量养分的吸收和移出量（kg/hm^2）

品种类型	资源来源	产量（kg/hm^2）	N	P_2O_5	K_2O
冬小麦	Aigner 等（1988）	6.7	130	39	51
春小麦	Aigner 等（1988）	4.5	100	50	25

表 7-8　每生产 100kg 小麦籽粒需吸收的养分（kg）

资料来源	氮（g）	磷（g）	钾（g）	钙（g）	镁（g）	锌（g）	锰（g）	铜（g）
河南省农业科学院	2~2.9	0.8~1.0	2~2.9	0.59~0.67	0.34~0.41	6~8.2	5.9~7.9	6.6~7.0
中国农业科学院土肥所（林继雄）	2.6~3.0	1~1.4	2~2.6	–	–	–	–	–
北京市农技站综合	3~3.5	1~1.5	2~4.0	–	–	–	–	–

根据新疆喀什地区农技推广中心的冬小麦 3414 试验，冬小麦（单产 420~430kg/ 亩）的最大施肥量：氮肥 418.50kg/hm^2；磷肥 157.05kg/hm^2；钾肥 29.40kg/hm^2。而最佳经济施肥量为：氮肥 331.05kg/hm^2；磷肥 124.65kg/hm^2；钾肥 31.80kg/hm^2。最佳施肥氮磷钾比例为 1 : 0.3 : 0.1。

综合上述研究资料，我们认为实现 7 500kg//hm^2 小麦籽粒应吸收氮（N）195~225kg、磷（P_2O_5）75~80kg、钾（K_2O）180~240kg，吸收比例为 1 : 0.33 : 1。此外，还应适当施用锌、钙、锰等中微量肥料。建议新疆地区小麦施肥量为：氮肥（N）300kg/hm^2、磷（P_2O_5）125kg/hm^2、钾（K_2O）60kg/hm^2，比例为 1 : 0.4 : 0.2。

2 小麦的营养套餐施肥技术规程

2.1 新疆春小麦的膜下滴灌施肥技术

2.1.1 新疆地区春小麦膜下滴灌施肥技术的试验示范情况

2008 年兵团农八师为响应国家确保粮食安全生产号召，调整了作物种植结构，扩大了小麦种植面积，利用原有种植棉花滴灌设施，大面积种植滴灌小麦。试种单位主要有 148 团、144 团、149 团、150 团 4 个团场，种植小麦（主要是春小麦）3 848.67hm^2，占全师小麦面积 25.5%。当年气候条件有利小麦生长，各团场地面灌种植小麦平均单产 300~350kg/ 亩，比 2007 年普遍提高 20~30kg，而滴灌小麦比地面灌小麦又普遍增产 80~120kg，而且节水增效显著。148 团多年都种植新春 6 号品种，2007 年全团地面灌小麦面积 866.7hm^2，平均单产 330kg/ 亩，2008 年 1 226.7hm^2 小麦全部采用滴灌种植，平均单产 431.7kg/ 亩，比前一年提高 101.7kg。144 团 8 133.3hm^2 小麦，其中，地面灌 51.93hm^2，平均单产 326.78kg/ 亩，滴灌小麦 7 596.0hm^2，单产 435kg/ 亩，增加 108.72kg。2009 年农八师和临近的农七师共 30 多个团场（单位）用滴灌方式种植冬、春小麦迅速推广，种植面积 3.0 × 10^{4}hm^2 以上，占两个师小麦面积 45.0%，均比地面灌种植小麦显著增产。农七师当年种植滴灌小麦 7 512.1hm^2，占小麦面积 62.89%，平均单产 393.64kg/ 亩，比地面灌种植单产提高 113.9kg。149 团多年种植新春 6 号品种，2008 年全团小麦亩平均单产 420kg，2009 年平均单产 605kg，其中单产在 600kg 以上，面积为 162.08hm^2，占全团小麦面积 54.8%。148 团 2009 年全团滴灌小麦 1 586.7hm^2，平均单产 583kg/ 亩，比 2008 年又提高 152kg。兵团科技局组织专家组鉴定 7 连刘成福 10.63hm^2 春麦，单产 806kg/ 亩。

至于这种滴灌施肥技术，主要是生育期随水滴肥，根据小麦不同生育时期，少量多次滴肥，力争做到精准施肥。上述的膜下滴灌施肥实践证明，氮肥和磷肥的田间有效利用率一般提高 10~15 个百分点，肥料用量节省 30% 左右。148 团 2007 年全团地面灌麦地投入标肥 125 个 / 亩，单产 330kg/ 亩，肥产比 1 : 2.64；2008 年滴灌麦地投入标肥 126 个 / 亩，单产 431kg/ 亩，肥产比 1 : 3.59；2009 年滴灌麦地投入标肥 113 个 / 亩，单产 583kg/ 亩，肥产比 1 : 5.21。2009 年 130 团滴灌冬麦 778.67hm^2，投入标肥 89.8 个 / 亩，单产 431.8kg/ 亩，肥产比 1 : 4.8；地面灌 870hm^2，投入标肥 87.0 个 / 亩，单产 341.6kg/ 亩，肥产比 1 : 3.9。

至于具体施肥情况见表 7-9。

表 7-9 148 团春小麦滴灌种植施肥情况

年份	基肥		生育期施肥种类、数量、时间（kg/ 月・日）						产量（kg/ 亩）	投标肥（kg/ 亩）	肥产比
	三料磷肥（hm^2）	尿素（hm^2）	一水	二水	三水	四水	五水	六水			
2008	12	8	尿素 3（3.28）	尿素 3（3.28）	尿素 6（4.28）	尿素 6+ 二氢钾 2（5.19）	尿素 6+ 二氢钾 3（5.23）	尿素 3（6.8）	431	120	01:04
2009	12	8	尿素 3（3.20）	尿素 5+ 二氢钾 1（4.12）	液氨 3（4.27）	尿素 6+ 二氢钾 2（5.14）	尿素 6+ 二氢钾 2（6.1）		583	112	01:05

注：肥产比是指多种化肥折合成标肥千克数与籽粒产量千克数之比

2.1.2 春小麦膜下滴灌营养套餐施肥技术规程

（1）底肥：每亩施慧尔牌慧尔 2 号 NAM 长效复合肥（22-16-7）肥 30kg。

（2）根际追肥：

① 一水追施慧尔长效水溶性滴灌肥（15-25-10+ 硼 + 锌）5kg/ 亩。② 二水追施慧尔长效水溶性滴灌肥（15-25-10+ 硼 + 锌）7kg/ 亩。③ 四水追施慧尔长效水溶性滴灌肥（15-25-10+ 硼 + 锌）10kg/ 亩。④ 六水追施慧尔长效水溶性滴灌肥（15-25-10+ 硼 + 锌）3kg/ 亩。

（3）叶面追肥：

① 苗期：叶面喷施一次高活性有机酸叶面肥（稀释 500 倍）。② 分蘖期：叶面喷施活力钙叶面肥 1 次（稀释浓度 1 500 倍）。③ 抽穗期：叶面喷施两次高钾素或活力钾叶面肥（稀释 500 倍），间隔期 14d。

2.2 新疆地区地面灌溉小麦营养套餐施肥技术规程

（1）底肥：每亩施惠农一号（24-16-5）25~30kg。

（2）根际追肥：冬小麦返青后结合灌头水每亩追施慧尔增效尿素 15kg；拔节前再结合灌拔节水，每亩追施慧尔增效尿素 10kg。

春小麦，二叶一心期，每亩施慧尔长效缓释磷酸二铵 15~20kg；拔节期，结合灌水每亩看苗施慧尔增效尿素 5~10kg。

（3）叶面追肥：

① 冬小麦入冬前，春小麦 5 叶期后叶面喷施一次高活性酸叶面肥，稀释 500 倍。② 拔节 - 抽穗期，叶面喷施高钾素或活力钾叶面肥两次，稀释 500 倍，间隔期 14d。

第三节 玉米营养套餐施肥技术

玉米是新疆的第二大粮食作物。2011 年，新疆玉米播种面积 $7.28 \times 10^5 hm^2$，占总粮食作物播种面积的 37.99%。刘德江等报道，2006 年，新疆玉米种植面积 $4.96 \times 10^5 hm^2$，平均单产 7 792kg/hm^2；2007 年新疆玉米播种面积 $5.28 \times 10^5 hm^2$，平均单产 7 487kg/hm^2。

1 玉米的营养需求特点

玉米为禾本科一年生作物，是一种喜温、喜光、生育期短的 C_4 型高产作物。通常玉米对大量元素的需求是氮最多，钾次之，磷最少（表7-10），而在高产品种高产栽培中，钾素需求量高于氮素。在中微量营养需求方面，对锌、硼营养元素需求较多，尤其是锌肥增产效果比较显著。

表 7-10　玉米每生产 100kg 籽粒其养分吸收量

数据来源	N	P_2O_5	K_2O
国内数据综合	2.2	0.4	1.8
国外数据综合	3	0.7	2.5
国内外数据综合	2.6	0.53	2.4
发达国家	2	0.41	2.1
“中国肥料”一书综合	2.8	0.52	2.1
山东（1963-1983）	2.9	0.62	1.9
中国农业百科全书	2.9	0.49	1.94

（鲁如坤，2001）

山东省农业科学院土壤肥料研究所近20年的统计资料表明，在不同条件下，春玉米吸收N、P、K比例为2.4∶1.2∶1；夏玉米1.9∶1∶1.6。国内不少学者认为亩产1 000kg玉米籽粒：春玉米需吸收氮（N）35~40kg、磷（P_2O_5）12~14kg、钾（K_2O）50~60kg；夏玉米需吸收氮（N）25~27kg、磷（P_2O_5）11~14kg、钾（K_2O）37~42kg。新疆农业职业技术学院刘德江等研究（2006）：玉米每形成100kg，籽粒的养分吸收量是N 3.15kg、P_2O_5 0.71kg、K_2O 3.90kg，氮、磷、钾吸收比例为：1∶0.23∶1.2。

2 玉米营养套餐施肥技术规程

2.1 底肥

应用慧尔1号（24-16-5）玉米专用长效肥50kg+慧尔增效尿素10kg/667hm^2。

2.2 叶面追肥

（1）苗期（苗高0.3m）：叶面追施慧尔1号（24-16-5）高活性有机酸叶面肥一次（稀释浓度为500倍）。

（2）大喇叭口期：叶面喷施高钾素或活力钾叶面肥两次（稀释浓度500倍），间隔期20d。

3 玉米营养套餐施肥技术应用实例

2009年，烟台众德集团曾在烟台进行了玉米营养套餐施肥技术示范。示范户有3户：蓬莱县潮水镇徐建伏、招远县夏甸镇杨德峰、招远县育山镇谢旭光，示范总面积为0.3hm²，其测产考种资料列成表7-11。

表 7-11　烟台市玉米营养套餐技术示范测产考种结果

示范户名	施肥处理	果穗经济性状				平均果穗重（g）	鲜棒产量（kg/ 亩）	含水率（%）	干棒产量	
		平均果穗长（cm）	秃尖长（cm）	果列数	籽粒数				（kg/ 亩）	（%）
徐建伏	营养套餐	21.13	3.71	16.00	630.60	0.27	1 179.20	37.00	742.89	123.08
	常规施肥	20.38	3.75	15.30	495.60	0.20	928.59	35.00	603.58	100.00
杨德峰	营养套餐	18.30	2.70	15.20	591.00	0.28	1 005.84	32.00	683.97	153.20
	常规施肥	16.90	4.20	14.00	4.08	0.16	611.84	27.00	446.38	100.00
谢旭光	营养套餐	16.80	1.30	15.20	476.00	0.26	1 550.38	34.00	1 023.25	154.50
	常规施肥	15.10	3.90	14.80	381.00	0.16	1 003.60	34.00	662.38	100.00
三户平均	营养套餐	18.74	2.57	15.46	565.86	0.21	1 245.14	34.33	817.05	143.10
	常规施肥	17.46	3.95	14.70	428.20	0.17	848.01	32.00	570.78	100.00

（烟台众德集团新型肥料研发中心，2009 年提供）

注：营养套餐底肥为（21-8-11）腐植酸涂层长效肥；徐建伏常规底肥为农博士（16-10-14）缓释肥；杨德峰常规底肥为众德（14-15-16）；谢旭光常规底肥为尿素（46-0-0）

表 7-11 资料说明，应用营养套餐施肥技术的玉米果穗长，秃尖小，果列数多，籽粒数多，平均果穗重量明显优于常规施肥处理，鲜棒、干棒产量也大幅增加，平均增产 246.27kg/ 亩，增产率为 43.1%。

第四节　高粱营养套餐施肥技术

1 高粱的营养需求特点

高粱属禾本科、高粱属作物。高粱是需肥较多的作物，对肥料的反应敏感，需肥能力也很强。据辽宁省农业科学院分析，每生产 100kg 高粱籽粒需要吸收氮（N）2.6kg、磷（P_2O_5）1.36kg、钾（K_2O）3.06kg，对氮、磷、钾的吸收比列为 1∶0.52∶1.18。

2 高粱的营养套餐施肥技术规程

2.1 底肥

每亩施慧尔生态有机肥 80kg+ 慧尔增效二铵 20kg。

2.2 根际追肥

拔节前每亩施慧尔 1 号（24-16-5）长效复合肥 20kg。

2.3 叶面追肥

苗期叶面追施一次高活性有机酸叶面肥（稀释 500 倍）；拔节前后叶面喷施两次高钾素或活力钾叶面肥（稀释 500 倍），间隔期 15d。

第五节　大豆营养套餐施肥技术

1 大豆的营养需求特点

大豆属豆科蝶形花亚科大豆属，为一年生作物。大豆的适应性和栽培区域都很广，北方和南方栽培面积都很大。大豆在新疆绿洲栽培，具有良好的适应性，创造了很高的单位面积产量。1999 年，罗庚彤等应用“新大豆 1 号”在新疆创造了 5 956.2kg/hm^2 的全国大豆高产纪录，而“中黄 35”则在 2006 年和 2007 年获得过 5 197kg/ 亩和 5 577kg/hm^2 的高产。大豆对大量营养元素的需求是氮最多，钾次之，磷较少。对中微量营养元素的需求是钙较多，还需要一定数量的硼、钼等微量营养成分。大豆需氮虽多，但它可通过根瘤固氮，一般可从大气中获取氮 5~5.75kg/ 亩，约为大豆需氮的 40%~60%。据中国农业科学院林继雄研究报道，每生产 100kg 大豆，需从土壤中吸收氮（N）8.1~10.1kg、磷（P_2O_5）1.8~3.0kg、钾（K_2O）2.9~6.3kg、钙（CaO）2.3kg、镁（MgO）1kg、硫（s）0.67kg，还要吸收一定数量的微量营养元素，其氮、磷、钾吸收量平均为氮（N）9.12kg、磷（P_2O_5）2.4kg、钾（K_2O）4.6kg，氮、磷、钾吸收比例为 1 : 0.26 : 0.51。另据中国农业大学陈伦寿等研究，每生产 100kg 大豆，需从土壤中吸收氮（N）7.2kg、磷（P_2O_5）1.8kg、钾（K_2O）4.0kg，氮、磷、钾吸收比例为 1 : 0.25 : 0.55。关于东北地区主栽作物春大豆的氮、磷、钾吸收量，据东北农业大学资源与环境学院刘元英研究，氮、磷、钾吸收比例为 2 : 0.5 : 1（资料列成表 7-12）。综合上述研究资料，大豆的氮、磷、钾需求量有关资料基本一致，可作推荐施肥量的参考。

表 7-12　不同产量水平下春大豆氮、磷、钾吸收量（kg/hm^2）

产量水平	养分吸收量		
	N	P_2O_5	K_2O
2 250	162	36	72
3 000	216	51	105
3 750	285	69	143

2 大豆营养套餐施肥技术规程

2.1 底肥

每亩施慧尔生态有机肥 80kg+ 慧尔含促生真菌氨基酸型复混肥 50kg；或施慧尔生态有机肥 80kg+ 慧尔增效二铵 25kg。

2.2 根际追肥

一般在开花结荚期追施慧尔 1 号（24–16–5）长效复合肥 10kg+ 慧尔钾肥 10kg/ 亩。

2.3 叶面追肥

3 片真叶后，叶面喷施两次肥料：高活性有机酸叶面肥（稀释 500 倍）+ 活力硼叶面肥（稀释 1 500 倍），间隔期 15d；开花至鼓粒期叶面喷施两次高钾素或活力钾叶面肥（稀释 500 倍），间隔期 15d。

第八章　油料作物营养套餐施肥技术

第一节　油菜营养套餐施肥技术

1 油菜的营养需求特点

1.1 油菜吸收养分量大

据研究，在油菜籽产量为100~150kg/亩的产量水平下，每生产100kg油菜籽包括相对应的根、茎、叶、花、荚、壳等需吸收氮（N）8.8~11.3kg、磷（P_2O_5）3.0~3.9kg、钾（K_2O）8.5~12.7kg，与其他主要粮油作物同样数量籽粒产量相比较，油菜所需养分最多，氮的摄取量是其他禾谷类作物的2~3倍，也高于大豆；磷的摄取量是水稻、小麦、玉米的3倍多，是大豆、谷子、高粱的2倍；钾是水稻、玉米、小麦的3倍多，是大豆、谷子、高粱的2倍多。

1.2 油菜对肥料施用敏感

施肥增产幅度大，经济效益高。郭庆元等在湖北孝感对水稻、大豆、油菜一年三熟制栽培定位试验结果表明，在每季作物施同样肥的情况下，氮、磷、钾区的水稻、大豆、油菜分别增产43.7%、38.8%和347.1%；氮、磷区的水稻、大豆、油菜分别增产37.2%、0.5%和301.2%；施磷处理分别增产23.1%、16.3%和213.2%；施钾处理分别增产6.8%、12.9%和4.3%，除施钾处理外，其他处理的均是油菜增产率高，远高于大豆和水稻。

1.3 油菜对硼很敏感

1978-1981年湖北省农业局粮油处组织该省32个县进行油菜硼肥试验结果表明，平均增产率为27.7%；中国农业科学院油料作物研究所1986-1989年连续3年在湖北省多点试验，施硼砂7kg/亩，增产菜籽28.1kg/亩，增产率为27.3%，油菜籽脂肪含量提高了3.02%。

2 油菜的营养套餐施肥技术规程

2.1 底肥

亩施慧尔生态有机肥50kg+惠农1号（24-16-5）长效缓释BB肥50kg。

2.2 根际追肥

第一次在冬季前施，每亩施惠农1号（24-16-5）长效缓释BB肥20kg；第二次在始花期施，亩施惠农1号（24-16-5）长效缓释BB肥20kg。

2.3 叶面追肥

移栽油菜移栽成活后，叶面喷施两次高活性有机酸叶面肥（稀释500倍）+活力硼叶面肥（稀释1 500倍），间隔期15d；结荚初期叶面喷施1次高钾素或活力钾叶面肥（稀释500倍）。

第二节　向日葵营养套餐施肥技术

1 向日葵的营养需求特点

向日葵是菊科一年生草本植物。向日葵有强大的根系和繁茂的茎叶，根系吸收养分的能力强。据研究测定，食用型向日葵在产量为154.27kg/亩时，每形成100kg籽粒需消耗氮6.62kg、磷1.33kg、钾14.6kg，其吸收比例为1∶0.2∶2.20；油用型向日葵，产量为100kg/亩时，每形成100kg籽实，要消耗氮7.44kg、磷1.86kg、钾16.60kg，其比例为1∶0.25∶2.23。油葵是新疆的主要油料作物，具有生长期短、抗旱性强、耐盐碱、耐瘠薄、出油率高等特点。据调查，新疆的油葵单位面积产量约3 000~3 500kg/hm^2，出油率40%以上。

2 油葵的营养套餐施肥技术规程

2.1 膜下滴灌施肥技术规程

（1）底肥：慧尔生态有机肥1 500kg/hm^2+慧尔2号（22-16-7）长效缓释复混肥375kg/hm^2。

（2）滴灌用肥：现蕾后随水滴灌慧尔棉得宝（15-25-5+硼+锌）增效水溶性滴灌肥75kg/hm^2。

（3）叶面追肥：苗期，叶面追施1次高活性有机酸叶面肥（稀释500倍）+活力硼叶面肥（稀释1 500倍）；开花前期叶面喷施2次高钾素或活力钾叶面肥（稀释500倍），间隔期14d。

2.2 普通灌溉施肥技术规程

（1）底肥：亩施慧尔底肥⁺（15-20-5）长效缓释BB肥30kg+慧尔长效磷铵15kg。

（2）根际施肥：结合灌头水，亩追施慧尔增效尿素20kg。

（3）叶面追肥：苗期，叶面追施1次高活性有机酸叶面肥（稀释500倍）+活力硼叶面肥（稀释1 500倍）；开花后，叶面喷施2次高钾素或活力钾叶面肥（稀释500~800倍），间隔期20d。

第九章　薯类作物营养套餐施肥技术

第一节　马铃薯营养套餐施肥技术

1 马铃薯的营养需求特点

马铃薯为茄科、茄属一年生高产作物，喜钾，喜硫，忌氯。国内外关于马铃薯对大量养分的需求、吸收和移出的研究见下表（表9-1）。

表9-1　马铃薯不同产量水平对N、P、K养分的需求

块茎产量（t/hm^2）	kg/hm^2						资料来源
	N	P_2O_5	K_2O	MgO	CaO	S	
100	250~450	35~65	350~550	10~30	10~20	20~40	Burton1989
90	306	93	487	19	8	–	ADAS1976
77.7	250	80	325	–	–	–	Evans1977
50	180	25	200	15	10	20	Cooke1974
45	229.5	181.5	409.5	15	15	15	陈绍荣等 2006
36	153	32	209	16	5	10	Smith1990
30	154	69	300	–	–	–	孙磊 2009
20	103	46	200	–	–	–	孙磊 2009
15	77	35	150	–	–	–	孙磊 2009

根据我们2005-2006年在山东藤州马铃薯产区的调查分析资料：高产田块的营养需求是氮（N）229.5kg/hm^2、磷（P_2O_5）181.5kg/hm^2、钾（K_2O）409.5kg/hm^2，Ca、Mg、S均为15kg/hm^2，氮、磷、钾吸收比例为1∶0.8∶1.8。新疆泽普县农技中心乌尔姑丽·托尔孙等（2010）报道，增施钾肥对马铃薯的产量提高幅度较大，品质也有很大的改善。据该县的“3414”完全试验设计，该试验的最大施肥量为N 17.2360、P_2O_5 10.4199、K_2O 9.4954kg/亩，最大产量为1 829.1960kg/亩；最佳施肥量为：N16.8973、P_2O_5 10.2530、K_2O 10.2530kg/亩，最佳经济产量为1 825.9990kg/亩。最佳N∶P∶K为1∶0.61∶0.52。

2 马铃薯的营养套餐施肥技术规程

2.1 底肥

每亩施用惠农2号（硫基，24-16-5）长效缓释BB肥50kg+慧尔钾肥20kg。

2.2 根际追肥

薯块膨大期，每亩追施枣想你（硫基，15-20-10）高效缓释 BB 肥 15kg。

2.3 叶面追肥

五片真叶期，叶面喷施 1 次高活性有机酸叶面肥（稀释 500 倍）；结薯期，叶面喷 2 次高钾素或活力钾叶面肥（稀释 500 倍），间隔期 14d。

3 马铃薯营养套餐施肥技术应用实例

3.1 概述

2004 年 12 月至 2005 年 5 月，山东烟台众德集团在全国马铃薯主产区山东省滕州市进行了马铃薯营养套餐施肥技术示范，在当地 8 个乡（镇）58 个自然村设立了 543 个示范户，示范地面积 97hm²。我们还在有代表性的示范地进行了取样分析。土壤养分资料列成表 9-2。

表 9-2　滕州市代表性示范地土壤养分含量

土样编号	取样地点	农户姓名	pH 值		有机质	全氮	全磷	全钾	碱解氮	速效磷	速效钾
			H_2O	KCl	g/kg	g/kg	g/kg	g/kg	mg/kg	mg/kg	mg/kg
1	龙阳从条	黄明章	5.21	4.33	13.91	1.01	1.03	15.22	109.20	341.60	178.4
2	龙阳曾楼	郗九远	4.91	3.9	13.72	1.05	0.96	14.93	152.88	281.69	273.3
3	界河刘岗	刘朝富	5.02	4.07	10.36	0.84	1.04	16.02	109.20	245.07	193.3

（中国科学院红壤生态实验站理化分析实验室）

3.2 滕州市马铃薯营养套餐施肥示范技术规程（表 9-3）

表 9-3　滕州市马铃薯营养套餐施肥示范技术方案

施肥时期	施肥品种及用量（kg/ 亩）	施用方法
基肥	土杂肥 500 或有机无机复合肥 100	深施
	50% 红牛硫酸钾 20+12-12-17 狮马肥 30+15-15-20 众德肥	深施
种肥	500 倍凯普克 5min	浸种
	300 倍凯普克	喷种芽
追肥	发棵前：21-8-11 狮马肥 20	冲施
	出苗后 20d 100 倍凯普克 +1 000 倍“叶翠”	叶面喷施
	第一次叶面追肥 15d 后 400 凯普克 +1 00 倍果王 +5 000 倍靓果素	叶面喷施
	薯块膨大期 1 000 倍果王 +5 000 倍靓果素	叶面喷施

3.3 示范成果

3.3.1 营养套餐施肥技术对马铃薯生长的影响（表 9-4）

表 9-4　营养套餐施肥对马铃薯生长的影响

示范户姓名	施肥情况	平均株高（cm）	最大茎粗（cm）	平均分枝（个）	单株块茎重（kg）	大块茎率（%）	单个块茎重（g）
仲伟广	营养套餐施肥区	65.1	1.47	2.3	0.54	87.4	261
	习惯施肥区	61.4	1.23	1.2	0.30	74.7	213
吕士泉	营养套餐施肥区	66.9	1.36	2.4	0.26	88.5	239
	习惯施肥区	61.6	1.08	1.7	0.21	71.4	201
张金山	营养套餐施肥区	70.6	1.29	2.6	0.31	91.9	234
	习惯施肥区	67.9	1.19	1.3	0.20	66.7	198
孙中才	营养套餐施肥区	71.7	1.51	2.4	0.61	92.0	306
	习惯施肥区	67.3	1.23	1.4	0.40	84.3	273
平均	营养套餐施肥区	68.6	1.41	2.43	0.43	89.95	260
	习惯施肥区	64.6	1.18	1.40	0.28	74.27	221.3

由表 9-4 可知，营养套餐施肥区的平均株高比习惯施肥区高 4cm，茎粗大 0.23cm，每株分枝多 1.03 个，单株块茎产量多 0.15kg，30g 以上的大块茎率高出 15.68%，单个块茎重平均增加 38.7g。

3.3.2 营养套餐施肥技术对马铃薯块茎产量的影响（表 9-5）

表 9-5　营养套餐施肥技术示范测产表

抽样测产地点	测产户姓名	示范面积（亩）	栽培方式	营养套餐施肥区产量（kg/ 亩）	习惯施肥区产量（kg/ 亩）	增产率（%）	单位肥效（kg块茎/kg肥）		增产量（kg/ 亩）	备注
							配方区	对照区		
果河镇花庄	仲伟广	1.2	大棚	2 970.4	1 547.4	52.1	24.8	7.7	1423.0	–
大坞镇西桥头	吕士泉	1.5	地膜	1 487.4	992.2	19.9	14.9	6.6	495.2	未施有机肥，仅一次叶面追肥
龙阳镇南张庄	张金山	1.6	大棚	2 406.1	1 835.0	31.1	24.1	12.2	571.1	–
界河镇北孙庄	孙中才	2.0	大棚	2 813.0	2 152.0	30.6	28.1	10.8	661.0	未施有机肥
大坞镇大市庄	徐克文	1.4	地膜	2 763.3	2 267.8	21.9	27.6	16.8	495.5	未施有机肥，仅一次叶面追肥
大坞镇苗庄	苗家成	3.0	地膜	2 844.3	2 496.5	13.9	28.4	25.6	347.8	未施有机肥
界河镇北孙庄	孔令奇	1.6	地膜	2 286.8	2 048.6	11.6	22.9	13.7	238.2	未施有机肥，仅一次叶面追肥

续表

抽样测产地点	测产户姓名	示范面积（$667m^2$）	栽培方式	营养套餐施肥区产量（kg/亩）	习惯施肥区产量（kg/亩）	增产率（%）	单位肥效（千克块茎/千克肥）		增产量（kg/亩）	备注
							配方区	对照区		
龙阳镇曾楼	王道海	7.0	地膜	2 832.8	2 565.4	10.4	23.6	14.7	267.4	套餐区未施有机肥，中后期青枯病严重
界河镇花庄	赵汝银	71.2	大棚	2 292.8	2 092.7	9.6	22.9	10.5	200.1	中期高温烧硼
平均				2 480.1	1 941.3	27.8	24.1	13.1	538.8	–

（烟台众德集团新型肥料研发中心，2006）

测产资料显示，营养套餐施肥技术增产效果显著，平均增产率为27.8%，平均亩增产量为538.8kg/亩。至于其中的3户增产仅10%，主要原因是这些农户对马铃薯病害防治不当或管理不慎（如高温烧棚等）。

3.3.3 肥料投入与产出

田间档案记载，营养套餐施肥区平均每亩化肥投入为104.4kg，肥料投入金额为375.8元/亩，平均每元肥料投入产出金额为6.6元；习惯施肥对照区平均化肥投入为184.4kg/亩，比营养套餐施肥区增加80kg，肥料投入金额为404.6元/亩，比营养套餐施肥区增加28.8元，而平均每元肥料投入产出金额仅为4.8元，比营养套餐施肥区下降1.8元。从总产出来看，营养套餐施肥区比习惯施肥区增加净收入539元。

第二节　甘薯营养套餐施肥技术

1 甘薯的营养需求特点

甘薯属旋花科、甘薯属蔓生植物，对氯比较敏感。据Wenkam（1983）研究，10t/hm^2块根产量需吸收氮（N）26.0kg、磷（P_2O_5）8.5kg、钾（K_2O）45.6kg、钙（CaO）4.2kg、镁（MgO）2.0kg。据国内资料，一般认为每生产1 000kg鲜薯需吸收氮（N）3.5~4.2kg、磷（P_2O_5）1.5~1.8kg、钾（K_2O）5.5~6.2kg，其吸收比例为1∶0.4∶1.5。赵广春等认为，若目标产量为4 000kg/亩，平均亩施氮（N）不少于16.5kg、磷（P_2O_5）22.5kg、钾（K_2O）35kg。

2 甘薯的营养套餐施肥技术规程

2.1 底肥

亩施慧尔生态有机肥80kg+慧尔3号（硫基，23-12-10）高效缓释复混肥50kg。

2.2 根际追肥

薯块膨大期施慧尔钾肥，20kg/亩。

2.3 叶面追肥

前两次在苗期进行（移栽成活后1个月左右），喷施两次高活性有机酸叶面肥（稀释500倍），间隔期20d；后两次在薯块膨大期（移栽成活后80d左右），喷施高钾或活力钾叶面肥（稀释500倍），间隔期15d。

第十章　经济作物营养套餐施肥技术

第一节　棉花营养套餐施肥技术

棉花，是新疆维吾尔自治区最主要的经济作物。2012 年棉花播种面积 $1.72\times10^6hm^2$，占农作物总播种面积 33.5%，单产达 2 057kg/hm^2，居全国第一位。

1 棉花的营养需求特点

棉花属锦葵科、棉属作物，是一种喜温好光的一年生作物，营养生长与生殖生长并进时间长，对肥料的需求量大。关于棉花高产的栽培要求是：前期稳长，培育成壮苗；中期营养生长和生殖生长协调；后期生长健壮不早衰，做到“桃多桃大，伏桃满腰，秋桃盖顶”，丰产丰收。据科学研究，每生产 100kg 皮棉需吸收氮（N）13.8kg、磷（P_2O_5）4.8kg、钾（K_2O）14.4kg。另外，棉花对微量营养元素锌（Zn）、硼（B）和锰（Mn）也有一定数量的需求。据研究每产 100kg 皮棉，需吸收硼 9.4~10.8g、锌 2.4~7.2g。

据新疆生产建设兵团第 6 师芳草湖农场蒋兆赫研究，当地亩产 100kg 皮棉，需吸氮（N）15kg、磷（P_2O_5）6kg、钾（K_2O）0~15kg。折合为产 3 000kg/hm^2 皮棉需氮（N）450kg/hm^2、磷（P_2O_5）180kg/hm^2、钾（K_2O）300~450kg/hm^2。

王爱如等（2003）研究，新疆建设兵团农 3 师 45 团 3 000kg/hm^2 高产水平条件下，每生产 100kg 皮棉从土壤中吸收氮（N）12.5kg、磷（P_2O_5）8.0kg、钾（K_2O）11.1kg。N∶P∶K 为 1∶0.64∶0.88。折合成每 hm^2 产 3 000kg 皮棉，则需从土壤中吸收 N 375kg、P_2O_5 240kg、K_2O 345kg，而实现这一产量的品种及播前土壤养分列成表 10-1。

表 10-1　3 000kg/hm^2 皮棉高产棉田播种前土壤养分状况

年份	品种	有机质（%）	全氮（%）	碱解氮（mg/kg）	全磷（%）	速效磷（mg/kg）	速效钾（mg/kg）
1997	冀棉 20	1.10	0.069	70.8	0.166	15.8	129.4
1997	冀棉 20	0.87	0.051	55.4	0.143	8.6	104
1998	中棉所 23	0.83	0.052	53.8	0.15	9.9	91
1998	中棉所 23	0.87	0.05	53.8	0.13	11.7	96.2
1999	中棉所 35	0.89	0.055	50.4	0.156	11.8	187.1

资料表明，实现 3 000kg/hm^2 皮棉高产对土壤的最低要求是：有机质不低于 0.83%；全氮不低于 0.05%，碱解氮不低于 50.4mg/kg；全磷不低于 0.13%，速效磷不低于 8.6mg/kg；速效钾应高于 91mg/kg。

从 20 世纪 90 年代后期，以膜下滴灌为代表的棉花灌溉设施技术逐渐取代了以地面漫灌及传统的施肥模式，提高了棉花产量及效益，一般能增产 10%~30%，节约肥水 30%~50%，利润翻番，甚至近 3 倍。据罗冬梅（2012、阿克苏市）、齐其克等（2011，博乐市）、贺军勇等（2011，哈密市）报道，大面积推广膜下滴灌施肥，实现了皮棉 2 250~3 315kg/hm^2 的高产量，资料列成表 10-2。

表 10-2　膜下滴灌施肥的产量及施肥数量

地区	皮棉产量（kg/hm²）	有机肥（m³/hm²）	底肥（kg/hm²）				滴灌施肥（尿素或专用滴灌肥）（kg/hm²）			
			二铵	尿素	硫酸钾	高浓度复合肥	总量	6 月	7 月	8 月
南疆（阿克苏）	3 315	45	300	225	75	–	525	75	300	150
东疆（哈密）	2 730	–	325	–	–	525	510	90	360	60
北疆（博乐）	2 250	22.5	300	525	–	75	525	75	300	150

上述三地膜下滴灌施肥的总含氮（N）量为 387.50kg/hm²、358.25kg/hm²、和 559.5kg/hm²；总含磷量为 132kg/hm²、144kg/hm² 和 143.25kg/hm²；总含钾（K_2O）量为 45kg/hm²、78.75kg/hm² 和 11.25kg/hm²。说明博乐地区总氮量过高，总钾量过少，致使产量比阿克苏地区低 32.13%。

2 棉花营养套餐施肥技术规程

2.1 膜下滴灌施肥技术

（1）底肥：慧尔生态有机肥 1 500kg/hm²+ 慧尔长效缓释磷酸二铵 375kg/hm²。

（2）滴灌追肥：6 月份，随水滴施 1 次“棉得宝”（15-25-10+ 硼 + 锌）慧尔长效水溶性滴灌肥 75kg/hm²；7 月份，随水滴灌施 3~4 次“棉得宝”长效水溶性滴灌肥，每次施用量为 75~150kg/hm²；8 月份，随水滴施“棉得宝”1 次，每次施用量为 60kg/hm²。

（3）叶面施肥：6 月上、中旬叶面喷施两次高活性有机酸叶面肥（稀释 500 倍）+ 活力硼叶面肥（稀释 1 500 倍），间隔期 14d；花铃期连续喷施两次高钾或活力钾叶面肥（稀释 500 倍），间隔期 20d。

2.2 地面沟灌施肥技术

（1）底肥：施用慧尔底肥 ⁺ 长效缓释 BB 肥 750kg+ 慧尔生态有机肥 1 500kg/hm²。

（2）根际追肥：5 片真叶期追施一次慧尔增效尿素 150kg/hm²；始花期，追施一次慧尔 1 号（24-16-5）长效缓释复合肥 300kg/hm²；结铃期，追施一次慧尔 1 号（24-16-5）长效缓释复合肥 300kg/hm²。

（3）叶面追肥：6 月上、中旬叶面喷施两次高活性有机酸叶面肥（稀释 500 倍）+ 活力硼叶面肥（稀释 1 500 倍），间隔期 14d；花铃期连续喷施两次高钾或活力钾叶面肥（稀释 500 倍），间隔期 20d。

3 棉花营养套餐施肥技术应用实例

3.1 慧尔长效水溶性滴灌肥试验

（1）概况。试验地点：玛纳斯县试验站 3 村，试验面积 0.8hm²，试验处理及其施肥量见表 10-3。

表 10-3　棉花试验处理及其施肥量

序号	处理名称	纯养分施用量（kg/hm²）
1	慧尔长效水溶性滴灌肥（100%）	303（N 183、P_2O_5 100、K_2O 20）
2	慧尔长效水溶性滴灌肥（80%）	242（N 146.4、P_2O_5 80、K_2O 16）
3	常规施肥（NAM）	303（N 183、P_2O_5 100、K_2O 20）
4	常规施肥	303（N 138、P_2O_5 100、K_2O 20）

（2）试验结果。长效水溶性滴灌肥增产 8.4%~9.0%，资料见表 10-4。

表 10-4 长效水溶性滴灌肥的增产效果（kg/hm^2）

序号	处理名称	籽棉产量	皮棉产量	产量比较（%）
1	慧尔长效水溶性滴灌肥（100%）	5 299.9	2 028.0	108.4
2	慧尔长效水溶性滴灌肥（80%）	5 239.4	2 038.0	109.0
3	常规施肥（NAM）	4 758.8	2 027.6	108.4
4	常规施肥	4 409.5	1 870.3	100.0

（新疆慧尔农业新型肥料研发中心，2011）

3.2 惠农 1 号长效缓释 BB 肥试验示范

（1）概况（表 10-5）。

表 10-5 惠农 1 号长效缓释 BB 肥示范情况

示范地点	示范面积（667m²）	施肥处理	施肥用量（kg/ 亩）	折纯养分			
				总量	N	P_2O_5	K_2O
博乐	0.33	习惯施肥	尿素 40，二铵 25	34.4	22.9	11.5	0
	0.33	惠农 1 号	75	34.3	18.3	12.2	3.8
玛纳斯	0.2	习惯施肥	尿素 28，二铵 25	28.9	17.4	11.5	0
	0.2	习惯施肥 +NAM	尿素 28，二铵 25 NAM 添加剂	28.9	17.4	11.5	0
	0.2	惠农 1 号（总养分）	64.2	28.9	15.4	10.3	3.2
阿瓦提（长绒棉）	0.2	习惯施肥	尿素 41.7，二铵 45.8	51.2	29.4	21.1	0.7
	0.2	习惯施肥 +NAM	尿素 41.7，二铵 45.8 NAM 添加剂	51.2	29.4	21.1	0.7
	0.2	惠农 1 号（总养分）	113.7	51.2	27.3	18.2	5.7
	0.2	惠农 1 号（80% 量）	91	40.9	21.8	14.5	4.5

（新疆慧尔农业新型肥料研发中心，2010）

（2）示范结果（表 10-6）。

表 10-6 慧尔 1 号长效缓释 BB 肥示范结果

示范地点	施肥处理	籽棉产量（kg/ 亩）	产量比较（%）
博乐	习惯施肥	258.07	100.00
	惠农 1 号	293.40	113.70
玛纳斯	习惯施肥	251.80	100.00
	习惯施肥 +NAM	265.00	105.25
	惠农 1 号（总养分）	280.60	111.44

续表

示范地点	施肥处理	籽棉产量（kg/ 亩）	产量比较（%）
阿克苏	习惯施肥	258.40	100.00
	习惯施肥 +NAM	282.40	109.16
	惠农 1 号（总养分）	297.70	115.24
	惠农 1 号（80% 量）	275.30	106.56

（新疆慧尔农业新型肥料研发中心，2010）

资料表明，三个示范点应用惠农 1 号长效缓释 BB 肥处理都显著增产，增产幅度 11.44%~15.24%。

3.3 大面积示范

2008–2009 年山东烟台众德集团在山东德州、临清以及河北衡水、邢台、辛集等地进行了棉花营养套餐施肥技术大面积示范，2008 年示范面积为 13.73hm^2，2009 年示范面积为 3.33hm^2，总计示范面积 17.06hm^2。

（1）示范技术规程。

① 一次性底肥。亩施棉花涂层缓释长效肥（18–6–16）50kg+（17–6–12）有机无机复混肥 40kg。② 定苗后。叶面喷施腐植酸叶面肥（稀释 500 倍）+ 宝马硼（稀释 1 500 倍）+ 凯普克（稀释 400 倍）1 次。③ 蕾期叶面连续喷施两次腐植酸叶面肥（稀释 500 倍）+ 宝马硼（稀释 1 500 倍）+ 比玛斯（稀释 2 000 倍），间隔期为 15d。④ 花铃期叶面连续喷施两次高钾型大量元素叶面肥（稀释 500 倍）+ 宝马硼（稀释 1 500 倍 + 比玛斯（稀释 2 000 倍），间隔期为 15d。

（2）示范效果。

① 棉花的生长发育状况。

棉花生长生育状况田间调查结果见表 10-7。田间调查资料表明，营养套餐施肥处理的棉花植株高度变化不规则。但是，第一果枝高度明显降低，减幅 1.2~6.2cm，平均降低 2.01cm；果枝层数增加，增幅 0.1~1.0 层，平均增加 0.58 层；蕾花铃总数平均增加 5 个 / 株，增长率为 17.41%；其中，成铃增加 2.2 个 / 株，增长率为 22.68%。

试验结果说明，由于营养套餐施肥的控氮作用，棉花前期叶枝发育迟缓，生殖生长提前，因此，第一果枝发生部位降低，果枝层数增加，花铃发育增强。

表 10-7　棉花生长生育状况田间调查结果

试验示范地点	施肥处理（kg/ 亩）	株高（cm）	第一果枝高度（cm）	果枝层数	蕾花铃总计（个 / 株）	其中		
						蕾	花	铃
德州大屯乡唐宝刚户	营养套餐	105.8	20.1	13.4	29.8	15.4	2.4	12
	41% 芭田复合肥 50	110.7	21.9	13.2	28.3	14.5	2.4	11.4
	54% 众德复合肥 50	114.7	21.6	13.3	26.7	15.5	1.8	9.4
德州西李乡李其河户	营养套餐	94.2	16.1	13.7	30	15.9	1.8	12.3
	57% 众德复合肥 50	108.7	20.3	12.7	27.5	16.8	1.5	9.5
衡水枣强镇吴宝山户	营养套餐	108.3	15.4	13.6	36.9	26.3	2.8	7.8
	40% 德田复合肥 50	92.8	16.6	12.6	28.1	18.8	1.9	7.4

续表

试验示范地点	施肥处理（kg/ 亩）	株高（cm）	第一果枝高度（cm）	果枝层数	蕾花铃总计（个 / 株）	其中		
						蕾	花	铃
威县铭州镇王宝垒户	营养套餐	113	19.4	14	28.3	11.9	2.5	13.9
	45% 艳阳天复合肥 35	91	20.8	13.1	21.2	11	1.6	8.6
辛集南智邱镇张建超户	营养套餐	117.1	18.3	15.8	43.6	27.8	2	13.8
	鸡粪 20、硫酸钾 20、硅钾肥 15	115.2	24.5	15.5	40.5	26.9	1.8	11.8

（烟台众德集团新型肥料研发中心，2008）

② 对伏前桃的影响。根据 17 个示范户的田间调查，施用多功能长效肥处理的伏前桃比对照处理多 0.4~6.7 个，平均每株增加 3.52 个，说明多功能长效肥对棉花增产有很好的作用。

③ 腐植酸叶面肥对棉花蕾铃发育的影响。2009 年，为了试验营养套餐施肥技术中腐植酸叶面肥对棉花的肥效，专门在山东德州的宁津大曹镇野竹里村，进行了大区对比试验。试验是在一次性施腐植酸涂层缓释肥 50kg+ 有机无机复混肥 40kg/ 亩的基础上，设计了叶面喷施两次腐植酸叶面肥处理与不施腐植酸叶面肥处理，有关资料列成表 10-8。

表 10-8　腐植酸叶面肥对棉花生长和产量的影响

施肥处理	果枝层数（层 / 株）	总铃数（个 / 株）	籽棉产量（kg/ 亩）	产量比较（%）
腐植酸叶面肥	12.9	13.9	300.9	120.89
对照	14	11.5	248.9	100.00

（烟台众德集团新型肥料研发中心，2009）

④ 增产效果（表 10-9）。

表 10-9　棉花增产效果

示范年份	示范地点及农户姓名	营养套餐（kg/ 亩）	常规施肥（kg/ 亩）	增产（%）	d1	d1-d	（d1-d）2
2008 年	德州武城镇王兆山	260	241	7.8	19	-18.5	342.25
	德州黄河涯镇张家良	246.4	208.8	18.01	37.6	0.1	0.01
	辛集南智邱镇张建超	305.9	258	18.57	47.9	10.4	108.16
	辛集王口镇郑永革	2532	228.4	10.86	25	-12.5	156.25
	威县洛川镇张玉海	293	234.8	24.79	58.2	20.7	428.49-
2009 年	临清金赫庄李桂泉（图）	312	246.6	26.52	–	–	–
	平均	278.4	236.2	17.67	–	–	–

（烟台众德集团新型肥料研发中心，2008-2009）

由表 10-9 可见，棉花营养套餐施肥技术增产显著，增产幅度 7.8%~26.52%，两年示范产量平均增加 17.67%。

图　临清金赫庄李桂泉示范户的棉花营养套餐示范田

第二节　甜菜营养套餐施肥技术

1 甜菜的营养需求特点

甜菜是藜科、甜菜属二年生植物，在我国主要分布在东北、内蒙古自治区、新疆维吾尔自治区等省区。2011 年，新疆甜菜种植面积 $7.54 \times 10^4 hm^2$，总产量 453 586t，平均单产 68 800kg/hm^2（4 586.67kg/ 亩）。甜菜是耐盐碱作物，较能适应新疆的盐渍化土壤，随着膜下滴灌施肥、机械收获等新技术的应用，新疆的甜菜产量不断提高。甜菜在第一年营养生长中，不仅生长期长，生长量大，生物产量高，而且在块根中还要积累大量的蔗糖和其他有机物，所以甜菜是需养分量大、对肥料反应敏感的作物。

据研究，每生产 1 000kg 甜菜块根，需要从土壤中吸收氮（N）4.5~5kg、磷（P_2O_5）1.4~2.5kg、钾（K_2O）10kg，三元素吸收比例平均约为 1 : 0.4 : 1.6。甜菜对硼营养很敏感，硼能促进糖分的代谢和积累，有利于分生组织的形成。缺硼时，甜菜生长点易死亡，发生心腐病，造成严重减产。此外，钠也是甜菜需要的营养元素，钠能增强甜菜对钾的吸收，而缺钾时，钠可以部分地取代钾的功能，钠还能改善甜菜的抗旱性能，降低块根中有害氮的浓度，从而提高产糖量，改善块根品质。

2 甜菜的营养套餐施肥技术规程

2.1 甜菜膜下滴灌施肥技术

（1）底肥：慧尔生态有机肥 100kg+ 慧尔 2 号（22-16-7）长效缓释肥 25kg+ 慧尔钾肥，10kg/ 亩。

（2）滴灌追肥：头水（6 月上中旬）滴施 1 次“棉得宝”（15-25-10+ 硼 + 锌）慧尔长效水溶性滴灌肥 20kg/ 亩；7 月份，随水滴灌施 3 次“棉得宝”：第一次滴施棉得宝 15kg/ 亩；第二次滴施棉得宝 30kg/ 亩，第三次滴施棉得宝 20kg+ 慧尔钾肥 10kg/ 亩。8 月份，随水滴灌施肥 2 次，第一次施用棉得宝 15kg+ 慧尔钾肥 5kg/ 亩，第二次用棉得宝 10kg+ 慧尔钾肥 5 kg/ 亩量为 60kg/ 亩。

（3）叶面追肥：甜菜长出 15 片真叶时叶面喷两次，施高活性有机酸叶面肥（稀释 500 倍）+ 活力硼叶面肥（稀释 1 500 倍），间隔期 20d；甜菜进入块根膨大期即糖分增长期，叶面喷施两次高钾素或活力钾叶面肥，稀释 500~800 倍，间隔期 15d 左右。

2.2 普通灌溉甜菜营养套餐施肥技术

（1）底肥：慧尔增效二铵 50kg+ 慧尔钾肥，10kg/ 亩。

（2）根际施肥：一般在封垄前结合第一次培土，每亩追施惠农 1 号（24-26-5）长效缓释 BB 肥 25kg+慧尔钾肥，10kg。

（3）叶面追肥：甜菜长出 15 片真叶时叶面喷两次，施高活性有机酸叶面肥（稀释 500 倍）+ 活力硼叶面肥（稀释 1 500 倍），间隔期 20d；甜菜进入块根膨大期即糖分增长期，叶面喷施两次高钾素或活力钾叶面肥，稀释 500~800 倍，间隔期 15d 左右。

第三节　昆仑雪菊营养套餐施肥技术

昆仑雪菊，又名高山寒菊、西菊、雪菊、高寒雪菊，学名为两色金鸡菊（*Coreopsis tinctorin*），属菊科金鸡属，一年生草本植物。这种菊花原来是新疆著名的高山里的野生饮料植物，由于属于珍、稀、名、特优产品。近年来，新疆地区农民在海拔较高的高寒山区引进试种（表 10-10），获得较好经济收益。

1 植物学特性及营养需求

一年生草本植物，茎直立。株高 60~100cm，假二叉分枝，分枝多；茎绿色，成长后木质化。叶互生，绿色，细条状。夏季自茎顶生头状花序，单生，舌状花，花黄色，中央管状花深褐色，高山叶面。荚果枝状，无冠毛。花期 7~10 月，花期长，花朵直径 2.5~4cm。

表 10-10　昆仑雪菊引种试验观察表

试验	面积（亩）	海拔（m）	播期	出苗期	始花期		盛花期		株高（cm）
					时间	株高（cm）	时间	株高（cm）	
1	0.5	1987	4 月 19 日	5 月 15 日	7 月 19 日	35	8 月 7 日	65	82
2	5	1463	4 月 20 日	5 月 12 日	7 月 14 日	39	8 月 7 日	68	91
3	4	1352	4 月 16 日	5 月 16 日	7 月 13 日	41	8 月 2 日	69	82
4	2	1353	4 月 17 日	5 月 11 日	7 月 12 日	38	7 月 31 日	74	70
5	3	1354	4 月 15 日	5 月 17 日	7 月 8 日	40	7 月 31 日	78	67

喜光照，忌荫蔽，怕风害。喜湿润气候土壤，过于干旱分枝少，植株发育缓慢。花期如缺水，影响花的数量和质量。喜肥、喜排水良好的砂质土壤，中性或微碱性土壤。根系发达，根部入土较深，细根多，吸肥力强，移栽易活。花能经受微霜，但幼苗生长和分枝孕蕾期需要较高的气温，最适生长温度为 20℃左右。

昆仑雪菊的营养需求是氮和磷较多，钾较少，中微量元素需要有一定数量的硼。

2 昆仑雪菊的营养套餐施肥技术规程

2.1 底肥

每亩施慧尔生态有机肥 100kg+ 慧尔 3 号（硫基，23-12-10）长效缓释复混肥 20kg。

2.2 根际追肥

出苗后 25d，用慧尔长效缓释磷酸二铵 10kg/ 亩；7 月，结合浇水，施慧尔增效尿素 10kg/ 亩。

2.3 叶面追肥

苗期，叶面喷施 1 次高活性有机酸叶面肥（稀释 500 倍）+ 活力硼叶面肥（稀释 1 500 倍）；始花期叶面喷施 1 次高钾素或活力钾（稀释 500~800 倍）。

第四节　打　　瓜

打瓜是新疆农民较喜欢种的以收获瓜籽为主产品的小型西瓜。为葫芦科一年生草本作物，是一种极具特色的新疆地域特色的农作物。这种瓜籽籽粒饱满，色泽鲜艳，营养丰富，品质优良，是上好炒货和食品加工原料，主要品种为：黑中片，黑小片；红大片，红小片等，是国内外驰名食品。

1 打瓜的营养需求特点

打瓜的营养需求和西瓜相似，欲获得瓜籽 120kg/ 亩的产量，需吸收氮（N）25~30kg、磷（P_2O_5）8~12kg、钾（K_2O）10~13kg。打瓜是忌氯作物，需施用硫基肥料。

2 打瓜的膜下滴灌施肥技术

（1）底肥：亩施慧尔生态有机肥 100kg+ 慧尔长效磷酸二铵 25kg。

（2）滴灌追肥：结合滴灌一般随水滴肥 4 次：团棵期 1 次，滴慧尔增效尿素 3~5kg/ 亩；甩蔓期，滴施慧尔“惠农宝”（硫基，10-15-25+ 硼 + 锌）长效水溶性滴灌肥 5kg/ 亩；坐瓜期，追施慧尔“惠农宝”长效水溶性滴灌肥 5kg/ 亩；瓜膨大期，追施慧尔“惠农宝”长效水溶性滴灌肥 10kg/ 亩。

（3）叶面追肥：团棵期叶面追肥施 1 次高活性有机酸叶面肥（稀释 500 倍）；坐瓜期连续喷施高钾素或活力钾叶面肥 2 次，稀释 500~800 倍，间隔期 14d。

3 普通灌溉打瓜的营养套餐施肥技术规程

（1）底肥：每亩施慧尔生态有机肥 100kg+ 惠农 2 号（硫基，24-16-5）长效缓释 BB 肥 50kg。

（2）根际追肥：结合灌水在瓜蔓甩龙头之前重施 1 次追肥：高产田，每亩施慧尔长效磷酸二铵 10kg+ 慧尔钾肥 10kg；中、低产田，每亩施慧尔长效磷酸二铵 15-20kg+ 慧尔钾肥 15kg。

（3）叶面追肥：团棵期叶面追肥施 1 次高活性有机酸叶面肥（稀释 500 倍）；坐瓜期连续喷施高钾素或活力钾叶面肥 2 次，稀释 500~800 倍，间隔期 14d。

第五节　鹰嘴豆

鹰嘴豆又称桃豆、鸡头豆，维吾尔语称“诺胡提”，在新疆的昌吉州（木垒县）、阿克苏州（乌什县）等地都有大面积栽培，其中木垒县已规模种植，实现了跨越式发展。改革开放前，木垒县种植鹰嘴豆不足 130hm^2，1995 年为 1 300 多公顷，2005 年 4 000hm^2，2011 年则为 6 700 余公顷。2011 年鹰嘴豆产量达到 1 857kg/hm^2（123.8kg/ 亩），被国家评定为“中国鹰嘴豆之乡”，并被国家质量局批准对木垒鹰嘴豆实行地理标志产品保护。

1 鹰嘴豆生长发育及产量形成对环境条件的要求

1.1 对温度的要求

鹰嘴豆发芽要求的温度较低，发芽适宜温度为 10~20℃，苗期适宜温度为 20~25℃，生长最低温度为 3℃，最高为 35℃。整个生育期间要求 5℃以上积温 900~1 200℃。

1.2 对水分的要求

种子发芽时，土壤含水量以 60%~70% 为宜，苗期土壤持水量低，一般为 55%~70%；花果期需水较高，土壤持水量为 70%~80%；成熟期需水较少，一般为 50%~60%。

1.3 对养分的要求

每生产 100kg 鹰嘴豆需吸收 N 1.87kg、P_2O_5 0.74kg、K_2O 0.25kg，这些养分主要来源于充分腐熟的农家肥、作物根茬和经认证机构批准使用的天然磷矿肥、钾矿肥，但在使用过程中不得采用化学提纯来增加其溶解度。

1.4 对土壤盐分及 pH 值的要求

要求在土壤含盐量 0.5% 以下，pH 值 5~7.5 的土地种植。pH 值过高或过低都会影响其根系的生长以及营养元素的吸收。

2 鹰嘴豆的营养套餐施肥技术规程

（1）底肥：亩施慧尔生态有机肥 200kg+ 慧尔 1 号（24-16-5）长效缓释复混肥 50kg+ 慧尔长效磷铵 10kg。

（2）叶面追肥：苗期叶面追施一次高活性有机酸叶面肥（稀释 500 倍）；开花结实期，叶面喷施 2 次高钾素或活力钾叶面肥（稀释 500~800 倍），间隔期 14d。

第十一章　瓜类、草莓作物营养套餐施肥技术

新疆是我国种植西瓜最早也是最有名气的地区。由于新疆特殊的地理气候及生态环境，尤其是气温日较差大，使得新疆西瓜特别是哈密瓜具有瓜体均匀适中、品质好、含糖量高、香甜多汁、口感细腻、营养丰富、耐贮运等特点，在国内外享有很高的声誉与知名度，被公认为水果中的佳品，而且具有较强的生产区域性，成为新疆种植业中的“一枝独秀”。

第一节　西瓜营养套餐施肥技术

1 西瓜的营养需求特点

西瓜为葫芦科西瓜属一年生蔓生作物。西瓜根系强大，耐肥力和耐贫瘠的能力都很强。其根系透气性强，适于在空隙多、排水良好、土层深厚的沙壤土或沙质土上栽培。

关于西瓜的营养需求（表 11-1）：据无土栽培试验结果，每生产 1 000kg 西瓜，需吸收 N 1.94kg、P_2O_5 0.39kg、K_2O 1.98kg，氮、磷、钾吸收比例是 1:0.2:1。另据刘宜生报道，欲获得 1 000kg 的西瓜产量，必须保证植株吸收 N 2.52kg，P_2O_5 0.81kg，K_2O 2.86kg，吸收比例是 1:0.32:1.13。又据林继雄报道，每生产 1 000kg 西瓜，需吸收 N2.5~3.3kg，P_2O_5 0.8~1.3kg，K_2O 2.9~3.7kg，吸收比例是 1:0.36:1.1。

表 11-1　西瓜吸收氮、磷、钾三大元素参考值（kg/ 亩）

土壤肥力等级	目标产量	推荐使用量		
		氮（N）	磷（P_2O_5）	钾（K_2O）
低肥力	3 000~3 500	20~25	8~16	10~13
中肥力	3 600~4 000	20~30	7~9	8~11
高肥力	4 100~4 600	18~21	6~8	7~9

根据吐鲁番农业技术推广中心吐鲁番西瓜 3414 田间试验总结，$N_2P_2K_2$（尿素 35kg/ 亩、三料磷肥 28kg/ 亩、硫酸钾 12kg/ 亩）处理西瓜亩产最高，亩产为 3 106kg/ 亩，增产率 47.5%；而 $N_2P_1K_2$（尿素 35kg/ 亩、三料磷肥 14kg/ 亩、硫酸钾 12kg/ 亩）处理产量（3 035kg/ 亩）排第二位，增产率 41.8%，说明氮和钾对西瓜增产有重要作用。西瓜是对氯敏感的作物，施用含氯离子的肥料会降低西瓜品质。

2 西瓜营养套餐施肥技术规程

2.1 西瓜膜下滴灌施肥技术

（1）底肥：亩施慧尔 3 号（硫基，23-12-10）长效缓释复混肥 50kg+ 慧尔生态有机肥 100kg。

（2）滴施追肥：播种后 25d，结合灌头水，滴施惠农宝（硫基，10-15-25+ 硼 + 锌）长效水溶性滴灌肥 5kg/ 亩；开花期，滴施惠农宝长效水溶性滴灌肥 10kg/ 亩；瓜膨大期，滴施惠农宝长效水溶性滴灌肥 15kg/ 亩。

（3）叶面追肥：五片真叶时，叶面喷施 1 次高活性有机酸叶面肥（稀释 500 倍）+ 活力硼（稀释 1 500 倍）；瓜膨大期，叶面喷施 2 次高钾素或活力钾（稀释 500 倍），间隔期 14d。

2.2 普通灌溉西瓜营养套餐施肥技术规程

（1）底肥：每亩施慧尔 3 号（硫基，23-12-10）长效缓释肥 50kg+ 慧尔生态有机肥 100kg。

（2）根际追肥：5 片真叶期，每亩追施慧尔增效尿素 10kg；幼果期（瓜重 100g 左右），每亩追施枣想你（硫基，15-20-10）20kg+ 慧尔钾肥 10kg。

（3）叶面追肥：5 片真叶期，叶面喷施 1 次高活性有机酸叶面肥（稀释 500 倍）+ 活力硼叶面肥（稀释 1 500 倍）；瓜膨大期，叶面喷 2 次高钾素或活力钾叶面肥（稀释 500 倍），间隔期 14d。

3 云南省建水县西瓜营养套餐施肥技术应用实例

3.1 概况

示范地点为云南省建水县面甸镇上马村，示范户蔡正喜，示范地面积 0.1hm²，其中，营养套餐示范面积 0.5hm²。参试品种为绿宝盖天王，为中熟类型，采取地膜覆盖栽培。

示范地施肥按营养套餐施肥技术规程执行，但因受阴雨天气影响未施第三次叶面肥。对照地施肥的底肥为牛粪 1 000kg/ 亩 + 史丹利（15-15-15）硫酸钾型复合肥 100kg/ 亩。叶面追施磷酸二氢钾两次，稀释浓度为 300 倍。

本示范地于 3 月 16 日播种育苗，营养钵育苗，大棚覆盖。4 月 29 日移栽，覆地膜。6 月下旬开始成熟，6 月 29 日测产。

3.2 结果

6 月 29 日，科技人员到田间测产。测产面积为每处理 162m²，按大、中、小 3 级果计产。具体做法是每处理先选取有代表性的成熟大瓜 3 个，成熟中瓜 3 个，未熟小瓜 3 个，分别称重，得出平均重量。然后在测产地上数这 3 种瓜的数量，计算出实际产量。最后，将已称重的 3 个成熟大瓜进行糖分含量测定（手持测糖仪法）（表 11-2）。

表 11-2　西瓜营养套餐施肥技术示范测产数据

施肥处理	实测总瓜数（个 /162m²）	其中			实测总瓜重（kg/162m²）	折合产量		含糖量（%）
		大瓜（%）	中瓜（%）	小瓜（%）		kg/ 亩	%	
套餐施肥	264	38.6	44.7	16.7	1 213.0	4 994.3	112.3	14.0
常规施肥	250	33.6	48.0	18.4	1 080.6	4 449.1	100.0	12.5

测产资料表明：营养套餐施肥处理产量为 4 999.3kg/ 亩，比常规施肥增产 12.3%，而且西瓜含糖量增加 1.5%，增产提质效果显著。

第二节　甜瓜营养套餐施肥技术

1 甜瓜的营养需求特点

甜瓜包括厚皮甜瓜与薄皮甜瓜两种，为葫芦科、甜瓜属的栽培种，为1年生蔓生作物。甜瓜是耐热喜光作物，不耐寒，在土层深厚、排水良好的沙质土壤上生长良好，果实品质好，甜度高。

甜瓜从土壤中吸收氮、磷、钾、钙、镁较多。据研究，每生产1 000kg甜瓜，需吸收N3.5kg、P_2O_5 1.7kg、K_2O 6.8kg、钙4.95kg、镁1.05kg。其吸收比例是1∶0.5∶2∶1.39∶0.3。甜瓜喜硝态氮，若铵态氮含量过高，会影响甜瓜的光合效率，甚至出现铵中毒现象，水分吸收也受到抑制，使网纹甜瓜果皮发青，商品性降低。果实成熟期若吸收氮素过多，会降低果实含糖量和维生素C的含量，并推迟成熟。

2 甜瓜的营养套餐施肥技术规程

（1）底肥：每亩施慧尔3号（硫基，23-12-10）长效缓释肥50kg+慧尔生态有机肥100kg。

（2）根际追肥：五片真叶期，每亩追施慧尔增效尿素10kg；幼果期（瓜重100g左右），每亩施枣想你（硫基，15-20-10）20kg+慧尔钾肥10kg。

（3）叶面追肥：五片真叶期，叶面喷施1次高活性有机酸叶面肥（稀释500倍）+活力硼叶面肥（稀释1 500倍）；瓜膨大期，叶面喷施2次高钾素或活力钾叶面肥（稀释500~800倍），间隔期14d。

第三节　草莓营养套餐施肥技术

1 草莓的营养需求特点

草莓为蔷薇科草莓属作物。草莓对气温比较敏感，花芽分化在气温低于15℃时才能进行，低于5℃，花芽分化停止，开花适温18~24℃，果实发育适宜昼温18~22℃、夜温6~12℃、地温18~20℃，开花结果期最低气温应在5℃以上。因此，华北、华中多秋播和棚室设施栽培，云南、广东、广西等地可以露地栽培。

关于草莓的营养需求：据刘宜生报道，由于栽培方式不同，草莓对氮、磷、钾的需求也有差异。设施栽培，每1 000m^2生产6 800kg草莓时，需吸收N 14.0kg、P_2O_5 8.3kg、K_2O 18.2kg，吸收比例是1∶0.59∶1.3；露地栽培，每1 000m^2生产1 200kg草莓时，需吸收N10.0kg、P_2O_5 3.4kg、K_2O 13.4kg，吸收比例是1∶0.34∶1.34。另据张洪昌等资料，每生产1 000kg草莓需吸收N6~10kg、P_2O_5 2.5~4kg、K_2O 9~13kg，吸收比例是1∶（0.34~0.4）∶（1.34~1.38）。

草莓对氯非常敏感，施用含氯肥料会影响草莓品质，在生产上应控制含氯化肥的施用。

2 草莓的营养套餐施肥技术规程

2.1 底肥

亩施慧尔生态有机肥100kg+慧尔3号（硫基，23-12-10）长效缓释复混肥50kg。

2.2 根际追肥

2.2.1 设施栽培

定植成活后追肥：亩用慧尔增效尿素10kg；花芽分化期亩施慧尔3号（23-12-10，硫基）长效缓释复混肥10~15kg；幼果膨大期，亩施慧尔3号（23-12-10，硫基）长效缓释复混肥20kg+慧尔钾肥10kg/亩。

以后每采收一批果实，追施 1 次慧尔 3 号（23-12-10，硫基）长效缓释复混肥 10kg/ 亩。

2.2.2 露地栽培

定植成活后和花芽分化期，分别施慧尔 3 号（23-12-10）硫基长效缓释复混肥 20kg/ 亩各 1 次；幼果膨大期，每亩施慧尔 3 号（23-12-10）硫基长效缓释复混肥 15kg。

2.3 叶面追肥

苗期叶面喷施两次高活性有机酸叶面肥（稀释 500 倍），间隔期 20d；开花结果期每 20~30d，叶面喷施 1 次活力钙叶面肥（稀释 1 500 倍）+ 活力钾叶面肥（稀释 500 倍）。

第十二章　蔬菜作物营养套餐施肥技术

第一节　新疆的特色蔬菜作物

新疆独特的光热和水土条件成就了优质番茄及优质辣椒等加工产业的发展，形成了在全国乃至国际范围都具有举足轻重地位的两大特色蔬菜产物。

番茄，尤其是加工番茄，加工的番茄具有红色素高、色差值高、固形物含量高、霉菌低等特点，畅销国内外市场。2012 年，新疆番茄种植面积为 4.4×10^4hm^2，是全球三大番茄产区之一，番茄生产、加工能力占全国的 92%，加工番茄产量约占世界的 1/4，已成为新疆农业最大的农产品出口产业。

辣椒，尤其是色素辣椒，种植面积在 4.0×10^4~4.5×10^4hm^2 以上，占新疆辣椒种植面积的 60% 以上。辣椒加工制品因为红色素含量高、营养丰富、品质好，已远销马来西亚、韩国、印度等许多国家。在生产布局中，新疆主要辣椒产区巴州、喀什、昌吉、塔城等地的辣椒播种面积、产量和单位面积产量都逐年增加，由以往的露地栽培逐步向设施栽培转化和由以原料产品输出为主逐步向加工、贸易型转变，向良种化、基地化、商品化发展。

第二节　蔬菜作物营养特性

蔬菜的需肥特点

蔬菜作为一类高度集约化栽培的作物，其生长发育特性和产品收获器官各有差别，但有以下几方面的共性。

1.1 需肥量大

由于生育期较短，复种茬数多，许多蔬菜如大白菜、萝卜、冬瓜、番茄、黄瓜等，产量常高于 75t/hm^2。因此，蔬菜从土壤中带走的养分相当多，单位面积需肥量应多于粮食作物。一般蔬菜 N、P、K、Ca、Mg 的平均吸收量比小麦分别高 4.4、0.2、1.9、4.3 和 5.0 倍。从表 12-1 可以看出，蔬菜茎叶中的氮、磷、钾吸收量分别是稻麦的 6.5 倍、7.1 倍和 2.3 倍；籽实或可食器官的氮、磷、钾含量分别是稻麦的 2.0 倍、1.5 倍和 6.9 倍。为保持收获期各器官都维持较高的养分水平，蔬菜需要较高的施肥水平，以满足其在较短时间内吸收较多的养分。蔬菜吸收养分能力强与其根系阳离子交换量高是分不开的。据研究，黄瓜、茼蒿、莴苣和芥菜类蔬菜的根系阳离子交换量都在 400~600mmol/kg，而小麦根系阳离子交换量只有 142mmol/kg，水稻只有 37mmol/kg。

此外，绝大多数蔬菜均在未完成种植发育时即被收获，以其鲜嫩的营养器官或生殖器官作为商品供人们食用。由于蔬菜属收获期养分非转移型作物，茎叶和可食器官之间养分差异小，尤其是植株各部分的磷含量，几乎相同。因此，蔬菜收获期植株中所含的氮、磷、钾均显著高于大田作物；相反，大田作物属养分部分转移型作物，在产品成熟后期，茎叶中的大部分养分则迅速向籽粒或根茎等（贮藏器官）转移，因此，大田作物籽粒或可食用部分的氮、磷养分含量显著高于茎叶（表 12-1）。

表 12-1　收获期蔬菜与稻麦植株中养分含量（干重）的比较（%）

作物	样本数	茎（秆）叶			籽实或可食用器官		
		N	P	K	N	P	K
大麦	22	0.435	0.055	1.36	1.56	0.238	0.530
小麦	8	0.313	0.034	0.90	1.75	0.371	0.365
水稻	8	0.521	0.037	1.53	1.20	0.202	0.332
平均		0.419	0.059	1.28	1.50	0.272	0.409
蔬菜	38	2.69	0.418	2.07	3.06	0.406	2.83
相对百分比	稻麦（平均）	100	100	100	100	100	100
	蔬菜（平均）	652	708	232	204	149	691

注：资料来源：奚振邦，1990；10 种蔬菜：萝卜、莴苣、芹菜、白菜、甘蓝、花椰菜、番茄、马铃薯、甜椒和黄瓜

1.2 产量和养分吸收量差异大

Fink（2001）总结欧洲主栽蔬菜作物的生物量和经济产量及相应的养分吸收量（表 12-2），数据显示，小萝卜在整个生育期氮素（N）吸收量大约为 70kg/hm^2，而花椰菜的整个生育过程却需要吸收 320kg/hm^2。京郊地区不同蔬菜种类的产量和养分吸收状况与此基本一致（张晓，2002；Chenetal，2004），但针对具体作物而言，京郊地区蔬菜的产量和养分吸收量与欧洲的数据相比有较大的差异，总体上高于欧洲的水平。不同蔬菜种类之间产量和养分吸收量的差异对蔬菜生产的养分管理提出了不同的要求，蔬菜养分管理中必须根据各种蔬菜之间养分需求的差异，确定适宜的养分供应量。

表 12-2　几种蔬菜产量以及养分吸收量参考数据

蔬菜种类	总生物量（鲜重）（t/hm^2）	养分带走量（kg/t）				经济产量（鲜重）（t/hm^2）	养分带走量（kg/t）			
		N	P	K	Mg		N	P	K	Mg
青花菜	90	3.7	0.46	4.0	0.28	20	4.5	0.65	3.8	0.20
胡萝卜	100	1.7	0.36	4.1	0.21	80	1.3	0.35	3.5	0.15
花椰菜	100	3.2	0.48	3.3	0.14	40	2.8	0.45	3.0	0.12
芹菜	75	2.7	0.55	4.7	0.20	50	2.5	0.65	4.5	0.15
大白菜	120	1.6	0.36	2.7	0.10	70	1.5	0.40	2.5	0.10
洋葱	65	1.9	0.34	2.0	0.15	60	1.8	0.35	2.0	0.15
小萝卜	35	2.0	0.30	2.8	0.20	30	2.0	0.30	2.8	0.20
菠菜	40	3.6	0.50	5.5	0.50	30	3.6	0.50	5.5	0.50
黄瓜	120	1.7	0.40	2.8	0.30	70	1.5	0.30	2.0	0.12
生菜	60	1.8	0.30	3.0	0.15	50	1.8	0.30	3.0	0.15

1.3 对一些养分具有特殊需求

① 蔬菜是喜硝态氮的作物。多数农作物同时利用铵态氮（NH_4^+）和硝态氮（NO_3^-），但蔬菜对硝态氮特别偏爱。当土壤铵态氮供应过量时，则可能抑制作物对钾和钙的吸收，使蔬菜作物生长受到影响，产生

不同程度的障碍。一般蔬菜生产中硝态氮与铵态氮的比例以 7∶3 为宜。有资料证明，当铵态氮（如碳酸氢铵或氯化铵）施用量超过 50%时，洋葱产量显著下降；对铵态氮更敏感，在 100%硝态氮供应条件下菠菜产量最高，多数蔬菜对不同形态氮素反应与洋葱、菠菜反应相似。因此，在蔬菜栽培中应注意适当控制铵态氮的用量及比例，铵态氮一般不宜超过氮肥总量的 1/4~1/3。

② 蔬菜是嗜钙作物。一般喜硝态氮（如硝酸钠或硝酸钙）的作物吸钙量都很高，有的蔬菜作物体内含钙可达干重的 2%~5%。蔬菜作物根系吸收能力较强，吸收二价钙离子的作物比较多。由于蔬菜根部盐基交换量高，所以蔬菜作物对钙（Ca^{2+}）和镁（Mg^{2+}）的需求水平也高，蔬菜作物吸钙量比小麦平均高 5 倍多，其中萝卜吸钙量比小麦多 10 倍，甘蓝多 24 倍以上。受土壤条件、气候及施肥措施的影响，一些敏感型蔬菜常发生缺钙的生理病害，如白菜、甘蓝的心腐病（干烧心病），黄瓜、甜椒叶片上的斑点病，番茄的脐腐病。因此，蔬菜应适当多施钙肥和镁肥。

③ 蔬菜含硼量高。蔬菜作物比谷类作物吸硼量多，是谷类作物的几倍到几十倍（表 12-3）。由于蔬菜作物体内不溶性硼含量高，硼在蔬菜作物体内再利用率低，易引起缺硼症，如甜菜的心腐病、芹菜的茎裂病、芜菁及甘蓝的褐腐病、萝卜的褐心病等。

表 12-3 不同作物含硼量的比较（%）

大田作物	含硼量	蔬菜作物	含硼量	蔬菜作物	含硼量
大麦	2.3	菠菜	10.4	胡萝卜	25.0
黑麦	3.1	芹菜	11.9	甘蓝	37.1
小麦	3.3	马铃薯	13.9	菜豆	41.4
玉米	5.0	番茄	15.0	萝卜	49.2
		豌豆	21.7	甜菜	75.6

④ 茄果类、瓜类、根菜类、结球叶菜等蔬菜吸收的矿质元素中，钾素营养占第一位。在蔬菜生产中，钾素作为品质元素，许多作物吸收钾量明显超过氮素吸收量。蔬菜缺钾通常是老叶叶缘发黄，逐渐变褐，焦枯似灼烧状。叶片有时出现褐色斑点或斑块，但叶片中部叶脉和靠近叶脉仍保持绿色。有时叶片呈青铜色，向下卷曲，表面叶肉组织凸起，叶脉下陷。根系受损害最为明显，短而少，易早衰，严重时根腐烂，易倒伏。后期果实发育不正常，如番茄出现棱角果，黄瓜出现大头瓜。

第三节 茄果类蔬菜营养套餐施肥技术

1 番茄和加工番茄营养套餐施肥技术

1.1 番茄的生长特点和营养需求

番茄为茄科、番茄属一年生草本作物。首先，这种作物多为无限生长类型，即边现蕾、边开花、边结果。因此，在栽培管理中必须注意调节其营养生长和生殖生长的关系，才能获得优质高产。其次，番茄是高产作物，设施栽培产量高的可达 6~7t/667m²，甚至更多，决定了番茄需要大量的养分供给。第三，番茄采收期长，随着果实被采收，养分不断携出，这就要求边采收、边施肥，才能不断满足其开花结果的需要。

关于番茄对各种营养元素的需求，不同研究者的数据不同：沈阳农业大学周宝利报道，番茄每形成 1 000kg 产品，需氮（N）3.54kg、磷（P_2O_5）0.95kg、钾（K_2O）3.89kg，吸收比例约为 1∶0.27∶1.1；吕英华报道，每生产 1 000kg 番茄，需吸收氮（N）2.8~4.5kg、磷（P_2O_5）0.5~1kg、钾（K_2O）3.9~5.0kg，吸收比例约为 1:（0.18~0.22）:（1.13~1.39）；刘宜生等研究认为，番茄每株吸收氮（N）8~10g、磷（P_2O_5）2~4g、钾（K_2O）15~23g，生产 1 000kg 番茄，需吸收氮（N）2.2~2.8kg、磷（P_2O_5）0.5~0.8kg、钾（K_2O）4.2~4.8kg、钙 1.6~2.1kg、镁 0.3~0.6，吸收养分的比例为 1:0.26:1.8:0.74:0.18；中国农业科学院土肥站林继雄认为，每生产 1 000kg 番茄，约吸收氮（N）2.5kg、磷（P_2O_5）0.65kg、钾（K_2O）4.5kg，其吸收比例为 1:0.26:1.8。根据大量的调查资料和试验示范实践结果，我们认为，刘宜生、林继雄的研究结果较符合我国当前番茄生产的实际，可供参考使用。

关于新疆加工番茄最佳经济施肥量的研究（2011）："3415" 田间试验结果表明，加工番茄的最佳经济施肥量为：氮（N）15kg/ 亩、磷（P_2O_5）12kg/ 亩、钾（K_2O）5kg/ 亩。

番茄的高产优质不仅仅是需要大量营养元素，还需要投入一定数量的钙、镁中量营养元素及微量营养元素硼，才能确保番茄的营养需要，实现番茄的高产、优质、高效益。

1.2 番茄设施栽培的营养套餐施肥技术规程

1.2.1 底肥

每亩施慧尔生态有机肥 100kg+ 惠农 2 号（硫基，24-16-5）长效缓释 BB 肥 100kg。

1.2.2 滴灌追肥

应用慧尔"红旋风"（硫基，17-15-18+ 硼 + 锌）长效水溶性滴灌肥为滴灌用肥。头水和二水用量为 2kg/ 亩和 4kg/ 亩，三水到七水，用量为每次 5~8kg/ 亩，第一批采果后用 8kg/ 亩。

1.2.3 叶面追肥

苗期，叶面喷施 2 次高活性有机酸叶面肥（稀释 500 倍）+ 活力硼叶面肥（稀释 1 500 倍），间隔期 15d；盛果期每隔 20d，叶面喷施 1 次高钾素或活力钾叶面肥（稀释 500~800 倍）+ 活力钙叶面肥（稀释 1 500 倍）。

1.3 番茄营养套餐施肥技术应用实例

慧尔"红旋风"长效水溶性滴灌肥肥效试验

（1）概况：本试验在新疆农业科学院玛纳斯试验站 5 队进行。土壤类型为灌耕灰漠土。养分状况见表 12-4。

表 12-4　加工番茄供试土壤的养分状况

OM	NH_4-N	NO_3-N	P	K	Ca	Mg	Fe	Cu	Mn	Zn	pH
	OM	NH4-N……pH %			mg/L						
0.63	5.2	11.3	20.2	187.8	2 736.8	555.3	15.9	3.8	4.5	2.9	8.59

（2）试验设计。加工番茄品种为早熟型杂交品种屯河 8 号，4 月份温室育苗，5 月 1 日开沟带花苞移栽并灌水，灌溉方式为井水沟灌，采取一膜一行的窄膜种植，种植穴位置为相邻两道膜偏沟的一侧，行距为 65cm-105cm-65cm，株距约 27.8cm，理论株数为 42 315 株 /hm^2，试验共分 7 个处理，各处理 3 次重复，小区面积为 32m^2。分别于 7 月 31 日、8 月 18 日 2 次采收果实。

施肥方案：与 4 月 25 日铺膜并机械条施底肥，6 月 1 日初花期追肥，除处理 1、2 之外，各处理均有 NAM 添加剂，其中，4 处理为"红旋风"长效水溶性滴灌肥，施肥量及方式如表 12-5。

表 12-5　肥效试验施肥量及施肥比例

序号	处理	纯养分总用量（kg/hm^2）			氮肥基追比例（%）	
		N	P_2O_5	K_2O	基肥	追肥
1	常规施肥	272	195	40	40	60
2	优化施肥	300	105	40	40	60
3	优化施肥（NAM）+ 全基肥	300	105	100	100	0
4	优化施肥（NAM）+ 追肥（滴灌肥）	300	105	60	60	40
5	优化施肥（NAM）80%	240	84	100	100	0
6	优化施肥（NAM）-N	0	105	100	100	0
7	优化施肥（NAM）-P	300	0	100	100	0

（3）试验结果。

加工番茄产量构成因子及分析（表 12-6）。

表 12-6　加工番茄的产量构成

序号	处理	小区实收产量（kg）		单果重	单株果重	折算产量	百分率	显著性	
		采收 1	采收 2	（kg/ 个）	（个 / 株）	（kg/hm^2）	%	1%	5%
1	常规施肥	234.20	431.30	64.14a	31.40a	97 868	100.0	b	AB
2	优化施肥	236.28	443.76	62.03a	34.80a	100 005	102.2	ab	AB
3	优化施肥（NAM）+ 全基肥	238.04	454.90	67.37a	34.33a	101 902	104.1	ab	A
4	优化施肥（NAM）+ 追肥（滴灌）	275.14	442.66	60.55a	44.20a	105 559	108.1	a	A
5	优化施肥（NAM）80%	292.94	387.66	59.75a	35.60a	100 089	102.3	ab	AB
6	优化施肥（NAM）-N	302.50	311.72	63.37a	31.60a	90 326	92.3	c	B

表 12-7　加工番茄各处理之间的品质比较

序号	处理	固形物浓度（%）	总酸	番茄红素
1	常规施肥	4.43a	9.08ab	9.13b
2	优化施肥	4.57a	8.51b	9.35b
3	优化施肥（NAM）+ 全基肥	4.75a	9.46ab	9.36b
4	优化施肥（NAM）+ 追肥 （滴灌肥）	4.68a	9.78ab	9.89ab
5	优化施肥（NAM）80%	4.65a	10.34a	10.13a
6	优化施肥（NAM）-N	4.67a	8.64b	9.85ab
7	优化施肥（NAM）-P	4.78a	9.53ab	11.32a

由表12-7可知，施用滴灌肥处理及5处理、7处理番茄红色素含量比对照显著增加，加工番茄的品质变佳。

2 辣椒营养套餐施肥技术

2.1 辣椒的营养需求特点

辣椒为茄科、辣椒属、一年生作物。辣椒需肥量大，耐肥能力强，是一种高产作物。一般每亩产 1 000kg 辣椒果需吸收氮 3~5.2kg，磷 0.6~1.1kg，钾 5~6.5kg，钙 1.5~2kg，镁 0.5~0.7kg，吸收比例 1∶0.21∶1.4∶0.43∶0.15。辣椒的施肥量参考值见表 12-8。

表 12-8 辣椒施肥量参考值（kg/ 亩）

土壤肥力等级	目标产量（t）	推荐用量		
		N	P	K
低	2.0~3.0	21~25	7~10	14~16
中	3.1~4.0	18~23	6~9	12~15
高	4.1~5.1	17~20	5~8	10~14

2.2 辣椒的营养套餐施肥技术

2.2.1 底肥

亩施慧尔 3 号（硫基，23-12-10）长效缓释复混肥 50kg+ 慧尔含促生真菌氨基酸型生态复合肥 50kg+ 慧尔生态有机肥 100kg。

2.2.2 根际追肥

始花期追施慧尔 3 号高效缓释复混肥 20kg/ 亩；以后每收获一批辣椒施用一次慧尔 3 号高效缓释复混肥 15kg/ 亩。

2.2.3 叶面追肥

苗期叶面喷施两次高活性有机酸叶面肥（稀释 500 倍）+ 活力硼叶面肥（稀释 1 500 倍）；结果期，叶面喷施 2 次高钾素或活力钾叶面肥（稀释 500~800 倍）+ 活力钙叶面肥（稀释 1 500 倍），间隔期 14d。以后每收获一批辣椒，叶面喷施 1 次高钾素或活力钾叶面肥（稀释 500~800 倍）。

2.3 应用实例

2.3.1 示范概况

2012 年云南金星化工在个旧市贾沙乡普洒河村王家寨组进行了辣椒营养套餐施肥技术示范。示范户名普章文，示范地面积亩，对照地面积亩。当地海拔高 1 700m，供试品种为台湾油辣。

2.3.2 营养套餐施肥情况

底肥：亩施金星牌腐植酸型（20-0-10）含促生真菌生态复混肥 40kg+ 金星牌生态有机肥（2 000 万菌 / g）80kg+ 金星牌腐植酸过磷酸钙 40kg。

苗期：追施金星牌腐植酸型（18-8-4）高效缓释肥 40kg/ 亩；叶面肥喷施两次，应用金星牌高活性有机酸叶面肥（稀释 500~800 倍），间隔期 14d。

结果期：每间隔 20d 冲施 1 次金星牌（22-0-28）果蔬菜滴灌肥 10~15kg/ 亩。同时，叶面喷施金星牌活力钾叶面肥（稀释 500 倍）+ 金星牌活力钙叶面肥（稀释 1 500 倍）。

2.3.3 对照地施肥情况

亩施（29-15-15）施特加复混肥 100kg+ 过磷酸钙 25kg+ 尿素 10kg 作底肥；追肥两次，每次施尿素 10kg/ 亩。

2.3.4 示范成果

（1）测产结果（表 12-9）。

表 12-9　辣椒营养套餐施肥示范抽样测产结果

施肥处理	每亩株数	抽样株数	平均每株结果	平均果重（g）	平均每株果实重量（kg）	折合（kg/ 亩）	产量比较（%）
营养套餐	2 200	10	256	3.38	0.865	1 903	132.80
常规施肥	2 200	10	210	3.10	0.651	1 432	100.00

（2012 年 8 月 9 日）

测产资料表明，营养套餐施肥处理平均每株产果数为 256 个，比常规施肥增加 21.9%；平均每株果重 0.865kg，比常规处理增加 32.8%；平均每亩果实产量为 1 903kg，比常规施肥增产 471kg，增产 32.89%。

（2）用肥成本（元）。营养套餐施肥成本合计：714.00，其中，金星牌生态有机肥 80kg78.00 元；金星牌腐植酸过磷酸钙 40kg32.00 元；金星牌生物复混肥（20-0-10）40kg115.00 元；金星牌腐缓释肥（18-8-4）40kg99.00 元；金星牌水溶肥（22-0-28）40kg360.00；金星牌叶面肥 10 包，合计 30.00。

常规施肥成本合计：460.00，其中，施特加复混肥 100kg370.00；尿素 30kg72.00；过磷酸钙 25kg18.00。

两者相比，营养套餐施肥处理每亩用化肥成本比常规用肥处理增加 254.00 元，增加 55.2%。

（3）单位养分化肥肥效。营养套餐施肥处理每亩施化肥折纯总量为 50.6kg（菌肥、叶面肥除外），其中，氮（N）24kg、磷（P_2O_5）9.8kg、钾（K_2O）16.8kg，其亩产果实 1 903kg，单位养分肥效为 37.60kg。

常规施肥处理每亩施化肥折纯总量为 76.8kg，其中，氮（N）42.8kg、磷（P_2O_5）19kg、钾（K_2O）15.0kg，其亩产果实 1 432kg，单位养分肥效为 18.6kg。

两者比较，营养套餐施肥处理单位养分肥效比常规施肥增加 19.0kg，增加 52.39%。

经济效益：

2012 年油辣椒价格 3.50 元 /kg，照此价格计算，营养套餐施肥处理每亩毛效益为 6 660.50 元，扣除施化肥成本 714.00 元，每亩纯效益为 5 946.50 元；常规施肥处理每亩毛效益为 5 012.00 元，扣除施化肥成本 460.00 元，每亩纯效益为 4 552.00 元。两者经济效益比较，营养套餐施肥比常规施肥增加 1 394.50 元，增长 30.6%。

3 茄子营养套餐施肥技术

3.1 茄子的生育特性与营养需求

茄子为茄科、茄属、一年生草本植物。茄子的生殖生长很早就进行，一般在 3~4 片真叶展开后，花芽就开始分化。早熟品种，在主茎生长 6~8 片真叶后着生第一朵花，而中熟品种在 8~9 片真叶后着生第一朵花，以后随着叶和侧枝的生长陆续开花结果。茄子结果很有规律，这与茄子茎的分枝规律有关。每分枝 1 次，结一层果实。按果实出现的顺序习惯称之为：门茄、对茄、四母斗（四门斗）、八面风、满天星。从下至上，开花数的增加为几何级数的增加。因此，茄子结果的潜力很大，越到上层结果越多。茄子从花芽分化开始，历经现蕾期、露瓣期、开花期、凋瓣期、瞪眼期（花受精后，子房膨大露出花萼时，称为瞪眼期）、技术成熟期、生理成熟期而完成一个生育周期。早熟品种从开花到果实成熟需 20~30d，生物学成熟则需 50~60d，中晚熟品种则需要更长的时间。

关于茄子的营养需求：据研究，每生产 1 000kg 茄果，需吸收氮（N）3.3kg、磷（P_2O_5）0.8kg、钾（K_2O）5.1kg，钙（CaO）1.2kg、镁（MgO）0.2kg，其吸收比例约为 1 : 0.24 : 1.55 : 0.36 : 0.06，为喜钾作物；另据吕英华报道，每生产 1 000kg 茄果，需吸收氮（N）2.62~3.3kg、磷（P_2O_5）0.63~1kg、钾（K_2O）3.1~5.1kg，其吸收比例为 1 :（0.24~0.30）:（1.18~1.55）；刘宜生研究，每生产 1 000kg 茄子，需吸收氮（N）2.62~3kg、磷（P_2O_5）0.7~1.0kg、钾（K_2O）3.1~5kg，其吸收养分的比例为 1 :（0.27~0.33）:（1.2~1.7）；据日本资料，每生产 1 000kg 茄子，需吸收氮（N）3kg、磷（P_2O_5）0.7kg、钾（K_2O）5kg，其吸收比例为 1 : 0.23 : 1.67。我们认为，上述研究结果基本相似，可供制定施肥方案参考。

3.2 茄子的营养套餐施肥技术规程

3.2.1 底肥

亩施慧尔生态有机肥 100kg + 慧尔氨基酸型含促生真菌生态复混肥 40kg。

3.2.2 根际追肥

四母斗膨大期，是茄子需肥的高峰期，应及时追施肥料，一般施惠农 1 号（24-16-5）高效缓释 BB 肥 20kg/ 亩；以后每一层果实膨大时可适当追施肥料，施惠农 1 号（24-16-5）高效缓释 BB 肥 5~10kg/ 亩，大约施 5 次左右。

3.2.3 叶面追肥

当门茄达到瞪眼期，开始进行叶面追肥。前两次应用高活性有机酸叶面肥（稀释 500 倍）+ 活力硼叶面肥（稀释 1 500 倍），间隔期 15d；以后每一层果实膨大时，叶面喷施 1 次活力钙叶面肥（稀释 1 500 倍）+ 活力钾叶面肥（稀释 500 倍），间隔期 20d。

第四节　瓜类蔬菜营养套餐施肥技术

1 黄瓜营养套餐施肥技术

1.1 黄瓜的生育特性和营养需求特点

黄瓜为葫芦科、甜瓜属、一年生草本蔓生攀缘作物。黄瓜可分为华南型和华北型两大类。华南型黄瓜对短日照比较敏感，华北型黄瓜对短日照要求不严格，因此，在长日照条件下的北方地区，夏季仍然可以正常开花结果。黄瓜属营养生长与生殖生长共进、不断结果分期采收的蔬菜作物，其根系弱且分布浅，喜肥又不耐肥，只有科学的施肥，应用营养套餐施肥技术，才能高产优质。

黄瓜生产上常常看到出现畸形瓜的现象。例如，氮磷不足，光照条件差，叶片光合作用减弱，易产“弯曲”瓜；氮肥过多，营养生长过旺，会发生“化瓜”，即刚坐住的瓜纽和正在发育中的瓜条生长停滞，由瓜尖至全瓜逐渐变黄，终至干枯。下面瓜成熟的不及时采收，造成果实间的养分争夺，也会使上部的小瓜被化掉；缺钾会出现“大肚”瓜；缺硼易形成“蜂腰瓜”；氮钾不足可产生“粗尾”瓜；缺钙会形成“肩形瓜”、“弓背状瓜”。必须对症下药，才能有效地防止畸形瓜的发生。

关于黄瓜的营养需求，由于品种和种植条件不同而有差异。刘宜生认为，单株的平均养分吸收量为：氮（N）5~7g、磷（P_2O_5）1~1.5g、钾（K_2O）6~8g、钙（CaO）3~4g、镁（MgO）1~1.2g，其氮、磷、钾吸收比例为 1 :（0.2~0.4）:（1.2~1.5）；据吕英华资料，每生产 1 000kg 黄瓜，需吸收氮（N）2.7~4.1kg、磷（P_2O_5）0.8~1.1kg、钾（K_2O）3.5~5.5kg，其吸收比例为 1 :（0.27~0.3）:（1.3~1.4）；中国农业科学院林继雄研究，每生产 1 000kg 黄瓜，吸收氮（N）2.8~3.2kg、磷（P_2O_5）0.8~1.3kg、钾（K_2O）3.6~4.4kg、钙 2.3~3.8kg、镁 0.6~0.7kg，

氮、磷、钾吸收比例为 1 : 0.36 : 1.7。

至于不同产量水平下黄瓜吸收氮磷钾数量见（表 12-10）。

表 12-10 黄瓜不同目标产量下的氮磷钾吸收量（kg/hm^2）

养分吸收	目标产量（t/hm^2）					
	< 40	40~80	80~120	120~160	160~200	> 200
氮（N）	160	240~300	320~480	480~600	600~680	680~700
磷（P_2O_5）	40	40~80	80~120	120~160	160~180	180~220
钾（K_2O）	180	180~260	260~350	350~440	440~520	520~650

1.2 黄瓜营养套餐施肥技术规程

1.2.1 露地栽培

（1）底肥：亩施慧尔生态有机肥 100kg + 慧尔底肥$^+$高效缓释复混肥（15−20−5）80kg/ 亩。

（2）根际追肥：结瓜期应亩施慧尔 2 号（22−16−7）高效缓释复混肥 10~15kg；第二批瓜采收后亩施慧尔 2 号高效缓释复混肥 10kg，以后每隔 20d 左右施 1 次追肥，亩施慧尔 2 号（22−16−7）高效缓释复混肥 10kg 左右，共施 3~4 次。

（3）叶面追肥：第一次在苗期进行，叶面追施高活性有机酸叶面肥（稀释 500 倍）+ 活力硼叶面肥（稀释 1 500 倍）；第二次在结瓜期进行，叶面喷施两次肥料：应用活力钙叶面肥（稀释 1 500 倍）+ 活力钾叶面肥（稀释 500 倍），间隔期 15d。以后每隔 20~30d 叶面喷施一次高活性有机酸叶面肥（稀释 500 倍）+ 活力钾叶面肥（稀释 500 倍）。

1.2.2 滴灌栽培

（1）底肥：亩施慧尔生态有机肥 100kg + 慧尔底肥$^+$（15−20−5）高效缓释复混肥。

（2）根际追肥：主要施用慧尔特定作物配方（15−15−20）长效水溶性滴灌肥，每次 10~15kg/ 亩，一般每隔 20d 左右 1 次，整个生长期约 5~6 次。

（3）叶面追肥：第一次在苗期进行，叶面追施高活性有机酸叶面肥（稀释 500 倍）+ 活力硼叶面肥（稀释 1 500 倍）；第二次在结瓜期进行，叶面喷施两次，应用活力钙叶面肥（稀释 1 500 倍）+ 活力钾叶面肥（稀释 500 倍），间隔期 15d。以后每隔 20~30d 叶面喷施 1 次高活性有机酸叶面肥（稀释 500 倍）+ 活力钾叶面肥（稀释 500 倍）。

2 南瓜营养套餐施肥技术

2.1 南瓜的生育特点与营养需求

南瓜为葫芦科、南瓜属、一年生蔓生草本植物。目前，我国种植的南瓜有三大类：中国南瓜，农民称倭瓜；印度南瓜，农民称笋瓜；美洲南瓜，就是通常称做西葫芦的瓜。南瓜根系发达，根群强大，吸肥能力强，是需肥量较多的蔬菜之一。

关于南瓜的营养需求：据试验研究，每亩生产 4 308kg 南瓜，需吸收氮（N）20.5kg、磷（P_2O_5）6.9kg、钾（K_2O）25.1kg，氮、磷、钾的吸收比例为 1:0.34:1.22；据刘宜生研究，每生产 1 000kg 南瓜，需吸收氮（N）3.92kg、磷（P_2O_5）2.13kg、钾（K_2O）7.29kg，氮、磷、钾的吸收比例为 1:0.54:1.86；据劳秀荣报道，每生产 1 000kg 南瓜，需吸收氮（N）3.5~5.5kg、磷（P_2O_5）1.5~2.2kg、钾（K_2O）5.3~7.29kg，氮、磷、钾吸收比例为 1:（0.40~0.43）:（1.33~1.51）。

2.2 南瓜的营养套餐施肥技术规程

2.2.1 底肥

亩施生态有机肥 100kg + 慧尔底肥 $^+$（15-20-5）高效缓释肥 100kg。

2.2.2 根际追肥

当坐住 1~2 个瓜时，可施慧尔 2 号（22-16-7）高效缓释复混肥 20kg/ 亩。

2.2.3 叶面追肥

伸蔓期叶面喷施两次肥料：应用高活性有机酸叶面肥（稀释 500 倍）+ 活力硼叶面肥（稀释 1 500 倍），间隔期 15d；结瓜盛期叶面喷施 2~3 次高钾素或活力钾叶面肥（稀释 500 倍），间隔期 20d。

3 冬瓜营养套餐施肥技术

3.1 冬瓜的营养需求特点

冬瓜属葫芦科、冬瓜属、一年生攀缘草本植物。冬瓜根系发达，吸肥能力强，在整个生育期需肥量较大，耐肥力强。

冬瓜的营养需求是钾最多，氮次之，磷最少。据刘宜生报道，广东青皮冬瓜平均单株吸收氮（N）19.76g、磷（P_2O_5）9.39g、钾（K_2O）22.38g、钙 8.4g，其吸收比例为 1∶0.48∶1.13∶0.43；如果按每生产 1 000kg 冬瓜计算，则需吸收氮（N）1.29kg、磷（P_2O_5）0.61kg、钾（K_2O）1.46kg，其吸收比例为 1∶0.47∶1.13。另据吕英华报道，每生产 1 000kg 冬瓜，需吸收氮（N）1.3~2.8kg、磷（P_2O_5）0.5~1.2kg、钾（K_2O）1.5~3.0kg，其吸收比例为 1∶（0.38~0.43）∶（1.07~1.15）。

3.2 冬瓜的营养套餐施肥技术

3.2.1 底肥

亩施慧尔生态有机肥 200kg + 慧尔氨基酸型含促生真菌生态复混肥 100kg。

3.2.2 根际追肥

盛瓜期施慧尔 2 号（22-16-7）高效缓释复混肥 15~20kg/ 亩；以后，每隔 20d 左右，施 1 次慧尔 2 号（22-16-7）高效缓释复混肥 10~15kg/ 亩。

3.2.3 叶面追肥

营养生长初期（抽蔓期）叶面追施两次肥料：高活性有机酸叶面肥（稀释 500 倍）+ 活力硼叶面肥（稀释 1 500 倍），间隔期 15d；盛瓜期，叶面追施肥料 3~5 次活力钙叶面肥（稀释 1 500 倍）+ 活力钾叶面肥（稀释 500 倍），间隔期 20d。

4 苦瓜营养套餐施肥技术

4.1 苦瓜的营养需求特点

苦瓜属葫芦科、苦瓜属、一年生攀缘性草本植物，其根系较发达，侧根多，分枝力强，生长和结果的时间长，具有耐肥不耐瘠的特点。

据研究，每生产 1 000kg 苦瓜，需吸收氮（N）3.4~5.3kg、磷（P_2O_5）1.0~1.8kg、钾（K_2O）4.6~7.0kg，氮、磷、钾吸收比例为 1∶（0.29~0.34）∶（1.32~1.35）。

4.2 苦瓜的营养套餐施肥技术规程

4.2.1 底肥

亩施慧尔生态有机肥 200kg + 慧尔底肥 $^+$ 高效缓释复混肥（15-20-5）100kg。

4.2.2 根际追肥

苦瓜伸蔓后，可亩施一次慧尔 2 号（22-16-7）高效缓释复混肥 10kg，作为催蔓肥；结果期应施 3~5 次膨瓜肥，亩施慧尔 2 号（22-16-7）高效缓释复混肥 15~20kg。

4.2.3 叶面追肥

伸蔓期叶面施肥两次：高活性有机酸叶面肥（稀释 500 倍）+ 活力硼叶面肥（稀释 1 500 倍），间隔期 15d；结瓜期，每隔 20d 左右叶面喷施 1 次高钾素或活力钾叶面肥（稀释 500 倍）。

第五节　茎叶类蔬菜营养套餐施肥技术

1 大白菜（结球白菜）营养套餐施肥技术

1.1 大白菜的营养需求特点

大白菜为十字花科、芸薹属、一年生或二年生结球（叶球）草本植物。大白菜生长迅速，产量高，一般亩产 10t 左右，需肥量很大。大白菜每生产 1 000kg 鲜菜，平均吸收氮（N）1.82~2.6kg、磷（P_2O_5）0.9~1.1kg、钾（K_2O）3.2~3.7kg、钙（CaO）1.61kg、镁（MgO）0.21kg，其吸收比例是 1∶0.45∶1.57∶0.7∶0.1（表 12-11）。

表 12-11　不同产量水平下大白菜氮、磷、钾的吸收量

产量水平（t/hm²）	养分吸收量（kg/hm²）		
	N	P	K
80	180	22	127
100	216	33	138
120	288	42	155
150	336	50	207

大白菜为喜钙作物，外叶含钙量高达 5%~6%，而心叶中的钙含量仅为 0.4%~0.8%。环境不良、管理不善时，白菜会产生生理性缺钙，出现干烧心病，对品质影响很大。

1.2 大白菜的营养套餐施肥技术规程

1.2.1 底肥

亩施慧尔生态有机肥 100kg+ 慧尔 3 号（硫基，23-12-10）长效缓释复混肥 50kg。

1.2.2 提苗肥

出齐苗后，亩施慧尔 3 号（硫基，23-12-10）高效缓释复混肥 20kg，并叶面喷施高活性有机酸叶面肥（稀释 500 倍）1 次。

1.2.3 催苗肥

进入莲座期时，应重施催苗肥，亩施慧尔 3 号（硫基，23-12-10）高效缓释复混肥 25kg，并叶面追施 1 次高活性有机酸叶面肥（稀释 500 倍）+ 活力钙叶面肥（稀释 1 500 倍）。

1.2.4 叶面施肥可以和喷施化学农药同时进行，但不能和碱性农药混合喷施

2 甘蓝（结球甘蓝）营养套餐施肥技术

2.1 甘蓝的营养需求特点

甘蓝属十字花科、芸薹属、二年生草本作物。甘蓝第一年进行营养生长，其顶芽发达，一般养分都贮存在顶芽中，会形成硕大而紧实的叶球。经过低温长日照后，第二年才会抽蕾开花。

关于甘蓝的营养需求：据山东农业大学张振贤研究，每生产1 000kg叶球，需氮（N）4.1~4.8kg、磷（P_2O_5）1.2~1.3kg、钾（K_2O）4.9~5.4kg，氮、磷、钾的吸收比例是1∶（0.27~0.29）∶（1.13~1.20）；另据劳秀荣报道，每生产1 000kg结球甘蓝，约需氮（N）3kg、磷（P_2O_5）1kg、钾（K_2O）4.1kg，氮磷钾的吸收比例为1∶0.33∶1.33；刘宜生则认为，结球甘蓝吸收氮、磷、钾、钙、镁的比例为1∶0.29∶1.2∶0.77∶0.17。

甘蓝类蔬菜是喜钙作物，需钙量较高。当土壤中缺钙或由于其他环境条件造成生理性缺钙时，都容易出现钙缺素症，发生心叶“干边”和叶球球叶边缘枯死，叫“叶烧边”，从而影响品质和产量。

结球甘蓝在结球前必须有充足的氮素供应，才有利于结球，中后期磷和钾对结球的紧实度有很大影响。

2.2 甘蓝的营养套餐施肥技术规程

2.2.1 春季露地栽培

（1）底肥：亩施慧尔生态有机肥200kg + 惠农1号（24–16–5）高效缓释BB肥100kg。

（2）根际追肥：莲座期至心叶抱合期应重施追肥，一般亩施惠农1号（24–16–5）高效缓释BB肥20kg。

（3）叶面追肥：莲座期叶面喷施两次叶面肥，高活性有机酸叶面肥（稀释500倍）+ 活力钙叶面肥（稀释1 500倍），间隔期15d；结球后叶面喷施高钾素或活力钾叶面肥1次（稀释500倍）。

2.2.2 设施栽培

（1）底肥：亩施慧尔生态有机肥200kg + 惠农1号（24–16–5）高效缓释BB肥100kg。

（2）根际追肥：心叶抱合期第一次追肥，亩施惠农1号（24–16–5）高效缓释BB肥10kg。结球期第二次追肥，亩施惠农1号（24–16–5）高效缓释BB肥20kg。

（3）叶面追肥：莲座期叶面喷施两次叶面肥，高活性有机酸叶面肥（稀释500倍）+ 活力钙叶面肥（稀释1 500倍），间隔期15d；结球后叶面喷施高钾素或活力钾叶面肥1次（稀释500倍）。

3 花椰菜营养套餐施肥技术

3.1 花椰菜的营养需求特点

花椰菜为十字花科、芸薹属、甘蓝种的变种，为喜水喜肥作物，属高氮蔬菜类型。据刘宜生研究，一般收获1 000kg商品花球，需吸收氮（N）7.7~10.8kg、磷（P_2O_5）3.2~4.2kg、钾（K_2O）9.2~15.0kg，其吸收比例为1∶0.4∶1.2；而据劳秀荣报道，若亩产2 500kg菜花，大约需吸收土壤氮24kg、磷5.3kg、钾12.5kg，其吸收比例为1∶0.2∶0.46。我们认为，劳秀荣的资料比较适用。

3.2 花椰菜营养套餐施肥技术规程

3.2.1 底肥

亩施慧尔生态有机肥100kg+ 惠农1号（24–16–5）高效缓释BB肥100kg。

3.2.2 根际追肥

莲座期（9~11叶），每亩追施惠农1号（24–16–5）高效缓释BB肥20kg；花球快速膨大期（花球直径5cm时），每亩追施惠农1号（24–16–5）高效缓释BB肥10~15kg。

3.2.3 叶面追肥

菜苗返青后，叶面喷施一次高活性有机酸叶面肥（稀释 500 倍）；莲座期，叶面喷施两次高活性有机酸叶面肥（稀释 500 倍）+ 活力钙叶面肥（稀释 1 500 倍），间隔期 15d；花球快速膨大期，叶面喷施两次高钾素或活力钾叶面肥（稀释 500 倍），间隔期 15d。

4 菠菜营养套餐施肥技术

4.1 菠菜的营养需求特点

菠菜是藜科、菠菜属、一至二年生草本作物。菠菜生长期短，生长速度快，产量高，需肥量大。生产上的菠菜施肥管理仅限于菠菜的营养生长时期，因为人类仅食用其鲜嫩的绿叶、叶柄和嫩茎。作为商品菜上市，正处于菠菜的营养生长阶段。

据研究，每生产 1 000kg 菠菜鲜菜，平均吸收氮（N）1.6kg、磷（P_2O_5）0.36kg、钾（K_2O）1.49kg（表 12-12）。

表 12-12　不同产量水平下菠菜的氮、磷、钾吸收量

产量水平（t/hm²）	养分吸收量（kg/hm²）		
	N	P	K
20	96	16	110
30	105	20	130
45	136	25	168

4.2 菠菜的营养套餐施肥技术规程

4.2.1 底肥

亩施慧尔生态有机肥 100kg + 惠农 1 号（24–16–5）高效缓释 BB 肥 100kg。

4.2.2 根际追肥

5 片真叶期施慧尔增效尿素 15kg/667m^2。

4.2.3 叶面追肥

苗期叶面喷施 1 次金星牌高活性有机酸叶面肥（稀释 500 倍）+ 活力硼叶面肥（稀释 1 500 倍）。5 片真叶期后，叶面追肥两次：高活性有机酸叶面肥（稀释 500 倍）+ 高钾素或活力钾叶面肥（稀释 500 倍），间隔期 15d。

5 芥菜营养套餐施肥技术

5.1 芥菜的营养需求特点

芥菜为十字花科、芸薹属、二年生或一年生草本作物。本节主要叙述茎芥菜，以嫩茎为产品，特别适宜加工成榨菜。茎芥菜，短缩茎肥大，有的品种还会在短缩茎上形成不同形状的瘤状突起。

关于芥菜对氮、磷、钾的吸收数量及比例，据赵广春等研究，每生产 1 000kg 鲜榨菜，约需吸收氮（N）5.4kg、磷（P_2O_5）1.44kg、钾（K_2O）5.36kg，氮、磷、钾的吸收比例为 1∶0.27∶0.99。

5.2 芥菜的营养套餐施肥技术规程

茎用芥菜的营养套餐施肥技术与结球大白菜相同，此处不再重复。

6 芹菜营养套餐施肥技术

6.1 芹菜的营养要求特点

芹菜是一种喜钾作物，对钾的需求量超过其对氮、磷养分的总和。谢建昌研究:芹菜产量为 30t/hm² 时，从土壤中吸收的平均养分数量是氮（N）200kg/hm²、磷（P_2O_5）80kg/hm²、钾（K_2O）300kg/hm²、还需吸收镁 25kg/hm²。氮、磷、钾比例为 1 : 0.4 : 1.5。

6.2 芹菜的营养套餐施肥技术规程

（1）底肥：每亩施慧尔生态有机肥 100kg+ 慧尔底肥⁺（15-20-5）100kg。

（2）根际追肥：茎快速生长期追施慧尔增效尿素 10kg+ 慧尔钾肥 15kg/ 亩。

（3）叶面追肥：苗期叶面喷施高活性有机酸叶面肥（稀释 500 倍）2 次，间隔期 14d；茎快速生长期叶面喷施高钾素或活力钾叶面肥（稀释 500~800 倍）2 次，间隔期 14d。

第六节　豆类蔬菜营养套餐施肥技术

1 蚕豆的营养套餐施肥技术

1.1 蚕豆的营养需求特点

蚕豆是豆科蚕豆属一年生作物，主要分布在我国的南部地区。蚕豆为耐寒性蔬菜，喜温凉湿润的气候，适宜在有机质多、保水保肥能力强、排水性好的黏壤土上栽培。蚕豆的根瘤形成早，固氮能力强。据研究，蚕豆平均每亩可固氮 3.5~9.7kg。因此，蚕豆从土壤中吸收的营养元素中，钾最多、氮次之、磷较少。关于蚕豆的营养需求：据报道，每生产 100kg 籽粒约从土壤中吸收氮（N）2.1~2.6kg、磷（P_2O_5）2~3.4kg、钾（K_2O）5~8.8kg、钙（CaO）3.9kg。另外，蚕豆对硼、钼等微量营养元素也有一定的需求。

1.2 蚕豆的营养套餐施肥技术

1.2.1 露地秋播蚕豆

（1）底肥。亩施慧尔生态有机肥 100kg+ 慧尔底肥⁺（15-20-5）高效缓释 BB 肥 50kg。

（2）根际追肥。入冬前追施一次惠农 1 号（24-16-5）高效缓释 BB 肥 15kg+ 慧尔钾肥 10kg/ 亩；开花结荚期追施 1 次惠农 1 号（24-16-5）高效缓释 BB 肥 10kg/ 亩。

（3）叶面追肥。入冬前叶面喷施 2 次叶面肥：第一次用高活性有机酸叶面肥（稀释 500 倍）+ 活力硼叶面肥（稀释 1 500 倍）；第二次用高活性有机酸叶面肥（稀释 500 倍）+ 活力钙叶面肥（稀释 1 500 倍），间隔期 15d；开花结荚期，叶面喷施两次高钾素或活力钾叶面肥（稀释 500 倍），间隔期 20d。

1.2.2 露地春播蚕豆

（1）底肥。亩施慧尔生态有机肥 100kg+ 慧尔底肥⁺（15-20-5）高效缓释 BB 肥 50kg+ 慧尔钾肥 10kg。

（2）根际追肥。结荚后施慧尔钾肥 20kg/ 亩。

（3）叶面追肥。苗期叶面喷施 1 次高活性有机酸叶面肥（稀释 500 倍）；开花期叶面喷施 1 次活力硼叶面肥（稀释 1 500 倍）+ 活力钙叶面肥（稀释 1 500 倍）；结荚初期叶面喷施两次高钾素或活力钾叶面肥（稀释 500 倍），间隔期 15d。

2 豌豆和荷兰豆营养套餐施肥技术

2.1 豌豆的营养需求特点

豌豆和荷兰豆属豆科豌豆属，一年生蔓生或半蔓生作物。荷兰豆为软荚豌豆变种，是在菜用豌豆的基础上选育而来。这两种豆科作物喜温凉湿润气候，对土壤要求不严，但以保水力强又排水良好、富含有机质的黏壤土或砂壤土较好。豌豆、荷兰豆对氮需要量多，因根瘤有固氮作用能固定空气中的氮素，故以土壤中吸收的氮素较少，而从土壤中吸收的最多为钾，氮次之，磷较少。在中微量营养需求方面，需要一定数量的硼、钼营养元素。

关于豌豆、荷兰豆的氮、磷、钾吸收量，据河北农业大学高志奎研究，每生产 100kg 鲜豆粒，需氮（N）1.65kg、磷（P_2O_5）0.6kg、钾（K_2O）1.2kg，氮、磷、钾的吸收比例为 1：0.36：0.73。若采摘嫩豆荚或嫩茎尖食用，氮肥的数量应适当增加。

2.2 豌豆和荷兰豆的营养套餐施肥技术规程

（1）露地秋播方式。

① 底肥。亩施慧尔生态有机肥 100kg+ 慧尔底肥 +（15–20–5）高效缓释 BB 肥 50kg。

② 根际追肥。结荚初期施慧尔钾肥 15kg+ 慧尔增效尿素 5kg/ 亩。

③ 叶面追肥。越冬前喷施两次叶面肥：高活性有机酸叶面肥（稀释 500 倍）+ 活力硼叶面肥（稀释 1 500 倍），间隔期 15d；开花结荚后，喷施两次高钾素或活力钾叶面肥（稀释 500 倍），间隔期 15d。

（2）露地春播方式。

① 底肥。亩施慧尔生态有机肥 100kg+ 慧尔底肥 +（15–20–5）高效缓释 BB 肥 50kg。

② 根际追肥。结荚初期施慧尔钾肥 15kg+ 慧尔增效尿素 5kg/ 亩。

③ 叶面追肥。苗期至开花前叶面喷施两次肥料：高活性有机酸叶面肥（稀释 500 倍）+ 活力硼叶面肥（稀释 1 500 倍），间隔期 15d；开花结荚后，叶面喷施两次高钾素或活力钾叶面肥（稀释 800 倍），间隔期 15d。

3 豇豆营养套餐施肥技术

3.1 豇豆的营养需求特点

豇豆，又名豆角，属豆科、豇豆属一年生草本作物。据河北农业大学高志奎研究，形成 1 000kg 产品，需要氮 12.16kg，磷 5.23kg，钾 8.75kg。但是，豇豆有根瘤菌能够固氮，从根瘤固氮所获得的氮 8.11kg，约占总需氮的 66.69%。因此，豇豆每形成 1 000kg 产品，需从土壤中吸收氮 4.05kg，磷和钾则以土壤里吸收为主，吸收氮、磷、钾的比例为 1:0.62:2.16，以钾肥为最多。而据巫东堂、程季珍报道，每生产 1 000kg 豇豆，需要从土壤中吸收氮 4.1kg，磷 2.5kg，钾 8.8kg，其氮、磷、钾吸收比例为 1.64∶1∶3.52。还要指出的是，与其他豆类作物相比，豇豆更容易产生由于营养生长过旺而影响开花结荚的现象。因此，前期控肥可以抑制茎叶过度生长，以免造成开花部位上升，花序减少而影响产量。

3.2 豇豆的营养套餐施肥技术规程

（1）底肥。亩施慧尔生态有机肥 300kg+ 慧尔底肥 +（15–20–5）高效缓释 BB 肥 100kg。

（2）根际追肥。第一次在结荚后进行，亩施惠农 1 号（24–16–5）高效缓释 BB 肥 20kg；以后每收 2 批次豆角，每亩每次追施惠农 1 号（24–16–5）高效缓释 BB 肥 10~15kg+ 慧尔钾肥 10kg。

（3）叶面施肥。苗期叶面喷施高活性有机酸叶面肥两次（稀释 500 倍）间隔期 15d；结荚期叶面喷施活力钾叶面肥 1 次（稀释 500 倍）。以后，每收 1 次豆角，叶面喷施 1 次活力钾叶面肥（稀释 500 倍）。

3.3 豇豆营养套餐施肥技术应用实例

（1）概况。豇豆营养套餐施肥技术示范系 2012 年云南金星化工在建水县曲江镇欧营村进行，示范户王有红，示范面积 533.6m^2，对照面积为 533.6m^2。

示范地施肥情况：亩施肥量是底肥金星牌生态有机肥（2 000 万 /g）600kg+ 金星牌（20-0-10）含促生真菌生态复混肥 40kg；根际追肥：金星牌腐植酸（15-5-20）高效缓释肥 80kg/ 亩，结荚初、中期分 3 次追肥；叶面追肥：苗期叶面追施金星牌高活性有机酸叶面肥（稀释 500 倍）2 次，间隔期 15d；结荚期叶面追施金星牌活力钾叶面肥（稀释 500 倍）3~4 次，间隔期 15d。

对照地施肥情况：亩施肥量为底肥是金沙江牌（15-10-20）复混肥 50kg+ 牛粪 400kg；追肥：金沙江牌硝酸铵 80kg+ 金沙江尿素 60kg，开花结荚期分 3~4 次使用。

（2）实收产量。据王有红逐次采收豆角实际记录结果，营养套餐施肥示范地产量为 3 200kg/ 亩，常规施肥对照地产量为 2 700kg/ 亩，营养套餐示范地比常规施肥对照地增产 18.52%，肥效很显著。

第七节　根菜类蔬菜的营养套餐施肥技术

根菜类蔬菜包括萝卜、胡萝卜、芜菁、根芹菜、牛蒡等多种作物，新疆以萝卜和胡萝卜栽培最为普遍。根菜类蔬菜作物的养分吸收特点如下。

（1）根菜类蔬菜都是深根性作物，土壤条件不仅影响其营养生长的好坏，而且也决定着这类蔬菜产品的产量与品质。深耕和增施优质有机肥料，对根菜类蔬菜有很好的增产、提质作用。

（2）果菜类、叶菜类蔬菜的养分吸收量随着其生育期的延长而增加，根菜类蔬菜的养分吸收量则是在其生育中期达到最高，以后养分吸收量减少，养分从叶片部分向根部转移，促进根系膨大。因此，要重视根菜类蔬菜作物生育初期到中期的养分供应。

（3）根菜类蔬菜作物一般对土壤缺硼较为敏感，属于需硼量较多的蔬菜。

1 萝卜营养套餐施肥技术

1.1 萝卜的营养需求特点

萝卜为十字花科、萝卜属的一至二年生草本作物。萝卜的氮、磷、钾吸收量，以钾为最多，氮次之，磷最少。萝卜对氮敏感，尤其是生育初期，缺氮对萝卜产量的不利影响更为明显。生育后期如氮素供应过剩，会造成地上部贪青徒长，根部易造成“糠心”。萝卜对硼微量营养元素敏感，缺硼会造成肉质根表皮粗糙，发生小的龟裂，根心部呈褐色或产生空洞，且带苦味，品质变劣，产量下降。

关于萝卜的营养元素吸收量，研究资料颇多。河北农业大学高志奎研究，每生产 1 000kg 萝卜产品，需从土壤中吸收氮（N）2.16kg、磷（P_2O_5）0.26kg、钾（K_2O）2.95kg、钙 2.5kg、镁 0.5kg、硫 0.6~0.8kg，其吸收比例为 1∶0.12∶1.37∶0.23∶（0.28~0.37）；劳秀荣报道，每生产 1 000kg 萝卜产品，需氮（N）4~6kg、磷（P_2O_5）0.5~1.0kg、钾（K_2O）6~8kg、钙 2.5kg、镁 0.5kg、硫 1.0kg，氮、磷、钾的吸收比例为 1：0.2：1.8；刘宜生的研究则认为，当每亩产量为 4t 时，其养分的吸收量为氮（N）8.5kg、磷（P_2O_5）3.3kg、钾（K_2O）11.3kg、钙 3.8kg、镁 0.73kg，其吸收比例为 1∶0.39∶1.33∶0.45∶0.09。我们的看法是刘宜生的研究结果更加接近我国新疆萝卜产区的实际情况，可供制定营养套餐施肥技术方案参考（表 12-13）。

表 12-13　不同产量水平下萝卜对氮、磷、钾养分的吸收量

产量水平（t/hm^2）	养分吸收量（kg/hm^2）		
	N	P	K
25	70	15	85
35	98	20	120
45	126	26	154
55	154	32	188
75	210	43	256

1.2 萝卜的营养套餐施肥技术规程

1.2.1 底肥

每亩慧尔生态有机肥 200kg + 慧尔底肥 $^+$（15-20-5）高效缓释 BB 肥 100kg。

1.2.2 根际追肥

大型的生长期较长的秋冬萝卜（100~120d），应在其“露肩”期，追施慧尔增效二铵 10kg+ 慧尔钾肥 10kg/ 亩。

1.2.3 叶面追肥

定苗后叶面追施两次肥料：高活性有机酸叶面肥（稀释 500 倍）+ 活力硼叶面肥（稀释 1 500 倍），间隔期 14d。“露肩”以后，喷施叶面肥两次：高素钾或活力钾叶面肥（稀释 500 倍），间隔期 14d。

2 胡萝卜营养套餐施肥技术

2.1 胡萝卜的营养需求特点

胡萝卜属伞形花科胡萝卜属、二年生草本作物。胡萝卜对营养元素的需求是钾的吸收量最多，氮、钙次之，磷和镁较少。胡萝卜对硼比较敏感，缺硼时易发生“黑痣”病。据河北农业大学高志奎综合众多学者的研究资料认为，每生产 1 000kg 胡萝卜产品，需从土壤中吸收氮（N）4.1~4.5kg、磷（P_2O_5）1.7~1.9kg、钾（K_2O）10.3~11.4kg、钙 3.8~5.9kg、镁 0.5~0.8kg，其吸收比例为 1:（0.41~0.42）:（2.51~2.53）:（0.93~0.1.31）:（0.12~0.18）。至于不同产量水平下胡萝卜对氮磷钾养分的吸收量见下表 12-14。

表 12-14　不同产量水平下胡萝卜对氮、磷、钾养分的吸收量

产量水平（t/hm^2）	养分吸收量（kg/hm^2）		
	N	P	K
23	80	13	112
30	105	17	149
45	158	26	224
60	210	35	299

2.2 胡萝卜的营养套餐施肥技术规程

2.2.1 底肥

每亩施慧尔生态有机肥 200kg + 慧尔底肥 $^+$（15-20-5）高效缓释 BB 肥 80kg。

2.2.2 根际追肥

叶生长盛期亩施慧尔增效磷铵 10kg；肉质根生长盛期（露肩后）施慧尔钾肥 10kg/ 亩。

2.2.3 叶面追肥

叶生长盛期，叶面喷施 1 次肥料：高活性有机酸叶面肥（稀释 500 倍）+ 活力硼叶面肥（稀释 1 500 倍）。肉质根膨大期叶面喷施两次叶面肥：活力钙叶面肥（稀释 1 500 倍）+ 高钾素或活力钾叶面肥（稀释 500 倍），间隔期 14d。

第八节　葱、姜、蒜类蔬菜营养套餐施肥技术

1 葱、姜、蒜类蔬菜的生物学特性

葱、姜、蒜类蔬菜作物，包括洋葱、大葱、小葱、大蒜、韭菜、生姜等多种 2 年生或多年生草本作物，其中除生姜属姜科姜属作物外，大部分为百合科葱属作物，主要以叶片（如韭菜等）、假茎（如大葱由叶鞘聚合而成的葱白）、鳞茎（叶的变态，由叶鞘茎部膨大而成如洋葱、大蒜等）或块茎（姜等）产品供食用。这类作物茎叶或块茎中都含有特殊的香辛物质——硫化丙烯。同一品种在土壤干燥及含硫多的土壤种植，其辣味较低。

葱、蒜类蔬菜作物生长的主要部分是叶片和叶的变态部分，一般叶面积均较小，因此，蒸腾量也较小，施用氮多可促进叶片的生长。这类作物一般没有明显的主根和侧根，而仅有不耐干旱的弦线状须根从退化的茎部生出，根群小，适宜于密植。这类作物对养分的需求一般都以氮肥为主（姜对钾要求高），还要适量的配合磷钾肥、施用优质有机肥或有机无机复混肥，对于其品质和色泽的提高有显著效果。但是在大蒜、洋葱等作物鳞茎膨大的后期，如施用氮肥过多，易使鳞茎产生破裂而推后成熟期，且不容易贮藏。

2 洋葱营养套餐施肥技术

2.1 洋葱的营养需求特点

洋葱是百合科葱属二年生草本植物，其根系吸收能力弱，而单位面积产量又较高，因此，需要充足的营养条件。叶是洋葱的同化器官，鳞茎（葱头）是贮藏器官，叶的生长发育直接影响着葱头的产量及品质。洋葱对养分的需要量以钾和氮较多，磷需要量较少，还需要一定数量的钙和镁。据刘宜生研究，每平均 667m² 产 1 000kg 葱头产品，需要吸收（N）1.98kg、磷（P_2O_5）0.75kg、钾（K_2O）2.66kg、钙（CaO）1.16kg、镁（MgO）0.33kg，其吸收比例为 1:0.38:1.34:0.59:0.17；西北农林科技大学刘建辉研究，每形成 1 000kg 葱头产品，需要吸收（N）2.06~2.37kg、磷（P_2O_5）0.70~0.87kg、钾（K_2O）3.73~4.10kg，其吸收比例为 1:（0.34~0.37）:（1.73~1.81）；劳秀荣报道，每生产 1 000kg 洋葱头，需从土壤中吸收氮 2.0kg、磷（P_2O_5）0.8kg、钾（K_2O）2.2kg，其吸收比例为 1:0.4:1.1。综合上述资料，我们认为每生产 1 000kg 洋葱头，需从土壤中吸收氮 2.0~2.4kg、磷（P_2O_5）0.7~0.9kg、钾（K_2O）2.2~4.2kg、钙（CaO）1.16kg、镁（MgO）0.33kg。

2.2 营养套餐施肥技术规程

2.2.1 苗床肥

一般每 100 平方米施慧尔生态有机肥 50kg+ 慧尔增效磷铵 20kg。

2.2.2 大田底肥

一般每亩施慧尔生态有机肥 100kg+ 慧尔底肥 +（15-20-5）高效缓释 BB 肥 100kg。

2.2.3 苗期叶面追肥

定植成活后，叶面追施两次肥料，用高活性有机酸叶面肥（稀释 500 倍）+ 活力钙叶面肥（稀释 1 500 倍），

间隔期为 20d。

2.2.4 重施鳞茎膨大肥

一般移栽定植后 40~50d，洋葱植株生长较快，鳞茎开始转入迅速膨大时必须重施肥，可使用新疆特色作物的高钾配方（10-15-25+TE）长效水溶性滴灌肥，用量 20kg/ 亩，一般施用两次，间隔期为 1 个月左右。

2.2.5 中后期叶面追肥

进入鳞茎迅速膨大期后，叶面追肥两次，用高钾素或活力钾叶面肥（稀释 500 倍），以促进叶中养分向葱头转移，可加速鳞茎膨大，提高洋葱的产量。

2.3 洋葱营养套餐施肥技术应用实例

2.3.1 示范概况

2011 年 10 月至 2012 年 2 月，云南金星化工在红河州建水县面甸镇温塘村设置了两个洋葱营养套餐施肥技术示范户。这里是建水县农业局会同面甸镇镇政府建设的万亩洋葱高产示范区，洋葱种植面积集中，而且管理技术水平也较高，单位面积产量也较高。示范面积 1 200m^2（其中，徐怀旺 666.4m^2，徐怀全 533.6m^2），对照洋葱地 800m^2（其中，徐怀旺 667m^2，徐怀全 133m^2）。示范地执行金星营养套餐施肥技术规程。对照地施肥为：底肥芭田复合肥硫酸钾型（15-15-15）50kg+ 金星过磷酸钙 50kg+ 生物有机无机复混肥（N、P、K18%）50kg/ 亩；追肥 3 次，定植成活后，亩施尿素 30kg；越冬前（约 11 月底），亩施尿素 40kg；春季气温回升后，亩施尿素 50kg。另外，用 1kg 装液体氨基酸叶面肥叶面喷肥 1~2 次。

2.3.2 示范成果

（1）洋葱越冬前生长量调查（表 12-15）。

表 12-15 越冬前洋葱生长测量情况

施肥处理	平均株高		平均每株叶片数		平均根盘粗	
	cm	%	片	%	cm	%
营养套餐	69.2	93.6	9.1	94.8	4.45	107.2
常规施肥	73.9	100.0	9.6	100.0	4.15	100.0

调查资料说明，营养套餐示范地的茎叶生长均比常规施肥对照差，株高减少 6.4%，叶片数减少 5.2%，但根盘粗却明显优于常规施肥对照区，增加 7.2%，证实了营养套餐示范地的鳞茎发育较快较好。

（2）实收产量（表 12-16）。

表 12-16 洋葱营养套餐施肥技术示范实收产量

示范户姓名	施肥处理	实际产量（kg/ 亩）	产量比较（%）
徐怀旺	营养套餐	4 690.0	117.9
	常规施肥	4 206.7	100.0
徐怀全	营养套餐	3 960.0	122.8
	常规施肥	3 225.0	100.0
平均	营养套餐	4 320.0	116.4
	常规施肥	3 715.85	100.0

由表 12-16 可知，应用营养套餐施肥示范户，洋葱亩产量比常规施肥对照处理增产 17.9%~22.8%，每亩增产洋葱 484~735kg，增产效果十分明显。两示范户平均增产葱头 604.15kg/ 亩，增产率为 16.4%。

（3）经济效益。

① 施肥量比较（表 12-17）。

表 12-17　洋葱营养套餐大田用肥量统计

施肥处理	化肥实用量（kg/ 亩）	折纯数量（kg/ 亩）	其中		
			N	P_2O_5	K_2O
营养套餐	130	33.0	15.6	10.0	7.4
常规施肥	220	85.5	62.0	15.5	7.5

注：化肥用量中不包括有机肥、生物有机肥和叶面肥

由表 12–17 可知，两处理用肥料（折纯数量）差异显著，营养套餐施肥处理亩为 33kg，而常规施肥处理则为 85.5kg。两处理相比，常规施肥区化肥折纯量增加 52.5kg，其中，N 增加 46.4kg，P_2O_5 增加 5.5kg，K_2O 增加 0.1kg。由于氮肥施用量过高，导致洋葱营养生长过旺，影响了鳞茎的膨大，从而造成了减产。

② 施肥成本: 按市场价格计算营养套餐示范地用肥亩成本为 565 元，其中过磷酸钙 50kg 40 元，（18–8–4）腐植酸型复混肥 50kg 150 元，（22–0–28）水溶肥 30kg 270 元，叶面肥 5 包 25 元；常规施肥对照地成本为 654 元 / 亩，其中过磷酸钙 50kg 32 元，芭田（15–15–15）50kg 168 元，生物有机无机肥 50kg 160 元，尿素 120kg 264 元。两者施肥成本比较，营养套餐施肥技术比常规施肥减少 89 元 / 亩，降低 13.66%用肥成本。

③ 经济效益：2012 年洋葱收购价为 42 元 /31kg，即每千克 1.355 元（当地收鳞茎一般用塑料袋包装，每袋装 31kg），按此价格来计算，营养套餐施肥区产量平均为 4 320kg/ 亩，亩产出为 5 853.6 元，扣除施肥成本 565 元 / 亩，纯效益为 5 288.6 元 / 亩；常规施肥地平均产量为 3 715.85kg/ 亩，亩产出为 5 034.98 元，扣除施肥成本 654 元 / 亩，每亩纯效益为 4 380.98 元。两者比较，营养套餐施肥地比常规施肥对照地增加纯效益 907.62 元 / 亩，增收率为 20.72%。

3 大葱营养套餐施肥技术

3.1 大葱的生长发育特性

大葱的根为白色弦线状须根，着生在短缩的茎盘上，无根毛，吸收水肥的能力较弱，但新根发生能力强。大葱在营养生长期间，茎短缩成圆锥状的茎盘，上部着生叶片，下部长根；生殖生长期间，生长点停止分化叶片，开始分化花芽，并伸长形成花薹。

大葱的叶由叶身和叶鞘组成。叶鞘成筒状套生在茎盘上，形成假茎，这就是葱白。刚伸出叶鞘的幼叶身呈黄绿色，实心。成龄叶深绿色，管状，中空，表皮覆有蜡粉，为耐旱生态型。叶片中有乳管，内含挥发性硫化丙烯，细胞破碎后产生辛辣气味。

3.2 大葱的营养需求特点

大葱为较喜肥的作物，与绿叶蔬菜相比，对氮肥的反应比较敏感，土壤中碱解氮小于 60mg/kg 时，施用氮肥增产效果显著，苗期对磷肥反应敏感。叶生长期间对氮的吸收量高于钾，假茎充实期吸钾量高于吸氮量。

大葱对营养元素的需求量是钾 > 氮 > 磷。据西北农林科技大学刘建辉研究，每形成 1 000kg 大葱产品，需氮（N）2.7kg、磷（P_2O_5）0.5kg、钾（K_2O）3.3kg，氮、磷、钾吸收比例为 1:0.19:1.22。劳秀荣报道，每生产 1 000kg 大葱产品，约需氮（N）3.4kg、磷（P_2O_5）1.8kg、钾（K_2O）6.0kg，氮、磷、钾吸收比例为 1:0.53:1.76。综合分析，每生产 1 000kg 大葱产品，应需氮（N）3kg、磷（P_2O_5）1kg、钾（K_2O）4kg，氮、

磷、钾吸收比例为 1∶0.3∶1.3，较为适宜。

据江丽华、刘光辉研究，大葱不同产量水平对氮、磷、钾的吸收量有差异，资料见表 12-18。

表 12-18　不同产量水平下大葱的氮、磷、钾吸收量

产量水平鲜葱（t/hm^2）	养分吸收量（kg/hm^2）		
	N	P	K
45	60	16	66
55	102	20	75
65	117	22	79

除需要大量营养元素外，施用钙、硼、锰等中微量元素对大葱的生长发育有一定的促进作用。实践证明，增施钙肥、硼肥和锰肥对大葱增产效果显著，大葱葱白长而粗，产量高。

3.3 大葱的营养套餐施肥技术规程

3.3.1 苗床肥

一般每 $100m^2$ 施氮（N）1.2kg、磷（P_2O_5）2kg、钾（K_2O）2kg。可亩施慧尔生态有机肥 100kg+ 慧尔增效磷铵 25kg。

3.3.2 定植前底肥

亩施慧尔生态有机肥 200kg+ 慧尔底肥$^+$（15–20–5）高效缓释 BB 肥 100kg。

3.3.3 根际追肥

① 巧施攻棵肥：发叶盛期，每亩施慧尔增效磷铵 20kg。② 重施葱白增重肥：葱白形成期，施慧尔 1 号（24–16–5）长效缓释复合肥 20kg+ 慧尔钾肥 10kg/ 亩。

3.3.4 大田叶面追肥

发叶盛期，叶面追施肥料两次：高活性有机酸叶面肥（稀释 500 倍）+ 活力硼叶面肥（稀释 1 500 倍）+ 活力钙叶面肥（稀释 1 500 倍），间隔期 20d；葱白形成期叶面喷施肥料两次：高钾素或活力钾叶面肥（稀释 500 倍），间隔期 20d。

4 大蒜营养套餐施肥技术

4.1 大蒜的生长发育特性

大蒜的根系为弦线状须根系，与大葱一样着生于短缩茎基部，以蒜瓣背面基部为多，腹面根系较少。

大蒜的茎退化为扁平的短缩茎盘，节间极短，其上着生叶片，由叶片叶鞘包被形成地上假茎。在生长后期，蒜瓣（鳞芽）长成后，由茎盘、叶鞘及蒜瓣（蒜皮）共同形成鳞茎（即蒜头）。在生殖生长期，着生于茎盘上端中部的顶芽分化为花芽，以后形成并抽生出花薹（即蒜薹，或称蒜心）。

秋播大蒜的生育周期，一般长达 220~270d，大约分为以下 6 个时期：① 萌芽期，插种到初生叶展开，约 7~10d。② 幼苗期，由初生叶展开到生长点不再分化为止，有 5~6 个月。③ 花芽分化期，由鳞芽和花芽分化开始，到分化结束炎止，约 10~15d。④ 蒜薹伸长期，从蒜薹开始伸长至采收，约 30d。⑤ 鳞茎膨大期，从鳞芽分化结束到鳞茎（蒜头）收获为止，有 50~60d。⑥ 休眠期，蒜头收获后即进入生理休眠期，早熟品种为 65~75d，晚熟品种仅 34~45d。

4.2 大蒜的营养需求特点

大蒜对营养元素的需求，大多数研究资料认为，氮吸收最多，其次是钾、钙、磷、镁。如果以氮的吸收量作为100，则钾为80~95，钙为50~75，磷为25~35，镁为6。大蒜对氮、钾的吸收比较均衡，对磷的需求比其他大多数蔬菜作物高，这是因为鳞茎的膨大和蒜薹的伸长都需要一定的磷营养。施用钾肥，不仅可以促进鳞茎膨大，还可以延缓根系衰老，并提高氮肥和磷肥的利用率。硫元素对大蒜增产提质很重要，这是因为硫是大蒜品质构成元素，施用硫酸钾，不仅可使蒜头增重，还可降低畸形蒜的发生比例。

关于大蒜对氮、磷、钾营养的吸收数量和比例的研究：西北农林科技大学刘建辉认为，每形成1 000kg大蒜产品，需从土壤中吸收氮（N）14.83kg、磷（P_2O_5）3.53kg、钾（K_2O）13.42kg，氮、磷、钾吸收比例为1:0.24:0.9; 吕英华报道: 每生产1 000kg鲜蒜，吸收氮（N）4.5~5.0kg、磷（P_2O_5）1.1~1.3kg、钾（K_2O）4.1~4.7kg，其吸收比例为1:0.25:0.9; 梅家训资料，每生产1600kg大蒜，需吸收氮（N）13.4~16.3kg、磷（P_2O_5）1.9~2.4kg、钾（K_2O）7.1~8.5kg、钙（CaO）1.1~2.1kg，其吸收比例为1:（0.14~0.15）:（0.52~0.53）:（0.08~0.13）。根据陈绍荣等（2004–2006）在中国大蒜主产区山东金乡的3年调查及试验，每亩产1 000kg鲜蒜，大约需要吸收氮（N）4.5kg、磷（P_2O_5）1.4kg、钾（K_2O）4.6kg、硫（S）0.8kg、镁（Mg）0.4kg。

4.3 大蒜营养套餐施肥技术规程

4.3.1 底肥

一般产蒜头1 500kg/亩时，每亩施慧尔生态有机肥200kg+慧尔底肥⁺（15–20–5）高效缓释BB肥100kg。

4.3.2 根际追肥

① 催薹肥，春季返青后9~10叶，每亩施慧尔增效二铵20kg+慧尔钾肥10kg。② 催头肥，蒜薹伸长后，用水冲施新疆特定作物高钾配方（硫基，10–15–25）长效水溶性滴灌肥10kg/亩。

4.3.3 叶面追肥

① 出苗后20d和早春返青后，各喷施1次高活性有机酸叶面肥（稀释500倍）。② 蒜薹抽出后，叶面连续喷施两次高钾素或活力钾叶面肥（稀释500倍），间隔期15d。

4.4 大蒜营养套餐施肥技术应用实例

内容详见烟台众德集团“大蒜测土配方营养套餐施肥技术”。

从2004年开始，烟台众德集团选择了被称为“中华蒜都”的山东省金乡县进行了3年多的大蒜测土配方营养套餐施肥新技术示范推广工作，取得了令人瞩目的成效。2004年，参试的乡镇为3个，示范户56户，示范地面积8.8hm^2。2005年参试乡镇8个，参试农户486户，示范地125hm^2。2006年参试农户812户，示范地232hm^2。2007年推广面积达1 300hm^2以上。

4.4.1 大蒜测土配方营养套餐技术方案的提出

（1）当地施肥问题：根据众德公司农化专家在金乡县的调查研究，发现这里的蒜农施肥不够科学，存在着以下几个误区。

① 化肥施用量过大。一般每亩施（45%~48%）复合肥150~200kg。② 养分比例不适当，重氮磷、轻钾及轻中微量元素。③ 强调底肥，轻视追肥。④ 大量施用速溶、速效肥料，而当地土壤以沙土壤为主，速效肥料容易流失，肥料利用率低。

（2）根系吸收能力：金乡县大蒜大多是连作重茬，造成土壤肥力下降和土传病害日趋严重，大蒜的根系生长受到严重抑制，导致根系营养吸收能力大幅度下降。

土壤养分含量：根据我们选择有代表性的土壤取样分析测试的结果，金乡县种大蒜的土壤速效磷养分高，钾处于中等偏高，碱解氮则为低含量，资料列成表12-19。

表 12-19　金乡县大蒜示范地的土壤养分含量

土样编号	取样地点	示范户姓名	pH 值水提	有机质（g/kg）	全氮（g/kg）	全磷（g/kg）	全钾（g/kg）	碱解氮（mg/kg）	速效磷（mg/kg）	速效钾（mg/kg）
1	肖云韩楼	董托三	6.93	10.70	0.78	1.09	17.99	60.90	33.66	130.0
2	肖云李白庙	杨桂良	7.03	11.19	0.77	0.83	18.00	56.84	45.45	212.5
3	鸡黍大吴庄	张清军	6.86	11.25	1.05	0.99	18.65	55.84	25.10	122.5
4	鸡黍大吴庄	吴成超	6.57	12.83	0.99	1.10	19.51	52.78	39.67	215.0
5	马庙曹楼	张文福	7.45	8.32	0.82	0.88	18.13	40.6	34.57	157.5
6	马庙曹楼	张军生	7.66	9.40	0.64	0.90	18.12	40.6	26.68	140.0

（中国科学院红壤生态实验站化验分析室）

（3）大蒜测土配方营养套餐方案的设计原则。

① 大蒜营养需求特点。大蒜是一种喜钾、喜硫作物，对钾肥的要求最高，氮次之，磷较少。一般亩产鲜蒜 1 500~2 000kg，而亩产 1 000kg 鲜蒜，大约需吸收氮 4.5kg、磷 1.4kg、钾 4.6kg、硫 0.8kg、镁 0.4kg。在大蒜生长期中蒜薹伸长期至蒜头膨大期是其需肥高峰期。

② 营养套餐施肥的设计原则。本项大蒜营养套餐施肥技术，根据其营养需求特点，走出当地农民习惯施肥的误区，重点配制钾肥营养和氮素营养，增加中微量元素营养，在适量施足基肥的基础上，重视追肥和叶面肥，并突出施用天然激素凯普克，促进根系生长，提高其吸收能力，确保大蒜优质高产。

4.4.2 金乡大蒜测土配方营养套餐施肥技术方案

（1）基肥。在适量施用农家肥的基础上，可以选用化学肥料 100kg 做基肥。一般每亩施用腐熟的农家肥 2 000kg，加饼肥或生物有机肥 50kg，化肥则选用众德牌硫酸钾型长效高钾肥（16-10-22），每亩 100kg。

（2）追肥。

① 催薹肥：春季返青后，蒜薹伸长期前，随水冲施狮马牌高氮肥（21-8-11 全营养复合肥），一次每亩用 12.5kg，间隔 10d 左右，共两次。② 催头肥：蒜薹伸长期后，随水冲施狮马牌高钾肥（12-12-17 全营养复合肥），一次每亩 12.5kg，间隔 10d 左右，共两次。

（3）叶面追肥。

① 出苗后 15d，喷施 1~2 次狮马牌“果王”（稀释 900 倍）和复合型微量元素肥料“靓果素”（稀释 6 000 倍），供应锌铁铜锰硼钼等多种微量元素，能提高大蒜的抗病、抗寒能力。

② 返青后，喷施 1~2 次狮马牌“果王”（稀释 900 倍）和复合型微量元素肥料“靓果素”（稀释 6 000 倍），能大幅度促进大蒜的茎叶生长，提高大蒜的抗病、抗寒能力。

③ 蒜薹生长期前后，喷施 1~2 次狮马牌全营养叶面肥“花宝”（稀释 900 倍）和复合型微量元素肥“靓果素”（稀释 6 000 倍），能大幅度促进大蒜的蒜薹生长，促进营养生长向生殖生长的转化，防止缺素症的出现。

④ 蒜头膨大期前后，喷施 1~2 次狮马牌全营养叶面肥“果王”（稀释 900 倍）和复合型微量元素肥“靓果素”（稀释 6 000 倍），能有效防止缺素症的出现，大幅度促进大蒜蒜头的膨大，从而解决肥料的营养吸收问题。

（4）使用大蒜凯普克，大幅度促进根系生长，提高肥料吸收的能力，从而解决肥料的营养吸收问题。同时，增强抵抗根结线虫等不利环境的能力。

① 播种前浸种：大蒜凯普克每亩 100ml，稀释 100 倍，浸种半小时，捞出即可播种。② 出苗后 2~3 周，用大蒜凯普克 250 倍液叶面喷雾 1 次。③ 间隔两周后，再用大蒜凯普克 400 倍液叶面喷雾 1 次。

4.5 大蒜测土配方营养套餐施肥的示范推广效果

4.5.1 对大蒜生长的影响

根据田间调查资料，应用测土配方营养套餐施肥技术的示范区，大蒜植株高度及平均叶片数都优于常规施肥对照区，资料列成表 12-20。

表 12-20　营养套餐施肥对大蒜茎叶生长的影响

示范地点	示范户姓名	观察日期	平均株高（cm）			平均每株叶片数		
			对照区	示范区	比较（%）	对照区	示范区	比较（%）
马庙曹楼	张克峰	11 月 17 日	24.38	25.85	+ 6.03	5.60	5.98	+ 6.78
		3 月 15 日	39.16	39.89	+ 2.02	9.15	9.35	+ 2.19
鸡黍大吴庄	吴成超	11 月 17 日	23.86	25.60	+ 7.29	5.50	5.72	+ 4.00
		3 月 15 日	41.18	43.67	+ 6.05	8.07	9.20	+ 1.13

（烟台市农业生产资料科技有限公司技术部）

4.5.2 对大蒜产量的影响

根据我们随机抽样测产的结果，应用测土配方营养套餐施肥技术的比常规施肥对照的大蒜产量，2005 年平均增产 15.5%，亩净增产量为 233.35kg；2006 年平均增产 13.3%，亩净增产量为 236.67kg，增产效果十分显著，资料列成表 12-21。

表 12-21　大蒜测土配方营养套餐施肥的抽样测产结果（kg/ 亩）

示范地点	抽测农户姓名	测产年度	对照区（kg/ 亩）	示范区（kg/ 亩）	增产（%）	净增产量（kg/ 亩）	备注
鸡黍大吴庄	张清军	2005	1 801.10	1 851.60	2.8	50.5	对照区用大蒜瓣作种，示范区用小蒜瓣作种
		2006	1 888.95	2 222.30	17.7	333.35	
鸡黍大吴庄	吴成超	2006	1 688.95	2 044.50	21.1	355.55	全部用大蒜瓣作种
		2006	1 904.85	2 063.55	8.3	158.70	全部用小蒜瓣作种
鸡黍宗营	宗锦礼	2005	1 097.9	1 376.8	25.4	278.9	
化雨寻大楼	张胜斌	2005	1 534.1	1 852.5	20.8	318.4	全部用小蒜瓣作种
		2005	1 609.5	1 895.1	17.8	285.6	全部用大蒜瓣作种
肖云李白庙	杨贵良	2006	1 777.84	1 938.49	9.0	160.65	对照区用大蒜瓣作种，示范区用小蒜瓣作种
马庙曹楼	张克峰	2006	1 610.6	1 785.7	10.9	175.1	
平均		2005	1 510.65	1 744.0	15.5	233.35	
		2006	1 774.24	2 010.91	13.3	236.67	

（烟台市农业生产资料科技有限公司技术部）

注：金乡蒜农的实践经验认为，种大蒜瓣可比小蒜瓣增产 5%~10%

关于应用测土配方营养套餐施肥技术以后，大蒜头的直径大小也有变化。据我们 2005 年在该县化雨乡寻大楼村示范户张胜斌田头测定，示范区蒜头直径在 6cm 以上的大蒜头比例占 47%，而对照区蒜头直径在

6cm 以上的蒜头只占 27%。鸡黍镇宗营村示范户宗锦礼告诉我们，凡是实行了营养套餐施肥的大蒜头都特别大，一般蒜头直径都在 7cm 以上，大的 3 个蒜头就有 0.5kg，最大的蒜头直径可达 9cm。

4.5.3 肥料投入与产出的比较

统计资料显示，营养套餐施肥区平均每亩用化肥 115.7kg，比常规施肥对照区减少 14.8kg，每亩肥料投入增加 20.9 元（主要是叶面肥和生长调节剂投入大），每亩净增产值为 663.7 元，扣除增加的肥料投入成本外，亩净增纯收入 642.8 元，资料见表 12-22。

表 12-22 大蒜测土配方营养套餐施肥的肥料投入成本与产出情况（亩）

示范户姓名	营养套餐施肥区肥料投入（元）							习惯施肥（对照）区肥料投入（元）							亩增投入（元）	亩增产值（元）	净增（元/亩）
	有机肥	化肥				叶面肥调节剂	总计	有机肥	化肥				叶面肥调节剂	总计			
		品种	含量	数量（kg）	金额（元）				品种	含量	数量（kg）	金额（元）					
张胜斌	75	众德	16-12-20	100	260	60	395	75	五洲丰	18-12-20	100	260	8	341	54	636.8	582.8
宗锦礼	80	众德	16-12-20	100	260	60	400	80	住商	16-16-16	100	260	0	340	60	557.8	497.8
吴成超	234	众德 众德 小计	16-12-22 20-4-9	100 25	280 70 350	64	648	234	农博士 众德 小计	18-10-18 20-4-9	100 25	280 70 350	0	584	64	888.9	824.9
张清军	100	众德 众德 小计	16-12-22 20-4-9	92.5 25	259 70 329	64	493	100	住商 众德 小计	16-16-16 20-4-9	111 25	310.8 70 380.8	0	480.8	12.2	833.3	821.1
杨贵良	100.2	众德 狮马 小计	16-12-22 21-8-11	111 25	310.8 25 385.8	64	550	100.2	住商 狮马 小计	16-16-16 16-6-21 21-8-11	111 55.5 25	310.8 149.9 75 535.7	0	35.8	85.8	401.6	487.4
平均				115.7			497.2				130.5			476.3	20.9	663.7	642.8

注：张胜斌、宗锦礼系 2005 年统计，其余为 2006 年统计；亩增产值系亩净增产量 ×2 元（2005 年收购价）和 2.5 元（2006 年收购价）计算

5 生姜营养套餐施肥技术

5.1 生姜的营养需求特点

生姜为姜科姜属，能形成地下肉质茎的栽培作物，为多年生草本植物，生产中多作一年生栽培。

生姜的营养需求特点是对氮、磷、钾、钙、镁的需要量较大，其他营养元素需要量较少。据山东农业大学卢青华研究，每形成 1 000kg 姜产品，需要吸收氮（N）6.34kg、磷（P_2O_5）0.57kg、钾（K_2O）9.27kg、钙 1.30kg、镁 1.36kg。其比例为 1∶0.09∶1.46∶0.21∶0.21。另据劳秀荣报道，在山东中等肥水条件下，每 1 000kg 姜产品，需吸收氮（N）5.76kg、磷（P_2O_5）2.54kg、钾（K_2O）11.47kg，其吸收比例为 1∶0.44∶1.99。而据巫东堂、程季珍报道，每生产 1 000kg 生姜产品，需要吸收氮（N）11.3~12.7kg、磷（P_2O_5）3.7~4.4kg、钾（K_2O）9.27kg，其吸收氮、磷、钾的比例为 2.96∶1∶2.29。而据笔者 2009–2010 年在山东莱芜、青州等大

姜产区推广生姜科学用肥、实施营养套餐施肥技术的大量实践，认为生姜高产（亩产超4t）每生产1 000kg生姜产品需吸收氮（N）9~10kg、磷（P_2O_5）2.5~3.5kg、钾（K_2O）13~15kg，其吸收比例为1∶0.3∶1.5。

5.2 生姜营养套餐施肥技术规程

5.2.1 应用长效缓释BB肥为主施肥料

（1）底肥：亩施慧尔生态有机肥300kg+慧尔底肥⁺（15-20-5）高效缓释BB肥100kg。

（2）根际追肥：第一次追肥即壮苗肥，时间是在发生1~2个分枝时，亩施慧尔增效磷铵30kg；第二次追肥即转折肥，时间在三股叉阶段，是生姜从幼苗期转向旺盛生长期的转换阶段，每亩施惠农1号（24-16-5）高效缓释BB肥30kg+慧尔钾肥10kg；第三次追肥即根茎膨大肥，在根茎生长旺盛期进行，每亩施用慧尔增效尿素20kg+慧尔钾肥20kg。

（3）叶面肥：苗期叶面喷施高活性有机酸叶面肥两次（稀释500倍），间隔期20d；三股叉时期，叶面喷施活力钙叶面肥两次（稀释1 500倍）间隔期20d；根茎膨大期，叶面喷施高钾素或活力钾叶面肥两次（稀释500倍），间隔期20d。

5.2.2 应用腐植酸涂层长效肥为主施肥料

（1）底肥：亩施慧尔生态有机肥500kg+金星牌（15-5-20）涂层长效肥100kg。

（2）叶面追肥：苗期，叶面喷施高活性有机酸叶面肥两次（稀释500倍），间隔期20d；三股叉时期，叶面喷施活力钙叶面肥两次（稀释1 500倍），间隔期20d；根茎膨大期，叶面喷施高钾素或活力钾叶面肥两次（稀释500倍），间隔期20d。

6 韭菜营养套餐施肥技术

6.1 韭菜的营养需求特点

韭菜为一年栽培多年收割的作物。对养分的需求和补充，不仅要有利于当年叶片的生长和分蘖，以增加当年的产量，同时还要积累养分满足来年提高产量的需求，并且推迟衰老。

韭菜对氮、磷、钾的需求是氮＞钾＞磷。氮肥充足，叶片肥大柔嫩，色泽绿，产量高，而且品质好。施用钾肥可促进细胞分裂和膨大，加速糖分合成与运转。施适量磷肥可促进植株对氮肥的吸收，改善产品的品质。一年生韭菜，植株还未充分发育，分蘖数少，需肥量也相应较少。2~4年生韭菜，分蘖力强，植株生长旺盛，需肥量也应增多。5年生以上的韭菜逐渐进入衰老阶段，为防止衰老，持续高产，施肥仍不可忽视。

关于韭菜对氮、磷、钾的吸收数量与比例：据西北农林科技大学刘建辉研究，每形成1 000kg商品韭菜，需吸收氮（N）3.69kg、磷（P_2O_5）0.85kg、钾（K_2O）3.13kg，其吸收比例为1∶0.23∶0.85；刘宜生报道，亩产5 000kg韭菜时，一年需吸收氮（N）25~30kg、磷（P_2O_5）9~12kg、钾（K_2O）31.39kg，其吸收比例为1∶（0.36~0.40）∶（1.24~1.30）。

6.2 韭菜营养套餐施肥技术规程

6.2.1 苗床施肥

亩施慧尔生态有机肥150kg+慧尔增效二铵50kg作苗床底肥。出苗后20d，施金星慧尔增效尿素10kg/亩，并叶面喷施两次高活性有机酸叶面肥（稀释500倍），间隔期15d。

6.2.2 大田底肥

每亩施慧尔生态有机肥200kg+慧尔底肥⁺（15-20-5）高效缓释BB肥50kg。

6.2.3 大田根际追肥

第一年，韭菜苗成活后每隔30d施用1次棉得宝（15-25-10）长效水溶性滴灌肥10kg/亩，施3~4次；第二年起，每隔20~30d施1次慧尔增效尿素15kg/亩+慧尔钾肥10kg/亩，施4~6次。冲施水量为每千克肥掺 300~500kg 水；第五年，冬季应亩施慧尔有机生态肥 200kg，生长旺期继续施棉得宝（15-25-10）长效水溶性滴灌肥，每亩每次用量 15kg，施 4~6 次。

6.2.4 大田叶面追肥

春夏季叶面喷施高活性有机酸叶面肥两次（稀释 500 倍）+ 活力钙叶面肥两次（稀释 1 500 倍），间隔期 20d；秋季叶面喷施高钾素或活力钾叶面肥两次（稀释 500 倍），间隔期 20d。

第九节　多年生蔬菜营养套餐施肥技术

多年生蔬菜作物是指一次种植可多年生长和采收的蔬菜作物，包括多年生草本蔬菜作物（芦笋、黄花菜、百合等）和多年生木本蔬菜作物（竹笋、香椿等）。新疆有芦笋和黄花菜两种多年生草本蔬菜作物的栽培，特简要叙述。

1 芦笋营养套餐施肥技术

1.1 芦笋的生物学特征

芦笋为百合科、天门冬属、多年生宿根草本作物。芦笋的茎有地下茎和地上茎。种子萌发后，在生出初生根的同时，胚芽伸出、生长露出地面，形成初生地上茎。在初生根和初生茎连接处发生地下茎。幼龄植株的地下茎，在土层中水平延伸，成龄株的地下茎不断分枝，相互交错，重叠而生。随着株龄的增加，新生地下茎不断趋向地表生长。地下茎为非常短缩的变态茎，其上有许多节，节上着生鳞片状的鳞芽，称为鳞芽群。随着植株的生长，地下茎分枝增多，鳞芽群的数目也相应增加。鳞芽在冬季休眠，翌春天气转暖后，鳞芽群中的鳞芽相继萌发形成地上茎，幼茎柔嫩，肉质、粗壮，长 1.5~2.5cm，可采收供食用，这就是我们吃的芦笋。芦笋的叶分“真叶”和“拟叶”两种：“真叶”是一种退化叶，着生在地上茎的节上，呈三角形薄膜状；“拟叶”是一种变态枝，每个叶腋抽出 5~8 条，簇生，针状，具有叶的结构，含有丰富的叶绿素，能进行正常的光合作用，行使叶的功能。

1.2 芦笋的营养需求特点

芦笋为多年生作物，一次种植可连续采收 10~15 年，因此，多为露地栽培。对氮、磷、钾的需求是氮最多、钾次之、磷较少。据西北农林科技大学（原西北农业大学）刘建辉报道，亩产 4t 芦笋嫩茎时，需吸收氮（N）6.96kg、磷（P_2O_5）1.8kg、钾（K_2O）6.2kg，其吸收比例为 1∶0.26∶0.89。另据刘宜生报道，亩产 4t 芦笋嫩茎时，全年需吸收氮（N）6.8kg、磷（P_2O_5）1.75kg、钾（K_2O）5.94kg，氮、磷、钾吸收比例为 1∶0.26∶0.87。两份研究资料数据很接近，可供制定芦笋营养套餐施肥方案参考。氯对芦笋有多方面的作用。含氯化肥不仅可以提高芦笋的产量与品质，还有明显防治茎枯病的作用，此外，施含硫化肥会增加芦笋的苦味。

1.3 芦笋的营养套餐施肥技术规程

1.3.1 露地育苗施肥

亩施慧尔生态有机肥 150kg + 慧尔底肥⁺（15-20-5）高效缓释 BB 肥 50kg 作底肥；苗高 0.15m 时，追施一次慧尔增效磷铵 20kg/ 亩；同时，叶面喷施高活性有机酸叶面肥（稀释 500 倍）两次，间隔期 15d。

1.3.2 定植前施底肥

亩施慧尔生态有机肥 200kg + 慧尔底肥⁺（15-20-5）高效缓释 BB 肥 100kg。

1.3.3 根际追肥

一般在定植的当年和第二年，因植株生长量小多不采收（有的第二年少量采收），追肥用量宜少，一般用标准施肥量的30%~50%。标准施肥量一般每亩生产4t芦笋嫩茎施用氮（N）19.8kg、磷（P_2O_5）7kg、钾（K_2O）9.6kg，其吸收比例为1:0.75:0.9，折算成新型肥料用量约为慧尔1号（24-16-5）高效缓释复混肥80kg+慧尔钾肥30kg；第三年追肥用量为标准施肥量的70%，第四年起就进入了盛产期，按上述标准施肥量计算追肥用量。至于具体施肥时期与用量建议如下：第一次施催芽肥（春季栽培前），亩施慧尔1号高效缓释复混肥20kg+慧尔钾肥10kg；第二次在嫩茎采收后（约6月上、中旬），亩施慧尔1号高效缓释复混肥30kg+慧尔钾肥10kg；第三次在早秋，施补劲肥，亩施慧尔1号高效缓释复混肥30kg+慧尔钾肥10kg，为来年春季嫩茎丰收积累养分；这次追肥必须在霜降前2个月进行，晚了会引起后期徒长，影响次年生长及产量。

1.3.4 叶面追肥

嫩茎采收前20d，叶面追施一次高活性有机酸叶面肥，稀释500倍。嫩茎采收后，叶面喷施两次叶面肥：活力钙叶面肥（稀释1 500倍）+高活性有机酸叶面肥（稀释500倍），间隔期20d。

2 黄花菜营养套餐施肥技术

2.1 黄花菜的生物学特性

黄花菜属百合科萱草属多年生草本作物，是我国的特有蔬菜。黄花菜的主要产品是含苞欲放的花蕾，采摘后可鲜食，但一般都加工成干制品食用。

黄花菜适应性广，我国南北方都有种植，因为黄花菜的地上部分不耐寒，遇霜即枯萎，其地下根茎却能耐-22℃的低温，可以短缩茎在土壤中安全越冬。黄花菜根系发达，根从短缩的根状茎的茎节上产生，首先形成块状和长条状肉质根，秋季又从条状肉质根上产生纤细根。随着栽培时间的延长，短缩茎上产生的条状根不断上移。因此，在栽培管理上应采取培土和增施有机肥等措施，促进和保护根系生长。黄花菜在抽出花薹前只有短缩的根状茎，其上萌芽发叶。

黄花菜与韭菜类似，有分蘖习性，在长江流域中下游地区，一般会发生两期分蘖：第一次在早春，产生的分蘖叫春苗；采蕾结束后，割去黄叶和枯薹后，不久又会第二次分蘖，称为冬苗。冬苗期是黄花菜积累养分的重要阶段，大部分纤细根在这个时期产生。

黄花菜的年生长发育周期可分为4个时期：苗期，从幼叶出土到花薹开始显露，长出16~20片叶，约需120d；抽薹期，从花薹显露到开始采摘花蕾，约需30d；花蕾期，从采摘花蕾到采收结束，需40~60d；休眠越冬期，霜降后地上部受冻枯死，进入休眠阶段。

2.2 黄花菜的营养需求特点

由于黄花菜采摘时期长，一年又产生春、秋两次苗叶，需要吸收和消耗大量的养分，而且耐肥力强，适量施肥后枝叶繁茂，花蕾多，才能高产。

黄花菜对氮、磷、钾的需求是钾和氮较多，磷较少。黄花菜对中微量营养元素的需求量是要补充硼和钙，才能夺取高产优质。关于黄花菜养分吸收量和吸收比例几乎找不到报道。我们通过调查研究认为：黄花菜的适宜施肥比例为氮：磷：钾 = 1:0.8:1.2，可供种植者参考。

2.3 黄花菜的营养套餐施肥技术规程

2.3.1 定植前底肥

每亩施慧尔生态有机肥200~300kg +慧尔底肥$^+$（15-20-5）高效缓释BB肥50kg。

2.3.2 定植后追肥

黄花菜栽培后第二年就可采收，4~15年为盛产期，盛产期每亩可产100~150kg干制品。因此，在定植后第二年，每年都要进行追肥，才能不断补充营养，夺取高产。

（1）根际追肥。

冬苗肥：在南方种植区，黄花菜采摘后苗叶随即枯死。但到了9月份，又会从短缩茎基部发生新叶，形成冬苗。冬苗一遇霜冻即枯萎死亡。冬苗生长时间虽然短，但却是植株恢复生长的关键期。这个时期，要产生大量的纤细根，并为第二年春发增加分兜和花茎积累营养物质。因此，在冬苗未产生前（即7~8月份）应结合耕翻土壤施入有机肥和腐植酸型复混肥。一般亩施慧尔生态有机肥150kg + 慧尔底肥$^{+}$（15-20-5）高效缓释BB肥50kg。

催苗肥：南方地区在2~3月份、新疆地区在土壤解冻后，施慧尔增效磷铵20kg/亩。

催蕾肥：一般在黄花菜显露花薹以后施用，施慧尔1号（24-16-5）高效缓释复混肥20kg/亩。

（2）叶面追肥：春苗发叶6~8片时，叶面追肥两次：应用金星牌高活性有机酸叶面肥（稀释500倍）+活力硼叶面肥（稀释1 500倍），间隔期20d；现花薹后，叶面追肥两次：活力钙叶面肥（稀释1 500倍）+活力钾叶面肥（稀释500倍），间隔期20d。

第十三章　果树作物

第一节　新疆的特色果树作物

新疆具有得天独厚的优质果品生产自然条件，尤其是极丰富的光热资源和较大的气温日较差，是葡萄、苹果、香梨、枣、核桃等果树的天然乐园，国内外专家都确认这里是世界上最佳的果树适生区。“吐鲁番的葡萄哈密的瓜，库尔勒的香梨人人夸，阿克苏的苹果甜透心，叶城的石榴顶呱呱”，就是描绘享誉全国、驰名中外的新疆瓜果的最真实的写照。

讲到新疆特色果树，排在第一位的便是吐鲁番盆地的葡萄。吐鲁番，突厥语的意思就是“富庶丰饶之地”，座落在天山山脉与塔克拉玛沙漠之间，大约7万平方千米的土地。这块土地多是沙质土，气候干旱，热量丰富，日夜温差大，有天山雪水灌溉，加上土层深厚，通透性良好，腐植质含量较高，浆果成熟时，色艳、糖高、酸度适中、涩淡耐贮藏，品质自然特别好。特别是这里的无核白葡萄，如珍珠，似水晶，穗大粒小，圆润媚人，吃起来甜而不腻，清香鲜美，纯净无渣。用无核白葡萄晾制出来的葡萄干，鲜绿晶亮，甘甜柔软，色味俱佳，国际市场上称为“中国的绿珍珠”。

其次，必须提及阿克苏的糖心苹果。这种阿克苏苹果多系红富士优良品种，在当地的光热资源和昼夜温差大的优良生态条件下，果面体红，光滑坚韧，含糖特多，而且果皮坚硬，耐贮运。吃起来，肉脆味特甜，有芳香味，有“糖心”苹果之称。

再就要说说库尔勒的香梨了。这种香梨皮薄多汁，肉嫩味甜，已成为新疆农产品出口的支柱产业。2011年，库尔勒香梨种植面积已达$6\times10^4hm^2$，总产量为6×10^5t，已进入港、澳地区以及东南亚、阿根廷、智利、墨西哥、澳大利亚、南非、东欧和美国等国际市场，有极为广阔的出国注册果园的发展前景。

新疆还有红枣和核桃两大特色果树。红枣，含有人体必需的18种氨基酸，是天然的维生素果实之王。新疆的光热资源与气候资源的多样性，十分有利于红枣可溶性固形物和糖分积累，打造出新疆红枣精品的天然优势。2011年，新疆红枣种植面积$4.56\times10^4hm^2$，总产量4.56×10^5t。新疆是我国最早种植核桃的地区，栽培地区遍及全疆，尤其阿克苏的薄壳核桃驰名中外。这里的核桃，壳薄，果大，含油量高，产量居全国前列，大量销往内地和德国、英国、加拿大、澳大利亚及港澳地区。

第二节　果树作物的营养特性

果树为多年生木本植物，它们都经历生命周期和年生长两种周期的生长发育的变化。尽管果树的种类和品种很多，但由于它们的基本生长发育规律相近，因而在营养特性以至施肥技术上也有许多相同之处。

1 果树的生命周期

果树的生长发育从幼龄期起，经过生长结果期、盛果期，直至衰老要许多年才能完成。幼树期主要是扩大树冠搭好骨架，为开花结果打好基础。生长结果期仍以长树为主，同时要创造良好的花芽分化条件，使果树及早开花结果，并迅速过渡到盛果期。进入盛果期，果树的骨架与树冠已经形成，此期主要是促进花芽分化，防止树体过早衰老，延长果树结果年龄。果树生命的不同阶段对营养的要求不同。一般来说，幼树以营养生长为主，应在施用磷、钾肥基础上适当增施氮肥，但也不能过量，否则会阻碍花芽分化。结果期要调节好生殖生长与营养生长的矛盾，需要氮、磷、钾养分均衡供给。对老龄树应施用较多的氮肥，以利形成较多的新枝，增加结果部位，延长结果年龄。

由于果树的生命是延续的，每年最初几周的生长，主要靠来自树体贮藏的营养，其后才逐渐依靠从土壤中吸收的养分。因此，果树施肥不仅要看当年施肥的效果，而且要看树体贮存的营养状况。

2 果树生长的年周期

多年生的许多果树，都是在前一年进行花芽分化而在第二年开花结果。在年周期中，先是新梢生长，然后开花结果，在果实膨大期，又开始进行花芽分化与发育，为次年开花结果打基础。在果树的年生长周期中有两个营养阶段，一是以利用树体贮存的营养为主的阶段，从萌芽前树液流动开始至开花期，另一个是利用当年同化养分为主的阶段，亦即以当年施肥为主提供果树生长发育所需营养的阶段，从开始结果至秋季落叶前结束。不同时期施肥都会影响营养生长，又影响开花结果和花芽分化，因此，确定一种果树的最佳施肥期和施肥量，要以连年优质丰产为前提。

3 果树对氮、磷、钾养分的需求

我国在这方面的研究工作不十分系统。据日本的研究报道：果树无论是树体或是果实生长，均同时吸收氮、磷、钾营养，且氮、钾的吸收量大于磷。每生产 1 000kg 果实，平均吸收氮（N）4.98kg、磷（P_2O_5）1.78kg、钾（K_2O）5.53kg，其比例为 1∶0.36∶1.11；不同果树对氮、磷、钾养分吸收有一定差异，以吸收的氮为 1，则磷的的变幅范围为 0.3~0.5，钾的变幅为 0.9~1.6，梨和葡萄对磷的吸收量大于其他果树，葡萄和桃对钾的吸收量高于其他果树。

4 果树对钙、镁、铁、锰、硼、锌的缺乏比较敏感

钙：是植物细胞壁的结构成分，以果胶酸钙的形态存在，可增强细胞之间的黏结作用，还能防止病菌的入侵。钙能降低果实的呼吸作用，增强果实硬度，使果实耐贮藏，减少腐烂，并可提高维生素 C 的含量。

果实缺钙表现新根短粗、弯曲、尖端死亡快；叶片较小，严重时枝条枯死，花朵萎缩。苹果的水心病、苦痘病，梨的软木斑病、黑心病、以及核果类（樱桃、龙眼、荔枝）的裂果、僵果均与缺钙有关。

我国果实缺钙比较普遍，南方酸性土壤因含钙量低而易缺钙，北方石灰性土壤含钙量虽高但速效性低，也易缺钙。一般采用根外喷施钙的方法，在生长前期和中期，喷施 0.3%~0.5% 氯化钙水溶液或 0.5% ~1.5% 硝酸钙水溶液，2~3 次。

镁：是叶绿素的组成成分，也是多种酶的活化剂，参与各种代谢活动。果树缺镁易引起叶片失绿症，生长停滞，幼梢发育和果实成熟不正常；果汁中可溶性固形物、柠檬酸、维生素 C 降低、影响品质和质量。

一般南方酸性土壤易缺镁，过量施用磷、钾肥也会诱发缺镁。常用 2.0% 的硫酸镁水溶液叶面喷施，年喷施 2~4 次。

铁：是叶绿体结构的成分，缺铁会使叶绿体崩解，颗粒变小，导致光合水平下降。果树缺铁的典型症状是幼叶脉间失绿，而叶脉本身保持绿色。

我国土壤一般不缺铁，但在盐碱地区，常发生缺铁失绿症，应引起注意。对于果树缺铁的矫正，目前国内外尚无理想对策。一般采用 0.5% ~1.0% 硫酸亚铁水溶液叶面喷施。

锰：是植物体内许多酶的成分，也是某些酶的催化剂，参与光合作用、呼吸作用以及蛋白质的合成。果树缺锰首先在完全开展的叶片上发生，以后蔓延至全树。叶片沿主脉从边缘开始失绿，以后逐渐扩展到侧脉，这是果树缺锰的共同症状。

华北石灰性土壤，特别是黄河冲积物发育的轻质土壤易缺锰。采用0.3%~0.4%硫酸锰溶液叶面喷施，或每亩用1~1.5kg硫酸锰与有机肥混施。

硼：可以促进花粉萌发和花粉管伸张，使受精顺利、增加坐果率。果树缺硼易引起落花、落果或果实畸形（常称缩果病）、味苦。

南方酸性土壤，由黄土性母质发育的各类土壤，以及沙性土壤都易缺硼，可在花前施用硼砂或硼酸，每亩1~1.5kg，与有机肥混施。也可以在开花前喷施0.1%~0.2%硼砂或硼酸水溶液1~2次。往往土壤根施比根外喷施更为速效。

锌：是多种酶的组成成分，参与生长素的合成和某些酶系统的活动，促进果树体内生理代谢的活力。果树缺锌易诱发小叶病；果实小且畸形。

石灰性土壤锌的速效性低，易缺锌，在沙性地、盐碱地以及贫瘠的山坡果园，一般缺锌现象较为普遍。此外，果园或苗圃重茬，灌水频繁、伤口多、修剪过重等，以及长期过量施用磷肥，都易诱发缺锌。一般用硫酸锌，每亩1~1.5kg与有机肥混合施用。根外喷施硫酸锌，发芽前为2%~3%水溶液，发芽后的生长期为0.2%~0.3%水溶液。

第三节　落叶果树营养套餐施肥技术

1 葡萄营养套餐施肥技术

1.1 葡萄的营养需求特点

（1）葡萄是喜肥果树。不同果树种类生产100kg果实吸收氮、磷、钾大致以葡萄为最多：吸收氮（N）0.30kg，与柑橘、柿子相同，高于桃、梨、苹果，分别达到20%、42%与100%；吸收磷（P_2O_5）0.15kg，比柿子、梨多87.5%，比柑橘多1.5倍，比苹果、桃分别多6.5倍与14倍；吸收钾（K_2O）0.36%，比桃多9%，比柑橘、梨多80%，比苹果多12.5%；氮、磷、钾总吸收量（0.81kg）也明显高于桃（0.59kg）、柿（0.64kg）、柑橘（0.56kg）、梨（0.49kg）、苹果（0.33kg）等果树。

（2）葡萄是喜钾果树。据Fregoni（1984）研究，每公顷产7~25t葡萄，约需吸收氮（N）22~84kg/hm^2、磷（P_2O_5）5~35kg/hm^2、镁（MgO）6~25kg/hm^2、钙（CaO）28~204kg/hm^2，说明在葡萄的养分吸收量中，钾为氮的2倍、为磷的6~7倍。谢建昌等的研究资料，生长在棕壤土上的大泽山葡萄产量为18t/hm^2，每公顷养分吸收量为氮（N）138kg、磷（P_2O_5）105kg、钾（K_2O）225kg，其吸收比例为1：0.8：1.6。

（3）葡萄是喜钙果树。从Fregoni（1984）对葡萄大量养分的吸收与移出的研究资料中可以看出，葡萄对钙的需求较大，甚至超过对钾的需求量。而据日本中川（1960年）研究，当1 000m^{2}产2 500kg葡萄时，每1 000m^{2}需吸收氮150kg、磷9.5kg、钾17.5kg、钙22.5kg、镁2.5kg，可知葡萄生长必需有丰富的钙营养。钙对葡萄的生理功能主要是酶的激活剂，锰、锌的增效剂，参与光合作用，中和酸性和解毒，组成细胞质膜、细胞壁、果胶酸钙等。

1.2 国内葡萄树科学用肥的有关资料

（1）关于氮、磷、钾用量及应用比例（表13-1）。

表 13-1　国内有关葡萄化肥用量及应用比例资料

资源来源	产量水平（kg/ 亩）	化肥用量（kg/ 亩）				氮：磷：钾
		总计	N	P_2O_5	K_2O	
杨治元（2008）	1 500	62~100	30	25~30	30~40	1 : 1 : 1.2
张丽娟（2009）	2 000	38~46	12~15	11~30	15~18	1 : 0.85 : 1.22
张洪昌等（2011）	2 000	19.6~46.4	7.6~15.6	4~14	8~16.8	1 : 0.6 : 1.2
赵广春（2006）	2 000	39.6	15	8	16.6	1 : 0.56 : 1.1
涂仕华（2011）	2 000	26~44	6~12	8~14	12~18	1 : 0.8 : 1.1
郭江（新疆 2012）	2 000	32.5~42.5	12.5~15	10~12.5	10~15	1 :（0.8~1）: 0.8~1
蒋万峰（新疆 2012）	2 000	43.95	14.8	18.35	10.80	1 : 1.2 : 0.7

综合上述资料，一般亩产葡萄 2 000kg，需吸收化肥（折纯）总量 32.6~100kg，其中 N 16.6~30kg，P_2O_5 8~30kg、K_2O 18~40kg；大致 N : P_2O_5 : K_2O 为 1 : 0.7 : 1.15。

（2）关于钙、镁肥的应用。

① 酸性土壤需用石灰改良研究资料指出，高产园尤其是酸性重的红壤土种葡萄必须施用石灰治酸，提高土壤中养分尤其是磷和微量元素养分的有效性，有利于葡萄高产优质。

② 生长中期叶面补钙 : 马之胜等研究，葡萄对钙的吸收主要在生长后期，尤其是从着色期开始，钙的吸收达到高峰期。因此，葡萄生长中后期叶面补钙的增产效果很好。

③ 重视镁肥应用。我国南方种葡萄，由于土壤镁含量较低，常常会发生缺镁症，如红壤土氧化镁含量为 0.06%~0.3% 交换性镁，饱和度仅 4%，一般难以满足葡萄高产的需要，因此，要重视镁肥的应用。

1.3 新疆省葡萄施肥现状

2013 年冬，新疆慧尔农业科技股份有限公司组织了新型肥料研发中心的农化服务人员深入新疆吐鲁番盆地 3 个葡萄主产区进行了葡萄种植施肥水平调查。调查结果显示，当地葡萄的施肥还是比较科学的，促成了葡萄的高产优质，资料列成表 13-2。但是，这里的农民用作葡萄底肥及养分滴灌追肥的品种都是传统肥料尿素或二铵，这两种肥料速溶速效，但有效养分利用率低，挥发、淋溶、渗漏都比较严重，有加重土壤资源、水资源、大气资源污染的趋势。

表 13-2　新疆吐鲁番葡萄主产区施肥水平调查

调查地点	产量水平（kg/ 亩）	化肥用量（kg/ 亩）				氮：磷：钾
		总量	N	P_2O_5	K_2O	
鄯善	2 000	115.0	41.0	32.0	42.0	1 : 0.8 : 1
玛纳斯	2 000	95.8	32.0	28.8	35.0	1 : 0.9 : 1.1
石河子	2 000	118.4	36.4	36.0	46.0	1 : 1 : 1.3

（新疆慧尔农业新型肥料研发中心。2013）

1.4 葡萄营养套餐施肥技术规程。

（1）葡萄的膜下滴灌施肥技术规程。新疆农垦科学院李铭等（2010）的研究克瑞森无核葡萄（600kg/ 亩）膜下滴灌施肥技术最佳施肥量为 N 肥 14.6kg/ 亩，P_2O_5 肥 8.0kg/ 亩，K_2O 肥 9.4kg/ 亩，氮 : 磷 : 钾最佳比例为 1 : 0.58 : 0.61。根据他的研究结果，结合我们的调查资料，我们提出：葡萄产量 2 000kg/ 亩水平的膜下滴灌技术规程。

① 底肥：采果后施慧尔生态有机肥 200kg+ 惠农 2 号（硫基，24-16-5）长效缓释 BB 肥 100kg/ 亩。

② 滴灌追肥：抽梢期：结合滴头水施慧尔增效尿素 10kg/ 亩；开花前：结合滴水施用慧尔“惠农宝”（硫基，10-15-25+ 硼 + 锌）长效水溶性滴灌肥 10kg/ 亩；幼果期，结合滴灌施 2 次“惠农宝”长效水溶性滴灌肥，每次 10~15kg/ 亩；浆果成熟期：施 1 次“惠农宝”长效水溶性滴灌肥 10~15kg。

③ 叶面追肥：抽梢期：叶面喷施 2 次高活性有机酸叶面肥（稀释 500 倍）+ 活力钙叶面肥（稀释 1 500 倍），间隔期 14d；幼果期，叶面喷施 2 次高钾素或活力钾叶面肥（稀释 500 倍）；浆果成熟期：叶面喷施 2 次果树上色剂，稀释浓度 2 000 倍，间隔期 14d。

（2）普通灌溉方式葡萄营养套餐施肥技术规程。

① 底肥：采果后施慧尔生态有机肥 200kg+ 惠农 2 号（硫基，24-16-5）长效缓释 BB 肥 100kg/ 亩。

② 根际追肥：抽梢期施慧尔增效尿素 10kg+ 惠农 2 号（硫基，24-16-5）长效缓释 BB 肥 20kg/ 亩；谢花后，施枣想你（硫基，15-20-10）长效缓释 BB 肥 20kg/ 亩；籽粒转色期施枣想你（硫基，15-20-10）长效缓释 BB 肥 10kg/ 亩 + 慧尔钾肥 10kg/ 亩。

③ 叶面追肥：抽梢期叶面喷施 2 次高活性有机酸叶面肥（稀释 500 倍）+ 活力钙叶面肥（稀释 1 500 倍），间隔期 14d；幼果期，叶面喷施 2 次高钾素或活力钾叶面肥（稀释 500 倍）；浆果成熟期：叶面喷施 2 次果树上色剂，稀释浓度 2 000 倍，间隔期 14d。

（3）应用实例。

2012 年，云南金星化工在宾川县、蒙自市进行了葡萄营养套餐施肥技术试验示范，共设置试验示范点 3 处，其中宾川县 2 处（试验点、示范点各 1 处），蒙自市 1 处（试验点）。

宾川县是云南省新兴葡萄主产区之一，种植葡萄 13 万亩。试验点在大营镇排营村，试验户名时映光，葡萄面积 1.13hm^2，品种红提，二年生苗，种植密度 1 200 株 / 亩，中等肥力沙壤土，实验区 600m^2，对照区 533m^2。示范点在大营镇瑶草庄村，示范户名张德，示范面积 0.2hm^2，红提，4 年生苗，土壤肥力较高，葡萄产量高。蒙自市试验户名吕世贵，坐落在蒙自市科技示范园，种植葡萄 0.67hm^2，供试品种黑提，二年生苗，土壤有机质含量 20.57g/kg，全氮（N）0.02%，P_2O_5 20.04mg/kg，K_2O 412.06mg/kg，pH 值 7.54（金星化工中心实验室化验），试验面积 733m^2，对照面积 5.93hm^2。

葡萄营养套餐施肥技术试验示范化肥用量情况（表 13-3）。

表 13-3　葡萄营养套餐施肥技术试验示范化肥用量（kg/ 亩）

农户姓名	施肥处理	化肥折纯总量				肥料成本（元 / 亩）
		总计	N	P_2O_5	K_2O	
吕世贵	营养套餐施肥	81.0	32.0	15.93	3.1	1 367.5
	常规对照施肥	120.0	50.0	30.0	40.0	1 650.0
时映光	营养套餐施肥	71.4	33.0	8.4	30.0	1 665.0
	常规对照施肥	200.8	94.4	57.4	49.0	2 870.0
张德	营养套餐施肥	71.4	33.0	8.4	30.0	1 665.0

注：吕世贵户营养套餐施肥处理，底肥中生态有机肥为 200kg+（15-15-15）三元复合肥 50kg/ 亩

肥料成本中包括底肥中的有机肥。

资料说明葡萄营养套餐施肥处理的化肥折纯总量为 71.4~81kg，其中 N 为 32~33kg、P_2O_5 为 8.4~15.9kg、K_2O 为 30~33.1kg，明显低于常规对照施肥处理。

试验示范效果（表 13-4）。

表 13-4　葡萄营养套餐施肥技术试验示范地产量及含糖量

户名	示范地产量（kg/ 亩）	示范地含糖量（%）	对照地产量（kg/ 亩）	对照地含糖量（%）	比较（%）	
					产量（kg/ 亩）	含糖量（%）
吕世贵	1 172.64	18.70	892.80	18.20	+31.34	+0.50
时映光	1 614.9	15.45	230.40	14.85	+700.9	+0.60
张德	3 500	16.5	周边农户一般产量为 2 500~3 000kg/ 亩			

由表 13-4 可知，两个试验户的营养套餐施肥处理产量比常规施肥处理高出很多。需要说明的是，时映光示范户的常规施肥对照区挂果株率特低。据我们田间调查，常规对照施肥区空棵株率高达 78.2%，而营养套餐施肥区空棵株率仅为 19.04%。我们分析挂果株率低的原因主要有两条：一是天气因素，前期气候干旱，后期高温多湿，引起灰霉病、白腐病的大发生，造成“烂花穗”、“干僵果”，果穗脱落严重；二是常规施肥对照处理中的氮肥施用量太高，为 94.4kg/ 亩，而通常丰产葡萄园的氮肥吸收量一般为 15kg/ 亩左右，肥料施入量正常投入 N 肥约 30kg。也就是说，时映光户的常规施肥处理氮肥施用量超过正常需要的两倍，氮素过剩导致葡萄营养生长过旺，不利于花芽的分化和果穗的形成，开花坐果率大大降低。因此，造成大量空棵株，自然没有多少产量。

至于张德示范户，由于全部应用营养套餐施肥技术，因此，他的 0.2hm^2 葡萄产量平均达 3.5t/ 亩的高产，比周边地区的葡萄一般产 2.5~3t/ 亩，增产 20%~40%，而施肥成本还降低近千元。同时，由于他的红提葡萄上市较早，而且含糖分高，市场收购价高达 7.6 元 /kg，而周边农民的葡萄收购价格仅在 5~5.2 元 /kg，实现了高产高效益。

2 苹果营养套餐施肥技术

2.1 苹果的营养需求特点

苹果是落叶乔木，有较强的极性，通常生长旺盛，树冠高大，树高可达 15m，栽培条件下一般高 3~5m。树干灰褐色，老皮有不规则的纵裂或片状剥落，小枝光滑。果实为仁果，颜色及大小因品种而异。喜光，喜微酸性到中性土壤。最适于土层深厚、富含有机质、心土为通气排水良好的沙质土壤。

苹果所吸收的矿质元素，除了形成当年的产量，还要形成足够的营养生长和贮藏养分，以备今后生长发育的需要。早在 20 世纪初，Vanslyke 等（1905）即开始研究苹果植物各部分器官的营养元素含量。至今，各国就各树种发表了不少数据，表 13-5 是比较经典的研究成果。

表 13-5　苹果对三大营养元素的吸收量

品种	部位	元素			来源
		N	P	K	
金冠（14 年生，500 株 /hm^2，90 t/hm^2）	植株	39.7	6.0	33.9	HaynesandGoh，1980
	叶片	32.6	3.9	25.7	
	根系	27.6	5.6	16.8	
	果实	21.3	4.0	120	
	合计	121.2	19.5	196.4	
富士（12 年生，825 株 /hm^2，45 t/hm^2）	植株	8.9	1.3	9.4	姜远茂，2004，年周期采样
	叶片	36.7	3.1	19.9	
	根系	29.6	6.5	15.8	
	果实	37.4	4.6	71.3	
	合计	112.6	15.5	116.4	

续表

品种	部位	元素			来源 w
		N	P	K	
元帅（30 年生，124 株 /hm^2，44.89 t/hm^2）	植株	–	–	–	Batjer，1952
	叶片	–	–	–	
	根系	–	–	–	
	果实	–	–	–	
	合计	110.5	17.5	141.7	

表 13-6 则列举了不同产量水平下苹果对氮、磷、钾的吸收量。

表 13-6　不同产量水平下苹果对氮、磷、钾的吸收量（kg/hm^2）

产量水平（t/hm^2）	养分吸收量		
	N	P	K
30	100~120	15~17	110~130
45	110~130	16~18	130~150
60	120~140	18~20	150~170
75	130~150	18~20	170~190

关于新疆种植苹果的农民施肥水平，据柴仲平（2008）调查：苹果用肥量较大，每公顷用肥量 15 825~28 312kg/hm^2，其中有机肥（羊粪为主）15 000~25 500kg/hm^2，化肥 825~2 812.5kg/hm^2，氮：磷：钾为 1：（0.72~2.58）：（0.4~0.8）。就是说，新疆（阿克苏）苹果用肥以农家肥羊粪为主，辅之以磷酸二铵、尿素等化肥，资料列成表 13-7。

表 13-7　新疆阿克苏果树施肥量与产量调查之一

果树名称	调查地点	样本数（户）	树龄（年）	农家肥（kg/ 亩）			化肥（kg/ 亩）				$N:P_2O_5:K_2O$	合计	产量（kg/ 亩）	样本比
				羊粪	油渣	小计	二铵	尿素	氨基酸铵	小计				
苹果红富士	红旗坡农场	15	3、3	15 000	–	15 000	300	180	345	825	1:0.72:0.04	15 825	0	2/15
			10、12	22 500	–	22 500	1 500	–	–	1 500	1:2.56	24 000	33 000	2/15
			7~20	18 000	7 500	25 500	937.5	–	1 875	2 812.5	1:0.92:0.08	28 312.5	37 500	11/15

资料表明，新疆苹果施肥误区颇多，一是氮、磷化肥用量过大，一般折合纯 N 140kg、P_2O_5 468kg，尤其是磷肥大大超过苹果的磷素需要；二是钾肥基本不用，尽管当地土壤含速效钾较丰富，据张炎等的资料，阿克苏土壤速效钾含量 160mg/kg、和田速效钾含量 148mg/kg。但苹果对钾的需求比较高，钾素营养不足会影响苹果的高产优质。

2.2 苹果的营养套餐施肥技术规程

（1）底肥：采果后施慧尔生态有机肥 300kg+ 惠农 2 号（硫基，24-16-5）长效缓释 BB 肥 100kg/ 亩。

（2）根际追肥：开花后，株施慧尔增效磷铵 1kg+ 慧尔钾肥 0.5kg；果实膨大期，株施枣想你（硫基，15-20-10）长效水溶性滴灌肥 1kg（随水冲施）。

（3）叶面追肥：开花后 10d，叶面喷施 2 次高活性有机酸叶面肥（稀释 500 倍）+ 活力钙叶面肥（稀　），间隔期 20d。

2.3 苹果营养套餐施肥技术应用实例

2.3.1 苹果营养套餐施肥技术试验

苹果营养套餐施肥技术试验示范由烟台众德集团委托山东农业大学姜远茂教授主持，栖霞市果业局郝文强、烟台市农业科学院张序研究生等实施。

（1）试验园概况。试验于 2009 年 3 月至 10 月在烟台栖霞市松山镇大北庄果园内进行，品种为 9 年生的富士，栽植密度 2.5m × 3m，亩栽 89 株。土壤为沙壤土，透气性好；有机质含量为 1.08 %，硝态氮 13.2mg/kg、氨态氮 77.8mg/kg、速效钾 346.7mg/kg、速效磷 35.5mg/kg，pH 值 7.1。试验园所处地区为大陆性海洋气候。

（2）试验设计。试验设空白、常规施肥、营养套餐、减量营养套餐加有机肥、套餐加硅肥 5 个处理（表 13-8），其中，空白处理 6 株，其他处理为 12 株。各实验设计采用完全随机设计。2009 年 3 月（萌芽前）对选定的试验用树采用放射沟施肥方式进行施肥，肥料种类为（18-10-17+B）腐植酸型涂层长效肥 +（14-6-10）有机无机复混肥 + 土壤调理剂，施肥深度为 20~30cm，各处理施肥量见表 13-8；并在套袋前叶面连续喷 3 遍众德腐植酸叶面肥（500 倍）+ 康朴液钙（稀释 300 倍）+ 速乐硼（稀释 2 000 倍）。果实膨大期（2009 年 8 月），土壤施 1 次狮马牌 12-12-17 复合肥。

表 13-8　不同处理肥料施用量（kg/ 亩）

处理肥料种类	多功能长效肥	有机无机复混肥	土壤调节剂	巴斯夫	3 个 15 复合肥	硅肥	土杂肥	叶面肥
对照	0	0	0	0	0	0	0	0
习惯施肥	0	0	0	0	312	0	0	0
营养套餐	150	150	50	50	0	0	0	3 次
套餐减量加有机肥	120	120	50	40	0	0	2 000	3 次
营养套餐加硅肥	150	150	50	50	0	200	0	3 次

2.3.2 苹果营养套餐施肥技术示范

（1）栖霞市松山镇大北庄刘洪典果园，红富士品种，9 年生树龄。示范面积 0.33hm²，对照树为同品种同树龄果树。对照肥为国产（15-15-15）硫酸钾复合肥 150kg/667m² +30% 有机质豆粕有机肥 40kg+210kg 生物有机肥 /667m²。

（2）牟平区宁海街道办事处隋家滩曲华果园，红富士品种，15 年生树龄，示范面积 0.8hm²。对照树为同品种同树龄果树。对照肥为（13-7-20）复合肥 300kg+ 牛粪 300kg/667m²。

（3）龙口市诸留观镇羊岚村吴国瑞，红富士品种，10 年生树龄，示范面积 0.13hm²。对照肥为航天生物肥 600kg/667m²，追肥尿素 200kg/667m²；吴树人苹果园为烟红蜜品种，20 年生树龄，示范面积 0.2hm²，对照树为同品种同树龄果树，对照肥为国产硫酸钾肥 180kg+ 磷酸二铵 75kg+ 尿素 150kg/667m²。

（4）招远市辛庄镇宅上村刘世明苹果园。红富士品种，10 年生树龄，示范面积 0.33hm²。对照树为同品种同树龄，对照肥为中化（20-10-15）复合肥 300kg+ 生物有机肥 150kg/667m²。

（5）海阳市朱吴镇莱格庄杨振杰苹果园，红富士品种，9 年生树龄，示范面积 0.33hm²。对照树为同品种同树龄，对照肥为邮政配送 40% 含量的复合肥 400kg+ 万福冲施肥 30kg+25% 豆粕有机肥 300kg/667m²。

2.3.3 苹果套餐施肥技术试验成果

（1）不同处理对产量的影响（表 13-9）。

表 13-9　不同处理对富士苹果产量的影响（10 月 8 日统计产量）

处理	坐果数（个 / 株）	平均单果重（g）	株产（kg/ 株）	产量（kg/ 亩）	产量比较（%）
对照	145	180.2	26.3	2 340	–
习惯施肥	150	200.2	30.0	2 489	100.00
营养套餐	153	215.3	33.0	2 941	118.15
套餐减量加有机肥	139	235.2	32.6	2 899	116.47
营养套餐加硅肥	158	219.6	34.7	3 088	124.06

表 13-9 资料表明，营养套餐施肥对富士苹果产量有显著影响，套餐施肥可显著提高富士苹果产量，为 2 941kg/667m²，分别较对照、常规施肥处理提高 25.7%、18.2%，而套餐减量加有机肥处理较套餐施肥处理产量下降 3.0%，差异不显著；营养套餐加硅肥产量最高，达 3 088kg/667m²，较营养套餐处理提高 5.0%，较习惯施肥处理提高 24.1%，与其他处理差异极显著。不同施肥处理对富士苹果坐果数影响较小，营养套餐施肥可显著增大果个儿，从而提高苹果产量；其中，套餐减量加有机肥处理的增大果个儿效果最好，而营养套餐加硅肥增产效果最佳。

（2）不同处理对果实品质的影响。营养套餐施肥对苹果果实品质有重要影响，详见表 13-10。营养套餐施肥可显著提高果实的品质、单果重，其中以套餐减量加有机肥处理最高，其单果重 235.2g，果实直径 80.5mm，营养套餐加硅肥处理次之，营养套餐、常规处理、空白依次降低；套餐减量加有机肥处理单果重分别较对照、常规施肥处理提高 30.5%、17.5%。营养套餐对果实果形指数无显著影响。

营养套餐施肥处理的果实硬度均高于空白、常规处理，其中，营养套餐加硅肥处理果实硬度最高，为 9.47，分别较空白、常规施肥提高 11.5%、16.6%。不同施肥处理对果实可溶性固形物有重要影响，套餐减量加有机肥处理最高，为 15.6%，营养套餐加硅肥处理、营养套餐施肥次之，分别较常规施肥提高 20.0%、14.6%、10.8%，达到差异极显著水平，说明营养套餐可显著提高果实可溶性固形物含量；同时，营养套餐施肥各个处理中，果实可滴定酸高于对照、常规施肥处理，但差异不显著。

表 13-10　不同处理对苹果果实品质的影响

处理	单果重（g）	直径 (cm)	果形指数	着色面积	果实硬度	可溶性固形物	可滴定酸
对照	180.2	74.7	0.82	82.5%	8.49	13.6%	0.43%
习惯施肥	200.2	75.6	0.88	84.2%	8.12	13.0%	0.40%
营养套餐	215.3	77.4	0.85	82.1%	8.8	14.4%	0.48%
套餐减量加有机肥	235.2	80.5	0.84	80%	8.65	15.6%	0.48%
营养套餐加硅肥	219.6	79.5	0.89	95%	9.47	14.9%	0.51%

（3）不同处理对果实等级及效益的影响。营养套餐施肥可显著提高富士苹果优质果率，见表 13-11。套餐减量加有机肥、营养套餐加硅肥、营养套餐处理的 80 级出果率分别为常规施肥的 2.2 倍、1.9 倍、1.5 倍，75 级以上出果率较常规施肥提高 29.0%、25.8%、22.6%。按照 2009 年烟台批发市场收购价格（80 级果 5.0

元 /kg，75 级果 3.6 元 /kg，70 级果 2.6 元 /kg，65 级 1.6 元 /kg）计算亩收入，营养套餐施肥处理 667m² 收益均达 1 万元以上，营养套餐处理、营养套餐减量加有机肥、套餐加硅肥分别较常规施肥的 667m² 收益提高 28.1%、36.0%、39.4%，显著提高了果农收益。

表 13-11　不同处理对苹果果实等级及效益的影响

处理	80 级果及以上	75 级果	70 级果	65 级果及以下	亩收入（元）
对照	16%	38%	31%	15%	7 521
习惯施肥	19%	43%	28%	10%	8 428
营养套餐	28%	48%	16%	8%	10 799
套餐减量加有机肥	42%	38%	15%	6%	11 463
营养套餐加硅肥	36%	42%	14%	8%	11 747

2.3.4 营养套餐施肥技术示范成果

（1）对苹果产量的影响（表 13-12）。

表 13-12　营养套餐施肥示范果园测产结果

示范地点	示范户姓名	示范园产量（kg）		对照园产量（kg）		增产率（%）
		株产	亩产	株产	亩产	
栖霞大北庄(图）	刘洪典	96.40	4 241.60	78.12	3 437.28	23.39
牟平隋家滩	曲华	49.44	4 944.03	32.78	3 278.00	50.82
龙口羊岚	吴国瑞	66.43	3 985.80	56.28	3 376.80	18.03
海阳莱格庄	杨振杰	46.65	2 799.00	30.49	1 829.40	23.00
招远辛庄	刘世明	62.76	2 071.08	45.39	1 497.92	38.31
平均		64.34	3 608.40	48.61	2 683.88	34.44

图 13-1　栖霞大北庄刘洪典示范户的营养套餐示范苹果园
（左为示范树，右为对照树）

（2）对苹果品质的影响（表 13-13）。

表 13-13 营养套餐施肥技术对苹果品质的影响

示范地点	示范户姓名		果实大小（%）			含糖量（%）
			> 80（mm）	75（mm）	< 70（mm）	
栖霞大北庄	刘洪典	套餐	60.0	30.0	10.0	15.0
		对照	53.8	23.1	23.1	13.5
牟平隋家滩	曲华	套餐	33.7	38.0	28.3	14.6
		对照	21.6	25.2	53.2	13.0
龙口羊岚	吴国瑞	套餐	7.6	27.2	65.2	15.1
		对照	0	28.2	71.8	14.2
招远辛庄	刘世明	套餐	52.6	21.1	26.3	15.5
		对照	41.8	21.9	36.3	14.8
海阳莱格庄	杨振杰	套餐	24.3	50.0	25.37	15.9
		对照	8.0	20.0	72.0	14.7
平均		套餐	35.64	33.26	31.10	15.22
		对照	25.04	23.68	51.28	14.04

注：资料表明，营养套餐对照的苹果品质大大改善，大果率高，含糖量高

（3）示范成果小结。本项示范表现营养套餐施肥技术肥效显著优于常规习惯施肥，5 个示范园增产幅度为 18.03%~53.0%，平均增产 34.44%，而且果实大，含糖量高，平均超过 8cm 的大果比常规习惯施肥约高 10.6%，含糖量平均增加 1.18%，受到当地果农高度评价。

3 梨的营养套餐施肥技术

3.1 梨的营养需求特点

梨属蔷薇科梨属多年生木本作物。梨树对土壤的适应能力强，在沙地、洼地、盐碱地上均能生长、结果。但是，不同土壤的性质和肥力水平对其产量和品质影响很大，排水性好、疏松透气的壤土、沙壤土、轻壤土生产出来的梨品质好，含糖量高，生长在重黏土上的梨树果实品质较差。梨树根系发达，但分布较稀疏。梨树冠大，树势强健，结果寿命长，产量高，收益大。梨树需肥量大，需要多种营养元素，特别是钾营养元素。在中微量营养方面，梨坐果后对钙较敏感，盛花后到成熟期对钙的吸收量大，若缺钙易发生黑底木栓斑、苜蓿青等生理病害。梨树的树体有储存营养的特点，头一年储存营养的多少，决定来年的产量。否则，容易形成大、小年结果。关于梨的养分需要量和吸收比例，据姜远茂（2001）研究，在每公顷产 37 500kg 梨果（2 500kg/ 亩）条件下，每产 100kg 梨果的养分需要量表 13-14。

表 13-14 梨的主要营养元素吸收量（kg/100kg 果）

品种	氮（N）	磷（P_2O_5）	钾（K_2O）	钙（Ca）	镁（Mg）
长十郎	0.43	0.07	0.34	–	–
20 世纪	0.47	0.10	0.40	0.44	0.13
平均	0.45	0.09	0.37	0.44	0.13

另据白由路等报道，11 年生梨树，每生产 1 000kg 果实，需吸收 N 4.5kg、P_2O_5 1.2kg、K_2O 4.5kg，吸收比例是 1 : 0.37 : 0.95；涂仕华等提出，梨树的全年施肥量，可按两年的平均产量计算，每生产 100kg 梨，施

有机肥 150~200kg、N 0.2~0.4kg，P_2O_5 0.1~0.2kg、K_2O 0.2~0.4kg，吸收比例是 1 : 0.5 : 1；而张洪昌等认为，梨树每生产 1 000kg 鲜果，需吸收 N 3~5kg、P_2O_5 2~3kg、K_2O 4.5~5kg，吸收比例是 1 : 0.63 : 1.19。我们认为张洪昌等提出的施肥比例较适当，可供制定施肥规程参考。

关于库尔勒香梨的施肥现状，资料列成表 13-15。

表 13-15　新疆阿克苏果树施肥量与产量调查之二

果树名称	调查地点	样本数（户）	树龄（年）	农家肥（kg/hm^2）			化肥（kg/hm^2）				N : P_2O_5 : K_2O	合计	产量（kg/hm^2）	样本比
				羊粪	油渣	小计	二铵	尿素	氨基酸铵	小计				
库尔勒香梨	柯克西林管站	15	8~14	15 000	–	15 000	1 800	750	–	2 550	1 : 1.24	17 550	30 000	4/15
			8~28	24 000	–	24 000	1 500	750	750	3 000	1 : 0.94 : 0.02	27 000	45 000	11/15

资料表明，当地种香梨施肥误区仍在于氮、磷过量，钾不足。其中 11/15 的农户化肥折氮（N）含量为 555kg/hm^2，折磷（P_2O_5）750kg/hm^2，并未施钾化肥，减磷增钾成为制约香梨高产优质的重要限制因素。

3.2 梨的营养套餐施肥技术规程

（1）底肥：采果后，施慧尔生态有机肥 300kg+ 慧尔底肥$^+$（15–20–5）长效缓释 BB 肥 100kg/ 亩。

（2）根际追肥：花后追肥株施慧尔增效磷铵 0.5kg；花芽分化期（中、短梢停止生长前 8d 左右）追肥，株施惠农 1 号（24–16–5）高效缓释 BB 肥 1kg+ 慧尔钾肥 0.5kg。

（3）叶面追肥：抽春梢期，叶面喷施 2 次高活性有机酸叶面肥（稀释 500 倍）+ 活力钙叶面肥（稀释 1 500 倍），间隔期 20d；果实膨大期叶面喷施 2 次高钾素或活力钾叶面肥（稀释 500 倍），间隔期 20d。

4 桃的营养套餐施肥技术

4.1 桃的营养需求特点

桃树为蔷薇科、桃属、落叶小乔木，结果早，结果寿命短。虽然根系较浅，但须根和侧根较多，对养分的吸收能力较强。桃树对氮、钾吸收较多，磷相对较少，钾对果实发育特别重要。桃对氮很敏感，在幼树期，如氮素过量，常引起疯长，成花不易，投产迟，流胶病重；盛果期需氮肥较多，如氮素不足，树势易早衰。果实生长后期，如氮过量，果实味淡，风味差。桃树对钾的需求量大，特别是果实发育期，钾的含量为氮的 3.2 倍，若钾不足，叶片变小，叶色变淡，叶缘枯焦，叶身出现黄斑，叶片早落，落果重，果顶易烂。关于桃树的主要营养元素吸收量，因品种和产量水平不同而有所差异。据张福锁等的研究资料，不同品种和不同产量水平下桃果氮、磷、钾吸收量如表 13-16 所示。

表 13-16　不同熟期品种和不同产量水平下桃果养分吸收量（kg/hm^2）

品种	产量水平（t/hm^2）	N	P_2O_5	K_2O
早熟品种	20	42	7	48
	30	63	10	72
	40	84	13	96
中晚熟品种	20	44	7	56
	30	66	11	84
	40	88	15	112
	50	110	19	140
	60	132	22	168

据姜远茂等研究，一般每生产 100kg 桃果，需吸收氮（N）0.5kg、磷（P_2O_5）0.2kg、钾（K_2O）0.6~0.7kg，吸收比例为 1 : 0.4 : 1.2。

4.2 桃的营养套餐施肥技术规程

（1）底肥：采果后，施慧尔生态有机肥 300kg+ 慧尔底肥⁺（15-20-5）长效缓释 BB 肥 100kg/ 亩。

（2）根际追肥：花后追肥株施慧尔增效磷铵 0.5kg；花芽分化期（中、短梢停止生长前 8d 左右）追肥，株施惠农 1 号（24-16-5）高效缓释 BB 肥 1kg+ 慧尔钾肥 0.5kg。

（3）叶面追肥：抽春梢期，叶面喷施 2 次高活性有机酸叶面肥（稀释 500 倍）+ 活力钙叶面肥（稀释 1 500 倍），间隔期 20d；果实膨大期叶面喷施 2 次高钾素或活力钾叶面肥（稀释 500 倍），间隔期 20d。

4.3 桃的营养套餐施肥技术应用实例

4.3.1 桃营养套餐施肥技术试验概况

本项试验由烟台众德集团委托山东农业大学彭福田教授主持，蒙阴县果业局宋西民局长等组织实施。试验园位于蒙阴县蒙阴镇万家沟村王加才等 6 户桃园，土壤为沙壤土，pH 值为 7.5，土壤碱解氮 45.2mg/kg，有效磷 15.4mg/kg，速效钾 43.2mg/kg。供试植株为 7 年生仓方早生与砂子早生等。

试验包括以下处理：对照农民习惯的施肥方法和施肥量进行。处理一：根据目标产量按每产 100kg 桃施纯氮 1.2kg 计算控释掺混肥用量，一次性施用，目标产量 2 500kg/ 亩，施用（18-10-17+B）桃树腐植酸涂层长效肥 100kg+ 有机无机复混肥（14-6-10）80kg/ 亩作底肥。萌芽前开放射沟施用。6 月中旬，叶面喷施腐植酸叶面肥（500 倍）+ 速乐硼（稀释 1 500 倍）。处理二：根据目标产量按每产 100kg 桃施纯氮 0.84kg 计算控释掺混肥用量一次性施用 + 处理一内容。

4.3.2 桃营养套餐施肥技术示范情况

本项示范地由蒙阴县果业局宋西民等负责组织实施，地点同设在蒙阴县万家沟村，共设两个示范点，每个点实施面积为 0.33hm^2。第一个示范点示范户为王加祥，供试品种秋红，树龄 5 年生，对照肥为（15-15-15）中化复合肥，用量为 100kg+ 生物有机肥 100kg/ 亩；第二个示范点示范户为王加才，供试品种仓方早生，树龄 10 年生，对照肥为（15-15-15）中化复合肥 100kg+ 生物有机肥 100kg/ 亩。

4.3.3. 桃营养套餐施肥技术试验成果

（1）不同处理对产量的影响。营养套餐施肥对桃产量的影响，详见表 13-17。无论是按 100kg 果品投入 1.2kg 纯氮计算（处理一），还是 0.84kg 纯氮（处理二），按营养套餐施肥基本达到甚至超过目标产量；对照施肥量果农一般按 100kg 果品投入 1.2kg 纯氮计算，采用营养套餐施肥，在不增加施肥量甚至降低施肥量的情况下，增产幅度在 5%~15%。

表 13-17　不同处理对产量的影响（kg/ 亩）

户名	对照产量	处理一	处理二
王加才	2 422.0	2 489.6	–
王加运	2 137.5	2 710	–
王庆文	2 761.4	2 842	–
王加祥	2 127.5	–	2 457.2
赵京录	2 261.0	–	2 387.6

（2）不同处理对果实品质的影响（表 13-18）。

表 13-18　不同处理对果实品质的影响

处理	平均单果重（g）	可溶性固形物（%）
对照	187.1	11.27
处理二	199.3	14.97

对农户王加祥果园的调查测定结果表明，营养套餐施肥可显著提高果实的平均单果重，增加 7% 左右，可溶性固形物提高 3.7%。

（3）不同施肥处理对叶绿素含量的影响。用 SPAD 值衡量叶片叶绿素含量，从图 13-2 可以看出营养套餐施肥处理叶绿素含量较高，生长季后半期，各处理叶绿素呈下降趋势，但众德营养套餐施肥处理仍维持较高水平。

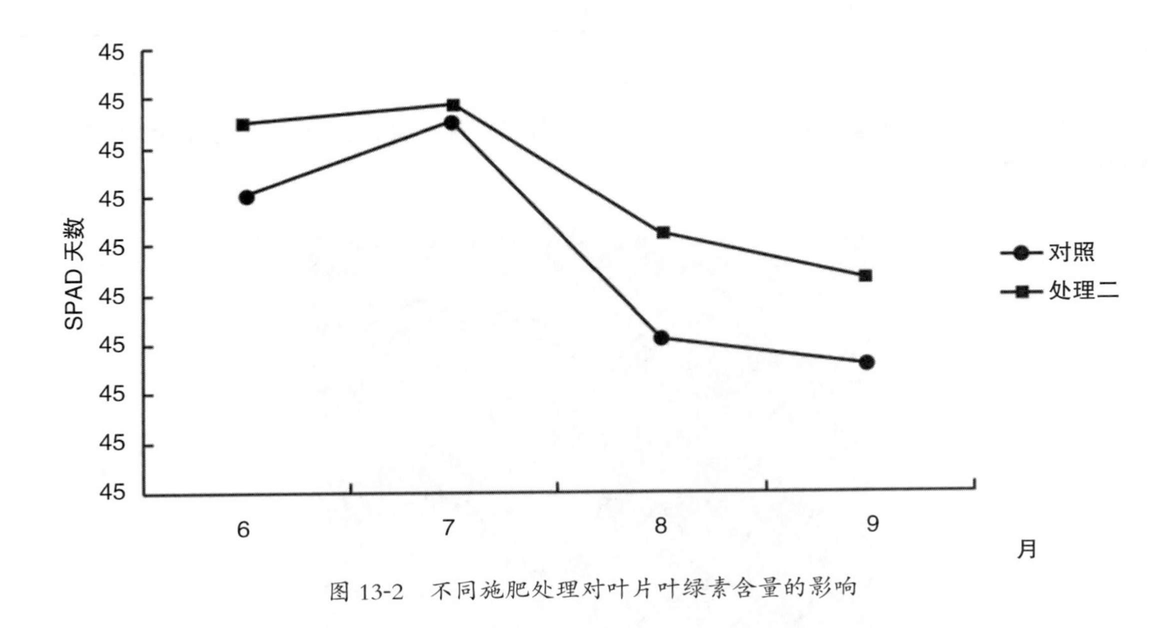

图 13-2　不同施肥处理对叶片叶绿素含量的影响

（4）讨论与结论。

① 与传统施肥比较，营养套餐施肥处理产量与品质均显著提高，叶绿素含量有所提高，叶片富有光泽，但由于多年生果树具有贮藏营养特性，需要继续 2~3 年的试验观察进一步确认应用效果。

② 生产中桃树施肥一般按 100kg 果品投入 1.2kg 纯氮计算肥料施用量，本研究中施用众德（18–10–17+B）桃树腐植酸涂层缓释 BB 肥 + 有机无机复混肥（14–6–10），减少 30% 的常规施用量，仍取得了良好的效果，采用营养套餐施肥的适宜施肥量有待于进一步探讨。

4.3.4 桃营养套餐施肥技术示范成果

（1）桃营养套餐施肥技术示范的产量测定（表 13-19）。

表 13-19　营养套餐施肥技术示范园产量测定

示范户姓名	施肥处理	单株产量（kg）	折合亩产（kg）	量产比较（%）
王加祥	营养套餐	46.13	2 767.8	169.3
	常规施肥	27.25	1 635.0	100.0
王加才	营养套餐	38.62	2 317.2	132.4
	常规施肥	29.18	1 750.8	100.0

示范测产结果表明，营养套餐施肥比常规施肥显著增产，秋红（王加祥户）品种增产 69.3%；仓方早生（王加才户）增产 32.4%。

（2）营养套餐施肥对桃品质和硬度的影响（表 13-20）。

表 13-20　营养套餐施肥的果实硬度及含糖量

施肥处理	果硬度	含糖量（%）
营养套餐	高	14.96
常规施肥	低	11.26

（王加祥户，秋红品种）

示范果农一致反映，营养套餐施肥技术对提高桃品质效果显著，突出表现就是硬度高和含糖量高。因此，市场卖价好，竞争力强（图 13-3）。

图 13-3　应用营养套餐施肥技术的桃树果实硬度大、含糖量高

5 红枣营养套餐施肥技术

5.1 红枣的营养需求特点

枣为鼠李科、枣属多年生木本作物，是在我国区域经济发展特别是山、沙、碱、旱地区有着特殊利用价值的生态经济林树种，也是我国最重要的最具代表性的民族果树之一，其中红枣（灰枣和骏枣）是新疆阿克苏地区的特色产品，冬枣、冰糖枣更是山东沾化、河北沧州、云南红河哈尼族彝族自治州蒙自等地的特有的特优质枣名贵品种。

据科学研究，每产 1 000kg 枣果需要吸收氮（N）15kg、磷（P_2O_5）10kg、钾（K_2O）20kg，对氮、磷、钾的吸收比例是 1.5∶1∶2，对钾素营养的需求量最大。根据邹耀湘等（2009）研究，新疆地区 12 年果龄红枣单株施氮（0.5kg）、磷（0.9kg）、钾（0.415kg）时，较对照处理增产 23.86%，我们认为这可能和新疆地区土壤钾含量较高有关，使磷肥显示出较大的增产作用。同时，枣树对中微量营养元素钙和硼也有较高的需求。钙是作物细胞膜的主要成分，是酶的活化剂，能抑制多种致病真菌的侵害，对提高枣树的抗病性和果品的保鲜贮藏有利。硼对枣树内分泌的生长素的含量起调节作用，还能有助于花芽的分化和花器官发育，充足的钙、硼营养对提高枣树的产量、品质和抗性十分重要，加上新疆土壤中的硼缺乏十分普遍，增施钙、硼肥尤其显得必要。

据姜远茂、赵登超等研究，山东沾化冬枣有以下养分需求特点。

① 对贮藏养分水平要求高：冬枣的花芽分化、新梢生长、开花坐果、幼果膨大等物候期重重叠叠，各器官生长发育对营养竞争激烈，在短期内消耗大量营养物质，是所有果树中对贮藏养分要求最高的果树。其果实采收较晚，采果后叶片衰老较快，养分回流和贮备时间短，且根系生长对温度要求高，新根停长早，

这些因素都影响了冬枣树体养分贮备。

② 养分管理与改土并重：由于冬枣根系分布较浅，表明其根系生长更容易受到外界环境的影响，这就要求加强对枣园土壤表层土的改良，否则达不到养根壮树的效果。因此，在施肥技术上要通过肥料深施（表土层）、增加腐植酸类肥料、有机质类肥料的施用等措施改良表层土壤，提高肥料利用率。

③ 营养生长和生殖生长对养分的竞争十分激烈：冬枣花芽分化晚，且其萌芽后营养器官和生殖器官生长齐头并进。在生产上农民常应用环剥（农民称开甲）技术提高坐果率，但环剥严重削弱树势，目前还未找到成功替代环剥的技术。我们认为，要在养分管理上通过施肥手段来缓解这种营养生长和生殖生长的养分矛盾。例如，利用腐植酸、氨基酸肥料和缓控释肥料等新型增值肥料调控其营养生长和生殖生长的关系；通过叶面施肥迅速补充其营养生长和生殖生长所需要的各种营养成分。我们认为，这些特点也适用于优质枣树品种的科学施肥。因此，要抓住枣树采果后落叶前的时机，及时、大量补充所需的氮、磷、钾、硼等养分，同时应用腐植酸型复合肥、高活性有机酸叶面肥协调树体的营养生长和生殖生长，大幅度提高枣树体内的贮藏养分水平，才能强化树势，确保第二年的枝条、枣吊正常生长，高产稳产。

关于阿克苏红枣（灰枣品种）的施肥现状调查列成表 13-21。

表 13-21 新疆阿克苏果树施肥量与产量调查之三

果树名称	调查地点	样本数（户）	树龄（年）	农家肥（kg/hm^2）			化肥（kg/hm^2）				$N:P_2O_5:K_2O$	产量（kg/hm^2）	样本比
				羊粪	油渣	小计	二铵	尿素	氨基酸铵	小计			
灰枣	试验林场	15	2~3	9 000	–	9 000	375	450	–	825	1 : 0.63	9 825	2/15
			6~20	1 800	4 500	22 500	1 725	1 125	–	2 850	1 : 0.96	25 350	2/15
			6~23	15 000	3 000	18 000	1 875	1 275	1 725	4 875	1 : 0.72 : 0.03	22 875	11/15

资料表明，施肥误区还在于 7.3 成农户氮（化肥折纯 N 780kg/hm^2）、纯磷（化肥折纯 P_2O_5 937kg/hm^2）过量施用，没有施用钾化肥，而减磷增钾将是新疆红枣的增产关键技术措施。

5.2 红枣膜下滴灌营养套餐施肥技术规程

（1）底肥：施慧尔生态有机肥 300kg+ 慧尔 3 号（硫基，23-12-10）长效缓释复混肥 100kg/ 亩。

（2）滴灌追肥：施用肥料品种为惠农宝（硫基，10-15-25+ 硼 + 锌）长效水溶性滴灌肥；萌芽期滴灌肥的用量 3kg/ 亩；开花期，滴灌肥用量 5kg/ 亩；幼果期，每次滴灌肥用量 8~10kg/ 亩；果实膨大期，每次滴灌肥用量 10kg/ 亩。

（3）叶面追肥：抽叶期，叶面喷施 1 次高活性有机酸叶面肥（稀释 500 倍）+ 活力硼叶面肥（稀释 1 500 倍）；幼果期，叶面喷施 1 次高活性有机酸叶面肥（稀释 500 倍）+ 活力钙叶面肥（稀释 1 500 倍）；果实膨大期，叶面喷施 2 次高钾素或活力钾叶面肥（稀释 500~800 倍），间隔期 20d。

5.3 沾化冬枣营养套餐施肥技术试验示范应用实例

5.3.1 沾化冬枣营养套餐施肥技术试验概况

2009 年的沾化冬枣营养套餐施肥技术试验由烟台众德集团委托山东农业大学姜远茂教授主持，山东省林业科学院赵登超实施。试验园位于山东滨州沾化县富国镇大王村高标准示范园。试验园面积 0.67hm^2，土壤有机质含量 9.28mg/kg，铵态氮含量 4.87mg/kg，速效磷含量 7.84mg/kg，速效钾含量 170.94mg/kg，pH 值 7.22。供试冬枣树为 7~8 年生，株行距为 2m × 3m。

5.3.2 沾化冬枣营养套餐施肥技术示范概况

2009 年共布置 4 个示范点，除上述的富国镇大王村，尚有下洼镇前孙村孙洪岩冬枣园、下洼镇西贾村王新军冬枣园、古城镇关家庄王明启冬枣园。每个示范园面积为 0.33hm^2，均设有常规施肥对照园。

5.3.3 试验示范成果

（1）沾化冬枣营养套餐施肥技术试验成果。

① 试验处理。

CK：空白对照（不施肥）

T1：习惯施肥，施肥量总养分（$N+P_2O_5+K_2O$）量为 140.5kg/ 亩，肥料为磷酸二铵（总养分≥ 57%），黄腐酸钾（有机质≥ 40%，黄腐酸≥ 18%，$N+P_2O_5+K_2O$ ≥ 4%）。萌芽前和果实膨大期两次施用。

T2：营养套餐施肥。萌芽前（3 月 31 日）开沟环施有机无机复混肥（14-6-10）50kg/ 亩、腐植酸型涂层缓释长效肥（20-10-15+B）100kg/ 亩；果实膨大期（7 月 11 日）土壤施 1 次巴斯夫（12-12-17）复合肥 50kg/ 亩。

T3：减量营养套餐施肥加有机肥：萌芽前（3 月 31 日）开沟环施有机无机复混肥（14-6-10）40kg、有机肥 2 000kg/ 亩、腐植酸型涂层缓释长效肥（20-10-15+B）80kg/ 亩。果实膨大期（7 月 11 日）土壤施 1 次巴斯夫（12-12-17）复合肥 40kg/ 亩。

T4：营养套餐施肥加地膜覆盖。萌芽前（3 月 31 日）开沟环施有机无机复混肥（14-6-10）50kg、硫黄 40kg/ 亩、腐植酸型涂层长效肥（20-10-15+B）100kg/ 亩。果实膨大期（7 月 11 日）土壤施 1 次巴斯夫 12-12-17 复合肥 50kg/ 亩。萌芽前施肥后覆盖地膜。

5 月下旬至 6 月中旬，叶面喷施腐植酸叶面肥（500 倍）+ 凯普克（稀释 300 倍）+ 宝马硼（稀释 1 500 倍）+ 比玛斯（稀释 2 000 倍）3 次。

② 结果分析。

A. 施肥对叶片中 N、P、K 含量的影响。叶分析是作为诊断植株是否缺素的常用手段，主要果树的叶分析标准值都有研究报道。在实际应用中，叶分析的最大贡献是提供降低施肥量的依据。表 13-22 所示，施肥处理能显著增加冬枣叶片中 N 素养分的含量，施肥后叶片 N 含量高分别高于对照处理。P 元素含量套餐施肥处理显著低于对照和传统施肥处理。各施肥处理叶片中 K 元素含量无明显差异。

表 13-22　不同肥料对叶片中 N、P、K 养分含量的影响

测定指标	CK	T1	T2	T3	T4
N（%）	1.86	2.54	3.13	2.08	3.63
P（%）	0.25	0.33	0.069	0.076	0.16
K（%）	0.65	0.75	0.65	0.62	0.76

B. 施肥对冬枣坐果和产量的影响。冬枣成熟期观察，传统施肥处理果实成熟时落果严重，而套餐施肥处理和空白处理未发现严重落果。表 13-23 表明，与对照处理相比，施肥处理能显著增加冬枣单株产量和单位面积产量，T2、T3、T4 处理分别比 T1 增加产量 28.31%、31.56%、18.19%，说明套餐施肥能满足冬枣生产的需求。T1 处理产量较低，与本试验套餐施肥方法相比，此种肥料施用方法不利于冬枣果实坐果和产量的形成。对照处理单果重较大，分析原因可能与坐果少有关。与传统施肥处理相比，套餐施肥（T2、T3、T4）可显著增加冬枣果实单果重，分别比传统施肥处理（T1）增加 24.39%、20.62%、17.32%。

表 13-23　不同肥料处理对冬枣坐果和产量的影响

处理	结果数（个）	单果重（g）	产量（kg/ 株）	产量（kg/667 m^2）
CK	1 123	19.07a	21.42	2 355.72
T1	1 400	14.26b	19.96	2 196.04
T2	1 454	17.61ab	25.61	2 816.54
T3	1 527	17.2ab	26.26	2 889.08
T4	1 410	16.73ab	23.59	2 594.82

C. 施肥对冬枣果实品质的影响。与对照（CK）和传统施肥处理（T1）相比，套餐施肥处理（T2、T3、T4）冬枣果实成熟期提前 7~10d，施肥处理冬枣果实颜色鲜亮，上色好，外观品质佳，可提高和增强冬枣产品的市场竞争力，增加果农的经济效益。各施肥处理对冬枣果实可溶性糖含量无显著影响，T2 和 T4 处理中果实可滴定酸含量显著低于对照和 T2 处理；与对照相比（CK），施肥处理果实中的维生素 C 含量显著增加，T1、T2、T3、T4 处理果实中为维生素 C 含量分别比对照增加 21.51%、23.06%、14.70%、20.72%（表 13-24）。

表 13-24　不同肥料处理对冬枣果实品质的影响

处理	可溶性糖（mg/g）	可滴定酸（%）	维生素 C（mg/100g）
CK	30.43a	1.04a	342.45b
T1	32.23a	0.97a	416.12a
T2	21.97a	0.70b	421.42a
T3	26.74a	1.04a	392.79ab
T4	26.05a	0.55b	413.39ab

D. 小结。

a. 与传统施肥相比，套餐施肥处理可使冬枣自然成熟期提前 7~10d，提高冬枣坐果率，防止冬枣成熟期落果。b. 套餐施肥处理可显著增加冬枣单果重，提高单位面积产量，提高 20%~30%。c. 套餐施肥可改善冬枣果实外观品质，使着色好、果面光滑；减少冬枣果实可滴定酸含量，增加维生素 C 含量，提高冬枣果实营养，改善冬枣果实品质。品质的提高有利于提高冬枣产品的市场竞争力，从而增加果农的经济效益。

（2）沾化冬枣营养套餐施肥技术示范效果。

① 孙洪岩示范户基本情况。示范地点：沾化县下洼镇前孙村。示范户姓名：孙洪岩。示范面积：0.33hm^2。树龄：7 年。2008 年平均产量约 2 000kg/ 亩。

② 孙洪岩果园施肥情况。示范园：一次性底肥（20–10–15）腐植酸型涂层长效肥 100kg/667m^2；众德（17–6–12）有机无机复混肥 40kg/667m^2；不追施化肥及不喷施激素；喷施 3 次众德叶面肥。对照园：底肥磷二铵 150kg/667m^2；尿素 50kg/667m^2；追肥尿素 50kg/667m^2，喷施激素。对照树：果小而少，病果多。示范树：果大而均匀，无病害，明显增产。

（对照树）施肥状况（kg/ 亩）	（示范树）施肥状况（kg/ 亩）
磷二铵 150；尿素 50；追肥：尿素 50，喷施激素	腐植酸型涂层长效肥 100+ 有机无机复混肥 40；不追肥；喷施叶面肥 2 次

图 13-4　孙洪岩果园冬枣生长与施肥状况的比较

③ 孙洪岩示范园测产报告（表 13-25）。

表 13-25　孙洪岩示范园冬枣测产结果

处理	实摘产量（kg/ 株）	密度（株 / 亩）	折合产量（kg/ 亩）	产量比较（%）
对照园	12.17	200	2 434.0	100.00
示范园	13.76	200	2 752.0	113.07

④ 孙洪岩示范园枣果分级（表 13-26）。

表 13-26　孙洪岩示范园冬枣分级情况

处理	单株产量（kg）	大果（%）	中果（%）	小果（%）	大果率比较（%）
对照园	12.17	36.4	38.2	25.4	100.0
示范园	13.76	45.6	31.8	22.6	125.3

⑤孙洪岩示范园枣果含糖量测定（表 13-27）

表 13-27　孙洪岩示范园枣果含糖量测定结果

处理	大果含糖量（%）	中果含糖量（%）	小果含糖量（%）	含糖量平均（%）
对照园	18.5	20.5	18.5	19.2
示范园	22.9	18.9	19.1	20.3

6 核桃营养套餐施肥技术

核桃是经济价值较高的干果、油料、木材和药物兼用树种。新疆是我国核桃的主产区之一，尤其塔里木盆地周围绿洲栽培面积最大，而且产量居全国前列。

6.1 核桃的营养需求特点

核桃属核桃科、核桃属多年生木本作物。核桃是一种雌雄异熟的喜温、喜光树种，结果较晚，但结果年限长，一般均在 50 年左右，长一点的可结果 100 余年。核桃对氮钾的需要量较大，其次是磷和钙。据国外研究，每 100g 核桃果实中含氮（N）4.22 g 、磷（P_2O_5）1.33 g 、钾（K_2O）1.52 g ，氮、磷、钾的比例为 1 : 0.32 : 0.36。据云南张兴旺等研究资料，每生产 1 000kg 核桃果实需吸收氮（N）14.65kg、磷（P_2O_5）1.87kg、钾（K_2O）4.70kg、钙 1.55kg、镁 0.39kg。氮、磷、钾的比例为 1 : 0.13 : 0.32；同时，核桃落花后对钙的吸收量较大，果实形成期对镁有一定需求。

新疆农业科学院梁智等研究（2010），平衡施肥（亩施尿素 66kg、三料磷肥 66kg、硫酸钾 33kg+农家肥 1 320kg），单位面积产量为 467kg/ 亩，产值 11 040 元 / 亩，扣除肥料成本 884.1 元 / 亩，纯收入为 9 115.6 元；而传统施肥（亩施尿素 40kg/ 亩、三料磷肥 90kg，不施钾肥；农家肥 1 320kg/ 亩），产量为 348kg/ 亩，产值为 8 352 元 / 亩，扣除肥料成本 787 元，纯收入为 6 565 元。两者比较，平衡施肥增产 34.2%，增收 27.22%。新疆农业大学陈虹等研究（2010），在新疆阿克苏地区进行了早实核桃测土配方“3414”试验，发现 6 年生核桃，株施氮肥 1.468kg、磷肥 1.658kg、钾肥 0.562kg 处理，产量最高，干果产量为 1.776kg/株，比其他用肥处理显著增产。

6.2 核桃营养套餐施肥技术规程

6.2.1 初植树（1~3 年）

（1）底肥（9~10 月）：每株穴施慧尔生态有机肥 5kg+ 惠农 1 号（24-16-5）长效缓释 BB 肥 1kg+ 腐植酸过磷酸钙 1kg。

（2）发叶期（4 月）：每株穴施慧尔增效二铵 1kg+ 惠农 1 号（24-16-5）长效缓释 BB 肥 0.5kg；叶面喷施 1 次高活性叶面肥（稀释 500 倍）。

（3）枝叶旺长期（6~8 月）：每株穴施惠农 1 号（24-16-5）长效缓释 BB 肥 1kg；叶面喷施 2 次高活性有机酸叶面肥（稀释 500 倍），间隔期 20d。

6.2.2 幼年树（4~6 年）

（1）底肥（3~4 月）：每株开沟环施慧尔生态有机肥 3kg+ 惠农 1 号（24-16-5）长效缓释 BB 肥 1kg+腐植酸过磷酸钾 1kg。

（2）结果期（7~8 月）：每株开沟环施慧尔增效磷酸二铵 2kg+ 惠农 1 号（24-16-5）长效缓释 BB 肥 1kg+ 慧尔钾肥 0.5kg；叶面喷施 2 次高活性有机酸叶面肥（稀释 500 倍）+ 活力钙叶面肥（稀释 1 500 倍），间隔期 20d。

（3）硬核期（8~9 月）：每株开沟环施惠农 1 号（24-16-5）长效缓释 BB 肥 1kg+ 慧尔钾肥 0.5kg；叶面喷施 2 次高钾素或活力钾（500~800 倍），间隔期 14d。

6.2.3 盛产树（7 年以上）

（1）底肥：每株开沟环施慧尔生态有机肥 5kg+ 慧尔增效磷酸二铵 1.5kg+ 腐植酸过磷酸钙 1.5kg。

（2）幼果膨大期（6~7 月）：每株开沟环施惠农 1 号（24-16-5）长效缓释 BB 肥 2kg+ 慧尔钾肥 1kg；叶面喷施 2 次高活性有机酸叶面肥（稀释 500 倍）+ 活力钙叶面肥（稀释 1 500 倍），间隔期 14d。

（3）硬核期（8~9 月）：每株开沟环施惠农 1 号（24-16-5）长效缓释 BB 肥 1kg+ 慧尔钾肥 0.5kg；叶面喷施 2 次高钾素或活力钾叶面肥（稀释 500~800 倍），间隔期 20d。

7 石榴营养套餐施肥技术

石榴是新疆南疆喀什、和田等地区的重要果树作物。2011 年，新疆地区种植石榴面积 $14.237 \times 10^3 hm^2$，石榴总产量 5.65 万吨。喀什地区的叶城石榴（达乃克大籽石榴）更是新疆的一大名优特产，闻名于世。

7.1 石榴的营养需求特点

石榴是石榴科、石榴属多年生乔木，对肥料的营养需求量较大，对氮、磷、钾的需求是钾和氮的数量较大。石榴对氮肥最为敏感，整个生育期由少到多逐渐增加，至果实采收后急速下降，以新梢快速生长期和果实膨大期吸收最多；磷在开花后至果实采收期吸收比较多，吸收期较短，吸收量也最少；钾在开花后迅速增加，以果实膨大期至采收期吸收最多。石榴还需要一定数量的钙、镁及硼、铜等中微量营养元素。

根据新疆农业科学院邹耀湘等（2010）的研究，每株施用尿素 2kg+ 三料磷肥 0.9kg+ 硫酸钾 0.9kg+ 硫酸铵 15g+ 硼酸 10g+ 硫酸亚铁 20g 的施肥处理株产最高，为 25.2kg，折合每亩为 1001kg，每千克肥产石榴 6.63kg，纯收入为 3 290 元 / 亩，是 11 个肥料处理最高的，比株施尿素 1.2kg、三料磷肥 1.0kg 的对照处理株产 12.38kg 增产 103.55%，单位肥效提高 17.76%，纯收入增加 112.7%。梁智等（2010）报道，应用平衡施肥技术，得出最佳施肥量为：N 0.84g/ 株；P_2O_5 0.67g/ 株；K_2O 0.70kg/ 株，氮：磷：钾为 1∶0.8∶0.8。

7.2 石榴营养套餐施肥技术规程（盛产树）

7.2.1 以长效缓释肥为主施肥料

（1）底肥：株施慧尔生态有机肥 5kg+ 惠农 2 号（硫基，24-16-5）长效缓释 BB 肥 2kg。

（2）根际追肥：谢花后，株施慧尔增效磷铵 1kg+ 惠农 2 号（硫基，24-16-5）长效缓释 BB 肥 0.5kg；果实膨大期，株施慧尔特定作物配方（硫基，10-15-25+TE）长效水溶性滴灌肥 1kg，开沟施，施后复土和浇水。

（3）叶面追肥：前期，叶面喷施 2 次高活性有机酸叶面肥（稀释 500 倍）+ 活力钙叶面肥（稀释 1500 倍），间隔期 20d；果实膨大阶段，叶面喷施 2 次高钾素或活力钾叶面肥（稀释 500~800 倍），间隔期 20d。

7.2.2 以腐植酸涂层长效肥为主施肥料

（1）底肥：株施慧尔生态有机肥 5kg+ 金星牌腐植酸型（20-0-10）含促生真菌生态复混肥 1kg+ 金星牌（15-5-22）果树涂层长效肥 1kg。叶面追肥两次：金星牌高活性有机酸叶面肥（稀释 500 倍）+ 金星牌活力硼叶面肥（稀释 1 500 倍）间隔期 15d。

（2）谢花后：叶面追肥两次，金星牌高活性有机酸叶面肥（稀释 500 倍）+ 金星牌活力钙叶面肥（稀释 1 500 倍），间隔期 20d。

（3）果实膨大期株施金星牌（15-5-22）果树涂层长效肥 1kg，叶面追施金星牌活力钾叶面肥（稀释 500 倍）两次，间隔期 14d。

7.3 石榴营养套餐施肥技术应用实例

7.3.1 概述

2011 年云南金星化工在红河州蒙自市新安所镇万亩石榴园中进行了石榴营养套餐施肥技术示范，示范户名沈少文。这里是我国有名的"甜绿籽"优质石榴主产区，石榴果大，味甘甜，产量高，正常年份最高株产约 75kg，亩产 3~4t。

7.3.2 对照园施肥实况

（1）底肥：株施精制商品有机肥 16kg+ 过磷酸钙 2.5kg+（15-15-15）复混肥 0.8kg+ 硫酸钾 0.4kg+ 硼砂 0.4kg。

（2）第一次追肥（开花前）：株施硫酸钾 1kg，叶面追施氨基酸叶面肥 2 次（稀释 500 倍），间隔期 15d。

（3）第二次追肥（谢花后）：株施硝酸钙 1.3kg，叶面追施氨基酸叶面肥 3 次（稀释 500 倍），间隔期 20d。

（4）第三次追肥（果实膨大期）：株施（16-6-16）高钾复合肥 0.8kg，叶面追施氨基酸叶面肥（稀释 500 倍），间隔期 15d。

（5）上述施肥每亩折纯总量为 132.0kg，其中 N 43.8kg、P_2O_5 31.2kg、K_2O 57kg，成本为 1 847.5 元。

7.3.3 示范园施肥实况

示范户沈少文在石榴示范园施肥管理上严格按照套餐施肥技术规程执行，肥料全部由金星公司按出厂直销价格提供。按折纯量计算，每亩折纯含量为 78kg，其中，N 34.5kg、P_2O_5 7.5kg、K_2O 36kg。本示范园所施肥料按市场零售价格计算，共计肥料投入为 1 560 元。

7.3.4 主要示范推广成果

（1）坐果率观察。2011 年由于气候灾害，蒙自石榴在开花授粉阶段遭受了较严重的低温危害，坐果率较低，因此，产量受到了严重影响。据我们随机选株挂枝观察：常规施肥（对照园）坐果率平均为 4.06%，而营养套餐施肥园坐果率为 14.45%，坐果率提高 10.39%。资料列成表 13-28。

表 13-28　营养套餐示范园坐果率观察结果

观察点编号	施肥处理	观察枝开花数	观察枝结果数	坐果率（%）
1	营养套餐	183	24	13.11
	常规施肥	185	11	5.95
2	营养套餐	156	25	16.03
	常规施肥	135	2	1.48
平均	营养套餐	339	49	14.45
两点	常规施肥	320	13	4.06

（2）产量比较。据沈少文实际摘果记录累计：营养套餐示范园面积亩，共摘果 2 606kg，平均单株产量为 43.43kg；常规施肥对照园面积亩，共摘果 2 018kg，单株产量为 33.63kg。按单产计算，营养套餐施肥处理比常规施肥处理增产 29.14%。

（3）石榴果实大小及含糖量。据沈少文记载，营养套餐施肥示范园 600g 重量以上的大果比例在 20% 以上，最大果达到 1 050g；常规施肥示范园大果比例仅 10%，最大果为 680g。11 月 16 日我们到示范园实地称果，平均果重为 633g，最大果达 925g；而对照园平均果重为 408g，最大果达 512g。含糖量测定，营养套餐处理为 16.5%，常规施肥处理为 15.2%，含糖量增加了 1.3%（图 13-5）。

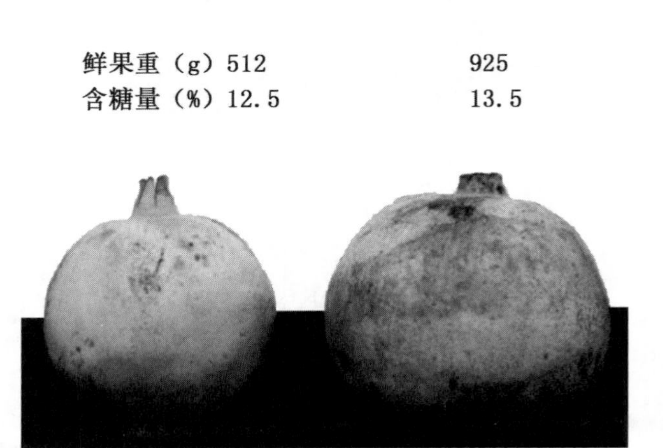

图 13-5　常规施肥与营养套餐施肥石榴果实比较

（4）经济效益比较。据沈少文卖果价格，平均为 4.5 元 /kg，现将经济效益列成表 13-29。

表 13-29　石榴营养套餐施肥经济效益比较

处理	果实产量（kg/ 亩）	收入（元 / 亩）	施肥成本（元 / 亩）	扣除肥料成本后（元 / 亩）	效益比（%）
营养套餐	2 606	11 727.0	1 560.0	10 167.0	140.55
常规施肥	2 018	9 081.0	1 847.5	7 233.5	100.00

资料说明，营养套餐施肥处理减去施肥成本后的效益为 10 167.0 元，比常规施肥处理 7 233.5 元增收 2 933.5 元，增加收入 40.55%。

第十四章　药材作物营养套餐施肥技术

第一节　枸杞营养套餐施肥技术

1 新疆枸杞的生育特性

枸杞性喜干寒，耐盐碱，耐贫瘠。据雒维萍等的研究（2010），新疆格尔木地区是柴达木盆地重要的“绿洲农业区”，光热资源较适合枸杞的生长。当地枸杞全生育期平均气温 12.4℃，≥ 0℃积温为 2 597.7℃，平均日较差 10.7℃，日照时长 1 467.6h，日照日分率 69%，均能满足枸杞生长需求。枸杞根系发达，耐旱力强，但进入现蕾、开花、结果则水分供应要充足，否则影响树体和果实生长发育，果实小，且加重落花落果。格尔木地区降水量 80.2mm，平均相对湿度为 32.8%，且时空分布不均匀。因此，在必要时遇干旱应浇水。张晓虎等（2012）报道，精杞 1 号在博州精河县种植，其耐寒能力特强，在 −415℃的绝对低温条件下能安全越冬。精河年降水量 107.8mm，虽然偏少，但降水高峰和热量高峰同步。6~9 月是枸杞果实成熟季节，该期降水量约 50.5mm，占全年降水量 46.8%，十分有利于精杞 1 号的果实发育和优良品质的形成。

枸杞有较强的耐盐性，在土壤含盐量 0.3%~0.1%、pH 值为 10 的条件下也能生长，但生长很差，产量低。一般土壤含盐量 0.2% 上下，pH 值 8~8.5，则可能获得高产。因此，枸杞是开发新疆轻度盐渍化土壤比较理想的药用植物。

2 枸杞的营养需求特点

枸杞为茄科枸杞属、多年生粗壮落叶灌木作物，一般以果实入药，或用茎叶作为蔬菜、熬汤做菜，更是涮火锅的上佳菜品。枸杞全身均能利用，《本草纲目》记载：“春采枸杞叶，名天精草；夏采花，名长生草；秋采子，名枸杞子；冬采根，名地骨皮。”枸杞一般定植当年就能开花结果，而且结果年限长达 50 年以上，经济效益较好。

关于枸杞的营养需求，据张洪昌等资料，每生产 100kg 枸杞干果所需吸收的养分：氮（N）2.25kg、磷（P_2O_5）1.05kg、钾（K_2O）1.17kg，氮、磷、钾吸收比例为 1∶0.04∶0.52。

而当以经济效益为目标时，最佳经济肥料施用量为：氮（N）45~76kg/667m^2；磷（P_2O_5）21.75kg/ 亩；钾（K_2O）17.16kg/ 亩。其氮、磷、钾吸收比例为 1∶0.47∶0.38，其产量水平是 450~500kg/ 亩（7~8 年生树）。另据钟钍元（2012）的研究，宁夏枸杞施肥量与产量列成表 14-1。

表 14-1　宁夏枸杞施肥量与产量

地点及树龄	土质	年平均产量（kg/ 亩）	每亩年平均施肥量（kg）	每亩施肥的三要素（kg）			每百千克干果施肥的三要素量（kg）		
				氮	磷	钾	氮	磷	钾
芦花台，栽后 6~8 年生树	淡灰钙土，轻壤	261.3	尿素 15.5，磷酸氢二铵 31，羊粪 1 616，豆饼 609	49.14	36.51	12.41	18.80	13.99	4.75

续表

地点及树龄	土质	年平均产量（kg/亩）	每亩年平均施肥量（kg）	每亩施肥的三要素（kg）			每百千克干果施肥的三要素量（kg）		
				氮	磷	钾	氮	磷	钾
宁夏园艺所，栽后4~5年树	淡灰钙土，砂壤	171.9	尿素23.7，磷酸氢二铵19，碳酸氢铵17.5，过磷酸钙55，豆饼17.5，羊粪745	28.97	12.52	2.45	16.85	7.28	1.42
中宁县刘营，栽后7~8年树	灌淤土，轻壤	179.9	尿素20，磷酸氢二铵10，黑豆399	49.12	11.95	6.52	27.3	6.64	3.62
银川市西夏园林场，栽后2~4年	淡灰钙土，砂壤	113.7	尿素18.3，磷酸氢二铵16.7，碳酸氢铵5，油渣83，羊粪1 500	28.12	17.51	4.80	24.78	15.40	4.22

3 枸杞的营养套餐施肥技术规程

3.1 育苗期

亩施慧尔生态有机肥500kg+慧尔1号（24-16-5）长效缓释复混肥100kg作底肥；苗高0.1m和0.3m时，每次每亩施慧尔增效尿素20kg。

3.2 成年树

（1）底肥：亩施慧尔生态有机肥500kg+慧尔1号（24-16-5）长效缓释复混肥50kg。

（2）根际追肥。

① 5月上中旬：春枝生长、老眼枝（二年生以上结果枝）进入花蕾期和当年果枝开始萌发期，每亩施慧尔长效磷酸二铵50kg+慧尔钾肥10kg。

② 6月上中旬："七寸枝"（当年春季生长的结果枝，长约0.23m，故名）开花结果和老眼枝果实生长发育期，亩施慧尔1号（24-16-5）长效缓释复混肥20kg+慧尔钾肥10kg。

（3）叶面追肥：5月份，进行第一次叶面喷肥，高活性有机酸叶面肥（稀释500倍）+活力硼叶面肥（稀释1 500倍）；6月份，进行第二次叶面喷肥，连续2次喷施高钾素或活力钾叶面肥（稀释500~800倍），间隔期14d。

第二节 甘草营养套餐施肥技术

1 甘草的生物学特性

甘草（*Glycyrrhiza*）为豆科植物，包括乌拉尔甘草（*Glycyrrhizauralenis Fish*）、光果甘草（*G.glabra.L.Gen.Pl*）、胀果甘草（*G.inflace Bat.in.Act.Hort.Petrop*），以干燥根和根茎入药。

甘草是新疆一种重要的沙生药用植物资源，是当地半荒漠草地自然植被的主要成分。人工种植的甘草，为保证产量、药用价值、有效成分含量及经济效益，直播甘草种植采收年限应达到4年以上，移栽甘草采收年限应在3年以上，采挖季节必须是秋末冬初季节。

2 甘草的营养需求特点

甘草对氮、磷的需要量较多，钾次之。据杨培林等（2007）的研究，甘草的水肥耦合技术中，甘草产量达到 13 226.48kg/hm^2 时，施肥量为 900kg/hm^2，如超过 900kg/hm^2，甘草产量下降（表 14-2）。

表 14-2　水肥耦合中不同施肥量的甘草产量（kg/hm^2）

施肥量	0	135	450	765	900
产量	4 461.38	5 917.13	8 345.24	9 328.13	10 534.88

据蒋齐等甘草规范化种植技术研究（2002–2003）（内部资料，国家科技部西部专项项目，编号 2002BA90LA32），在新疆区沙地上人工栽培（二年生）甘草商品草产量 >4 200kg/hm^2 的施肥量为：纯 N 211.5~234kg/hm^2；纯 P_2O_5 204~240kg/hm^2；纯 K_2O 132~154kg/hm^2。氮、磷、钾为 1 : 0.99 : 0.64。

3 甘草的营养套餐施肥技术规程

（1）底肥：亩施慧尔生态有机肥 200kg+ 慧尔长效缓释磷酸二铵 30kg。

（2）根际追肥：每年 4~5 月，追施一次慧尔增效尿素 20kg/ 亩；6、7 月为生长旺盛期，追施一次慧尔 1 号（24–16–5）长效缓释复混肥 10kg/ 亩。

（3）叶面追肥：4~5 月，叶面追施 1 次高活性有机酸叶面肥，稀释浓度 500 倍；7~8 月，叶面喷施 2 次高钾素或活力钾叶面肥，稀释 500~800 倍，间隔期 20d。

第三节　红花营养套餐施肥技术

1 红花的营养需求特点

红花为菊科一年生草本植物，以花入药。红花适应性强，但喜温和、干燥、阳光充足的气候，较耐旱，怕高温高湿，不宜在低洼积水和过于肥沃的土地上种植；否则，容易得病。红花根系发达，对土壤适应性强，在土壤深厚、中等肥力的沙壤土或轻黏土中生长较好。红花是耐贫瘠作物，需肥量不大，但要高产仍需施用一定数量的肥料；否则，不仅影响产量，还影响品质。

2 红花营养套餐施肥技术规程

（1）底肥：亩施慧尔生态有机肥 500kg+ 慧尔 1 号（24–16–5）长效缓释复混肥 50kg。

（2）根际追肥：定苗后施提苗肥，亩施慧尔增效尿素 10kg；孕蕾期，施慧尔长效磷酸二铵 20kg/ 亩。

（3）叶面追肥：苗期，叶面喷施 2 次高活性有机酸叶面肥（稀释 500 倍），间隔期 14d；孕蕾期，叶面喷施 2 次高钾素或活力钾（稀释 500~800 倍）间隔期 20d。

第四节　板蓝根营养套餐施肥技术

1 板蓝根的营养需求特点

板蓝根是十字花科二年生草本植物，以根（板蓝根）和叶（大青叶）入药。板蓝根为越年生植物，喜温暖，耐寒，怕涝，地势低洼积水和黏重土壤易烂根，不宜种植。板蓝根为深根性植物，喜肥。对三要素的需要量是钾最多，氮次之，磷最少，氮：磷：钾为2.5:1:4。常规施肥用量相当于氮（N）15-磷（P_2O_5）-15钾（K_2O）15复混肥85kg/亩。

2 板蓝根营养套餐施肥技术规程

（1）底肥：亩施慧尔生态有机肥500kg+慧尔长效缓释磷酸二铵50kg。

（2）根际追肥：定苗后，亩施慧尔长效缓释磷酸二铵20kg；每次割叶后，需追施慧尔增效尿素10kg+慧尔钾肥10kg/亩。

（3）叶面追肥：第1次割大青叶前，叶面追施2次高活性有机酸叶面肥（稀释500倍），间隔期15d；第二次割大青叶后，叶面喷施高钾素或活力钾（稀释500~800倍），间隔期20d。

第十五章　花卉作物营养套餐施肥技术

第一节　新疆的花卉作物产业发展现状

1 新疆发展花卉产业的优势资源条件

（1）气候资源。新疆位居亚欧大陆中心，四周远离海洋，被高原高山环绕，属温带大陆性气候，气候类型多样，地形高差大，冬季严寒，夏季炎热，春秋季短促而变化剧烈。全疆南北地跨纬度约 15 度，南、北疆有暖、寒、温带之分，东西部有明显的干湿之别，同一地区因地形高差而具有鲜明的垂直气候特征，年温差和日温差极大，日照时间长（年日照时间达 2 500~3 500h），天山北坡冬季存在逆温层，逆增率 3~5℃ /1 000m，这些条件都成为新疆花卉生产所具备的优势，生产出的花卉具有色泽纯正，植株健壮，花苞饱满，保鲜期长的特点。

（2）土地资源。新疆土地资源丰富，类型多、人均占有量高。农林牧可利用土地面积达 6 853 万 hm^2，居全国首位。人均宜用地面积约 $4hm^2$，是全国人均占有量最多的省区。耕地总面积 398.57 万 hm^2，适宜花卉种植的土地肥沃，地租便宜，为花卉生产和引资提供了良好条件。

（3）野生花卉资源。野生花卉资源的开发利用能够促进花卉新品种培育，实现野生花卉的商品化开发利用，已越来越受到关注。例如，主产切花的以色列，近年来科学利用野生花卉资源，从澳大利亚、南非大量引进野生花卉新品种，经驯化选育，不断推出蜡花、银莲花属等特色花卉，促使新种类比重由 27% 上升到 57%。新疆为典型的大陆性荒漠气候，不同的地貌和复杂的地理孕育了新疆丰富多彩的野生花卉资源，形成了非常宝贵的野生花卉资源宝库，野生花卉的开发驯化潜力巨大。一些野生花卉具有独特性、珍贵性，许多野生花卉种的资源在国内外位居前列，还有许多别具特色的具有极强抗寒性、耐寒性和耐盐碱特点的本地特有品种，丰富的种质资源为新疆花卉业的发展提供了坚实的物质基础。

（4）煤炭资源。新疆“十一五”期间累计新增查明煤炭资源储量突破 2 500 亿 t，仅次于内蒙古自治区、山西，居全国第三位。丰富的煤炭资源为新疆设施温室花卉种植提供了有力保障。

（5）劳动力资源。花卉产业属劳动密集型产业。新疆的劳动力资源年平均增速为 4%。而人口数年平均增速为 3%。因此，新疆劳动力资源数量的增速高于人口数量的增速，新疆人口中劳动适龄人口的比重呈上升趋势。从就业人员的数量上看，尽管其绝对数有所增加，但从业人员占人力资源总数的比重却不断下降，说明新疆劳动力资源数量出现供给过剩，或者说从数量上看，新疆劳动力资源是丰裕的，劳动力充足使新疆花卉生产有了低成本的优势。

2 新疆花卉产业发展的基本概况

（1）产业初具规模。目前，新疆花卉产业呈现鲜切花、盆栽植物、观赏苗木、草坪、食用、药用和工业用花卉等多品种共同发展态势。据不完全统计，截至 2011 年，新疆花卉总面积已达 23 万亩，总产值 11.5 亿元。其中，鲜切花（叶）种植面积 2 100 亩，产量 1 534 万枝；盆栽植物面积 1 375 亩，产量 441 万盆；观赏苗木面积 14 450 亩，生产苗木 1 762 万株；草坪 2 684 亩；种球用花卉面积 487 亩，产量 365 万粒；食用、药用与工业用花卉面积 208 900 亩，产量 49 420t。新疆有花卉保护地栽培面积（日光温室、大棚）达 $2.19 \times 10^6 m^2$。

（2）区域布局初步形成。主要形成了以乌鲁木齐、昌吉、石河子、库尔勒、伊宁、喀什等大中城市为主的鲜切花类、盆栽植物类和观赏苗木等生产区域；以伊犁州直、塔城地区、克州、喀什地区、博州等沿边地区为主的面向中亚、俄罗斯的出口花卉生产区域；以和田地区的玫瑰花、喀什地区的万寿菊、伊犁州直的薰衣草、塔城地区、博州和昌吉州的红花等为主的食用、药用和工业用花卉生产区域。

（3）企业结构和功能逐步完善。新疆花卉企业大约有 2 000 家左右，从分工看既有花卉生产栽培、种苗种球繁育企业，也有设施设备、园艺工程企业，亦有营销和其他服务性企业。从经济成分和规模上看，民营企业为主，国有控股、参股企业次之，企业规模普遍偏小。

（4）花卉产品具有一定市场竞争力。目前新疆 50% 以上的鲜切花、盆栽花卉产品为地产花卉，在品质上具有一定优势，在疆内市场占有率和出口量迅速增长，约 20% 的鲜切花、盆栽花卉出口到哈萨克斯坦、吉尔吉斯斯坦、乌兹别克斯坦等中亚国家。

（5）开拓中亚市场，促进新疆花卉出口。随着我国花卉产业快速发展，大批中国花卉经过新疆口岸进入中亚市场，受到当地人民的喜爱和欢迎。中国的花卉产品质优价廉，品种丰富，在中亚具有很强的市场竞争力，花卉出口前景很好。自 2006 年开始，新疆每年通过组织花卉企业赴中亚国家参展、考察，促进了新疆花卉出口贸易的稳步增长。

（6）科研推广、引智和技术培训不断加强。科技滞后是制约新疆花卉业发展的关键因素之一。通过花卉新品种繁育示范、郁金香等球根花卉繁育示范推广、芳香花卉繁育示范、彩色叶观赏树木引种、雪莲花组培苗繁殖示范推广等项目的执行，整合疆内外力量进行协作，联合攻关，提高了新疆花卉业科技水平。

自 2001 年起，在乌昌地区启动了花卉引智工作，荷兰、法国的郁金香、薰衣草、彩色马蹄莲等花卉栽培领域专家连续 6 年帮助新疆进行人员培训，提高花卉从业人员技术水平。

第二节　花卉作物的需肥特性

1 花卉作物的营养需求特点

我国的花卉资源十分丰富，是许多名花异草的故乡，也是世界上花卉种类及资源最丰富的国家之一。随着四个现代化进程的加快，我国的花卉生产正在成为我国一个快速发展的新兴农业产业。花卉作物种类繁多，对养分的需求也各有特点。观花、果类作物，对氮和钾的需求较高，多为喜钾作物。例如，非洲菊就是比较典型的代表，其氮、磷、钾的需求比例为 15:8:25；仙客来的氮、磷、钾需求比例为 15:15:20；观赏凤梨（菠萝花）适宜的氮、磷、钾比例为 1:0.5:1；观叶作物则对氮的要求较高，磷、钾需求较少。例如，万年青的氮、磷、钾需求比例为 20:15:10；羽衣甘蓝的氮、磷、钾吸收比例为 18:15:8。花卉对各种中微量营养元素的需求较少，但在土壤 pH 值过高或过低、土壤质地过黏或过沙或不利的温度、水分条件下，也往往会发生中微量营养缺乏的情况。

2 营养元素和花卉颜色

花卉五彩缤纷，鲜艳夺目，这除了受遗传基因中花色素的影响外，也与营养元素的多少有关。碳、氢、氧、氮是各类显色高分子化合物的组成成分，若人为改变供给这 4 种元素的数量，其合成的化合物成分也会随之变化，花的颜色也就发生变化。红色系花卉若供氮过多，红色会减退；若增加碳水化合物的供给量，也会使红色变淡。蓝色秋菊缺氮，其花色呈浅蓝色甚至白色。

磷、钾对冷色系花卉有较大影响，能使冷色向更冷的光谱系发展。对花为绿色的秋菊喷施 0.1%~1.3% 磷酸二氢钾，其花色比原来更绿。蓝色系花卉增施钾肥，可使蓝色更艳更蓝，且花色不易褪色。对于红色系花卉，若有钾元素存在，也会使花更红，且不易褪色。

铁、锰、铜、镁均参与显色化合物的形成。当花卉缺铁、锰元素时，开红色花的花卉其红色会逊色或花的鲜艳时间不长，且极易褪色。镁、钼、铜对冷色系花卉的影响相当明显，缺少时花色变灰或变白，而且在开花期间花色不鲜艳。如黄月季，在孕蕾期喷施0.1%钼肥和铜肥，则花色光亮、透黄，极为悦目。若给绿色系花卉施镁肥，其绿色更加鲜艳。

3 花卉不同生育期的需肥特性

一般花卉都需要充足的肥料才能茁壮生长，花繁叶茂，提高观赏价值。花卉的肥料管理，必须根据生长季节和不同花卉种类、花卉不同生育期的需肥特性进行。

3.1 春季

春季是春暖花开的时候，是根、茎、叶开始萌发生长及花芽分化的时期，花卉需要比较多的肥料，所以要适当地多追肥，追肥以“薄肥勤施”为宜。施肥时要根据不同花卉对养分的具体要求，选择合适的肥料。例如，桂花和茶花喜欢猪粪，不喜欢人粪尿；杜鹃、茶花、栀子等南方花卉忌碱性肥料；上年重剪的花卉需要加大磷、钾肥的比例，以利于萌发新枝；以观叶为主的花卉，可偏重于施氮肥；观果为主的花卉，要增施磷、钾肥，在开花期应适当控制浇水；球根花卉，要多施些钾肥，以利于球根充实。春季施肥要看长势定用量，特别是对盆花的施肥要坚持“四多、四少、四不”的原则，即花卉出现黄瘦时多施，发芽前多施，

孕蕾时多施，开花后多施；茁壮少施，发芽少施，开花少施，雨季少施；徒长不施，新栽不施，高温不施，休眠不施。

3.2 夏季

夏季是花卉生长的旺期，这期间植株生长快速，新陈代谢旺盛，需要较多的养分，故应施用以氮肥为主的肥料，使根系发达健壮，增强吸收养分能力，促进枝叶生长，以利开花结果。如百日草、长春花、鸡冠花、唐菖蒲、向日葵等，夏季是它们生长开花的旺季，需要较多的养分。但在夏季温度较高时，对于部分不耐高温的花卉由于其生长势较差，甚至停长，如矮串红、矮牵牛、扶郎花、君子兰等，在夏季气温较高时生长极其缓慢，对肥料要求也不高，此时则应停止施肥，如在设施栽培条件下，降温条件好，花卉能正常生长时可少量追肥。由于高温处于半休眠状态的花卉，如月季、仙客来等则应停止施肥，待气温下降恢复生长后再施肥。由于夏季白天气温较高，施肥应选择在清晨或傍晚，施肥的浓度也应控制，以防烧根。施完肥后应及时用清水冲洗花卉叶面，防止肥料溅到叶片上而烧伤叶面。水生花卉如睡莲、碗莲，夏季可以正常施肥，把肥料施入根部土壤，不会产生烧根、烧叶现象。

3.3 秋季

秋季花卉生长相对缓慢，需肥量较少。对于冬季休眠的花卉来说，为了提高其抗寒越冬能力，在秋季可施少量磷、钾肥料，尽量不施氮肥，若秋季增加氮肥追施量，会诱发秋梢生长，发生秋梢不但会消耗花卉体内贮藏的养分，还会影响来年春季的生长；发生秋梢后往往会推迟花卉休眠时间，遭遇低温时会出现冻害；因此，冬季休眠的花卉在秋季只宜施磷、钾肥。磷、钾肥能促进花卉体内营养物质的积累，为第二年的生长和开花打下基础。当然，冬季不休眠的花卉在秋季依然可以施用氮肥，尤其是观叶植物应以氮肥为主。在施用氮肥时应注意与磷、钾肥配合，合理施用磷、钾肥可以提高花卉的抗寒性。另外，在冬季开花的植物，如瓜叶菊、蒲包花、仙客来、一品红、腊梅等，早秋是其营养生长期，在早秋应施用以氮肥为主的肥料，晚秋大多是孕蕾期间，在晚秋给此类花卉施肥时应以磷、钾肥为主，氮肥为辅，氮肥过多不利于冬季的开花。

3.4 冬季

冬季温度较低，大部分花卉植物都生长缓慢，有的进入了休眠。因此，冬季施肥要严格控制。即使冬

季不休眠的室内花卉，如常绿类花卉虎尾兰、鱼尾葵、棕竹、绿萝等植物，室温在5℃左右时对肥料基本无需求，故不需追肥。气温较低时施肥容易出现根系腐烂的现象，主要原因是根系生长，处于缓慢或停长状态，所施肥料不但不被根系吸收，反而会妨碍根的正常生长，严重时更会烂根。适应低温的花卉在冬季0℃以上也能生长良好，如花包菜、冷水花、海棠等，可以使用氮、磷、钾合理搭配以氮肥为主的肥料，但用量应适当控制。

4 花卉营养失调的诊断与补救措施

4.1 花卉发生营养失调症的原因

花卉营养失调症的发生，既受到花卉本身营养特性左右，也受到土壤、气候等环境因素和栽培条件的制约。

（1）花卉种类不同。花卉种类因遗传基因不同，它们对养分需求的差异很大。一般认为，菊花、康乃馨、天竺葵、一品红等需肥较多；牵牛花、月季、梅、郁金香、金盏菊、向日葵、仙客来等需肥中等；报春花、栀子花、秋海棠、山茶、万年青、凤梨、杜鹃、石榴等对肥料反应敏感。因此，应根据花卉的需肥特性增施肥料，以防止营养元素不足或过多导致花卉发生营养失调症。花卉体内某一元素过量存在，也会抑制其他元素的吸收和利用，如磷与锌、铁，钾与钙、镁、铵，氮与钙、硼，钙与硼之间均存在颉颃作用，也会引起营养失调症的发生。

（2）土壤状况。花卉适宜种在肥力较高、土质疏松、排水良好、透气的沙质土壤中，这类土壤不仅养分丰富，而且疏松多孔，通气、透水性能好。其中，土壤物理性状、土壤养分含量和土壤酸碱度对花卉生长的关系更为密切。土壤土层过浅、土体僵硬、地下水位过高等均能限制根系生长和对养分的吸收，自然会促进花卉营养失调症的发生；土壤养分不足或施肥比例不当也是花卉产生营养失调症的原因。

（3）气候条件不仅影响肥料在土壤中的转化和肥效的发挥，而且还影响花卉对养分的吸收。气候条件主要指施肥前后的光照、温度及水分状况。

应根据光照强弱控制肥料的用量，即光照弱，花卉光合作用弱，运输到根部的光合产物就减少，从而影响根系的生长和养分的吸收，此时应适当少施肥；光照强时光合作用则比较旺盛，供肥水平可适当提高，以保持花卉体内的代谢平衡。在保护地花卉栽培中，光照不足是影响花卉光合作用的一个主要障碍因子，此时增施钾肥常能促进光合作用，这是因为钾能促进光合磷酸化作用，可为二氧化碳还原提供较多的能量，从而使花卉能更有效地利用太阳能进行同化作用。

温度高低不仅影响肥料的分解，也同样影响花卉对养分的吸收。在适宜温度条件下，随着温度增加，花卉对营养物质的吸收和利用率也增加，施肥数量和次数也应随之增加。低温会降低营养物质的吸收。然而温度过高，容易消耗体内过多的碳水化合物，不但会影响花卉对养分的吸收，还会影响植株的正常生长发育，温度影响肥料在土壤中的分解和转化。施入土壤中的尿素和铵态氮肥，在微生物的参与下，转化为硝态氮而被花卉吸收，然而在冬季酷冷气候条件下铵态氮转化为硝态氮速度是比较缓慢的，因此，氮肥应选用硝态氮为好。温度对有机肥分解也有深刻的影响，在温度高时释放的有效氮高；反之，释放的有效氮低。一般认为，冬季生长迅速的花卉如香石竹、仙客来、天竺葵、秋海棠等仍需多施肥；生长缓慢的花卉如杜鹃、扶桑、含笑、菊花、茉莉、山茶等应少施肥，可间隔半个月施1次肥水；生长停止的花卉如桂花、荷花、五针松、石榴、睡莲等整个冬季可以不施肥。

花卉的水分管理对花卉生长至关重要，可以说在一定程度上是能否养好花的关键。它一方面可加速有机质分解和肥料的溶解，促进花卉对养分的吸收，但另一方面如果水分过多，不仅使土壤通气性变差，影响花卉对养分的吸收，而且还会增加养分的淋失，降低肥料效果，所以在雨天不宜施肥，在晴天也要根据土壤干湿情况决定施肥的浓度，如土壤湿润肥料可用浓些，土壤干燥则肥料应稀释后施用。为了节省劳力，在施追肥时可结合浇水进行。

4.2 花卉营养失调症及其防治（表）

（1）氮素失调症状及防治。氮是花卉生长发育必需的营养元素之一，花卉体内的含氮量一般占干重的1.0%~6.5%。氮素不足或过多，都会给花卉生长发育带来不良影响，造成产量下降、抗逆性减弱、品质变差等。

① 缺氮症。花卉供氮不足时，就会出现缺氮症。一般表现为植株矮小，枝梢稀少，细长发硬，花小色淡；叶片从老叶开始失绿，如氮得不到及时补充，下部叶片会出现失绿黄化，直至萎黄脱落，上部叶片也变为淡绿色。不同的花卉症状略有不同。

② 氮素过剩症。氮素过剩表现为枝叶茂盛、茎秆柔软、节间变长、花期延迟、开花少，植株的抗倒伏和抗病能力下降。不同的花卉表现各异。

山茶——叶片浓绿下垂。

秋海棠——枝叶茂盛，叶色浓绿，次生根少。

菊花——叶色浓绿，开花期缩短，花色变差，病害严重。

③ 缺氮症的防治。

A. 培肥土壤，提高土壤供氮能力：对于新开垦、熟化度低、有机质贫乏的土壤及质地较轻的土壤，要增加腐熟厩肥、饼肥、精制商品有机肥等有机肥的投入，以提高土壤供氮能力，防止缺氮症的发生。

B. 合理施肥：一般在花卉旺长期前要加重追施氮肥。如唐菖蒲、荷兰鸢尾、麝香百合、郁金香等球根类花卉，在平常对氮的吸收量并不多，但在花茎伸长期和开花期，也就是在球根开始形成期吸氮量大，应及时追施氮肥，如尿素、硫酸铵等。

④ 氮素过剩症的防治。防止氮过剩主要是控制氮肥用量，尤其是对需肥量低的山月桂、风铃草、龙胆、万年青石榴、凤梨、石斛、杜鹃等应尽量少用氮肥，在对这类花卉追施氮肥时，可少量施入，多施几次，以达到植株生长所需即可，避免过量。

（2）磷素失调症状及防治。花卉体内的含磷量比氮、钾少得多，一般只占干重的0.1%~1.0%。增施磷肥对花卉发根、出叶、分蘖或分枝、开花、结果都有重大影响。虽然近年来施用磷肥已受到广大花农的重视，但在一些低丘红壤及河滩上开发的花田和苗圃，花卉缺磷仍十分突出。

花卉缺磷，植株矮小，枝短叶小，叶片呈暗绿色或紫红色，叶脉尤其是叶柄呈现黄中带紫红色；花芽分化少，花形变小，瓣少，开花延迟，甚至提早枯萎凋落；果实着色不均，颜色不正。不同花卉缺磷症状各不相同。

关于缺磷症的防治。

① 提高土壤供磷能力。对一些有机质贫乏的土壤，应重视有机肥料的投入；对于酸性或碱性过强的土壤，则应改良土壤酸碱度。酸性土可用石灰，碱性土则用石膏，以减少土壤对磷的固定，提高磷肥施用效果。

② 合理施用磷肥。首先应根据土壤酸碱性选择适合的磷肥品种。在缺磷的酸性土壤或介质中，宜选用含石灰质的钙镁磷肥；中性或石灰性土壤中，宜选用过磷酸钙、磷酸一铵等。其次，磷肥的施用期宜早不宜迟，一般宜在培养土、苗床中施用，也可作基肥。

（3）钾素失调症状及防治。花卉体内含钾量占植物干重的1.0%~10.0%。它虽然不是花卉体内有机化合物的组成成分，但它是生物体内60多种酶的活化剂，参与花卉体内一系列的代谢活动。增施钾肥，能增加茎长、茎粗、花径及花朵数量，提高花产量，还能增强花卉抗寒、抗旱、抗倒、抗病虫能力。此外，钾能促进根系生长，尤其对球根（茎）的形成有极好作用。

花卉缺钾时植株矮小，茎秆柔软易倒叶片常皱缩，老叶叶尖和叶缘变黄，继而焦枯死亡；花及果实着色不良，籽粒少而小；长日照花卉开花延迟，短日照花卉则开花提早；根系发育不良。不同花卉症状各异。

关于缺钾症的防治。

① 补施钾肥。当发现缺钾症状时应及时补施钾肥，一般每亩施钾肥10~20kg。由于钾在土壤中易淋失，

所以钾肥应分次施用，做到基肥和追肥相结合。

② 增施有机肥。实行秸秆、厩肥等有机肥料还田，促进农业生态系统中钾的再循环和再利用，能缓解或防止钾营养缺素症的发生。

③ 控制氮肥。目前花卉生产上缺素症的发生，在相当大的程度上是偏施氮肥引起的，在供钾肥能力较低或缺钾土壤中，确定氮肥用量时应考虑土壤供钾水平，在钾肥施用得不到保证时更要严格控制氮肥用量。

④ 加强水分管理。土壤干旱要适当灌溉，雨季应及时开沟排水，以免影响花卉对钾的吸收。

（4）钙素失调症状及防治。钙是细胞壁的组成成分，能促进根系和根毛的形成，从而增加对养分和水分的吸收。钙在旺盛叶片中的含量为干重的 0.2%~4.0%，通常草本花卉需钙较少。生产中如因过量施用石灰，有可能诱发花卉铁、锌、锰的缺乏。

钙在花卉体内不易移动，所以缺钙症状常发生在新生组织。花卉缺钙时，一般表现为根尖和顶芽生长停滞，根系萎缩，根尖坏死；幼叶叶缘发黄、卷曲，新叶难以展开，甚至相互粘连，或叶缘呈不规则锯齿状开裂，出现坏死斑点。

关于缺钙症的防治。

① 控制化肥用量。叶面补钙对已发生缺钙严重的花圃，不要一次用肥过多，特别要控制氮、钾肥用量。因氮、钾肥用量过多，不仅会与钙产生颉颃作用，而且因土壤溶液浓度过高会抑制花卉对钙的吸收。叶面喷施钙肥，通常用金星牌活力钙叶面肥（稀释 1 500 倍），隔 10~15d 喷 1 次，连续喷 2~3 次。

② 合理施用石灰。对于一些要求碱性生长的花卉，可施石灰到酸性土壤及酸性介质中，以补充钙的不足。如施入了过量的石灰或土壤中含钙量过高，则应施入农家肥或酸类水溶液，以中和土壤碱性。

③ 及时灌溉，防止土壤干旱。当土壤过度干燥时，应及时灌溉，以保持土壤湿润，增加植株对钙的吸收。

（5）镁素失调症状及防治。镁不仅是叶绿素的组成成分，而且是一些酶的活化剂，在光合作用、呼吸作用中起到主要作用。花卉体内含镁量占干重的 0.1%~2.8%。在田间条件下，尚未见到花卉镁营养过剩症的情况，这是因为镁过剩时会导致元素间不平衡，引起其他元素如钙、钾等的缺乏，因而掩盖了镁过剩症状。然而在花卉生产中，很少或基本不施用镁肥，因此，由于缺镁引起的其他元素缺乏的情况也相当普遍。

花卉缺镁时，中、下部叶片脉间失绿变黄，但叶脉仍为绿色。严重时，叶片呈苍白，直至深褐色而死亡。

关于缺镁症的防治。

① 施用镁肥。对供镁不足的土壤或介质，可补施硫酸镁或钙镁磷肥等含镁肥料。一般每亩可用硫酸镁 5~10kg，或钙镁磷肥 40~50kg。对根系吸收障碍而引起的缺镁，应采用叶面补施来矫治。一般用 1%~2% 硫酸镁溶液进行喷施，每隔 7~10d 喷 1 次，连续喷 3~5 次。

② 控施氮钾肥。花卉缺镁的问题有时并不是简单的增加镁肥就能奏效，而是应该把氮、钾肥用量降下来。这样花卉才能吸收到土壤或介质中的镁。

（6）铁素失调症状及防治

铁在植物体内与叶绿素形成有关，直接影响光合作用；同时铁也是植株体内多种酶的成分，与新陈代谢关系密切。一般铁在花卉叶片中的含量范围为 30~500mg/kg，若土壤供铁不足或外界条件下影响铁的吸收，花卉很容易产生缺铁症状。

铁营养缺乏是花卉很常见的营养障碍之一，特别是喜酸花卉在碱性或中性土壤中栽培一段时间后，最容易表现出缺铁症状。缺铁症状一般表现为：新梢叶片失绿，在同一病枝（梢）上的叶片症状自下而上加重，甚至顶芽新叶几乎呈白色；叶脉常保持绿色，且与叶肉组织的界限清晰，形成鲜明的网状花纹，少有污斑杂色及破损。严重时白化叶持续一段时间后，在叶缘附近也会出现烧灼状焦枯及叶面穿孔，提早脱落；花朵小，花色异常；着果变小，果色淡而无光泽。

关于缺铁症的防治。

① 改良土壤。首先是矫正土壤酸碱度，以提高土壤中铁的有效性和花卉根系对铁的吸收能力。有条件的可以用有效铁含量高的酸性红壤、黄壤作为客土来改善土壤的供铁状况。对于一些石灰性强、有机质贫乏、结构不良的土壤，极易发生缺铁性失绿症，因此，应尽量避免在这些碱性土壤中种植喜酸花卉。

② 合理施肥。控制磷肥、锌肥、铜肥、锰肥及石灰质肥料的用量，以避免这些营养元素过量对铁的颉颃作用，达到预防缺铁症的发生。

③ 选用耐性砧木。对于极易产生缺铁的苗木、花卉（喜酸花卉），在育种时可以选用抗缺铁的砧木进行嫁接，以增强根系对铁的吸收利用能力，能有效预防缺铁症的发生。

④ 施用铁肥。目前施用的铁肥可分为无机铁肥和螯合态铁肥两类。品种主要有硫酸亚铁、硫酸亚铁铵、尿素铁、柠檬酸铁、EDTA 铁和 FeED-DHA 等，多采用叶面喷施的方法，也可采用埋瓶滴灌等方法，浓度一般为 0.2%~0.5%。对酸性花卉盆栽时，除施铁外，还需在换盆时施一定量的硫黄或酸性红壤、黄壤土。

（7）硼素失调症状及防治。硼是花卉正常生长必不可少的营养元素，尤其是对球根和开花植物显得更为重要。多数花卉硼含量较高，一般在 20~350mg/kg。单子叶花卉含硼量比双子叶花卉含硼量低。充足的硼有利于碳水化合物的合成与运输，促进花芽形成和花器官的发育，提高花卉的开花质量和商品品质。

① 缺乏症状。花卉缺硼的基本症状是植株顶端生长受抑制，新叶新梢萎缩，主茎变粗，常有开裂；新叶黄化，叶片皱缩变硬变脆；花茎缩短，开花少，坐果少，花畸形。

② 过剩症状。花卉硼过剩症状主要表现在叶片上，但不同花卉也有差别。

凤仙花——硼过剩时叶片先端出现黄褐色坏死斑，随着中毒程度的加剧和叶龄的增长，全株叶片黄化萎缩，并出现枯死症状。

金盏菊——从下部叶片的叶缘和脉间发黄，继而变褐坏死，严重时全株枯死。

凤梨——叶片有斑块状坏死，病症从叶尖向内发展，严重时叶片枯死干卷，心叶或全株死亡。

仙客来——硼过剩时中老叶生长异常，叶片脉间或叶缘出现黄褐色坏死斑块，严重时叶片枯死脱落。

菊花——从叶缘出现棕褐色或灰白色坏死，病症类似于缺钾，但硼过剩时叶片坏死部分与正常部分界限明显。

关于缺硼症的防治。

A. 增施有机肥，改良土壤或基质的供硼能力有机肥本身含硼量高，鸡粪、鸭粪为 15mg/kg，羊粪为 22mg/kg，饼肥为 15~25mg/kg。同时它可以改善土壤或基质的微生物活性，促进土壤中硼的释放。

B. 加强水分管理，防止土壤或基质干燥设施栽培或盆栽花坛，有条件的应采取滴灌供水；基质栽培花卉应注意保水剂的应用；花坛花卉要及时浇水，改善土壤或基质的保水供水性能，可以促进花卉根系的生长发育及其对硼的吸收利用。

C. 增施硼肥土施硼肥时，可按每平方米施硼酸 1.5~1.8g 计算。施用时一定要均匀，防止中毒发生。叶面喷施硼肥，可用金星牌活力硼叶面肥（稀释 1 500 倍），每隔 10~15d 喷 1 次，连续喷施 2~3 次。

关于硼过剩症防治。

A. 对硼中毒的花卉，要寻找原因，切断来源。

B. 酸性土壤可适当施用石灰，以减轻毒害。

C. 灌水淋洗土壤，减少土壤有效硼含量。

D. 盆栽花卉要迅速换盆土，并及时补充含有生长活性物质的叶面肥，如氨基酸类肥料。

（8）锰素失调症状及防治。

① 缺乏症状。花卉的新叶脉间失绿，呈淡绿色或淡黄绿色，叶脉保持绿色，但多为暗绿色，失绿部分有时会出现褐斑，严重时失绿部分呈苍白色，叶片变薄，提早脱落，根尖坏死，花果畸形等。

② 过剩症状。花卉锰过剩的基本症状为：功能叶叶缘失绿黄化甚至焦枯，呈棕色至黑褐色，提早脱落。

关于锰营养失调症的防治。

① 缺锰症的防治。花卉缺锰症的防治常采用改良土壤和施用锰肥的措施。

A. 改良土壤一般每亩施入有机肥 500~1 000kg 和硫黄 20~30kg。

B. 土壤施硫酸锰时每亩用量 1~2kg。叶面喷施 0.05%~0.1% 硫酸锰溶液。另外，把硫酸锰固定嵌入树干中，防治缺锰症效果也较好。

② 锰过剩症的防治。

A. 改善土壤环境适量施用石灰，一般每亩施 50~100kg，以中和土壤酸度，降低土壤中锰的活性；此外，对排水不畅的花卉基地应加强土壤水分管理，及时开沟排水，防止因土壤渍水而使大量的锰还原，促发锰中毒症。

B. 花卉种类及品种不同对锰中毒的耐性有明显的差异，合理选用耐锰毒的花卉及品种，预防锰中毒症的发生。

C. 合理施肥。酸性土壤中施用钙镁磷肥、草木灰等碱性肥料，会中和部分土壤酸度，降低土壤中锰的活性。尽量少施过磷酸钙等酸性肥料和硫酸铵、氯化铵等生理酸性肥料，以避免诱发锰中毒症。

（9）锌素失调症状及防治。锌在植株体内是多种酶的组成成分，与碳水化合物的合成与代谢、蛋白质的合成与氮的代谢有着密切关系；同时，锌还参与色氨酸和生长素的合成，因此，多数花卉需要充足的锌（25~100mg/kg）。

① 缺乏症。花卉缺锌症表现为上部新叶叶脉间失绿黄化，新生枝梢节间缩短，小叶密生，小枝丛生而成簇状，花芽分化不良，花的质量差。

② 过剩症。由于锌肥施用不当，尤其是随着基质栽培的增加，施锌过多导致锌过剩症不断发生，需要引起管理者重视。主要表现在功能叶受害，叶面皱缩，叶脉间失绿有黄褐色枯死斑块。

关于锌营养失调症的防治。

① 合理施肥。在低锌土壤中要严格控制磷肥用量，并做到磷肥与锌肥配合施用；同时还应避免磷肥的过分集中施用，以防止局部磷、锌比失调而诱发花卉缺锌。

② 增施锌肥。土施硫酸锌时每亩用 1~2kg，并根据土壤缺锌程度及固锌能力进行适当地调节。叶面喷施锌肥，一般用 0.1%~0.5% 的硫酸锌溶液。值得注意的是，由于土施锌肥的残效较明显，故不需要年年施用。

③ 营养液供锌。随着基质栽培或溶液栽培的增加，营养液供锌已非常普遍，但应选择有效性高的锌肥。

（10）铜素失调症状及防治。铜在植物体内是叶绿体的组成成分，对叶绿素和其他色素的合成或稳定性起着主要作用。一般植株体内含铜量为 5~75mg/kg，一旦供铜不足会引起叶片失绿，光合作用效率降低。铜还存在于多种氧化酶中，参与体内许多生理过程和物质代谢。

① 缺乏症状。花卉缺铜一般表现为幼叶褪绿、坏死、畸形和叶尖枯死；苗木常发生顶枯、树皮开裂，有胶状物流出，呈水疱状皮疹，称“郁汁病”或“枝枯病”；开花畸形。

② 过剩症状。花卉铜中毒主要表现为根系生长受阻，侧根变短；新叶失绿，老叶坏死，叶柄和叶背面有时呈灰紫色。

关于铜营养失调症的防治。

① 缺铜症防治。

A. 沙性和石灰性土壤要使用有机肥改良土壤，提高土壤有效铜含量。

B. 合理使用铜肥，一般可用 0.2%的硫酸铜溶液喷施叶面。每亩土施硫酸铜 2kg 左右，但施用要均匀，否则容易造成局部铜过剩而中毒。

② 过剩症防治。

A. 用石灰降低土壤铜的有效性，减轻铜过剩的危害。

B. 施用磷肥、石膏等来抑制花卉对铜的吸收，减轻危害。

C. 灌水淋洗，减少土壤有效铜。

表　花卉营养元素缺乏症检索表

症状出现的部位	
中下部叶先出现	缺氮、磷、钾、镁斑点出现情况
不易出现	缺氮、磷
中下部叶片浅绿色，基部叶片黄化枯焦、早衰	缺氮
植株矮小，茎叶暗绿色或呈紫红色，生育期延迟	缺磷
易出现	缺钾、镁
叶尖和叶缘先变黄，而后干枯似烧焦状，有时会出现褐斑，叶卷曲，植株柔软，易早衰	缺钾
叶脉间明显失绿，出现清晰网纹，有多种色泽斑点和斑块	缺镁
新生组织先出现	缺钙、硼、硫、锰、铜、铁、钼、锌顶芽是否易枯死
易枯死	缺钙、硼
叶尖呈弯钩状，并相互粘连，不易伸长	缺钙
茎和叶柄变粗、变脆，易开裂，花器官发育不正常，生育期延迟	缺硼
不易枯死	缺硫、锰、铜、铁、钼、锌
新叶黄化，失绿均一，开花结实期延迟	缺硫
脉间失绿，叶面常有杂色斑，组织易坏死，花少	缺锰
幼叶萎焉，出现白色斑，果穗发育不正常	缺铜
脉间失绿，严重时植株上部叶片黄白化，植株小	缺铁
幼叶黄绿，脉间失绿并肿大，叶片畸形，生长缓慢	缺钼
叶小丛生，新叶脉间失绿，并发生黄斑，黄斑可能出现在主脉两侧，生育期推迟	缺锌

第三节　露地栽培花卉作物营养套餐施肥技术（非盆栽）

1 观花、果类花卉作物

（1）施足底肥：亩施用慧尔生态有机肥 200kg+ 慧尔 1 号（24-16-5）长效缓释复混肥 50kg。

（2）春、夏、秋季定期施用慧尔特定作物配方（10-20-20）长效水溶性滴灌肥 2~3 次：春季每亩用量 10~15kg；夏季（尤其是孕蕾期）每亩用量 20~30kg；秋季每亩用量 10~15kg。

（3）苗期叶面喷施高活性有机酸叶面肥（稀释 500 倍）两次，间隔期 15d。旺长期叶面喷施一次活力硼叶面肥（稀释 1 500 倍）+ 活力钙叶面肥（稀释 1 500 倍）。花期喷施活力钾叶面肥两次（稀释 500 倍），间隔期 15d。

2 观叶类花卉

（1）施足底肥：亩施用慧尔生态有机肥 200kg+ 慧尔 1 号（24-16-5）长效缓释复混肥 50kg。

（2）根际追肥：茎叶旺长期施慧尔长效磷酸二铵 2 次，每次每亩 20kg，间隔期 30d。

（3）叶面追肥：苗期喷施两次高活性有机酸叶面肥（稀释 500~800 倍），间隔期 20d。旺长期喷施两次高钾素或活力钾叶面肥（稀释 500 倍），间隔期 20d。

第四节　设施栽培花卉作物营养套餐施肥技术

1 观花、果类花卉作物

（1）施足底肥：亩施用慧尔生态有机肥 200kg+慧尔长效磷酸二铵 50kg。

（2）根际追肥：蕾期施慧尔 1 号（24-16-5）长效缓释复混肥 20kg/ 亩；每次采花后施慧尔 1 号（24-16-5）长效缓释复混肥 20kg/ 亩。

（3）叶面追肥：苗期叶面喷施高活性有机酸叶面肥（稀释 500 倍）+ 活力硼叶面肥（稀释 1500 倍）2 次，间隔期 15d；每季花期叶面喷施两次高钾素或活力钾叶面肥（稀释 500 倍），间隔期 15d。

2 观叶类花卉作物

（1）施足底肥：亩施用慧尔生态有机肥 200kg+ 慧尔长效磷酸二铵 50kg。

（2）根际追肥：茎叶旺长期施 2 次慧尔增效尿素 20kg/ 亩，间隔期 30d。

（3）叶面追肥：苗期喷施两次高活性有机酸叶面肥（稀释 500~800 倍），间隔期 20d。旺长期喷施两次高钾素或活力钾叶面肥（稀释 500 倍），间隔期 20d。

第十六章　特用作物营养套餐施肥技术

第一节　啤酒花营养套餐施肥技术

啤酒花被誉为“啤酒的灵魂”，能够使啤酒具有独特的苦味和香气，具有防腐和澄清麦芽汁的功能，是啤酒酿造不可缺少的重要原料，也是新疆的一种特色经济作物。

1 啤酒花的营养需求特点

啤酒花是多年生草本植物，定植后可连续生长 20 年左右。啤酒花对氮、钾的需求较高，对磷的需求较低。一般认为，啤酒花的氮磷钾吸收比例为 1∶0.5∶0.94。关于吸收养分数量，据报道，每生产 1 000kg 啤酒花需吸收氮（N）160kg、磷（P_2O_5）80kg、钾（K_2O）150kg。

2 啤酒花营养套餐施肥技术

2.1 底肥

亩施慧尔生态有机肥 500kg+ 慧尔增效磷酸二铵 50kg+慧尔 1 号（24-16-5）长效缓释复混肥 50kg。

2.2 根际追肥

第一次追肥在现蕾期进行。亩施慧尔增效尿素 30kg+慧尔钾肥20kg；第二次追肥在球果形成期进行，施惠农 1 号（24-16-5）长效缓释复混肥 30kg/ 亩。

2.3 叶面追肥

苗期叶面追施高活性有机酸叶面肥 2 次，稀释浓度 500 倍，间隔 20d；球果形成期叶面喷施高钾素或活力钾叶面肥 2 次，稀释浓度 500 倍，间隔期 20d。

第二节　薰衣草营养套餐施肥技术

薰衣草原产于地中海沿岸、欧洲各地及大洋洲列岛，如法国的普罗旺斯、美国的田纳西州等，因其功效独特，被称为“香草之后”。新疆的伊犁河谷与法国的普罗旺斯地处同一纬度，且气候条件与土壤条件均相似，较适宜薰衣草的生长，已成为世界第三大薰衣草种植基地，为中国的薰衣草之乡。而且，新疆的薰衣草已被列入世界八大品种之一。

1 薰衣草的生物学特性

薰衣草（*Lavandula Pedunculata*）属唇形花科薰衣草属，为一种多年生草木或矮小灌木植物，其叶形花色优美典雅，花色常见的是蓝紫色，也有蓝色、紫色、粉红色、白色、黄色等多种颜色，花序颖长秀丽。由于薰衣草的花、叶和茎上的绒毛均生有油腺，轻轻碰触油腺即破裂而释放出香味。薰衣草是世界上最重要的香精原料，广泛使用于医疗上。茎和叶均可入药，是治疗伤风感冒、腹痛、湿疹的良药，被称为“芳香药草”。

薰衣草一次栽培能利用8~10年，喜阳光，喜干燥，半耐热，耐旱，极耐寒，耐瘠薄，抗盐碱，但无法忍受炎热和潮湿。生长最适宜温度15~25℃，40℃以上停止生长。0℃以下开始休眠，成苗可耐-25℃~-20℃的低温，适宜在中性到微碱性土壤种植。

2 薰衣草的营养需求特点

薰衣草对养分的需求是氮和磷需求较多，钾较少，对中微量营养元素的需求是对硼和钙有一定的需求。要注意的是，薰衣草只能适量用肥，施肥过多，香味会变淡，降低产品质量。

3 薰衣草营养套餐套餐施肥技术规程

底肥：亩施慧尔有机肥300kg+慧尔增效磷酸二铵20kg。

（1）根际追肥：每年返青初期，每亩施慧尔磷酸二铵20kg；薰衣草始花后，施慧尔增效磷酸二铵5~10kg。

（2）叶面追肥：苗期，叶面喷施2次高活性有机酸叶面肥（稀释500倍）+活力硼叶面肥（稀释1 500倍），间隔期14d；始花期叶面喷施2次高钾素或活力钾（稀释800倍），间隔期20d。

第三节　蓖麻营养套餐施肥技术

1 蓖麻的营养需求特点

蓖麻是大戟科、蓖麻属一年生或多年生草本作物。每形成100kg籽粒要吸收氮（N）6.2~7.2kg、磷（P_2O_5）1.6~1.8kg、钾（K_2O）6.0~6.3kg、钙（CaO）约0.6kg、镁（MgO）0.5kg，氮、磷、钾吸收比例为1:（0.25~0.26）:（0.88~0.97）。另外，蓖麻对锌、锰较敏感，叶面喷施锌肥、锰肥有明显的增产效果。

2 蓖麻营养套餐施肥技术规程

2.1 底肥

亩施慧尔生态有机肥500kg+慧尔1号（24-16-5）长效缓释复混肥100kg。

2.2 根际追肥

花果期可追施慧尔1号（24-16-5）长效缓释复混肥20kg/亩。

2.3 叶面追肥

苗期喷施2次叶面肥：高活性有机酸叶面肥（稀释500倍）+硫酸锌（稀释500倍），间隔期20d。花果期喷施2次叶面肥：高钾素或活力钾叶面肥（稀释500倍）+金星牌活力钙叶面肥（稀释1 500倍），间隔期20d。

附　　录

新疆土壤盐渍化的综合治理与改良

摘要：本文系统地论述了新疆盐渍化土壤及土壤次生盐渍化的现状、危害及成因。在总结国内外治理盐渍化土壤和防控盐渍化科研成果的基础上，针对新疆的实际情况，提出了一个农业生物化学综合治理技术方案，即能够实现建设优良生态、适度开发利用和农业可持续发展的治本目标。

关键词：盐渍化土壤；土壤次生盐渍化；综合治理改良

1 新疆盐渍化土壤及土壤次生盐渍化的现状

盐渍化土壤及土壤次生盐渍化的防控是人类面临的一个世界性的资源与生态难题。新疆地域辽阔，土地面积占全国国土总面积的1/6，但是新疆的盐渍化土壤面积为2 181.4×$10^4$$hm^2$，占全国盐渍化土壤总面积的22%，也是全国最大的盐渍土壤分布区。在新疆的407.84×$10^4$$hm^2$耕地中，受不同盐渍化危害的面积达122.88×$10^4$$hm^2$，占全区总耕地面积的30.2%，其中，受中度－重度盐渍化威胁的低产田则占耕地的22.06%。另外，在新疆的宜农垦荒地1 031.75×$10^4$$hm^2$中，受盐碱限制难以开发利用的面积达515.11×$10^4$$hm^2$，占49.93%。因此，新疆的盐渍土壤及耕地次生盐渍化的面积比重极大，是制约新疆农业高效开发、可持续发展和建设新疆现代农业的重大障碍因素。

新疆地区的盐渍化土壤形成经历了漫长的历程，南疆至少从白垩纪就开始了，以后的第四纪河湖相沉积物特别是近代沉积物对土壤水盐的重新分配起了极为重要的作用。由于土壤深层含盐水以裂隙水、承压水的形式参与区域水盐循环，迄今已有千百万年历史。在干旱荒漠条件下，由于降水极少而蒸发又极其强烈，地壳中的盐分不断向地表累积形成含盐量高且含盐层厚的典型盐土。

在新疆盐渍土的形成中，河流水系均受第四纪河湖相沉积物影响。新疆的大水系，如南疆塔里木河、叶尔羌河、北疆的伊犁河、玛纳斯河等流域，均有这类河湖相沉积物分布。这些河流的上游及临近河床地带，土壤渗透性好，受河水淡化的影响，仅发生轻度盐渍化，为盐化草甸土分布区；距河流较远的地方，地下水质变劣，多形成较重的草甸盐土；冲积平原中，由于坡度变缓，沉积作用强烈，受洪水泛滥的影响，河间低地及支流尾端，常分布小湖沼，盐渍化程度重，多为沼泽化盐土；已经脱离现代河流泛滥影响的冲积平原，则以残余盐渍化和荒漠化为其主要特征。

至于新疆盐渍土及盐渍化的区域分布，主要在洪积、冲积扇缘、大河三角洲中下部、干三角洲底部、河流低阶地以及滨湖平原等处。其重点分布于天山南麓山前平原（包括阿克苏流域区、开都河及孔雀河流域区、渭干河流域区）、叶尔羌河流域冲积平原、喀什河三角洲、阿尔泰山两河流域（额尔齐斯和乌伦古河）平原、天山北麓山前平原、博尔塔拉河谷等区。由于地下水位相对高（多在1~2.5m），排水不畅，盐分聚集地表，严重危害农业生产，是新疆盐渍化治理的重点区域。

阿尔泰山两河流域（额尔齐斯河和乌伦古河）平原及天山北麓山前平原和博尔塔拉河谷等区的土壤盐渍化占耕地的比重较大，耕地盐渍化以轻度和中度为主（博尔塔拉河谷重度耕地盐渍化比重较大）。盐分组成以硫酸盐、苏打－硫酸盐为主，局部有氯化物－硫酸盐，苏打盐渍化少见。因此，耕地盐渍化危害较为严重，也是新疆盐渍化治理的重点区域之一。

其他地区如：塔城盆地、伊犁河流域河谷平原区、吐鲁番盆地区、哈密及巴里坤盆地区、昆仑山山前平原区、阿尔金山山前平原区，土壤盐渍化占耕地的比重较小，以轻度盐渍化耕地为主。

2 盐渍化土壤及土壤次生盐渍化的危害

2.1 恶化使生态环境，导致荒漠化的发展

土壤盐渍化对生态环境的影响主要表现在：盐渍化与荒漠化存在交互作用，盐渍化后不论耕地或非耕地的土壤理化、生物性质都会恶化，团粒结构遭破坏，孔隙度减少，通水性、通气性变差，土壤板结化；土壤溶液中的离子浓度增大，pH 值升高，电导率和可交换性钠比率提高，土壤中的酶活性受到抑制，影响土壤微生物的活动和有机质的转化，使土壤肥力下降；容易发生地表径流和水土流失。由于盐渍化的加重，使部分耕地被荒废，加速了荒漠化的进程；土壤与水体的盐分存在相互作用，含盐土壤会对周围的水体造成盐污染，盐渍化导致耕地资源的质量退化，是农业生态系统不稳定的因素之一；盐渍化问题会造成地下水质的恶化，还会对生物多样性带来一定的影响。

根据调查，由于盐渍化与荒漠化交互作用的结果，新疆的农业生态环境十分脆弱。非荒漠化土地为 $5.17 \times 10^5 km^2$，只占土地面积的 31.10%，而潜在荒漠化土地达 $2.0 \times 10^5 km^2$；弱荒漠化土地 $4.5 \times 10^5 km^2$，占 26.8%；强烈荒漠化土地 $2.22 \times 10^5 km^2$；严重荒漠化土地 $2.49 \times 10^5 km^2$，占 14.90%；新疆荒漠化面积总比例高达 68.9%。

2.2 抑制和毒害植物生长，甚至引起植物的迅速死亡

研究资料证明，盐渍化土壤中过量盐分离子对植物的生长发育会产生不良的影响，集中表现在以下方面：抑制生长、如种子发芽率下降、苗木生长缓慢、开花提前或滞后、结实率下降；离子毒害，如过量的 Cl^- 使植物叶片黄化生长减慢、提前脱落、叶片变小或加厚；当盐分浓度很高时，还可能引起植物在几天内死亡。另据研究，土壤盐渍化还会引起植物的生理干旱；伤害植物组织，尤其在干旱季节；由于钠离子的竞争，使植物对钾、磷和其他营养元素的吸收减少，磷的转移受到抑制，影响植物吸收营养，从而影响植物的营养状况；当外界浓度超过植物生长的极限盐度时，植物质膜透性、各种生理生化过程和植物营养状况受到不同程度的伤害，使植物的生长和发育受到不同程度的抑制，如高盐分浓度可抑制植物种子萌发。

2.3 限制土壤的农业利用，影响作物产量

新疆有大面积的土地由于盐渍化，限制了土地资源的农业利用。由于盐碱危害使植物、作物生长发育受害，严重影响作物产量（附表 1）。

附表 1　土壤盐分含量对作物生长及产量的影响

土壤含盐量	减产幅度（%）	作物生长状况
非盐化	0	正常
轻度盐化	10~20	轻度抑制
中度盐化	20~50	中度抑制
重度盐化	50~80	重度抑制
盐化土壤	近 100	停止生长，基本绝产

3 新疆盐渍化土壤和土壤次生盐渍化的成因

3.1 地质地貌提供发展空间

土壤中的盐分包括不同的离子，如 Cl^-、SO_4^{2-}、CO_3^-、HCO_3^-、Na^+、K^+、Ca^{2+}、Mg^{2+} 等。这些盐分离子主要来源于成土母岩母质中盐类的溶解和工矿含盐废水的注入。土壤中盐的迁移和在土壤中的重新分布，主要是靠水流和风力来进行。广布于阿尔泰山、昆仑山、天山等的花岗岩和片麻岩，由于其组成物质铝硅

酸盐富含钠，是盐渍化土壤中的重要盐源。而导致新疆几种主要成土母质中较高的含盐量和碱化现象，例如，风沙土、棕漠土、棕钙土等，在新疆特殊干旱强蒸发的条件下，促成了盐渍化土壤的形成。

从区域地貌分析，新疆被高山环绕，南有青藏高原、昆仑山，东有祁连山，西南有喀喇昆仑山，北有阿尔泰山，中有天山横亘，将新疆分为南北两半。天山北面形成了准噶尔盆地与古尔班通古特沙漠，南面形成了塔里木盆地与塔克拉玛干沙漠，从而形成了“三山夹两盆”的特殊地貌格局。这种特殊的地质地貌，形成了广阔的闭流区，使新疆的广大盆地、低平原区成为了盐分迁移的富集区。

3.2 干旱强蒸发的气候促成了土壤积盐

新疆平均降水量 188mm，年蒸发量为 2 000~2 390mm。这种干旱少雨与强蒸发量让土地水盐处于绝对向上运动，使土壤几乎全年处于积盐状态，盐分向地表迁移累积成厚盐、结皮或结壳。同时，随着地下水位埋深减少、干燥度增加，积盐强度增加。

附表 2　气候干燥强度与土壤盐渍化的关系（罗家雄 1985）

地区	气候		土壤盐渍化状况	盐土占宜农林牧用地面积比例（%）	盐土 0~30cm 土层盐含量（g/kg）	
	蒸降比	年均温（℃）			一般	最高
昭苏盆地和伊犁谷地	4~7	2.8~8.2	少	1.0	20~30	40
塔城盆地	6	4~6	少	2.0	20~30	40
阿尔泰南麓，两河平原	10~14	3.2~4.1	少	3~4	20~40	50
天山北麓山前平原	12~16	4.5~7.9	较多	5~10	20~50	100
焉耆山间盆地	31~39	7.8~8.9	多	11~15	20~100	200
天山南麓山前平原	43~53	9.8~11.5	很多	50~60	30~150	300
哈密盆地	81~83	9.1~9.9	很多	>70	50~350	450

附表 3　河流及裂隙泉水的矿化度及其盐分组成

采样地点	矿化度（g/L）	盐分离子组成 /[cmol（+）/L]						
		CO_3^{2-}	HCO_3^-	SO_4^{2-}	Cl^-	Ca^{2+}	Mg^{2+}	$Na^{+}+K^{+}$
新疆轮台迪那河	5.96	–	2.8	39.6	36.65	25.2	13.6	39.25
新疆农垦 5 团北含盐地层溶洞水	310.39	–	0.41	72	5 225	82	16	5 199.41

资料来源：中国科学院新疆综合考察队，中国科学院南京土壤研究所．新疆土壤地理.1965

3.3 地表与地下径流直接影响土壤盐渍化的形成与分布

水作为溶剂是盐的载体。地表与地下径流的运动规律、水化学特性与土壤盐渍化密切相关。地表径流主要是通过河水泛滥淹没地面，使河水中盐分残留于土壤中。其次，河水通过渗漏补给地下水，抬高地下水位，导致土壤盐渍化。河水流量及其矿化度的大小与土壤盐渍化的程度直接相关。浅层地下径流支配着土体盐分的运移，决定着土壤现代盐渍化的强度与盐分组成。由于新疆的几大盆地四周古老山地地层含可溶性盐基甚至是岩盐层，这些高山上的雪融化后形成的河水或暴雨径流流经这些含盐地层时，变为矿化地表径流。

这些矿化地表径流在山口成为散流后，大量的泥沙与盐分一同沉积下来，形成洪积、坡积盐渍土。

南疆的塔里木盆地是我国最大的内流盆地，地形是西高东低，东部为水盐汇集中心罗布泊洼地。盆地降水量 50~60mm，年蒸发量 2 000~3 000mm，蒸降比 40~50。地表水、地下水及土壤水主要耗损于地面蒸发，促使地下水浓缩，增高矿化度，引发大面积盐渍化土壤的形成。

新疆北疆盆地受地形与海拔高度影响，年降水量由西经东减少。西部的尼勒克 304mm，东部卓平湖仅 13mm，而年蒸发量都在 2 000mm 左右。由于天山北麓土壤及水文地质分带明显，洪积冲积扇的地下水矿化度 < 1g/L，水质以钙质重碳酸盐为主；扇缘地下水矿化度仍为 1g/L 左右，水质却以钙钠或钠钙硫酸盐 - 重碳酸盐水为主，并有铁钠质硫酸盐 - 重碳酸盐水；冲积平原地下水矿化度则较高，为 2~5g/L，水质为钠质氯化物 - 硫酸盐或镁质氯化盐 - 氯化物水；沙漠边缘或湖积平原地下水矿化度高达 10~20g/L，水质为镁钠质硫酸盐 - 钠质氯化物水；玛纳斯湖和艾比湖湖水矿化度为 100g/L 以上，属钠质氯化物水。

新疆东疆吐鲁番盆地为全疆降水量极小值中心，多年降水量仅 16.15mm，蒸发量为 3 000mm 以上，蒸降比 >200，是我国最干旱的地区。这个盆地的东南有一个陆地海拔最低的艾丁湖，是吐鲁番盆地水盐积聚中心。

3.4 人类不适度的农牧业利用和生产活动加速了盐渍土的形成和土壤次生盐渍化的发展

除了自然因素明显影响土壤的水盐动态外，人类的农牧业利用活动对土壤水盐运动也产生明显的影响，其中灌溉排水对土壤水盐运动影响最大。农牧业灌溉打破了自然水盐平衡状态，以耕地、草地及其附近地区的土壤盐渍化在自然盐渍化基础上又叠加了人类活动的影响，加速了盐渍化的进程。建国以来新疆地区人类活动的主要影响是：20 世纪 50 年代的过度开荒、60 年代的人为滥肆樵采、80 年代的过度放牧、90 年代之后的石油资源开发、21 世纪以来设施农业、滴灌技术的发展和现代工业的快速发展等，都深刻影响着土壤的水盐运动与盐水集聚。例如，由于上述种种因素，塔里木河流域对水资源的过度利用，流向下游的原本就有限的水源被截流，地下水也被大量抽取，使得流域下方的地表水更加匮乏，地下水位下降，流域的荒漠植物生长受到严重影响。尤其值得关注的是农业过度开发在没有良好排水条件时利用矿化的地表水、地下水灌溉，可加速盐分在土壤中的积累，引起土壤次生盐渍化。还有，在干旱地区管理不合理的情况下，设施栽培和不适当的应用滴灌等节水灌溉措施，可造成土壤水盐运动的变动和区域土壤水盐平衡的改变，促使盐水在土壤耕作层积聚，导致表层土壤的次生盐渍化。

4 新疆土壤盐渍化的综合治理改良

在认真总结国内外有关盐渍化土壤的治理和次生盐渍化防控最新成果的基础上，根据新疆的实际情况，我们提出了如下的农业生物化学综合治理改良方案，以实现建设优良的生态环境、适度的开发利用和作物的高产高效及农业可持续发展的目标。

4.1 治理原则

4.1.1 改善生态，实现区域可持续发展

新疆地区土壤盐渍化发展的一个重要原因就是人类不合理的开发利用，导致原水系自然流势的改变，打乱了水盐的自然动态平衡，使原生生态环境、物质循环及能量流动受到干扰，引起生态失衡，导致了土壤次生盐渍化的发展。因此，在治理改良中，首先必须对受到损害的生态环境进行调整和修复，严格禁止和纠正不合理和不科学的经济行为，促使区域经济步入可持续发展，生态环境得到恢复和改善，从而求得区域社会经济长期繁荣与稳定。

4.1.2 治水培肥，实行治标和治本有机结合

基于防控土壤盐渍化的“水盐定向迁移”原理和“盐分上移地表排盐”技术，实行全新的水利工程改良模式势在必行。但治理脱盐减碱仅是治标措施，多年来新疆治理盐渍化和防控土壤次生盐渍化的实践证明，必须通过长期大量施用有机肥料、酸性肥料和农作物营养套餐施肥技术，努力补充和平衡土壤中作物所需的各种阳离子，减少对作物生长有毒害的钠离子，通过离子平衡提高作物的抗盐性。并且土壤培肥以后，可以显著促进作物根系发育；根系的发达又能调节离子平衡，使作物能够经受住较高的盐分浓度，减轻盐分毒害。因此，在防控盐渍的同时，必须进行肥盐调控，以水洗盐，以肥培土，促进作物高产，使盐渍化土壤由低产变中高产，由恶性循环走向良性循环。

4.1.3 重在治本，实施农业生化技术综合治理改良系统工程

目前，国内外有大量的、具有一定成效的治理盐渍土和防控次生盐渍化的先进技术和措施。值得关注的是，某一项或某几项治理改良技术尽管有较好的效果和效益，但是大多数是治标不治本的单项技术。有的只能产生短期效益，或者是中期效益；有的强调单项工程治理，忽略了生态环境的改善和恢复；有的缺乏科学的总体规划，在各种资源利用中有局限性等。因此，盐渍化土壤的治理和土壤盐渍化的防控应该是一个系统工程，必须根据新疆地区的资源条件，从修复生态开始，因地制宜实施农业治理、生物治理和物理化学治理技术措施有机结合的“标本兼治”系统工程，我们称之为“农业生化技术综合治理改良技术”。

4.2 改良措施

4.2.1 物理治理

物理治理改良就是利用一些物理的方法和措施，如兴修水利工程、耕作治理、换土措施等，以达到治理改良盐渍土及防控次生盐渍化的目的。

4.2.1.1 兴修水利工程

充分研究与调控土壤中的水盐运行规律，是农业生化技术综合治理盐渍化最重要的中心环节。通过兴修水利工程措施，如用灌溉淡水把盐分淋洗到底土层或以水渗带盐分排出，淡化土层和地下水等。

（1）蓄淡压碱：在治理区域周围挖池蓄积自然降水，既能减少地表径流带入盐分，又可在作物生长遇旱时灌水冲洗，防控土壤盐渍化。

（2）明沟排水：在治理地段的地面开挖明沟，进行排水治理盐碱。开沟深度取决于地下水深度，目的是使地下水位降低或控制在临界强度下，保证土壤迅速脱盐和防止再度返盐。中度盐渍化土地，每块条田沟渠以 30~40m 为佳，沟深以 0.5~0.9m 为宜。

（3）暗管排水：主要是开挖和埋设地下排碱渠，如果地下水位很低，难以排出盐碱水，可在地下二级管末端开设集水井，定期抽排。

（4）井灌井排：在一定面积的盐渍化土地中打一深井，干旱时用井水灌溉洗盐，雨季则盐分随水下渗井中，可抽水排盐碱。

（5）上农下鱼，沟灌沟排：在治理地段按一定面积挖 1 条水沟，挖出的土筑成台田，种植作物；沟中养鱼，干旱时用沟渠引水灌溉；降雨时，表土中的盐分随水进入沟中。

（6）截渗截流：渠道防渗，防止入渗水流对土壤产生次生盐碱化。开挖截流沟，防止地表径流水进入治理地域。

（7）实行灌溉施肥一体化，推广膜下滴灌技术等，可降低土壤盐分含量。

4.2.1.2 耕作治理

耕作治理改良主要是对盐渍化土壤的不良物理性质进行改良，改善土壤结构和孔隙度等不良性状，削弱或切断上下层土壤的联系，阻止地下水和土壤水直接上升到地表。

（1）铲刮表土和换土改良：将具有明显盐碱或含盐量3%以上的盐碱地铲起表土运走，盐碱越严重铲土层越深，然后填入好土。在冬、春返盐强烈的干旱季节，采用刮、挖、扫的方法，除去地表的盐霜、盐结皮、盐结壳，以降低表土的含盐量。在换土过程中，地表最好铺设一层作物秸秆，可优化治理盐渍效果。

（2）深翻地块：在盐碱处进行深翻，深度以破出黏土层为宜，在黏土层比较厚的土壤里混入细沙，灌水后增加其脱盐率。

（3）平整土地，致使渗透一致：土壤盐渍化常与地表不平整有关，相同水文地质条件下，不平整的地面上，排灌就不通畅，导致田里留有尾水，高地先干，造成返盐，形成盐斑。平整地可使表土水蒸发一致，均匀下渗，便于防控盐渍化。

（4）表层覆盖："盐随水来、盐随水去"是水盐运动的特点，只要控制土壤水分蒸发就可减轻盐分在地表积聚，达到改良土壤的目的。研究表明：在盐渍化地上覆盖作物秸秆后，可明显减少土壤水分蒸发，抑制盐分在地表积聚；还可阻止水分与大气间直接交流，对土壤水分上行起阻隔作用，同时还增加光的反射率和热量传递，降低土壤表面温度，从而降低蒸发耗水。

4.2.2 化学治理

化学治理是采用化学改良剂置换盐渍化土壤中的钠离子，从而降低盐渍土中的交换钠离子含量，达到降低土壤钠碱化度的目的。土壤胶体中的主要离子由钠换成钙后，可促进土壤团粒结构的形成，降低土壤容重，增加土壤透水性，促进洗盐速度，达到治理盐渍化的目的。

目前，我国盐渍化土壤化学改良剂大致上可分成含钙物质（代换作用）、酸性物质（化学作用）、大分子聚合物及其他土壤改良剂。

4.2.2.1 含钙物质

（1）磷石膏是湿法磷酸生产时排出的固体废弃物。磷石膏的排放不仅大量占用土地、污染环境，还给磷肥企业造成很大的负担。磷石膏主要含有二水石膏（$CaSO_4 \cdot 2H_2O$）和半水石膏（$CaSO_4 \cdot 1/2H_2O$），而以二水石膏为主要成分。酸性，pH值3~4。应用磷石膏改良盐渍化有良好效果。主要是土壤中钙离子含量增加，形成了凝聚力较强的钙胶体，促进了团粒结构的形成，降低土壤容重，增加孔隙度，减弱了毛管持水性。同时，由于离子置换，可消除钠离子的毒害。磷石膏由于酸性，可调节盐渍土中的pH值，使土壤H^+浓度上升。据研究，应用磷石膏后，土壤pH值可下降0.55，水溶性盐量平均降低0.29g/kg。

（2）脱硫废弃物。脱硫废弃物是燃煤电厂排出的固体废弃物（即脱硫石膏），其主要成分是$CaSO_4 \cdot 2H_2O$。其改良盐渍化土壤的原理与石膏相似，即通过降低碱化度和总碱度来消除土壤的碱性危害。施用脱硫废弃物能大大降低盐渍化土壤的全盐量、pH值和ESP以及土壤中的交换性Na^+，提高作物产量。应用脱硫废弃物试验表明：使用不同量的脱硫物，均可提高油葵的出苗率、生物量和产量，22.5t/hm^{2}的脱硫废弃物施用量可增加苜蓿产量60%。

4.2.2.2 酸性物质

（1）糠醛渣。糠醛渣是将玉米穗轴经粉碎加入定量的稀硫酸，在一定温度和压力作用下发生一系列水解化学反应，提取糠醛后排出的废渣。强酸性，pH值1.86~3.5，容重0.45kg/m^3。糠醛渣含有机质76.4%~78.1%（质量分数，下同），全氮0.45%~5.2%，全磷0.072%~0.074%，速效氮328~533μg/g，速效磷100~393μg/g，速效钾700~750μg/g，残余硫酸3.50%~4.21%。据研究，在盐化潮土上施糠醛渣1 500kg/666.7m^2，改土增产效果明显。

（2）硫酸亚铁。硫酸亚铁又称黑矾，用作盐渍化土壤改良剂，可降低土壤的pH值，能提高土壤的酸性，有利于作物正常生长。亚铁离子还可为作物提供铁素营养，防止缺铁黄化症。

4.2.2.3 大分子聚合物

（1）风化煤。风化煤的主要有效成分是高含量的腐殖酸和有机质。腐植酸是一种高分子有机聚合物，为天然羟基、羧酸的混合有机物，含有醌基、羧基、酚羟基等活性功能团，具有极强的化学活性与生物活性，对土壤酸碱度具有良好的缓冲作用。风化煤还是一类广谱性的作物生长调节剂，可以促进和调节作物的营养生长与生殖生长，促进光合作用，提高作物的抗旱、抗病性能。实践证明，盐渍化土壤施用风化煤有很好的治理改良效果，既能改良土壤的不良理化性质，又能提高作物对各种营养元素的吸收利用率，可以大幅度增产、提质。据研究，主要有效成分为黄腐酸的土壤改良剂，其治理盐渍效果突出，施用区（滴灌）脱盐率30.3%，对照区（滴灌）脱盐率为10.4%；脱K^+、Na^+率，施用区为29.00%，对照区为17.02%；施用旱地龙改良后棉花增产21.1%。

（2）聚丙烯酸酯。聚丙烯酸酯是一种大分子聚合物。在土壤中注入聚丙烯酸酯溶液，能与土壤形成5mm左右的不透水层，从而减少土壤水分的蒸发，减少盐分随毛管水蒸发向表土积聚，可使作物产量明显增加。

4.2.2.4 其他土壤改良剂

（1）有机肥。盐渍化土壤长期大量施用有机肥对治理盐碱的作用，表现在以下三方面。

一是腐植质本身有强大的吸附力。500kg腐殖质能吸收15kg以上的钠，使碱性盐被固定起来对植物不起伤害作用，起到了缓冲作用。

二是有机质在分解过程中能产生各种有机酸，使土壤中阴离子溶解度增加，有利于脱盐，同时活化钙镁盐类，有利于离子代换，起到中和土壤的碱性物质，释放各种养分的作用。

三是施肥可以补充和平衡土壤中植物所需的阳离子，而离子平衡可以提到植物的抗盐性，植物所需的阳离子（如钾）主要吸自紧挨根系周围的环境，这样植物所需的离子在这一局部区域消失，而不需要的有害离子则不断增加，从而造成了一种不平衡状态。这种不平衡使植物不能忍受高的盐分浓度。增施有机肥，一方面可补充土壤N、P、K、Ca、Fe、Zn、Cu等植物需要而土壤又缺乏的阳离子，使土壤溶液得到平衡。另一方面，可促进根系发育，使植物能够经受较高的盐分浓度，从而提高植物的抗盐性。和水盐运动一样，肥盐调控同样是不可忽视的重要规律。水和肥是改良盐碱土的重要物质基础，它们之间相互依存，治水是基础，培肥是根本。

（2）螯合态中量、微量元素。在盐渍化土壤中，无机中量、微量元素因被土壤固定而失去活性，因此，农作物无法从土壤中吸收必需营养元素，导致产量降低，抗逆性下降。增施螯合态的中量、微量元素可使中量、微量元素保持活性，农作物平衡吸收所需养分，从而提高土壤肥力、农作物产量、品质和抗盐能力。

（3）粉煤灰。粉煤灰来自煤化工企业生产过程中汽化炉和热电锅炉的除尘器，是一种粉状固体废弃物，是影响环境的主要废弃物。理化性质测定表明，施用粉煤灰可降低土壤的容重和pH值，减少土壤中碱性物质含量。粉煤灰含有大量的硫酸钙（$CaSO_4$）和二氧化硅（SiO_2），既能减低土壤的盐化度，又可提供农作物的钙素及硅素营养，还含有33.33%的Al_2O_3，与SO_3共同组成了酸性成分物质，促进钠的清洗，对改良盐渍化土壤有一定作用。

4.2.3 农业和生物治理

研究资料表明：当土壤含盐量达到占干土重0.2%，植物生长受阻；而当土壤含盐量达到2.0%以上，大多数植物即无法存活。但是，不同的植物（作物及品种）的耐盐性有很大差异。据初步调查，我国现有盐生植物 423 种，分属 66 科，199 属。耐盐植物的改良治理功能是：增加地表覆盖，减缓地表径流，调节小气候，减少水分蒸发，抑制盐分上升，防止表土返盐、积盐。

4.2.3.1 植树造林

树木对水的截留量是作物或草地的 10~100 倍。盐渍化土壤植树造林，可防风固沙，降低地下水位，调节小气候，抑制盐分上升，还可以减缓旱涝灾害，有很好的治理改良效果。

新疆实践表明：盐渍地造林要选择抗盐碱性强的林种，乔木树种有旱柳、垂柳、刺槐、侧柏、桑树、苦楝、白榆、杏、枣等；灌木树种有枸杞、紫穗槐、沙枣、沙棘、胡杨、小意杨、圣柳、杞柳、白蜡条等。

克拉玛依市的经验证明：采用乔乔混交、乔灌混交两种造林模式，可以提高盐渍地造林成活率。不同树种之间混交或带状混交。例如，采用中天杨和苏柳 ½ 的量，中天杨和四倍体柳槐混交，碧玉杨和苏柳 172、四倍体刺槐，紫穗槐品字形种植，行间混交。

4.2.3.2 种植牧草

治理改良盐渍化，前期最好先种植耐盐碱的牧草。据研究，连续种植牧草后，土壤中的有机质、速效氮、速效磷大都有所增加。根据新疆的治理实践，草木樨、苜蓿等牧草的生物产量高，治理盐碱土效果好。

4.2.3.3 种植耐盐作物

耐盐作物有向日葵、蓖麻、谷糜类、甜菜、玉米、棉花、高粱、大麦等。同时通过遗传育种，水稻、小麦等粮食作物的强抗盐新品种不断涌现。据试验试种，在新疆表现好的抗盐小麦品种有中国农业科学院作物所培育的抗盐碱、耐干旱的“轮抗 6 号”、“轮抗 7 号”、新疆农业科学院培育的“新冬 26 号”。据和田地区农业技术推广中心在和田县试验，耐盐碱新品种“新冬 26 号”一般产量在 400kg/ 亩，最高可达 443.4kg/ 亩。

5 新疆盐渍化土壤治理和土壤次生盐渍化防控的实例

（1）中国科学院新疆阜康生态站，1987 年复垦盐渍化撩荒地 13hm^2，其中，1m 土层盐分 1.0% 以下的面积占 50%，盐分含量 1.5% 以上的面积占 10%，盐分以硫酸盐为主，地下水位春天 3m，夏秋 5m，土壤质地为轻壤。第一年种植耐盐小麦 4hm^2，保苗面积 75%，在保苗较好的区域春后套播苜蓿，第四年 60cm 土层的盐分小于 0.3%，可以种植盐敏感性的高产作物；在盐分含量大于 1.5% 的地块中，种植碱茅 3 年，30cm 土层盐分 0.8%，之后翻耕播种耐盐小麦，保苗面积 95%，套播草木樨，草木樨生长特别好，地上、地下长度都超过 1m，最深根达 2m，当 9 月草木樨收获时，80cm 土层盐分小于 0.25%。1993 年开垦荒面积 3 030kg/hm^2，小麦套播草木樨，第三年 5 月上旬，60cm 土层盐分小于 0.6%。

（2）1991 年石河子 122 团在盐分 1.019%~1.65% 的盐碱荒地上，种植耐盐小麦 4hm^2，产量 3 900kg/hm^2，保苗面积 92%。其后茬种植棉花，获得高产。

（3）1999 年，兵直 222 团种畜场在盐分大于 2% 的 8hm^2 盐碱开荒地中种植耐盐小麦，因地面不平，漫灌效果差，保苗面积仅 65%，不过其土壤上层盐分明显减少，但在 2000 年再次播种耐盐小麦，保苗面积达 85% 以上。

（4）2011 年玛纳斯县农技推广中心在北五岔镇朱家团庄村进行了 20 万平方米棉花滴灌盐分变化分析研究。试验片采用干、支、毛管全固定形式，整个生育期灌水 7 次，总灌水量 280m^3/ 亩；将有机肥 80kg/ 亩、尿素 30kg/ 亩、磷肥（三料磷）18kg/ 亩、硫酸钾 3kg/ 亩作底肥一次性施入。前四水随水滴灌尿素 30kg/ 亩、磷酸二氢钾 3kg/ 亩。4 月 18 日后每隔 15d 按 0~10cm、10~20cm、20~40cm 三层取土样，化验土样中含水量，容重和总盐。测定结果见表 4。

表 4　2011 年滴灌棉花生长前期土壤盐分及土壤含水量测定结果（g/kg）

测定时间	测定项目	测定位置					
		膜内			裸地		
		0~10cm	10~20cm	20~40cm	0~10cm	10~20cm	20~40cm
4 月	总盐	2.438	2.461	2.442	2.565	2.554	2.505
	含水量	24.43	24.94	25.62	23.12	24.1	24.49
5 月	总盐	2.434	2.455	2.438	2.598	2.551	2.50
	含水量	24.45	24.134	25.18	21.19	23.5	24.05
6 月	总盐	2.545	2.449	2.426	2.695	2.559	2.496
	含水量	19.25	20.98	22.34	17.48	20.63	21.35
7 月	总盐	2.526	2.53	2.542	2.608	2.555	2.504
	含水量	23.45	25.08	26.89	20.68	21.35	22.95
8 月	总盐	2.205	2.34	2.385	2.588	2.553	2.592
	含水量	28.35	27.12	28.15	25.15	26.38	26.50
9 月	总盐	2.105	2.256	2.3	2.584	2.545	2.597
	含水量	19.26	20.35	21.45	16.18	17.29	19.36

资料表明，膜下滴灌棉花由于连续灌水，盐分不断向下移动，其表层含盐量相对降低，以 8 月 25 日测定为例，膜内 0~20cm 土壤总盐量由滴灌前的 2.439g/kg 降到 2.205g/kg，下降了 9.59%；而裸地的则由 2.627g/kg 降到 2.571g/kg，只下降了 2.13%。说明滴灌膜内上层盐分含量降幅比裸地的大，更有利于棉花的根部发育。两组数据比较说明：0~20cm 土层总盐量，膜内比裸地 8 月下降了 0.213~0.383g/kg；9 月下降了 0.289~0.1789g/kg。因此，膜下滴灌具有淡化和降低土壤表层盐分的效果，可减缓地表积盐，提高棉花产量。

参考文献

[1] 新疆维吾尔自治区统计局 . 新疆统计年鉴 [M]. 北京中国统计出版社，2013 : 3-14.
[2] 马大正 . 新疆生产建设兵团的发展历程 [M]. 乌鲁木齐：新疆人民出版社，2009 : 1-4.
[3] 赵其国，史学正，等 . 土壤资源概论 [M]. 北京：科学出版社，2007 : 20-22，339-360.
[4] 魏文寿，张璞，高卫东，等 . 新疆沙尘暴源区的气候与荒漠环境变化 [J]. 中国沙漠，2003，23（5）: 483-487.
[5] 张炎，陈署晃，李磐，等 . 信息技术在新疆土壤养分管理与推荐施肥中的应用 [D]. 信息技术与土壤养分管理国际学术讨论论文集 : 175-184.
[6] 新疆维吾尔自治区农业厅 . 新疆土壤 [M]. 北京：科学出版社，1996 : 1-20，61-71.
[7] 王浩，马艳明，刘志勇等 . 新疆维吾尔自治区农作物种质资源研究现状及战略设想 [N]. 中国农业科技导报，2006，8（3）: 20-24.
[8] 吴世新，周可发，刘朝霞，等 . 新疆地区近 10 年来土地利用变化时空特征与动因分析 [J]. 干旱区地理，28（1）: 52-58.
[9] 李雪源，郑巨云，王俊锋，等 . 中国棉业科技进步 30 年 – 新疆篇 [J]. 中国棉花：2009，36（增刊）: 24-29.
[10] 万连步，邵建华，陈绍荣，等 . 中微量元素肥料的生产与应用 [M]. 北京：中国农业科学技术出版社 2013 : 149-180.
[11] 苏桂华 . 控释肥在棉花上的应用研究 [J]. 新疆农业科技，2011（4）: 27.
[12] 张燕，夏红斌，杨岳 . 生物有机肥对棉花生长发育及产量的影响 [J]. 新疆农业科技，2011（5）: 19.
[13] 樊华，卞玮，雍会，等 . 新疆玛纳斯河流域绿洲生态环境可持续发展的综合评价 [J]. 干旱区资源与环境，2007，21（9）: 25-28.
[14] 徐文修，姜涛，赵艳华 . 现代农业与农作制度建设 [M]. 南京：东南大学出版社，2006 : 258-260.
[15] 张炎，毛瑞明，王讲利，等 . 新疆棉花平衡施肥技术的发展现状 [J]. 土壤肥料，2003（4）: 7-11.
[16] 罗冬梅 . 棉花膜下滴灌高产栽培技术示范经验总结 [J]. 新疆农业科技，2012（6）: 25-26.
[17] 柴凤鸣，张珊珊，蒲泽秀 . 尉犁县简易滴灌栽培技术 [J]. 新疆农业科技，2012（2）: 11-12.
[18] 陶世秋，陈绍荣，邵建华，等 . 中国主要农作物营养套餐施肥技术 [M]. 北京：中国农业科学技术出版社，2013.
[19] 高祥照，马常宝，杜森 . 测土配方施肥技术 [M]. 北京：中国农业出版社，2007 : 24-96.
[20] 李国萍 . 阿勒泰地区土壤有效钼对农作物的影响及对策 [J]. 新疆农业科学，2008，45（S1）: 204-206.
[21] 石元亮，孙桂芳，李忠 . 长效（稳定）复混肥添加剂及其田间效应研究 [D]. 全国第 11 届磷复（混）肥生产技术交流论文资料集，出版社不祥，2006 : 110-114.
[22] 陸景陵，陈伦寿 . 植物营养失调彩色图谱—诊断与施肥 [M]. 北京：中国农业出版社，2009.
[23] 张承林，邓兰生 . 水肥一体化技术 [M]. 北京：中国农业出版社，2012:200-216.
[24] 邓海群，刘长凤，陈英 . 微量元素水溶肥料的生产原料及配制方法 [J]. 磷肥与复肥，27（4）: 58-60.
[25] 陈绍荣，李守春，曹晶，等 . 腐植酸在作物生长发育化学控制中的作用及机理探讨 [J]. 腐殖酸，2007（4）:
[26] 吴金发，陈绍荣，等 . 腐植酸叶面肥的增产机制及施肥技术 [J]. 腐殖酸 2006（4）.
[27] 秦万德 . 腐植酸的综合作用 [M]. 北京：科学出版社，1987.
[28] 陈淑云，等 . “绿生源”高效植物营养液的研制及应用 [J]. 腐殖酸，2006.1.
[29] 陈绍荣，徐秀君，刘云平等 . 超级稻超高产栽培施肥技术的研究与应用 [J]. 磷肥与复肥，2013（5）: 81-83.

[30] 高杨，任志斌，段瑞萍，等．春小麦滴灌施肥节水高产高效栽培技术研究 [J]. 新疆农业科学，2010，47(2): 281-284.
[31] 塔伊尔·伯克曰，莫米娜·米吉提．冬小麦 3414 试验总结 [J]. 新疆农业科技，2011（4）: 22-23.
[32] 王荣栋，王新武，符林，等．关于滴灌小麦栽培的几个问题 [J]. 新疆农业科学，2010，4717 : 1421-1415.
[33] 刘德江，李青军，高伟，等．施肥对玉米养分吸收利用、产量及肥料效益的影响 [J]. 中国土壤与肥料，2009（4）: 56-59.
[34] 魏建军，罗赓彤，张力，等．“中黄 35”超高产大豆群体的生理参数 [J]. 作物学报，2009，35（3）: 506-511.
[35] 黑力木别克·马山．油葵膜下滴灌高产栽培技术总结 [J]. 新疆农业科技，2011（2）18.
[36] 阿依先古丽·买合木提．油葵高产栽培技术要点 [J]. 新疆农业科技，2011（2）: 19.
[37] 乌尔古丽·托尔孙，张洋军．泽普县马铃薯肥料试验及施肥技术辅导 [J]. 新疆农业科技，2010（5）: 54-55.
[38] 王克如，李少昆，曹连蒲，等．新疆高产棉田氮磷钾吸收动态及模式初步研究 [J]. 中国农业科学，2003，36（7）: 775-780.
[39] 罗冬梅，棉花滴灌高产栽培技术经验总结 [J]. 新疆农业科技，2012（6）: 35-36.
[40] 齐其克，艾则孜，李俊杰．博州滴灌棉田高产栽培管理模式 [J]. 新疆农业科技，2011（4）: 34.
[41] 贺军勇，刘伟，曹金芬．哈密市棉花膜下滴灌高产栽培技术 [J]. 新疆农业科技，2011（3）: 36.
[42] 韩云，赵贺新，马宇科．伊犁地区甜菜高密高糖高产栽培技术 [J]. 新疆农业科技，2012（1）: 35-36.
[43] 顾永星，翟德武，阿不来提·马合木提．和田平原昆仑雪菊栽培技术 [J]. 新疆农业科技，2011（6）: 39-40.
[44] 吴高明，何振杰．打瓜膜下滴灌栽培技术 [J]. 新疆农业科技，2011（1）: 59.
[45] 朱晓华，古丽夏提，丁爱琴，等．打瓜膜下滴灌高产高效栽培技术 [J]. 新疆农业科技，2011（5）: 15.
[46] 解立杰，王凤梅，黄迎春．博乐市地膜打瓜优质高产栽培技术 [J]. 新疆农业科技，2011（2）: 41.
[47] 唐媛，杨忠芳．鹰嘴豆产业化发展现状及建议 [J]. 新疆农业科技，2012（2）: 54.
[48] 刘金霞．有机鹰嘴豆栽培技术 [J]. 新疆农业科技，2012（2）: 55.
[49] 李俊玲．吐鲁番市西瓜 3414 田间试验总结 [J]. 新疆农业科技，2011（6）: 16.
[50] 艾尔肯·阿吉，阿迪力·肉孜．甜瓜栽培技术 [J]. 新疆农业科技，2012（1）: 25-26.
[51] 王春丽．加工番茄栽培技术要点 [J]. 新疆农业科技，2012（4）: 25-26.
[52] 赵志信，乔兰芳，李治伟．新疆发展辣椒特色产业的思路及对策探讨 [J]. 新疆农业科技，2012（3）: 4-5.
[53] 劳秀荣．无公害蔬菜施肥与用药指南 [M]. 北京 : 中国农业出版社，2003.
[54] 陈清，张福锁．蔬菜养分资源综合管理理论与实践 [M]. 北京 : 中国农业大学出版社，2007.
[55] 刘克桐，蔡新．焉耆盆地加工番茄测土配方施肥试验报告 [J]. 新疆农业科技，2011（3）: 52.
[56] 谢建昌．钾与中国农业 [M]. 南京：河海大学出版社，2000 : 255-290.
[57] 陈绍荣，孙玲丽，李守春，等．大蒜测土配方营养套餐施肥技术 [J]. 磷肥与复肥，2010（1）: 72–73.
[58] 柴仲平，蒋平安，王雪梅，等．新疆几种主要特色果树施肥现状调查研究 [J]. 中国农学通报，2008，24(11) : 231-234.
[59] 吕云军，王家斌．新疆葡萄科学栽培技术 [M]. 北京：中国农业出版社，2006.
[60] 张峰，李世强，关晓媛等．库尔勒香梨出口注册果园制度的发展现状及展望 [J]. 新疆农业科技，2011（1）: 49.
[61] 陶雪英．新疆红枣产业发展现状及对策建议 [J]. 新疆农业科技，2011（4）: 2-3.
[62] 李焰，杜琳辉．无公害核桃生产技术研究 [J]. 新疆农业科学，2005，42（增）: 150-152.
[63] 杨治元．葡萄营养与科学施肥 [M]. 北京：中国农业出版社，2001.
[64] 蒋万峰．葡萄果品绿色生产施肥技术 [J]. 新疆农业科技，2012（2）: 27-28.
[65] 郭江．基于吐鲁番葡萄“3414”试验施肥参数研究 [J]. 现代农业科技，2012（21）: 101.
[66] 李铭，张建新，郭绍杰，等．不同施肥配比对干旱戈壁地克瑞森无核果实性状及产量的影响 [J]. 中外葡萄与葡萄酒，2010（9）: 20-23.

[67] 姜远茂，张宏彦，张福锁．北方落叶果树养分资源综合管理理论与实践[M]. 北京：中国农业大学出版社，2007.
[68] 张福锁，陈新平，陈清，等．中国主要作物施肥指南[M]. 北京：中国农业大学出版社，2009.
[69] 吐拉甫・依米尔．浅谈枣树科学施肥技术[J]. 现代园艺，2012（8）: 43.
[70] 王贵云，杨清明，裴国庆．枣树施肥技术[J]. 新疆农业科技，2007（1）: 26.
[71] 邹耀湘，梁智，张计峰，等．红枣氮磷钾及微肥配合施用效果研究[J]. 新疆农业科技，2009（4）: 69-71.
[72] 梁智，邹耀湘，张计峰，等．新疆南疆核桃树氮磷钾肥料效应试验研究[J]. 新疆农业科学，2010，47（5）958-963.
[73] 陈虹，董玉芝，朱少虎，等．新疆早实核桃品种测土配方施肥效果初报[J]. 新疆农业科学，2010，47（8）1584-1589.
[74] 甘文杰．阿克苏地区薄皮核桃幼龄园管理技术[J]. 现代园艺，2012（6）: 68.
[75] 邹耀湘，梁智，张计峰，等．核桃树氮磷钾和微肥配合施用效果研究[J]. 新疆农业科技，2009（3）: 59-60.
[76] 邹耀湘，梁智，张计峰，等．石榴氮磷钾肥和微肥配合施用效果研究[J]. 新疆农业科技，2009（5）: 33-34.
[77] 梁智，邹耀湘．新疆南疆石榴树平衡施肥技术的研究[J]. 新疆农业科学，2010，47（2）345-350.
[78] 陈绍荣，沈静，白云飞，等．石榴营养套餐施肥技术试验初报[J]. 腐植酸，2012（3）.
[79] 雒维萍，芦广元，祁贵明．格尔木枸杞作物气象条件及其栽培技术要点[J]. 新疆农业科学，2012，40（6）3467-3469.
[80] 张晓虎，陸守革．精杞1号在精河县种植条件及灾害分析[J]. 新疆农业科技，2012（1）: 55-56.
[81] 丁万隆，陈震，王淑芳．百种药用植物栽培答疑．第2版[M]. 北京：中国农业出版社，2010 : 461-466.
[82] 张洪昌，段继贤，廖洪．肥料应用手册[M]. 北京：中国农业出版社，2011.
[83] 钟钎元．枸杞高产栽培技术[M]. 北京金盾出版社，2012.
[84] 托尔红·托克图合．昭苏县中草药种植存在的问题及对策[J]. 新疆农业科技，2012（6）: 25-26.
[85] 刘中荣，陈靖．甘草中甘草酸、甘草苷的含量与其生长因子的相关性研究[J]. 新疆中医药，2011，29（6）: 39-40.
[86] 杨培琳，钟新才，凌慧娟，等．甘草水肥耦合效应初探[J]. 中国农学通报，2007，23（7）: 237-240.
[87] 马军，孙永民．新疆花卉产业发展现状与对策建议[J]. 新疆农业科技，2012（6）: 9-14.
[88] 董晓华，吴国兴．花卉生产实用技术大全[M]. 北京：中国农业出版社，2010.
[89] 涂仕华．常用肥料使用手册[M]. 成都：四川科学技术出版社，2011.
[90] 蔡新，刘克桐．焉耆盆地啤酒花优质丰产管理技术[J]. 新疆农业科技，2012（5）: 54.
[91] 王志明．薰衣草的特征特性及高产栽培技术[J]. 新疆农业科技，2012（5）: 54.
[92] 方侠，王浩，廖晴．香草之后宁静芳香—伊犁河谷薰衣草产业观察[J]. 新疆农业科技，2011（5）: 1-2.
[93] 李玉芳．薰衣草栽培技术[J]. 新疆农业科技，2011（5）: 43.